中国科协新一代信息技术系列丛书

中国科学技术协会　丛书主编

第五代移动通信技术导论

Introduction to 5th-Generation

张　平　崔琪楣　主编

中国通信学会　组编

中国科学技术出版社

·北京·

图书在版编目（CIP）数据

第五代移动通信技术导论 / 中国科学技术协会丛书主编；张平，崔琪楣主编. ——
北京：中国科学技术出版社，2021.5

（中国科协新一代信息技术系列丛书）

ISBN 978-7-5046-8863-7

Ⅰ. ①第… Ⅱ. ①中… ②张… ③崔… Ⅲ. ①无线电通信—移动通信—通信技术

Ⅳ. ① TN929.5

中国版本图书馆 CIP 数据核字（2020）第 203658 号

责任编辑	李双北　韩　颖	
装帧设计	中文天地	
责任校对	邓雪梅	
责任印制	李晓霖	

出　　版	中国科学技术出版社	
发　　行	中国科学技术出版社有限公司发行部	
地　　址	北京市海淀区中关村南大街 16 号	
邮　　编	100081	
发行电话	010-62173865	
传　　真	010-62173081	
网　　址	http://www.cspbooks.com.cn	

开　　本	787mm×1092mm　1/16	
字　　数	546 千字	
印　　张	27.75	
版　　次	2021 年 5 月第 1 版	
印　　次	2021 年 5 月第 1 次印刷	
印　　刷	河北鑫兆源印刷有限公司	
书　　号	ISBN 978-7-5046-8863-7 / TN·54	
定　　价	69.00 元	

《第五代移动通信技术导论》编写组

顾　问

刘韵洁　中国工程院院士
邬江兴　中国工程院院士
尹　浩　中国科学院院士
费爱国　中国工程院院士
陆　军　中国工程院院士
苏东林　中国工程院院士

主　编

张　平　中国工程院院士
崔琪楣　北京邮电大学

编　者

高西奇　东南大学
张朝阳　浙江大学
黄宇红　中国移动通信有限公司研究院
陈　智　电子科技大学
黄开枝　中国人民解放军战略支援部队信息工程大学
张建华　北京邮电大学
许晓东　北京邮电大学
许文俊　北京邮电大学
刘元玮　英国伦敦大学玛丽女王学院
魏晨光　中国移动通信有限公司研究院
段晓东　中国移动通信有限公司研究院
丁海煜　中国移动通信有限公司研究院
肖善鹏　中国移动通信有限公司研究院
张　治　北京邮电大学
尤　力　东南大学
卢安安　东南大学
钟　州　中国人民解放军战略支援部队信息工程大学
刘　玮　中国移动通信有限公司研究院
孙　滔　中国移动通信有限公司研究院
张　龙　中国移动通信有限公司研究院

前　言

为深入贯彻新发展理念，落实国家创新驱动发展战略，加速新一代信息技术人才培养，推动高质量发展，中国科学技术协会策划并组织全国学会动员专家编写了《云计算导论》《大数据导论》《人工智能导论》《区块链导论》等新一代信息技术系列丛书，《第五代移动通信技术导论》是 2021 年新出版的著作。本丛书聘请梅宏院士为编委会主任，李培根院士、李德毅院士、李伯虎院士、张尧学院士、李骏院士、谭铁牛院士、赵春江院士等为编委会委员，统筹丛书编制工作。中国科协领导高度重视，多次组织专家论证，确保了丛书编制和推广工作的顺利进行。

作为已经商用的最新一代移动通信系统，第五代移动通信系统（5G）正在构筑万物互联的核心基础设施，赋能大数据、人工智能（AI）等新技术与社会经济的深度融合，赋予全球经济发展升级的新动能。鉴于 5G 在第四次工业革命中的核心角色，世界主要发达国家纷纷出台战略规划，开展产业布局，抢占战略制高点，以期成为全球网络空间命运共同体中的"根节点"，从而主导本次工业革命。从全球战略布局看，5G 已经成为世界主要大国在高新技术领域竞争的焦点，对于一个国家的科技创新、产业升级、经济增长等均具有至关重要的驱动作用，将会是国家未来竞争力的关键。

在"新基建"国家战略驱动下，5G 将从面向消费者的移动互联网业务拓展到工业互联网、车联网、物联网等众多垂直领域。不难预见，在第四次工业革命时期，5G 技术将加快传统行业数字化、网络化、智能化发展，极大地促进科技创新、经济变革、社会进步并将促生相关学科专业的优化、重组、变革，并带动新兴学科专业的衍生发展。因此，面向 5G 的教育不再是单一学科、单一专业的问题，而是属于多学科融合发展、培养新时代综合型信息技术人才的范畴，加强我国 5G 技术的科普及学习至关重要且迫在眉睫。

本书详细介绍了 5G 移动通信的基础知识，兼具系统性、科学性与趣味性；注重技术的发展脉络、创新思想、基本原理与体系结构；建立了与非通信学科课程的联系，例如 5G 与 AI、医疗、交通等学科的交叉融合，精选行业应用案例，以开阔学生视野、启发跨行业创新思维。本书具有较好的可读性，期望能为信息交叉学科人员、通信行业人员以及广大通信技术爱好者提供科学方法论和技术导论，满足社会对新一代综合型信息技术人才的需求。本书可作为理工学科、医科等专业的高年级本科学生与研究生的教材用书，帮助学生熟悉移动通信技术的基本原理和知识，了解 5G 技术在众多行业中的创新应用。同时，对于信息通信相关专业的学生，本书可作为通信专业课程的导论课教材。

本书分为三部分。绪论（第 1 章）介绍了移动通信的发展历程以及 5G 的愿景与需求、系统架构与关键技术、应用与标准化等。技术篇（第 2—10 章）以 5G 无线接入网、核心网、能力增强等方面的关键技术为主线，首先从无线接入网层面详细讲解了 5G 信道编码、调制与多址、大规模 MIMO、超高频段无线传输技术、无线组网技术等；然后从核心网层面分析了 5G 网络架构及其演进、核心网关键技术及流程等；最后从 5G 能力增强层面探索网络切片与边缘计算、网络安全及 AI 等在 5G 中的应用。应用篇（第 11—14 章）论述了 5G 在行业中的广泛应用，对车联网、工业互联网和智慧医疗的典型应用场景展开剖析，使学生了解业界形态，激发学生的应用创新思维，让学生真切感受到 5G 就在我们身边，正深入改变着人类社会。

本书的编写汇集了多位专家学者的智慧，邀请了刘韵洁院士、邬江兴院士、尹浩院士、费爱国院士、陆军院士、苏东林院士担任顾问专家，他们对本书的学术观点、技术方向以及内容组织都提出了极具价值的意见和建议。本书主编张平院士从教学理论、学术研究、行业应用等多角度系统地进行了顶层设计，全程参与撰写和校审工作。本书第 1 章由许文俊、张治编写，第 2 章由张朝阳、刘元玮编写，第 3 章由高西奇、尤力、卢安安编写，第 4 章由陈智、张建华编写，第 5 章由许晓东编写，第 6 章、第 7 章和第 8 章由段晓东、孙滔编写，第 9 章由黄开枝、钟州编写，第 10 章由崔琪楣编写，第 11 章由黄宇红、张龙编写，第 12 章由魏晨光、刘玮编写，第 13 章由黄宇红、肖善鹏编写，第 14 章由黄宇红、丁海煜编写。由崔琪楣负责全书的编写组织、协调和统稿工作。本书在写作过程中还得到了刘宜明、周游、易鸣、张波、刘超、魏彬、马帅、杨博涵、张剑寅、孙晓文、丁韩宇、杨峰、陈佳媛、王伟、李玲香、孙梦颖等的大力支持和协助。

中国通信学会承担了本书编写的组织工作，中国科学技术出版社承担了本书的出版发行工作，借此机会一并表示感谢。整理、撰写、校订书稿对于编写组也是一个学习的过程，由于时间、知识结构和精力有限，书中难免出现错误或疏漏，如有不妥之处，恳请广大读者批评指正，以便编写组继续学习、完善本书。

主编张平和编写组全体成员

2021 年 5 月

目 录

技术篇

应用篇

第1章 绪 论

随着人类科技时代的变革，移动通信技术也在不断进步。从蒸汽时代传递"人"、电气时代传递"能源"、信息时代传递"信息"到智能时代传递"万物"，移动通信逐步进入人类生产活动的中心，改变着社会和人类自身。第五代移动通信系统（The 5th Generation Mobile Networks，5G）技术对第四次工业革命的使能作用使国际社会非常重视 5G 的发展，我国也在《2017 年政府工作报告》中明确提出加快 5G 等技术研发和转化，大力发展核心技术，做大做强产业集群。

移动通信作为技术科学的重要特点是其理论突破、技术创新和工程实现是产业化的必要前提。170 多年前，电磁波理论的突破帮助人类摆脱"通信靠吼"的时空制约，为通信插上腾飞的翅膀，开启了电信新时代；70 多年前，经典信息论的突破帮助人类看清移动通信的演进方向，为"自由通信"插上腾飞的翅膀，开启了数字新时代。

在理论指导下，经过全世界科技工作者的合作攻关，5G 终于在全球拉开了应用的序幕，我国也于 2019 年进入 5G 商用元年。我国在"新基建"国家战略驱动下，5G 将从面向消费者的移动互联网业务转向面向具有更大垂直行业应用空间的工业互联网业务。实现这一伟大转变的意义在于 5G 对于我国各行各业的数字化升级转型将会产生非常深远的影响。

本章将分四节分别介绍 5G 的发展历程、5G 愿景与需求、5G 概述和 5G 研究与标准化。

1.1 节主要介绍了移动通信的发展历程，简述了电磁波理论、经典信息论等移动通信的理论基础，并结合数字通信系统的概念概括介绍了移动通信系统特征和移动通信系统支撑技术。

1.2 节针对 4G 面临的挑战，重点介绍了 5G 愿景与需求，并简述了国际电信联盟提出的 5G 八大关键技术指标。

1.3 节概述 5G，包括 5G 架构、5G 频谱与无线接入网技术、5G 核心网技术以及 5G 能力增强技术。同时，探讨了 5G 赋能垂直行业的应用场景。

1.4 节主要介绍了 5G 研究与标准化，包括国际标准化组织、地区和国家标准化组织以及我国移动通信标准化之路。

1.1 移动通信的发展历程

大家知道，手机、电脑等已成为人与人之间沟通联系的必备设备。在这些设备出现前，古人用自己的智慧探索着信息传递的手段。虽然古时的很多通信手段和现在移动通信一样都是"无线"的，但却无法打破空间阻隔，消息的远距离传输需要漫长的等待，使得诗圣杜甫不禁发出"烽火连三月，家书抵万金"的感叹。

从"书信"到"电信"的发展过程中，人们尝试了各种通信方式，最初使用多样化的表达方式传送信息，如鼓声传令、烽火狼烟、飞鸽传信等；后来，演变为电报等方式进行通信，在一定程度上解决了远距离快速通信的难题，但通信的可用性和可靠性仍十分低下。例如，在泰坦尼克号沉船事件中，由于电报通信不畅，事故船只没有及时收到周围船只的冰川预警信息，同时也未能成功向距离最近的船只发送求救信号，造成了历史悲剧。再后来，更加便捷的通信方式——模拟电话出现了，但由于传输的是模拟信号，而且加密措施相对简单，如果信号被截取，很容易被还原成语音，造成了通信安全的巨大隐患。为了改变此状态，经过科技人员的长期努力，特别是近四十年来，通信中信息的承载形式从模拟话音到如今的各种图片、视频等，发生了巨大变化。

本节将对移动通信的演进历程、理论基础和系统技术等进行概述。

1.1.1 移动通信演进历程

移动通信最初的设想是实现任何人在任何时间、任何地点以任何信息形态与任何人进行可靠通信。这种通信方式摆脱了固定电话对于接听方地点的束缚，使得人可以在车载、步行等移动状态下通信，实现人类"自由通信"的夙愿[1]。

移动通信系统的原型可追溯到 1928 年前后美国底特律警察使用的专用车载移动通信系统，该系统属于专用系统，并没有商用。第二次世界大战之后，军事移动通信技术逐渐被应用于民用领域，美国推出了改进型移动电话系统，采用大区制，即在其覆盖区域中心采用高架天线（一般高达 30m 以上）、设置高功率发射基站（50~200W），信号覆盖范围为 30~50km，如图 1-1（a）所示。大区制移动通信系统无线网络结构简单，但是容量十分有限，随着民用移动通信用户数量的增加，无法满足人们语音通信的需求。为了解决大区制一定地理区域内有限容量供给与不断增长的用户数之间的矛盾，美国贝尔实验室提出了小区制、蜂窝组网理论，在移动通信发展史上具有里程碑意义，是现代移动通信发展的基础。

蜂窝组网的基本思想是采用多个低发射功率的基站来代替单个高发射功率基站，每一个基站只服务于移动通信网络内的某一个小覆盖区域。更小的覆盖区域缩小了用户与基站之间的距离，可以进一步提升一定地理区域内的用户容量，同时降低手机向基站发射信号时的能量消耗。如图1-1（b）所示，由于网络中各基站的信号覆盖区域形状很像蜂窝，一般将这种系统称为蜂窝移动通信系统。

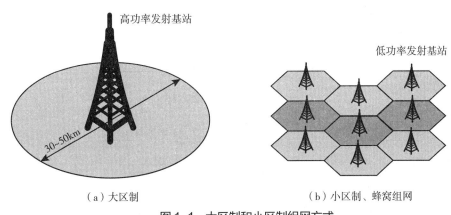

高功率发射基站

低功率发射基站

30-50km

（a）大区制　　　　　　　　　（b）小区制、蜂窝组网

图1-1　大区制和小区制组网方式

在日益丰富的移动无线业务需求和不断普及的智能移动设备等驱动下，蜂窝移动通信系统从20世纪80年代后期至今，大约每10年就经历一次标志性的技术创新（图1-2）。在20世纪90年代，仅支持模拟话音服务的第一代移动通信系统（1G）退出历史舞台，现今移动通信系统在兼容第二代、第三代和第四代移动通信系统的基础上，已进入5G商用阶段。

1978年，美国贝尔实验室成功研制了先进移动电话系统（Advanced Mobile Phone System，AMPS），标志着以模拟式蜂窝网为主要特征的1G系统正式登上历史舞台。在20世纪七八十年代，各国纷纷建立起各自的1G系统，如英国的改进型总接入通信系统（Total Access Communication System，TACS）以及北欧移动电话系统（Nordic Mobile Telephone，NMT）等。我国1G采用的是英国TACS制式，于1987年11月18日在广东第六届全运会上开通并正式商用。1G模拟蜂窝系统容量十分有限，仅支持语音通话业务，不能提供数据和漫游服务。

在20世纪90年代初，以数字化为特征的第二代移动通信系统（2G）在全球范围内开始广泛部署。2G系统主要包括欧洲提出的全球移动通信系统（Global System

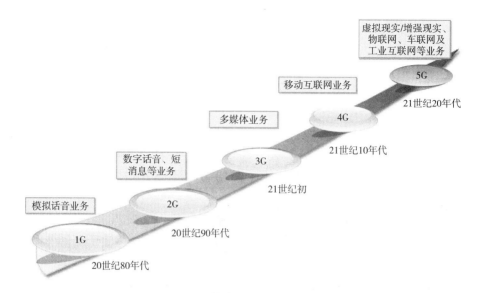

图1-2　蜂窝移动通信发展历程

for Mobile Communication，GSM）和美国提出的 IS-95 系统。相比 1G，2G 在性能和容量上得到了显著提升，改善了语音质量和保密性。但是，由于不同制式的原因，国际移动通信标准不完全统一，用户只能在同一制式覆盖的范围内进行漫游，全球漫游业务仍没有实现。此外，由于 2G 系统的带宽有限，极大限制了数据业务的应用，无法提供移动多媒体等高速数据业务。

互联网的发展促进了数据和多媒体通信业务的快速发展，第三代移动通信系统（3G）以多媒体业务为主要特征，自 21 世纪初走向商用。1988 年，我国独立提出了时分同步码分多址（Time Division-Synchronous Code Division Multiple Access，TD-SCDMA）标准，被国际电信联盟（International Telecommunication Union，ITU）列为 3G 标准之一，是中国通信行业自主创新的重要里程碑。相比 1G 和 2G，3G 从以语音业务为中心的移动通信系统逐步转向以数据业务为中心的移动通信系统，实现了真正意义上的移动多媒体通信。

2008 年 3 月，ITU 规定了第四代移动通信系统（4G）标准的一系列要求，被称为高级国际移动通信（International Mobile Telecommunication-Advanced，IMT-Advanced）规范[2]。与此同时，第三代合作伙伴计划（The 3rd Generation Partner Project，3GPP）标准化组织展开了 4G 标准制定工作，所提出的高级长期演进技术（Long-Term Evolution Advanced，LTE-A）于 2009 年年底被正式作为候选 4G 方案提交给 ITU。4G 系统于 2010 年迅速普及商用，实现了宽带移动互联网通信，极大地满足了用户的数据业务需求。

纵观移动通信的发展历程，经济和社会进步触发的通信需求是移动通信系统不断演进的原始驱动力，现今移动通信系统有效协同 2G/3G/4G 网络融合发展，并逐步完善 5G 网络的商业部署。随着经济和社会的不断进步，移动通信业务需求将持续高速增长，人们对未来移动通信系统更加期待。

1.1.2 移动通信理论基础

随着现代信息科技水平的飞速发展，移动通信经历了从 1G 到 4G 的演进过程，如今 5G 已然商用。从固定电话、移动电话到视频电话、虚拟现实通话，移动通信的发展拉近了人与人之间的距离，促进了社会经济进步。那么，移动通信背后的理论基础是什么呢？下面讲述移动通信的两大关键理论基础——电磁波理论和经典信息论。

1. 电磁波理论

移动通信的物理实现建立在电磁波理论基础之上。1865 年，英国人麦克斯韦结合前人成果总结出麦克斯韦方程组，从理论上揭示了电与磁的完美统一，预言了电磁波的存在，并且推导出电磁波的传播速度等于光速。1888 年，德国人赫兹通过实验验证了电磁波的存在，证明电磁波以光速越过空间传播，为移动通信奠定了物理实践基础。1901 年，意大利人马可尼成功进行了跨越大西洋长达 3000 多千米的无线电传输实验。电磁波理论为移动通信奠定了坚实的物理基础，开启了人类移动通信的新时代。

2. 经典信息论

移动通信的信息传输建立在经典信息论基础之上。如图 1-3 所示，以一个简单的移动通信系统为例：接收端用户不知道明天是否需要上课，发送端用户将"明天上课"的消息转换为二进制的信息流（数字通信系统需要把消息转换为 0、1 比特，见 1.1.3 节），并利用电磁波承载信息，通过信道传递给接收端用户，接收端用户因

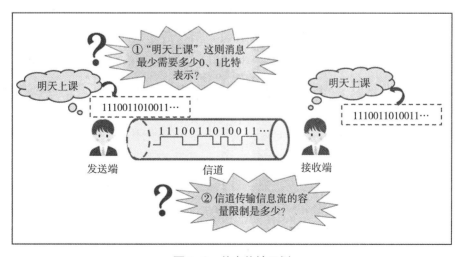

图 1-3 信息传输示例

此知道了"明天上课"。这其中涉及两个根本性问题——①信息度量问题:"明天上课"这则消息最少需要多少0、1比特表示?②信道容量问题:从物理意义上容易理解移动通信系统传输信息会有最高速率限制,那么,信道传输信息流的容量(最高速率)限制是多少?

以香农(Shannon)信息论为代表的经典信息论对信息度量、信道传输容量等问题做出了科学回答。1948年,香农的《通信的数学理论》论文发表,宣告了一门崭新的关于信息发展的理论基础学科——信息论的诞生。1949年,香农又发表了另外一篇著名论文《噪声下的通信》。两篇论文成为信息论的奠基性著作。在上述两篇论文中,香农阐明了通信的基本问题,给出了通信系统的模型(见1.1.3节)及信息定量度量的数学表达式。下面将简单介绍香农信息论中信息度量和信道传输容量两大重要理论模型——信息熵和香农容量公式。

熵的概念来源于热力学,热熵的物理意义是体系混乱程度的度量,热熵越大,说明体系越混乱。如图1-4所示,分子运动状态总是朝着无序的方向发展,分子有序状态下热熵小,无序状态下热熵大。热熵可以反映系统的不确定性,假设首先观察封闭容器内分子的运动规律,然后伸手去拿深色分子,在无序状态下拿到深色分子的不确定性更大,所以无序状态下热熵也更大。信息熵表达的含义与热熵类似,事件的不确定性越大,信息熵越大。接下来,将简单探讨信息的不确定性和信息熵的由来。

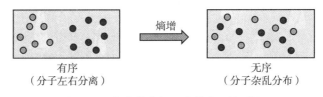

有序　　　　　　　　　　无序
(分子左右分离)　　　　(分子杂乱分布)

图1-4　有序状态与无序状态下熵对比

香农指出"信息是用来消除不确定性的东西"。在通信系统中,接收端未收到信息前无法知晓发送端发出了什么,只有在收到信息后才能消除通信前存在的不确定性。例如,在图1-3中,接收端获取了"明天上课"的信息,消除了对"是否上课"这件事的不确定性。因此,通信后接收端获取的信息量等于通信前后不确定性的消除量。

那么,这种"不确定性"如何度量呢?是否可以用数学公式来表示?我们知道不确定性与"多种结果的可能性"相联系,在数学上这些"可能性"可以使用概率来度量。香农信息论研究的正是概率信息,也就是基于概率对信息的不确定性进行度量。简单来说,信息量的大小跟随机事件发生的概率相关。越不确定(小概率)的事情发生,其产生的信息量越大,如武汉暴发新冠肺炎;而越确定(大概率)的事情发生,其产生的信息量越小,如太阳从东方升起(肯定会发生,没有任何信息量)。

香农正是基于离散随机事件的出现概率定义了信息熵 $H(X)$，并从数学上严格证明了随机变量不确定性度量函数具有唯一形式，即用随机事件出现概率的对数负值的期望来表示：

$$H(X) = -\sum_{x \in X} p(x) \log p(x) \tag{1.1}$$

根据信息熵公式，可以看出确定性事件发生所产生的信息量为 0，如太阳从东方升起的信息熵 $H = 0$。为更好地理解信息熵公式，再举一个天气是否下雨的例子，如果说明天有 50% 的可能性会下雨，则"明天是否下雨"的信息熵为

$$-\frac{1}{2}\log_2\left(\frac{1}{2}\right) - \frac{1}{2}\log_2\left(\frac{1}{2}\right) = 1 \text{ 比特／符号}$$

如果说明天有 90% 的可能性会下雨，则"明天是否下雨"的信息熵为

$$-\frac{1}{10}\log_2\left(\frac{1}{10}\right) - \frac{9}{10}\log_2\left(\frac{9}{10}\right) = 0.47 \text{ 比特／符号}$$

可以看出，随着事件发生不确定性的减少，该事件的信息熵（发生以后带来的信息量）减少。

信息熵 $H(X)$ 的提出第一次定量描述了信源（通信系统中信息的来源，香农将信源建模为随机事件或随机过程）的不确定性，即信源所蕴含信息量的多少，解决了信息的度量问题。它在数学上量化了移动通信系统中信源的信息量多少，引入了比特（bit）概念，从此信息有了现在广为人知的度量单位，移动通信系统的设计也从工程问题转变为真正的科学问题。

在提出信息熵这一具有划时代意义的概念之后，香农为了解决通信系统信道传输容量问题，又提出了通信领域最为著名的公式之一——香农信道容量公式[1]：

$$C = W \times \log_2(1+S/N) \tag{1.2}$$

其中，W 表示信道带宽（赫兹），S 是所传输信号的平均功率（瓦特），N 是高斯噪声功率（瓦特），S/N 表示信噪比。信道容量的单位是比特／秒（bit/s），现已成为家用宽带、手机网速等的基本单位，由此可以感受香农开创性工作的划时代意义。

香农容量公式的提出解决了前面提到的信息传输容量限制问题，从理论上给出了加性高斯白噪声信道[2]的容量限制，即在被高斯白噪声污染的信道中信息能够无差错传输的容量——信息传输速率上限，为移动通信系统的设计及演进指明了方向

---

[1] 信道是信息传输的通道，是一个逻辑抽象出来的概念。在移动通信系统中，就是电磁波从发送端到接收端之间构成的信息传输通道。

[2] 加性高斯白噪声在通信领域中指的是一种功率谱密度函数是常数（即白噪声）且幅度服从高斯（正态）分布的噪声信号，因其可加性、幅度服从高斯分布且为白噪声的一种而得名。

（见 1.3.2 节）。如图 1-5 所示，类似交通系统中每条道路都有交通流的容量，香农容量公式给出了通信系统中经由信道传输的信息流容量，超过容量，信息传输就会出现差错，类似交通流量过大导致交通异常（拥塞、事故等）。

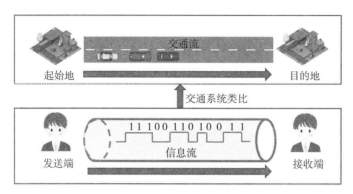

图 1-5　通信系统与交通系统类比

信息熵的提出第一次对信息量进行了客观度量，香农信道容量公式的提出为移动通信国际频谱规划、信道编码、调制等移动通信系统关键技术奠定了理论基础，指引移动通信系统朝着更高级的方向演进。因此，以香农信息论为代表的经典信息论开创了信息与通信领域研究的新纪元。

正是得益于麦克斯韦、香农等科学伟人的理论开拓，才有了移动通信系统欣欣向荣的发展景象。因此，电磁波理论和经典信息论是移动通信发展过程中的不朽基石。

1.1.3　移动通信系统概述

随着数字技术的兴起，1G "大哥大" 已经退出历史舞台。从 2G 之后，移动通信系统都属于数字通信系统。下面首先介绍数字通信系统，以实现对通信架构的整体认识，然后介绍移动通信系统的特征及支撑技术。

1. 数字通信系统

众所周知，通信过程是将发送端的信息传递到接收端的过程。那么，我们的数字通信系统如何实现该过程呢？以生活中的交通运输系统为类比，交通运输系统实现将货物从发货方（出发地）运输到收货方（目的地），数字通信系统和交通运输系统有很多类似之处，具体类比如图 1-6。

在信息发送阶段，信源数据通过信源编码、信道编码、调制等一系列信息处理，变成可以高效、可靠传输的电磁波信号。

（1）信源编码技术

信源编码技术的作用主要包括以下两方面：首先，当信源是模拟信号时，信源编码技术将其转换为数字信号；其次，考虑信息传输的有效性，信源编码技术需要

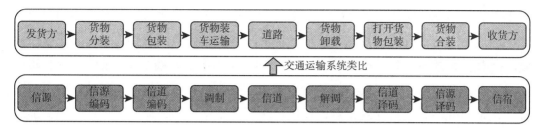

图 1-6 数字通信系统与交通运输系统类比

尽可能地去掉冗余信息，使传输的信息尽量简短（在信息熵理论指导下，将信源输出符号序列变换为最短的码字序列），如同货物运输过程中将货物进行紧密分装，使得运输效率最高。

（2）信道编码技术

无线信号容易受到复杂传播环境带来的影响，需要借助信道编码技术对传输的信息码元按一定规则加入冗余信息（监督码元），以保证信息完好地从发送端传输到接收端。信道编码技术使得传输的码字拥有了检错和纠错的能力，即使在传输过程中信息出现了错误，也可以根据编码规则检查并纠正错误。以货物运输过程为类比，遥远路途的颠簸可能会造成货物的损坏（无线信号传输受复杂传播环境影响会出现差错），因此需要包装货物以减少损失（采用信道编码技术）。

（3）调制技术

由于低频信号难以传播到很远的距离，调制技术采用二进制的低频数字信号"1"或"0"控制高频载波的参数（振幅、频率和相位），通过高频载波实现信号的远距离传输。如同货物运输过程中货物（信息）利用交通工具（高频载波）装载，可以运输到非常远的距离。不同的交通工具（调制方式），其运输的货物（信息）量大小和运输效率不同。

信息接收阶段可以看作是信息发送阶段的逆过程。首先，利用**解调技术**，根据接收到的已调信号参量变化恢复原始的低频基带信号，类似货物卸车过程；其次，利用**信道译码技术**，将解调的信息码元按一定规则进行译码，在译码过程中发现错误或纠正错误，恢复原始信息码元，如同打开货物包装的过程；最后，利用**信源译码技术**，根据一定的规则无失真地将码元恢复出原来的符号序列，如同分装货物的重组过程。

由以上分析可以看出，信源编译码、信道编译码以及数字调制解调技术都是数字通信系统中必要的组成部分，同时也是现代移动通信系统十分重要的关键技术，详细内容将在第 2 章进行讨论。

2. 移动通信系统特征

移动通信是指通信双方至少有一方在移动中（或者临时停留在某一非预定的位

置上）进行信息传输和交换，包括移动体和移动体之间的通信以及移动体和固定点之间的通信。与传统通信相比，移动通信的传输信道必须使用开放式的无线电波传输，其代价是牺牲了优质全封闭式的有线信道（电缆、光缆等），通信容量和质量不可避免地会下降。与无线通信（静止状态或准静止状态）相比，移动通信不仅受无线信道时变性和随机性的影响，还进一步引入了用户的移动性，实现起来更加复杂，通信性能更差。

如前所述，移动通信的信息传输需要借助无线电波传播实现。如图 1-7 所示，从电磁波传播来看，可以分为直射波、反射波、绕射波。一般情况下，相对于直射波，反射波、绕射波都比较弱。针对无线电磁波的传播特性，移动通信信道具有三种不同层次的损耗：路径传播损耗、慢衰落和快衰落[1]，同时还存在四种不同类型的效应，即阴影效应、多径效应、远近效应和多普勒效应[2]。

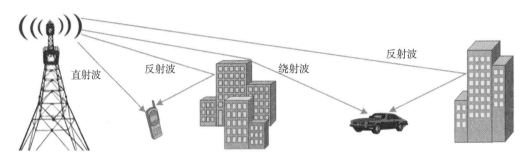

图 1-7　电磁波传播过程

移动通信信道的三大损耗与四大效应息息相关。信号在传输过程中不仅会产生路径传播损耗，受地形、地物影响，信号的传播也将随时发生变化。例如，受建筑物阻挡造成的阴影效应会使信号发生慢衰落；多径效应会使信号发生快衰落，即信号幅度出现快速、深度衰落，致使接收信号场强的瞬间变化达 1000 倍以上。信号在传输过程中还会产生远近效应，即由于用户终端的随机移动特性，即使各用户终端的发射信号功率相同，到达基站时的信号强弱也会有所不同；当用户终端处于高速移动时（如车载通信），还会产生多普勒效应。总体来说，信号传播损耗由大范围的路径传播损耗、中范围的阴影慢衰落和小范围的多径快衰落共同决定（图 1-8）。

----

① 路径传播损耗是指由于发送端与接收端的传播环境造成的损耗，而衰落是指信号强度随着发送端与接收端距离变化而产生的衰减。其中，慢衰落指由于传播路径中建筑物等阻挡造成的衰落，快衰落指传播过程中发射机与接收机由于相对位置变化造成的衰落。

② 阴影效应是指用户在移动过程中当大型建筑物等对电磁波传输路径造成阻挡时，信号强度不断发生变化的现象；多径效应指电磁波经过不同长度路径传播后，到达接收端时间不同，导致信号失真甚至错误的现象；远近效应是指在移动过程中，近处的用户终端对远处的用户终端造成干扰的现象；多普勒效应是指电磁波在相对接收端移动时，接收频率会发生改变的现象。

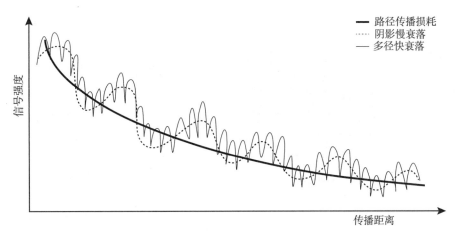

图1-8 移动信道传播损耗模型

由于传播损耗主要取决于传播的环境与条件，很难从理论角度推演出一个精确、完整的公式。因此，在工程上一般采用一些经验公式与模型，如奥村－哈塔（Okumura-Hata）模型、室内传播模型等。同时，因"移动"形成的系统特征而引发信息传输的一系列问题，需要采用相应的技术加以解决。

3. 移动通信系统支撑技术

由上可以看出，移动通信的运行环境十分复杂，无线电波的传播特性受到诸多因素影响。同时，移动通信系统必须面对的一个问题是如何支持大量移动用户的同时接入。针对该问题，下面将介绍移动通信系统的主要支撑技术。

（1）蜂窝小区划分和频率复用技术

小区制将服务区分成许多较小的区域（蜂窝），用小功率发射机来覆盖每个小区，通过许多小区的集合实现整个服务区域的覆盖。根据电磁波理论和经典信息论，当容量不够时，可以通过划分出更多的蜂窝、缩小蜂窝范围提升用户容量，这正是后面第5章将要介绍的5G超密集组网（Ultra Dense Network，UDN）技术的基本设计思想。为了提高频谱利用效率（简称"频谱效率"），移动通信系统把可用频谱划分为多个正交的（信道）频率，频率复用（Frequency Multiplex）技术可以支持处于不同地理位置上的用户同时使用相同的信道频率进行通信。为了避免同频信道间的干扰，必须恰当地在整个服务区域内分配、配置信道频率。如图1-9所示，用数字1~7分别表示不同的信道频率。为了避免电磁波相互干扰，仅当两个蜂窝小区相隔足够远时，才可以使用同一组信道频率。

（2）切换技术

切换是指用户从一个基站覆盖区移动到另一个基站覆盖区，或是由于外界干扰而切换到另一个基站覆盖区的过程（图1-10）。在蜂窝移动通信系统中，切换是保证移

图1-9　频率复用

动用户在移动状态下通信不间断以及适应移动信道衰落特性的必不可少的措施。值得注意的是，为了均衡服务区内各小区的业务量，避免用户过多引起的小区呼损率提高，网络可以主动发起切换。切换技术可以优化无线资源（频率、时隙、码字）的使用，还可以降低用户的功率消耗和网络内的干扰。

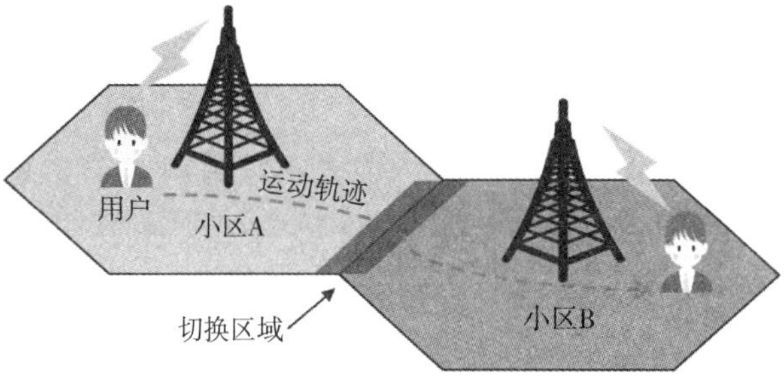

（3）多址接入技术

移动通信系统以信道来区分通信对象。在5G以前，每个信道通常只容纳一个用户进行通信，许多用户同时通信则以不同的信道加以区分，通过多个信道实现许多用户同时接入需要采用

图1-10　用户切换过程

多址技术。如图1-11所示，在移动通信系统中，多址接入技术主要实现不同用户占用不同的移动通信系统信道进行同时通信且尽可能减少干扰。

1G至4G系统中均采用了正交多址接入技术，如1G使用了频分多址接入（Frequency Division Multiple Access，FDMA）技术、2G主要使用了时分多址接入（Time Division Multiple Access，TDMA）技术[1]、3G使用了码分多址接入（Code Division Multiple Access，CDMA）技术、4G使用了正交频分多址（Orthogonal Frequency Division Multiple Access，OFDMA）技术等。具体来说，如图1-12所示，在基于FDMA的1G系统中，所分配的频谱被划分为许多称为信道的子带，每一个用户占用一个信道；在基于TDMA的2G系统

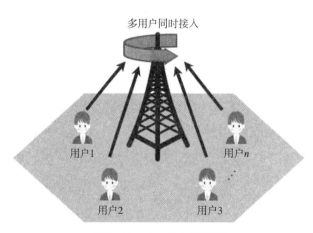

图1-11　多址接入示意图

---

① 在2G中，大多数移动通信系统采用了TDMA技术，仅IS-95系统采用了CDMA技术。

中，若干用户共用相同的频带，采用占用不同时隙的方法进行用户区分；在基于CDMA 的 3G 系统中，若干用户共用相同的时隙、频带，采用占用不同码字的方式进行用户区分；在基于 OFDMA 的 4G 系统中，则将频带划分成正交的互不重叠的一系列子载波集（对应不同的子带），在不同时隙将不同的子载波集分配给不同的用户实现多址。随着移动通信系统的演进，新出现的多址方式实现了频谱利用效率的不断提升（见 2.3 节）。

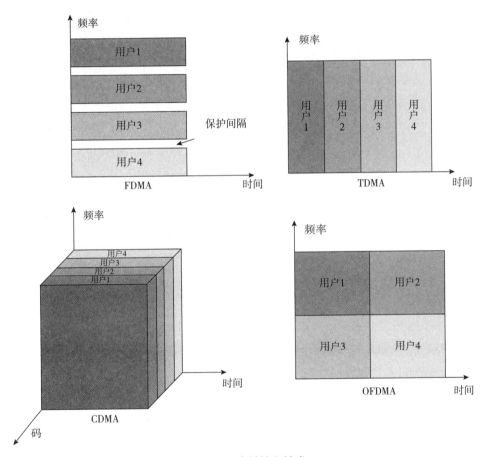

图 1-12 多址接入技术

1.2 5G 愿景与需求

1.2.1 4G 面临的挑战

自 2010 年以来，4G 的广泛商用极大地满足了用户的多媒体业务需求。然而，随着智能手机、平板电脑、可穿戴设备等智能终端大量普及，虚拟 / 增强现实、超高清视频、交互类应用等各种移动服务日益丰富，终端 / 用户 / 应用等对移动通信的性能指标提出了更高要求，促进了通信方式和目标的多元化[3]。

一方面，在移动互联网领域，面向2020年及未来，超高清、3D和浸入式视频的流行将会驱动数据速率大幅提升，如8K（3D）视频经过百倍压缩之后传输速率仍需要大约1Gbps，但4G系统远远不能满足需求。增强现实、云桌面、在线游戏等交互类移动业务需要快速响应能力，不仅对上下行数据传输速率提出挑战，也对时延提出了"无感知"的苛刻要求，4G系统难以支撑。未来大量的个人和办公数据将会存储在云端，海量实时的数据交互需要超高的传输速率、超低的时延以及随时随地的宽带接入能力，都对4G系统提出了更高的要求[3]。

另一方面，各种垂直行业和移动通信的融合，尤其是物联网行业，将为移动通信技术的发展带来新的机遇和挑战。物联网业务带来海量的连接设备，服务对象涵盖各行各业，与行业应用的深入结合将导致应用场景和终端能力呈现巨大的差异。物联网行业用户提出的灵活适应差异化、支持丰富无线连接能力和海量设备连接的需求，现有4G技术无法支撑。此外，控制类业务不同于视听类业务（听觉100ms，视觉10ms）对时延的要求，如车联网、自动控制等业务对时延非常敏感，要求时延低至毫秒量级（1ms）才能保证高可靠性。

上述4G难以应对的挑战将在5G中得到全方位考虑并加以实现，汇聚成5G"万物互联"宏大愿景。

1.2.2 5G愿景

5G将渗透到未来社会的各个领域，以用户为中心打造面向业务应用和用户体验的通信网络。同时，5G将不再局限于传统的人与人通信，而是将范围拓展到人与物、物与物的通信，极大拉近人与万物的距离，迈入"万物互联"时代。5G也将更广泛地与各类垂直行业深度融合，不断催生垂直行业新型应用，车联网、智能穿戴、智能家居、智慧城市、智慧农业、智慧牧业等蓬勃发展。

总体来说，面向2020年及未来，5G网络业务承载将呈现"用户中心、泛在连接、开放生态、绿色安全"的特点，最终实现"信息随心至，万物触手及"的总体愿景（图1-13）。

我国于2014年发布的《5G愿景与需求白皮书》定义了连续广域覆盖、热点高容量、低时延高可靠、低功耗大连接四类主要应用场景[3]。2015年6月，ITU-R WP5D完成了5G愿景建议书，定义5G系统将满足增强移动宽带（Enhanced Mobile Broadband，eMBB）、低功耗大连接（Massive Machine Type Communications，mMTC）、低时延高可靠（Ultra-reliable Low Latency Communications，URLLC）三大场景（图1-14）。

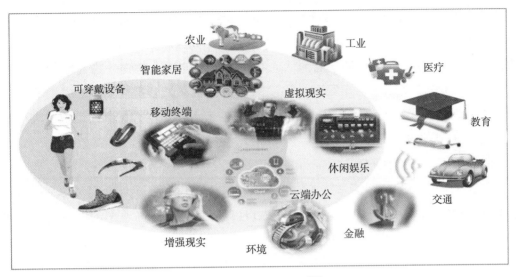

图 1-13 5G 愿景[3]

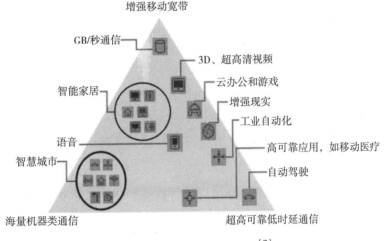

图 1-14 ITU 定义的 5G 三大场景[7]

总体而言，我国与 ITU 分类一致，均可分为移动互联网和物联网两大类场景。在移动互联网场景下，5G 可以为用户提供丰富的媒体类业务，如超高清视频、虚拟现实、增强现实、云桌面、在线游戏等。同时，5G 还将渗透到物联网及各类行业领域，与工业设施、医疗仪器、交通工具等深度融合，有效满足工业、医疗、交通等垂直行业的多样化业务需求，实现真正的"万物互联"[4]。

1.2.3 5G 需求

5G 的需求主要来自移动互联网和物联网。一方面，智能终端的迅速普及，使得移动互联网在过去的几年中飞速发展，面向 2020 年及未来，移动互联网将推动人类社会信息交互方式的进一步升级，为用户提供增强现实、虚拟现实等更加身临其境的极致业务体验，从而带动未来移动流量的超高速增长；另一方面，物联网的快速发展使得移动通信的服务范围从人与人通信延伸到人与物、物与物的智能互联，面向 2020 年及未来，车联网、移动医疗、智能家居、智慧工厂等应用的爆发式增长将带来千亿级的设备连接，为移动通信带来无限生机。在保证设备低成本的前提下，5G 需要满足以下需求。

（1）服务更多的用户

根据 ITU 发布的全球信息技术数据显示，截至 2018 年，全球蜂窝移动签约用户已经超过全球人数。其中，全球 90% 的人口可通过 3G 或更高速率的网络接入互联网[5]。与此同时，随着移动互联网应用和移动终端种类的不断丰富，预计到 2023 年，全球将有 53 亿互联网用户，人均将有 3.6 个连接设备，且 5G 平均连接速度将达到 575 Mbps[6]，这就要求 5G 能够为超过 50 亿的用户提供高速的移动互联网服务。

（2）支持更高的速率

新型移动业务的不断涌现带来了移动用户对数据量和数据速率需求的迅猛增长。据 ITU 发布的数据预测，相比于 2020 年，2030 年全球的移动业务数据量将飞速增长，达到 5000EB/ 月[7]。相应地，5G 应能够为用户提供更快的峰值速率，从而满足移动业务的需求。例如，8K 超高清视频业务普遍需要达到 135Mbps 以上的传输速率。

（3）支持无限可靠的连接

无所不在的覆盖、稳定的通信质量是对移动通信系统的基本要求。随着移动互联网、物联网等技术的进一步发展，5G 将支持人与人、人与物、物与物之间的通信。到 2023 年，全球物联网的连接数将占全球连接设备的一半，达到 147 亿[6]。在这个庞大的网络中，由于无线通信环境复杂多样，仍存在很多场景覆盖性能不够稳定的情况，如地铁、隧道等。5G 网络要求在典型业务下，可靠性指标达到 99% 甚至更高。

（4）提供个性的体验

5G 网络将推出更为个性化、多样化、智能化的业务应用。例如，汽车驾驶应用要求为用户提供毫秒级的端到端时延，社交网络应用需要为普通用户提供永久的在线体验以及为高速移动场景下的用户提供全高清 / 超高清视频的无缝业务体验。

（5）保障业务的安全

由于社交网络的迅速发展和网络扁平化的趋势，数据泄露等安全问题日益严峻，需要 5G 提供更为严格的安全保障，不仅能够满足互联网金融、安防监控、安全驾驶、移动医疗等的极高安全要求，也能够为大量低成本物联网业务提供安全解决方案[3]。

因此，面向 2020 年及未来，5G 系统应在低成本的前提下，为更多的用户提供更高的数据速率、更安全可靠的数据传输以及更好的个性化定制体验。

1.2.4 5G 性能指标

为了满足上述需求，全球各国已陆续开展针对 5G 的研究与部署。如图 1-15 所示，ITU 提出了 5G 的八大技术指标，包括峰值速率、用户体验速率、频谱效率、移动性、时延、连接数密度、网络能量效率和流量密度[7]。

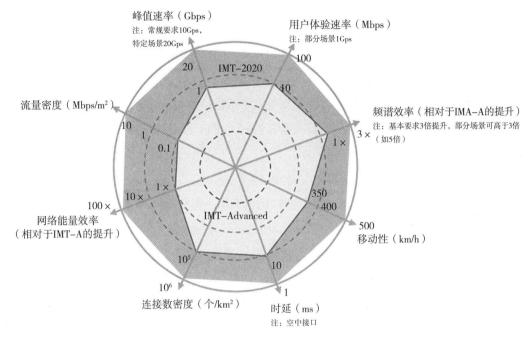

图 1-15 ITU 定义的 5G 八大技术指标[7]

相比 4G，5G 将支持 10~20Gbps 的峰值速率，0.1~1Gbps 的用户体验速率，毫秒级的端到端时延，每平方千米 100 万的连接数密度，每平方千米数十 Tbps 的流量密度以及每小时 500km 以上的移动速度。同时，5G 还需要大幅提高网络部署和运营的效率，相比 4G，频谱效率提升 3 倍以上，能效和成本效率提升百倍以上[2]。

1.3 5G 概述

1.3.1 架构

前述的 5G 愿景、需求和性能指标对 5G 系统设计提出了严峻挑战，迫使 5G 需要从系统架构整体变革或创新，进而赋能垂直行业应用[8]。5G 系统架构包含终端、无线网、承载传送网、核心网、能力增强、应用等领域。

5G 终端除了大家熟知的手机外，还可以是内置 5G 通信功能的无人机、机器人等多种形态。5G 无线网由负责用户无线接入的不同类型基站组网而成，通过无线电波在国际共同商定的频谱资源上为终端提供高速信息传输。承载传送网是移动通信系统的重要组成部分，负责 5G 无线网和核心网之间的有线连接和数据传输。5G 核心网是整个 5G 网络的中枢，提供用户开户、安全接入、计费、用户移动时的管理和控制等功能，还提供流量、语音、消息等典型的移动通信基础业务。5G 能力增强技术包括：在 5G 中引入网络切片（Network Slicing）技术，通过灵活的定制化建网方案实现不同行业组网；5G 安全技术建立以用户为中心的、满足服务化安全需求的安全体系架构等；5G 还与边缘计算（Edge Computing）、人工智能（Artificial Intelligence，AI）等技术深度融合、相互促进。5G 能力增强技术共同实现了网络定制化及智能化、服务安全化、能力开放化等。5G 作为新基建之首，其应用将从消费互联网拓展到产业互联网和物联网等领域，赋能智慧交通、智慧工业、智慧医疗、智慧娱乐、智慧城市、智慧农业、智慧教育等千行百业，为社会创新水平的整体跃升和生产力的跨越式发展奠定坚实基础。图 1-16 给出了 5G 系统架构的全貌，并依托架构标注了本书后续相应章节，方便读者查阅。

为了实现前述的 5G 愿景、需求和性能指标，5G 系统在诸多层面都进行了大幅变革或创新[8]，下面进行简单介绍。

1.3.2 频谱与无线接入网技术

频谱与无线接入网技术主要解决"终端—基站"的信息高效无线传递问题。其中，频谱资源是移动通信系统中无线网络的物理载体，很大程度决定了技术的选择与走向。与前几代移动通信系统相比，5G 频谱与无线接入网技术出现了巨大的改变或创新，使得其业务提供能力更加强大和丰富[9]。

1. 5G 频谱

5G 的愿景是实现"万物互联"，巨量的接入需求和严苛的通信指标使 5G 的频谱跨入了尚未开发的高频段——毫米波频段；同时，中低频段的"频谱重耕"带来了新的可用资源，最终 5G 形成了高中低频段共存的格局。

（1）移动通信的频谱发展

频谱是移动通信系统中无线数据传输的载体，与车流量受道路宽度、周边环境和其他车辆数量等因素影响类似，一条无线信道所能传输数据的容量受到频谱带宽、信噪比等客观物理条件制约，由前述的香农信道容量公式 $C = W \times \log_2(1+S/N)$ 确定。在给定信噪比条件下，信道容量与频谱带宽成正比。随着通信业务的爆炸式增长，用户速率要求的急剧提高，导致对移动通信系统的频谱需求也快速提升，引发中低频段异常拥挤。因此，移动通信系统的频谱不断向未被开发的高频段演进，以获得更宽的连续频谱，实现高速率、大容量通信。图 1-17 展示了移动通信的频谱演进过程，表 1-1 详细给出了历代移动通信的频谱规划情况。

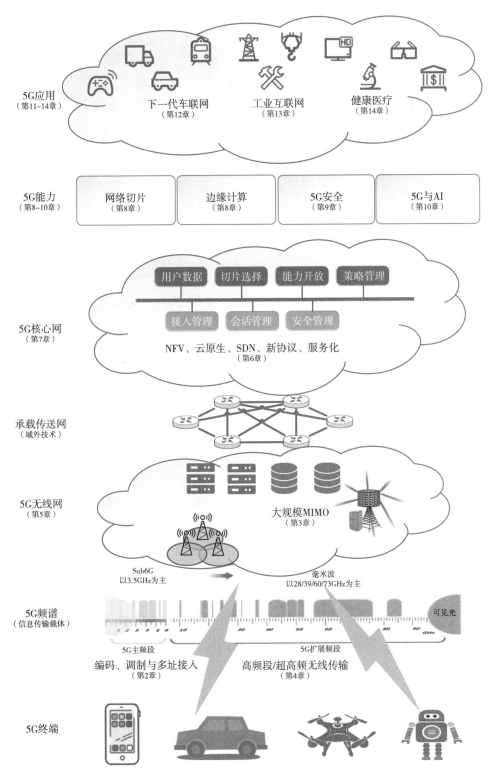

图1-16 5G系统架构

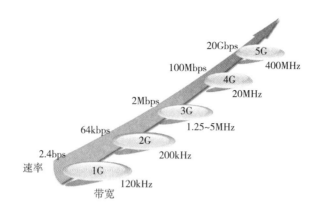

图 1-17　移动通信的频谱演进

表 1-1　我国移动通信系统频谱规划情况

1G	800/900MHz
2G	900MHz 附近共 50MHz，新增 1800MHz 附近共 170MHz
3G	1.9~2.1GHz 附近共 95MHz
4G	1.7~1.8GHz、1.9~2.1GHz 未用频段，新增 2.3~2.6GHz 附近共 190MHz，总计 320MHz，同时新增 800MHz、900MHz 频段重耕
5G	FR1（450MHz~6GHz）：2.5~2.7GHz、3.4~3.6GHz、4.8~4.9GHz 附近共 460MHz，同时新增 700MHz 以及 2G、3G 频谱重耕 FR2（24~52GHz）：24.75~27.5GHz、37~42.5GHz

注：$1GHz=10^3MHz=10^9Hz$，$1Gbps=10^3Mbps=10^6kbps=10^9bps$。

　　从上面图表可以看到，从 1G 到 4G，移动通信频段不断上移，才能满足业务速率等需求。然而，由于虚拟现实、增强现实、高清视频等应用在速率方面的超高要求，5G 亟需开辟更多频谱资源，而大部分 6GHz 以下频段均已划分殆尽，只能瞄准尚未完全开发、比较"干净"的高频段，以获得更多连续频谱支撑 5G "万物互联"时代的高速率需求。因此，以 24.25~27.5GHz、37~43.5GHz、66~71GHz 等频段为代表的毫米波频段加入了 5G 的频谱家族。

　　（2）5G 频谱规划

　　移动通信系统主要使用特高频～极高频（300MHz~300GHz），可以划分为低频段（3GHz 以下）、中频段（3~6GHz）、高频段（6GHz 以上）。为了满足终端设备国内 / 国际漫游等需求，有限的频谱资源通常需要国内 / 国际统一划分。因此，在每一代移动通信系统正式商用前，国际上都要进行频谱拍卖，然后由各个国家统筹规划，为国内运营商发放频谱牌照，从而确保有序通信。

　　高频段频谱具有极高的带宽，可以满足用户密集的热点地区对高体验速率及大系统容量的需求。然而，一切事物都具有两面性。根据麦克斯韦方程，在有电阻率的导体中，电磁波频率越高，衰减越快；此外，高频率电磁波的波长短，绕射能力差，覆盖范围小。根据估算结果，与在厘米波（Sub 6GHz）频段内部署 5G 网络相比，相同条件下，在毫米波频段内的覆盖率仅为 Sub 6GHz 频段的五分之一，从而导致基站部署成本过高。

此前，美国主推部署基于毫米波的 5G 网络，试图结合其在毫米波器件方面的优势扩大全球利益，并确保通信技术的全球领先地位。然而，由于美国忽视了高频电磁波局限性的影响，该计划以失败告终。美国政府用 97 亿美元买回卫星公司使用的 3.7~4.2GHz 频段，重新对电信公司拍卖，用于 5G 网络建设，这标志着美国 5G 毫米波方案的破产。我国以经典信息论、麦克斯韦方程等理论为指导，根据理论分析和客观规律，并结合移动通信现状，构建基于 Sub 6GHz 的 5G 网络。研究结果表明，只需在 4G 基站上加装 5G 基站即可实现 5G 网络的部署，显著节省了成本，加快了 5G 网络的部署进程。

下面从不同频段、不同国家的频谱规划等方面展开关于 5G 频谱规划的详细介绍。

中低频段规划

Sub 6GHz 频谱包括中低频段，其中低频信号具有波长较长、绕射穿墙能力较强、衰减较慢等优点，用于支持城市、郊区和农村等不同地区的网络覆盖，并支持物联网服务。然而，低频信号难以提供足够的带宽，不能满足未来爆炸式的流量增长及海量接入设备等需求，而中频段的使用可以令覆盖范围与系统容量达到较优的平衡，因此成为 2020 年前 5G 系统引入的主要频段。

目前，5G 系统使用的中频段主要为 3~5GHz，其中 3300~3800MHz 频段已经成为全球使用的主要 5G 频段，每个 5G 网络运营商预计从该频段至少分配 80~100MHz 的连续带宽；3800~4200MHz 频段主要用于固定卫星服务，但考虑到固定卫星服务地球站的数量相对较少，一些国家已经发布或计划为 5G 释放 3800~4200MHz 频段。对于难以提供 80~100MHz 连续频谱的国家，2500~2690MHz 和 2300~2400MHz 频段可为其提供中频段高达 290MHz 的 5G 主频谱；但仍然有一些国家很难为 5G 释放以上频段，故利用 4800~4990MHz 替代 5G 主频段，同样也可以在覆盖范围和系统容量之间达到折中。各国的 5G 中频段规划情况具体如下：①我国政府于 2018 年将 2515~2675MHz、4800~4900MHz 分配给中国移动，将 3400~3500MHz 分配给中国电信，将 3500~3600MHz 分配给中国联通；②美国联邦通信委员会于 2020 年年初与相关卫星公司达成协议，释放 3700~4200MHz，并将在未来对释放的中频段组织竞标工作；③欧盟已明确将 3400~3800MHz 频段作为 2020 年前欧洲部署 5G 的主要频段，具有连续 400MHz 的带宽；④日本于 2019 年 4 月将 3600~3700MHz、4500~4600MHz 分配给 NTT DOCOMO 公司，将 3700~3800MHz、4000~4100MHz 分配给 KDDI 公司，将 3800~3900MHz 分配给 Rakuten Mobile 公司，将 3900~4000MHz 分配给 Softbank 公司。

高频段规划

5G 使用的毫米波频段在 24.25GHz 以上，具有丰富的空闲频谱资源，可提供 400MHz 的大带宽。2019 年，ITU WRC-19 大会确定了 5G 毫米波频段标识（图 1-18）。毫米波频段在全球范围内主要国家的使用情况如图 1-19 所示。

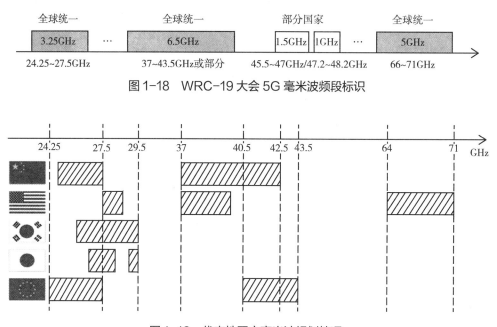

图 1-18　WRC-19 大会 5G 毫米波频段标识

图 1-19　代表性国家毫米波规划情况

中国：2020 年内拟制定或发布 5G 系统毫米波部分频段频率使用的规则，拟使用 24.75~27.5GHz 频段及 37~42.5GHz 频段。

美国：将 28GHz（27.5~28.35GHz）和 39GHz（37~40GHz）频段以频率授权管理模式规划给 5G 使用，以频率非授权管理模式将 64~71GHz 频段规划给 5G 使用。

韩国：在平昌 2018 年冬季体育赛事期间成功进行了基于毫米波的 5G 商用前试验；活动后，完成了 26.5~29.5GHz 频段的频谱拍卖。

日本：日本总务省发布 27.0~28.2GHz 和 29.1~29.5GHz 频段的分配结果。

欧洲：欧洲监管机构的目标是到 2020 年将商用 5G 网络部署在 26GHz（24.25~27.5GHz）频段上。此外，还对 42GHz（40.5~43.5GHz）频段的后续部署表示了兴趣。

至此，5G 形成了中低频实现大范围覆盖、高频承载高速数据业务的频谱格局，带宽和通信速率较 4G 均有了质的飞跃，开启了万物互联的新时代。

2. 5G 无线接入网技术

移动通信系统的迅猛发展离不开无线接入网技术的进步。日新月异的无线接入网技术使得信息能够传送到世界的不同角落，赋能移动通信系统不断改变人们的生活，给社会带来科技上的革命。如图 1-20 所示，5G 无线接入网技术包括：高阶调制技术，如 1024 正交幅度调制（Quadrature Amplitude Modulation，QAM），有效提升频谱效率；以低密度奇偶校验码（Low Density Parity Check，LDPC）和极化（Polar）码为代表的新型编码技术，纠错性能高，提高传输的可靠性；新型多址接入技术，如非正交多址接入（Non-Orthogonal Multiple Access，NOMA）技术，进一步提升系统容量及海量用户并发接入能力，且支持上行非调度传输，减少空口时延，满足低时延要求[①]；大规模MIMO技术，基站使用大量天线，波束窄、指向性强，具有高增益、抗干扰、提升频谱效率和系统容量等作用；毫米波通信技术，利用更丰富的频谱资源提升系统容量，满足更高的无线传输速率要求；超密集组网技术，通过在宏基站的覆盖区域内大幅增加部署小基站，进一步提升系统容量。

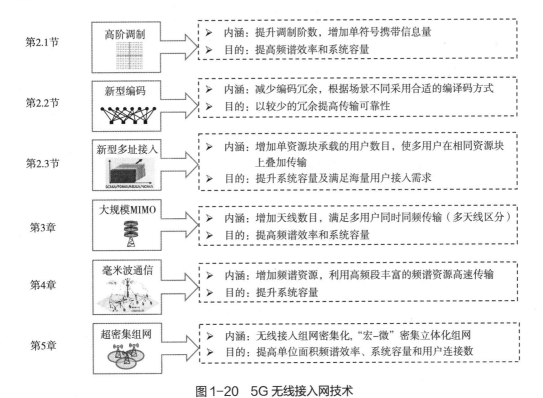

图 1-20　5G 无线接入网技术

---

① 为了提升 5G 系统容量和多用户接入能力，各大运营商和研究机构提出了多种新型多址接入技术，但尚未纳入 5G 标准。

（1）高阶调制技术

调制技术的作用是生成适合在无线信道中传输的调制信号，即将原始基带信号搬移到高频上进行传输。如果把移动通信系统看作交通运输系统，那么众多调制方式就是交通工具，调制的过程就是装载货物的过程。高阶调制技术就像是采用了车厢种类更多、载重量更大的货车，在单位时间内，高阶调制技术可以在相同高频载波上承载更多的信息。因此在移动通信系统中，高阶调制技术可以提高频谱利用效率和信息的传输速率。

理论上，更高进制的调制方案可以更加有效地提升频谱效率、传输速率和系统容量。4G 采用了正交相移键控（Quadrature Phase Shift Keying，QPSK）、16QAM 和 64QAM 作为主要的调制方案，它们分别为 4 进制、16 进制和 64 进制调制方式，有效满足 4G 系统的传输速率要求。然而相较于 4G，5G 对于传输速率有了量级的提升，必须引入新的高阶调制技术以满足 5G 的速率要求。因此，除 4G 已经采用的调制方式外，5G 又引入了 256QAM 和 1024QAM 等高阶调制方式（见 2.1 节）。

（2）新型编码技术

移动通信需要消除复杂传播环境带来的影响，对信道编码技术要求很高。再次以交通运输系统为例，编码技术主要解决如何分装和包装以保证信息完好地从发送端传输到接收端的问题。相关研究人员一直致力于研究编码方案，以提高编解码效率、减少编码冗余——货物摆放方式过于复杂会降低装卸效率，包装过于厚实会减少实际的货物装载量。此外，不同的应用场景对应有不同的编码方式，这就像是海运和空运的货物装载方式不同。经典的信道编码方案有卷积码和 Turbo 码等。卷积码的译码效率和时延性能相比传统线性分组码有较大提高，而 Turbo 码的性能比卷积码更好、更加接近理论极限。两者均被 3G 和 4G 标准采用。

5G 的峰值速率是 4G 系统的 20 倍，这要求 5G 系统中编译码器的工作效率相较于 4G 而言需要大幅提高；此外，5G 将面向三大应用场景以及更广泛多样的数据传输业务，因此对编码的灵活性要求更高。Turbo 码采用迭代译码的方式会产生时延，无法满足 5G 的高速率、低时延需求。因此，5G 系统引入了新的编码技术，其中 LDPC 码和 Polar 码是 5G 信道编码的两种关键技术。在 5G eMBB 场景上，华为主推的 Polar 码为控制信道编码方案，美国高通主推的 LDPC 码为数据信道编码方案（见 2.2 节）。

（3）新型多址接入技术

多址技术是指实现小区内外多用户之间通信地址识别的技术，又称为多址接入技术。在无线通信中，电磁波频谱是开放的，所有人都可以使用，同一段频谱的多址接入会存在同频干扰，如同交通运输系统中由于交通拥塞，车辆均无法正常通行。为了避免同频干扰，以往的移动通信系统主要采用正交传输的方式，将频谱／时隙／码字等资源进行分割，并将不同的频带／时隙／扩频码分给不同用户使用，以实现多用户的正确区分。例如，4G 采用 OFDMA 技术。尽管 OFDMA 技术已经使得数据传输速率达到千兆比特，但由于其可支持用户的数量受到可用正交资源数量的严格限制，因此很难满足 5G 大规模连接的需求。

相比于 OFDMA 技术，NOMA 技术具有巨大潜力。不同于传统的正交多址接入技术，NOMA 技术通过使用非正交的多址接入方式，实现多个用户在相同资源块上叠加传输，从而有效提升系统频谱效率、成倍增加系统的接入容量。目前，NOMA 技术方案主要包括功率域 NOMA、基于稀疏扩频的图样分割多址接入（Pattern Division Multiple Access，PDMA）、稀疏码多址接入（Sparse Code Multiple Access，SCMA）以及基于非稀疏扩频的多用户共享多址接入（Multi-user Shared Access，MUSA）等。多址技术的改革和创新将会使 5G 的无线接入能力达到一个新的高度（见 2.3 节）。

（4）大规模 MIMO 技术

在传统的无线通信系统中，发送端和接收端通常都采用单天线结构，即单输入单输出（Single-Input Single-Output，SISO）系统。香农容量公式 $C = W\log_2(1+S/N)$ [10]确定了 SISO 系统在加性高斯白噪声信道中进行可靠通信的理论最大速率，即无论使用怎样的调制方式和信道编码方案，SISO 的实际传输速率都不会突破香农提出的极限。

为了突破传统 SISO 无线通信系统的信道容量极限，学者 Telatar[11] 以及学者 Foschini 和 Gans[12] 等人开创了多天线信息理论。天线数量的增加引入了空间维度的概念，为信号设计增加了额外的自由度，原本在低维空间中比较困难的优化问题，在高维空间中有可能不再困难，从而可以获得更好的系统性能。理论上，对于理想的随机信道，只要付出足够的天线成本和提供更多的空间，便可获得无限大的信道容量。因此，大规模 MIMO 技术被认为是移动通信领域的重大技术突破（见第3 章）。

（5）毫米波通信技术

毫米波通信是 5G 系统中的关键技术之一。顾名思义，毫米波通信是利用波长为1~10mm 的电磁波（即称"毫米波"）进行无线通信的一种技术，其工作频率范围一般认为是 26.5~300.0GHz（频率下限与 1mm 波长没有严格对应）。毫米波通信可以获得丰富的频谱资源，即更大的频谱带宽，以提升信道容量，满足更高的无线传输速率要求[13]。

4G 及以前的移动通信系统并未引入毫米波通信技术，它们的工作频段全部集中在 6GHz 以下电磁波频段，造成该部分频段十分拥挤，可用的频谱资源越来越少。

而毫米波频谱具有大量的原始频谱[14]。由前述香农信道容量公式可知，传输信号的频段宽度越宽，理论的信道容量越大。因此，波长短、频段宽的毫米波通信可有效满足 5G 高速率等要求，有着广泛的应用前景（见第 4 章）。

（6）超密集组网技术

5G 业务需求爆炸式增长，传统的网络架构难以满足用户体验速率。根据香农信道容量公式，通过更加"密集化"部署无线网络基础设施，使用户离网络更近，能够在热点区域实现百倍量级的系统容量提升，因此超密集组网技术被引入 5G 系统。

超密集组网技术就是在宏基站的覆盖区域内利用小功率基站精细控制覆盖距离、大幅增加站点数量，是满足数据流量密度需求的主要手段，广泛应用于办公室、密集住宅、密集街区、大型活动现场等。如图 1-21 所示，在网络原有基站部署的基础上增加小基站的数量，逐渐形成超密集网络。超密集组网技术以宏基站为"面"，在室内外热点区域密集部署低功率的小基站，形成"宏 – 微"密集立体化组网方案，提高了频谱利用效率，增大了单位面积内的用户连接数量，消除了信号盲点，改善了网络覆盖环境，打破了传统的扁平、单层宏网络覆盖模式（见第 5 章）。

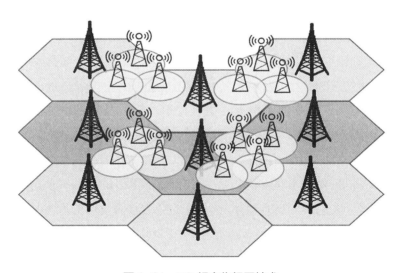

图 1-21　5G 超密集组网技术

1.3.3　核心网技术

5G 的频谱规划与无线接入网技术保证了"终端—基站"的信息高效无线传递，但这种信息传递通常受限于局部地理区域。从图 1-16 可以看出，为了服务数以亿计的移动用户，还需要实现用户到互联网的高效信息交互，涉及经由核心网的广域高效信息传递问题，因此还要进行 5G 核心网技术的变革与演进。

5G 核心网是 5G 系统的核心枢纽和中控大脑。遍布各地的基站将所有的 5G 用户接入 5G 网络，再由 5G 核心网进行统一和集中的认证、管控与调度，并由 5G 核心网架通从用户到互联网的通信链路。核心网肩负着承上启下、融会贯通的使命，功能复杂，因此核心网必须具备高性能、灵活开放等特点。一方面需要对大量基站、海量终端进行管理，另一方面需要满足各种应用的网络需求。

如图 1-22 所示，以新的 IT 技术如网络功能虚拟化（Network Function Virtualization，NFV）、软件定义网络（Software Defined Network，SDN）、微服务、新型物联网及 IT 协议等技术为基础，以各种新的网络逻辑功能为载体，共同构建了 5G 全新的核心网架构，以满足 5G 新业务、新场景等方面极具挑战的需求。

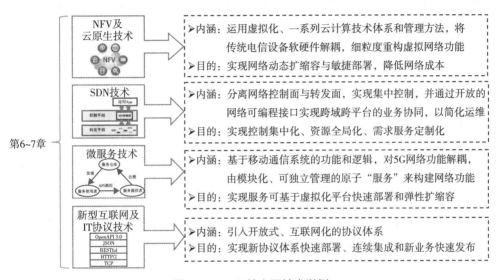

图 1-22　5G 核心网技术举例

1. NFV 及云原生技术

NFV 作为 5G 架构的基础技术之一，核心理念是运用虚拟化和云计算技术将传统电信设备软硬件解耦，实现网络动态扩缩容与敏捷部署，降低网络成本。同时，为应对 5G 网络多样化的业务场景，5G 在 NFV 基础上又设计提出了包含一系列云计算技术体系和管理方法集合的云原生（Cloud Native）概念，解决当前 NFV 存在的一系列问题。

2. SDN 技术

SDN 是一种新的开放网络架构，通过分离网络控制面与转发面，实现集中控制；通过开放的网络可编程接口实现跨域跨平台的业务协同，简化运维等。5G 借鉴 SDN 的思想，设计控制面和转发面分离的 5G 网络逻辑架构，实现控制集中化、资源全局化、需求服务定制化。

3. 微服务技术

微服务技术把一个大型、单个的应用程序或服务拆分为若干个微服务，是一种具有敏捷开发、持续交付、强可伸缩性特征的全新软件布局设计模式。5G 网络借鉴微服务的理念，基于移动通信系统的功能和逻辑，对 5G 网络功能解耦，由模块化、可独立管理的原子"服务"来构建网络功能（Network Function，NF）。服务之间可以灵活地调用，便于网络按照业务场景以"服务"为粒度定制及编排；服务可独立部署、灰度发布，使得网络功能可以快速升级引入新功能；服务可基于虚拟化平台快速部署和弹性扩缩容。

4. 新型互联网 /IT 协议技术

协议是电信网组织网络及互联互通的核心技术之一，包括传输层、应用层等多个层次的接口协议。随着互联网的蓬勃发展，涌现出一大批新型的开放性协议。5G 网络接口协议设计时，引入了当前 IT 领域多种先进的接口协议。与传统电信网络的协议相比，新的协议体系能够实现快速部署、连续集成、新业务快速发布，便于运营商自有或第三方业务开发。

5. 5G 核心网管理控制等技术

以上述技术为基础，5G 核心网进行了革命性的重新设计，为用户提供移动性管理、会话管理、签约管理、策略与计费控制管理、系统间互操作控制、语音及消息服务等（图 1–23）。其中，移动性管理主要完成用户的安全认证、可达性、切换等管理；会话管理主要完成用户 IP 地址分配、移动时的业务接续、业务 QoS 调度与管控等；签约信息管理主要根据用户订购的产品以及套餐等内容进行用户的开户、权限配置、业务等级等信息管理；策略与计费控制管理主要完成对用户的服务能力以及服务质量的统一调控；系统间互操作控制主要完成用户在 5G 与 4G 之间

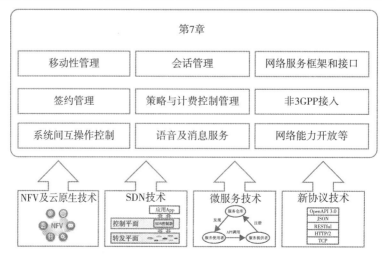

图 1–23　5G 核心网管理控制等技术

移动时用户信息的交互及业务的连续性保持；语音及消息服务主要完成用户在5G覆盖下语音及短消息业务的收发服务（见第6~7章）。

1.3.4 能力增强技术

前面探讨的一系列5G新技术，如频谱与无线接入网技术、核心网技术等，提供了强大的信息服务基础能力。5G为了赋能千行百业的应用，还需要进一步进行能力增强。下面将重点探讨5G能力增强技术，包括网络切片、边缘计算、网络安全、5G与AI等技术（图1-24）。

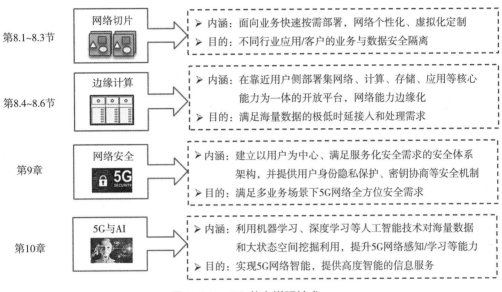

图1-24 5G能力增强技术

1. 网络切片

随着车辆的增多，城市道路变得拥堵不堪，为了缓解交通拥堵，交通部门根据不同的车辆、运营方式进行分流管理，比如设置公交捷运系统（Bus Rapid Transit, BRT）快速公交车道、非机动车专用通道等。如果将移动通信系统与交通运输系统进行类比，从4G到5G，网络要实现从人–人连接到万物连接，随着连接数量爆炸式上升，网络将会越来越拥堵，需要像管理交通一样管理网络，划分不同的逻辑专用通道。于是，网络切片概念应运而生。

网络切片是一种按需组网的方式，根据不同时延、带宽、安全性和可靠性对网络进行切分，形成多个虚拟的端到端网络。每个虚拟网络之间，包括网络内的设备、接入、传输和核心网都相对独立，任何一个虚拟网络发生故障都不会影响其他虚拟网络（见8.1~8.3节）。

2. 边缘计算

4G 采用云计算技术处理网络中的大数据，边缘设备中的数据由云端进行处理和分析，导致频繁的数据传输和很大的时延；随着 5G 万物互联时代来临，大流量、低时延需求被提出，因此引入边缘计算技术，直接在数据源附近执行计算与分析，可以实现海量数据的极低时延接入和处理。

边缘计算通过在靠近用户侧提供集网络、计算、存储、应用等核心能力为一体的开放平台，可以实现更加高效的数据处理、应用程序运行。将网络中心下放到网络边缘节点上、显著提高网络灵活性是实现极低时延的重要保障（见 8.4~8.6 节）。

3. 5G 安全

在移动通信的发展历程中，网络安全问题是每一项新技术在实施过程中必须高度正视的问题，在业界一直备受关注。5G 的扁平化架构增加了移动基础设施遭受网络攻击的风险，网络切片、边缘计算、微服务等技术对安全隔离、数据安全等提出了更高要求。因此，5G 网络安全架构和关键技术的发展具有重要意义。

5G 网络安全架构需要满足 5G 无线网和核心网的网络功能及终端设备的安全需求，涉及对合法用户的认证授权、用户身份保护、数据加密、隐私保护等功能，还涉及服务化架构的安全保障及网络切片的安全管理等，以确保终端设备与网络功能之间控制面信令与用户面数据的安全，防止来自攻击者的主动攻击（如篡改等）与被动攻击（如窃听等）（见第 9 章）。

4. 5G 与 AI

随着云计算、大数据、边缘计算等新技术的迅猛发展，网络的计算能力正在快速增强，同时终端的处理能力和存储能力也得到极大提升，驱动着移动通信网络和终端向智能化发展。

5G 网络融入 AI 技术：一方面，实现对复杂环境、网络、系统等的准确建模，增强对环境、网络等的学习、理解和认知，对网络态势进行提前推理预判，指引网络高效灵活地做出最"聪明"的改变，从而实现网络规模自适应、行为自学习和功能自演进等功能，赋能从以人驱动为主的"人治模式"到网络自我驱动的"自治模式"的逐步转变，最终从根本上变革网络的管理、演化模式[15]。另一方面，依托云平台、边缘平台和边缘设备，利用网络数据、业务数据、用户数据等多维感知数据，结合大数据、大算力和大算法三大基础能力，激发出诸多基于 5G 网络的创新智能应用服务于千行百业，推动社会生产力的进步（见第 10 章）。

1.3.5 应用

与以前的移动通信系统相比，5G 的应用将从消费互联网拓展到产业互联网和物联网等领域，应用边界远远超越传统的移动通信。5G 不仅要面向需求具有一致性（高带宽）的消费者，更要满足产业互联网业务的多样性需求，赋能千行百业，破解诸多传统行业的通信"细腰"困境。如图 1-25 所示，在车联网场景中，信息采集、传输、处理、控制等对于通信技术要求极高，传统通信技术难以满足速率、时延、连接数量、可靠性等多维度性能指标要求，导致通信"细腰"困境的出现。因此，亟需推进 5G 向垂直行业的渗透，拓展信息服务新兴业态，加快传统产业数字化转型。

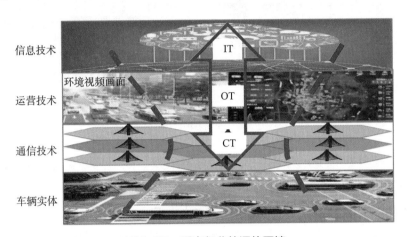

图 1-25　垂直行业的通信困境

注：CT 指通信技术（Communication Technology），连接物理实体，并将物理实体的消息传送到运营层进行处理，类似血管和神经；OT 指运营技术（Operation Technology），负责指令执行，类似四肢；IT 指信息技术（Information Technology），负责数据运算和分析，类似大脑。

5G 突破垂直行业的通信"细腰"困境，可以提供丰富的行业应用通用能力。如图 1-26 所示，5G 与大数据、AI、云计算、边缘计算、物联网、区块链等技术深度融合，将赋能传统千行百业的变革、提效，孕育出智慧交通、智慧工业、智慧医疗、智慧能源、智慧农业、智慧教育等新兴行业，推动"5G 改变社会"的美好愿景快速前行。

5G 在公共交通行业的应用主要包括高速移动场景下的互联网接入业务，以及通过采集聚合分析车辆、交通基础设施和道路实时数据，以实现车联网相关应用，如实时高解析度交通流量视频监控、无人机路况巡查、基于增强现实（Augmented Reality，AR）的导航应用等[16]。

5G 在工业制造行业的应用主要体现在厂区或车间的传感器网络及信息的实时传输，主要用于对工厂设备、工业机器人的预见性维护，云智能机器人的远程集中控制，辅以区块链技术实现产品在价值链生产及配送过程中的生产质量远程控制[16]。

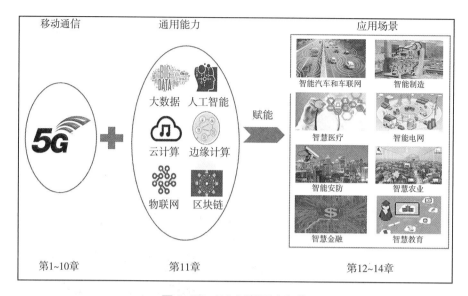

图 1-26　5G 赋能垂直行业

5G 在医疗健康行业的应用主要包括运动监控、实时用户健康感知、医疗提示和健康监视以及医院对患者的远程监视、远程健康服务，甚至实现远程手术等。

5G 在能源与基础设施行业的应用主要集中在连接监测远程站点情况（如新能源发电）、能源传输与能耗管理、增强型基础设施与智能测量（智能电表、水表、燃气表等）、集成传感器收集信息与分布式发电配送等[16]。

5G 在公共安全行业的应用主要体现在快速传输更高解析度的视频监控图像、多视角高解析度的智能视频监控分析与告警、基于可穿戴设备（如警用头盔、面甲、防护服）的 AR 视频监控与可疑人员识别（如机器人警察巡逻）等[16]。

5G 在农业领域的应用主要体现在传感器和电动装置越来越多地被广泛应用于测量和传输关于土壤质量、降水量、温度和风速等与农作物生长和畜牧活动相关的信息。

5G 在金融服务行业的应用主要集中在基于云的金融实时服务与实时移动交易系统，基于车联网及用户车辆使用行为的保险服务，以及面向金融行业的高安全性多方财务顾问远程高清视频会议、业务培训等。

5G 在教育领域的应用主要集中在基于大数据、云平台的智慧校园，基于虚拟现实 / 增强现实的沉浸式教学平台（如地震、火灾等应急模拟演练，太空、深海等科普教学），基于大数据的课堂、学习、教学等行为智能分析和可视化管理以及远程实时互动教学等。

综上所述，5G 的高速率、低时延等特征能够有效满足车联网的通信需求，推动车联网、无人驾驶的发展；5G + 工业互联网能够赋能传统工业互联网改造升级、提高效率，推动下一代工业互联网的发展；5G＋医疗健康赋能移动医护、远程会诊、应急救援等院内、院间和院外协同服务的新医疗模式，推动智慧医疗的发展。除了上述行业，5G 还能够与农业、电力、教育等众多行业渗透融合，倍增相关行业的运行效率。因此，5G 对国民经济发展具有重要意义。

在推进 5G 发展过程中，垂直行业应用是 5G 发展的关键。本书的应用篇专门为广大读者编著了 5G 在行业应用的详细场景及范例。

1.4　5G 研究与标准化

移动通信正成为社会、经济发展的重要推动力量，因此移动通信标准引发了不同国家、不同企业之间的激烈竞争。所谓移动通信标准，简单来讲，就是一系列技术度量的选择，如常见有关通信信道的分配、信令的设计、时分多址与复用方案的选择等。在 1G "大哥大"时代，由于国际上没有统一的移动通信标准，手机移动通信无法全球漫游，出国就不能打电话，人们的出行极为不便。近年来，移动通信演进到 5G，不仅给人们生活带来了极大便利，更成为各行各业效率倍增、社会信息化水平提升、国民经济发展的重要引擎。如今，科技角逐日趋激烈，掌握了移动通信的标准，相当于占领了该行业的制高点。一个国家在国际标准中有了话语权，就意味着在产业链中有了先发优势，这对于成为国民经济"重要引擎"的移动通信行业尤为重要。

本节主要介绍 5G 研究与标准化组织，包括国际标准化组织、地区和国家标准化组织以及我国移动通信标准化之路。

1.4.1　国际标准化组织

2012 年，ITU 启动了 5G 愿景、未来技术趋势和频谱等标准化前期研究工作。2014 年，ITU 提出了 5G 的三大应用场景和八大技术指标，用来描述 5G 的愿景和需求。2015 年，ITU 正式将 5G 命名为"国际移动通信 –2020（IMT-2020）"。根据 IMT-2020 工作计划，5G 研究工作可以划分为 3 个阶段：第一阶段，截至 2015 年年底，完成 IMT-2020 国际标准前期研究，重点是完成 5G 宏观描述，包括 5G 愿景、技术趋势和 ITU 相关决议，并在 2015 年世界无线电大会上获得必要的频率资源；第二阶段，2016—2017 年，主要完成 5G 技术性能需求、评估方法研究等内容；第三阶段，收集 5G 候选方案并组织技术讨论，力争在世界范围内达成一致。

3GPP 是 5G 标准化工作的重要制定者。2016 年，3GPP 开始进行关于 5G 的研究和标准化工作。为实现 5G 的需求，3GPP 将进行 4 个方面的标准化工作：新空口（New Radio，NR）、演进的 LTE 空口、新型核心网、演进的 LTE 核心网。其中，5G NR 的部署计划分两个阶段，Release-15 中的第一阶段 5G 规范已于 2019 年 3 月完成，支持独立的 NR 和非独立的 NR 两种模式；在用例场景和频段方面，Release-15 将支持 eMBB 和 URLLC 两种用例场景和 6GHz 以下及 60GHz 以上的频段范围。Release-16 的第二阶段已于 2020 年 7 月完成，进一步扩展和增强了 5G NR 的基础，将 5G 扩展至垂直行业。随后，ITU-R IMT-2020 正式将 3GPP 系列标准接受为 ITU IMT-2020 5G 技术标准，该版本的商用系统计划将于 2021 年完成部署。

1.4.2　地区和国家标准化组织

作为全球运营商凝聚共识的主要平台之一，下一代移动通信网（Next Generation Mobile Networks，NGMN）组织也于 2015 年 2 月发布了 5G 白皮书[17]，全面分析了 5G 的关键业务、应用场景和技术要求，并从运营商的角度提出了 5G 系统的需求，主要观点包括：5G 应支持更广泛的业务和应用，且应不限于空口技术的演进或革命，而是整个端到端系统的演变，很可能是多种无线接入技术的融合；在关键能力方面，5G 应支持 0.1~1 Gbit/s 的用户体验速率和数十 Gbit/s 的峰值速率、$1 \times 10^6/km^2$ 的连接数密度、毫秒级的端到端时延和 500 km/h 以上的移动性；此外，5G 将为未来商业应用提供良好的端到端生态系统，且将继续强化运营商在身份认证、数据安全、隐私保护、网络可靠性等方面的优势，特别是用户身份信息和相关鉴权数据要安全地存储在运营商可管控的物理实体上。

欧盟启动了 2020 年信息社会的移动与无线通信使能技术（Mobile and Wireless Communications Enablers for the 2020 Information Society，METIS）科研项目，开展 5G 应用场景、技术需求、关键技术、系统设计、性能评估等方面的研究，并对测试样机进行了开发验证。在 5G 研发的初始阶段，METIS 项目扮演着重要角色，其研究成果会成为欧盟在 5G 研究工作方面的重要参考。此外，欧盟还启动了规模更大的 5G-PPP 科研项目，该项目计划为 2014—2020 年，并将 METIS 项目的主要成果作为重要的研究基础，以更好地衔接不同阶段的研究成果。

日本无线工业及商贸联合会在 2013 年 10 月设立了 5G 研究组 "2020 and Beyond Ad Hoc"，由 NTT DoCoMo 公司牵头，旨在研究 2020 年及未来移动通信系统概念、基本功能、5G 潜在关键技术、基本架构、业务应用和推动国际合作。

韩国在 2013 年 6 月成立 "5G Forum" 开展 5G 研究及国际合作，主要研究 5G 概念及需求，培育新型工业基础，推动国内外移动服务生态系统建设。韩国政府在 2018 年平昌冬奥会期间开展 5G 预商用试验，并在 2020 年提供正式的 5G 商用服务。

不同于欧洲、亚洲，美国尚未提出国家层面的 5G 研发计划或政策，但是美国的 5G 研究依然处于世界前列。美国 5G 研究的主体是学校、企业等科研机构。在 2012 年 7 月，纽约大学理工学院成立了一个由政府和企业组成的联盟，向 5G 网络时代迈进。

1.4.3 我国移动通信标准化之路

我国通信产业经历了 1G 空白、2G 跟随、3G 突破、4G 并跑的历程，现在进入了 5G 引领阶段，如图 1-27 所示。在 1G 空白和 2G 跟随阶段，中国用的都是欧美国家的标准和技术，尤其在 1G 时代，中国基本上是从零起步，网络设备到终端设备全部依靠国外厂商，严重制约了市场的发展。到了 2G 时代，中国开始意识到移动通信产品国产化的重要性，把对 2G 的研究列入了第八个五年计划的攻关项目，但由于研发基础薄弱，在建设 2G 网络时仍然选择了国外标准。

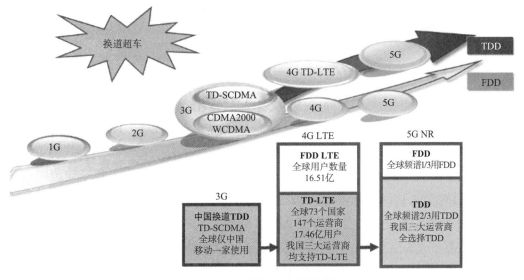

图 1-27 我国移动通信发展路线

在 3G 突破阶段，我国决定独立向 ITU 提出我们中国人自己的 3G 标准，实现我国移动通信拥有自主知识产权技术的夙愿。为了打破欧美国家在移动通信市场的垄断，我国没有使用欧美国家广泛采用的频分双工（Frequency Division Duplexing，FDD）制式，而是另辟蹊径，选择了无先例可循的时分双工（Time Division Duplexing，TDD）制式。如图 1-28 所示，以交通运输系统为例，FDD 移动通信系统是指上行链路（用户到基站）和下行链路（基站到用户）采用两个分开的频率（有一定频率间隔要求）工作，如同两条马路上下行各走各道，无需协调；TDD 移动通信系统中接收和传送是在同一频率信道上的不同时隙，如同在一条马路上车辆双向共走一道，通过"信号牌"协调，类似"潮汐车道"。相比于 FDD，TDD 上下行相互耦合，设计难度更大，但是在提高频谱利用效率方面具有天然的优势。我国在 1998 年 6 月提出了具有系统性创新的标准 TD-SCDMA，并在 2000 年 5 月正式确立成为 3G 三大国际标准之一。该标准成为中国通信史上第一个拥有核心知识产权的无线移动通信国际标准，是中国通信行业自主创新的重要里程碑。

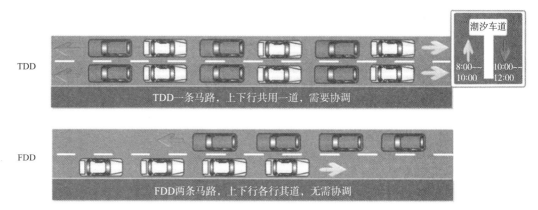

图 1-28　FDD 制式与 TDD 制式区别

　　虽然 TD-SCDMA 成为国际三代移动通信标准之一，但与欧美国家提出的宽带码分多址（Wideband Code Division Multiple Access，WCDMA）、CDMA 2000 两大标准相比，前者已经有深厚基础，而 TD-SCDMA 没有芯片、没有手机、没有基站，也没有仪器仪表，一切都要我国自己做起。在中国科研人员的努力下，我国终于在 2009 年建立起 TD-SCDMA 商用市场，培养了基于 TDD 模式的产业环境，覆盖了产业链所有环节。从一纸标准到一条产业链、再到一个近亿用户的商用市场，TD-SCDMA 3G 的规模商用受到了全球产业界和运营商的高度重视和密切关注，这也使得 TD-SCDMA 成为向 TD-LTE 4G 以及 5G 演进的重要基石。

　　在 4G 并跑阶段，为了抢占战略制高点，中国于 2001 年启动国家高科技重点研发计划 4G 项目，提出的 TD-LTE 标准在 2012 年 1 月被正式确立为国际标准，与欧美国家提出的 FDD-LTE 标准平分天下。我国科研人员提出了适应于高速宽带的移动通信传输及组网理论与技术，研制出全球首个成功的 TD-LTE 4G 系统，为中国的移动通信走向全球奠定了基础。可以说，4G 是我国移动通信换道超车、改变跟随西方之后的重大战略性转变时机。

　　在 5G 引领阶段，中国于 2013 年 2 月成立了 IMT-2020（5G）推进组，开展 5G 策略、需求、技术、频谱、标准、知识产权研究及国际合作，旨在推动国内自主研发的 5G 技术成为国际标准，拥有国际话语权。据统计，在标准制定方面，全球 5G 标准必要专利声明中，中国企业的整体份额占比达到 34%，居全球首位；在产业生态方面，截至 2020 年 4 月，中国企业发布的 5G 设备（含终端及模组）数占全球 5G 设备总数的 65%。总体来说，中国在全球 5G 研发、标准化制定和产业规模应用等方面逐步实现了突破性的领先。

随着 5G 正式进入商用阶段，中国开始推动第六代移动通信系统（The 6th Generation Mobile System，6G）技术研发工作，力争在基础研究、核心关键技术攻关、标准规范制定等诸多方面取得突破，为移动通信产业发展和建设创新型国家奠定坚实的科技基础。

1.5　本章小结

本章围绕 5G 系统进行了概括性介绍。首先，回顾了移动通信的发展历程，以电磁波理论、经典信息论等基础理论为指导，以社会进步带来的新需求为驱动力，移动通信系统经历了从 1G 到 4G 的更新换代。其次，从 4G 系统所面临的挑战出发，分析了 5G 系统的愿景、需求、性能指标。再次，为了满足这些愿景、需求、性能指标等，还探讨了 5G 架构、频谱与无线接入网技术、核心网技术、能力增强技术、应用等。最后，简单概述了 5G 研究与标准化的进展情况。

本章只能粗略勾勒出 5G 的轮廓，许多问题还有待进一步探索。5G 采用的无线接入网和核心网技术如何提升系统性能？5G 如何面对安全挑战？新兴的 AI 将对 5G 产生怎样的影响？在车辆网、工业互联网等行业应用中，5G 将会带来怎样的机会与变革？后面章节将从不同方面对 5G 系统进行深入浅出的介绍，以上兼具科学性和趣味性的问题也会在随后章节中得到探讨和解答。

习题：
　　1. 每一代移动通信系统的特征有哪些？
　　2. 以数字通信系统为例，试论述移动通信系统的关键技术。
　　3. 试论述 5G 系统架构、无线接入网、核心网及能力增强等技术。

参考文献：

［1］张平，张建华，戚琦，等. Ubiquitous-X：构建未来 6G 网络［J］. 中国科学：信息科学，2020，
　　50（6）：913-930.

［2］3GPP TR 36.913，Release 12. Requirements for further advancements for Evolved Universal Terrestrial
　　Radio Access（E-UTRA）（LTE-Advanced）［S］. 2014.

［3］IMT-2020（5G）推进组. 5G 愿景与需求白皮书［R/OL］. 2014-05. http://www.imt-2020.cn/zh/

documents/download/1.

[4] IMT-2020（5G）推进组. 5G 概念白皮书［R/OL］. 2015-02. http://www.imt-2020.cn/zh/documents/download/2.

[5] Sanou B. Measuring the information society report 2018［R］. Switzerland：International Tele-communication Union，2018.

[6] Cisco. Cisco annual internet report（2018-2023）white paper［R/OL］. 2020-03-09. https://www.cisco.com/c/en/us/solutions/collateral/executive-perspectives/annual-internet-report/white-paper-c11-741490.html.

[7] ITU-R M. 2083，IMT Vision-Framework and overall objectives of the future development of IMT for 2020 and beyond［S］. ITU-R WP5D，2015.

[8] 张平，陶运铮，张治. 5G 若干关键技术评述［J］. 通信学报，2016，37（7）：15-29.

[9] 侯忠进，高亚雄. 5G 通信技术背景下传输技术发展趋势研究［J］. 通讯世界，2020，27（4）：120-121.

[10] Shannon C E. A mathematical theory of communication［J］. The Bell System Technical Journal，1948，27（3）：379-423.

[11] Telatar E. Capacity of multi-antenna Gaussian channels［J］. European transactions on telecom-munications，1999，10（6）：585-595.

[12] Foschini G J，Gans M J. On limits of wireless communications in a fading environment when using multiple antennas［J］. Wireless Personal Communications，1998，6（3）：311-335.

[13] 马文焱，戚晨皓. 基于深度学习的上行传输过程毫米波通信波束选择方法［J］. 合肥工业大学学报：自然科学版，2019，42（12）：1644-1648.

[14] Rappaport T S，Sun S，Mayzus R，et al. Millimeter wave mobile communications for 5G cellular：It will work!［J］. IEEE Access，2013（1）：335-349.

[15] Xu W，Xu Y，Lee C H，et al. Data-cognition-empowered intelligent wireless networks：Data, utilities, cognition brain，and architecture［J］. IEEE Wireless Communications，2018，25（1）：56-63.

[16] 陈玉春. 5G 如何应用于垂直行业［N］. 人民邮电，2019-12-06.

[17] NGMN Alliance. 5G White Paper［R/OL］. 2015-02-17. https://www.ngmn.org/work-programme/5g-white-paper.html.

技术篇

第 2 章　5G 编码、调制与多址接入技术

　　5G 是典型的多用户通信系统，往往部署在复杂多样的应用场景中，信道条件和电磁环境极为复杂，存在各种噪声、畸变、干扰、衰落等非理想特性。同时，无线系统中功率和频谱资源受限，系统对传输容量、传输时延、差错性能以及能量和频谱效率要求高。因此，如何通过无线信道进行高效、可靠、实时的信息传输和用户接入，是 5G 系统必须首先解决的问题。

　　上述目标主要通过底层的编码、调制和多址接入等过程来实现。编码、调制和多址接入是通信系统的基本过程，也是包括 5G 在内的无线通信系统空中接口（空口）的关键技术。这些技术直接关系到无线空中接口信号和握手协议的设计，已成为包括 5G 在内的迄今所有通信系统最基础的部分，也是标准化竞争的核心技术点。

　　本章将紧扣 5G 系统设计需求和标准化现状，分别介绍 5G 调制解调技术、信道编译码技术和多址接入技术的基本概念、原理、特点、性能及其在 5G 系统中的应用情况。

　　2.1 节主要结合星座图映射，介绍调制解调技术的原理和概念，以及 5G 为实现高效可靠传输所采用的正交幅相调制（Quadrature Amplitude and phase Modulation，QAM）等基带映射方式和正交频分复用（Orthogonal Frequency Divison Multiplexing，OFDM）调制、滤波正交频分复用（Filtered OFDM，F-OFDM）调制、滤波器组多载波（Filter-Bank Multi-Carrier，FBMC）调制、通用滤波多载波调制（Universal Filtered Multi-Carrier，UFMC）等载波调制方式。

　　2.2 节主要结合 5G 数据信道和控制信道对信道编码的需求和标准化情况，介绍信道编码的一般概念以及两种被采纳的编码码类——低密度校验码（Low Density Parity Check，LDPC）和极化码（Polar Codes）的原理和思想及其编译码算法。同时

针对 5G 信道的时变衰落特性，介绍信道自适应编码调制（Adaptive Modulation and Coding，AMC）技术和自重反馈重传（Auto-Repeat reQuest，ARQ）等链路自适应传输关键技术。

2.3 节主要针对 5G 多用户接入需求和标准化情况，重点介绍多址接入的基本方法，包括时分多址接入、（正交）频分多址接入、码分多址接入等正交多址接入技术，以及为提升 5G 系统容量所提出的各种非正交多址接入（Non-orthogonal Multiple Access，NOMA）技术。

2.1 5G 调制解调技术

在无线通信中，比特信息通常不适合直接在空中传输，而是由电磁波携带并经过复杂的无线信道传播到接收端。不同频段的电磁波具有不同的传播特性，必须要将信息转换成适合信道传播的电波信号才能完成信息传输，这个转换过程总称为调制。如图 2-1（a）所示，首先，需要将经过编码的比特流串并变换后映射成一串表征各种物理量（如幅度、相位、时长等）的符号序列，这一步骤称为映射，并通常用图来形象地表示这种比特到符号的映射关系，这种图称为星座图，因此常将该映射称为星座图映射；其次，将映射所得到的符号序列进行数模变换（Digital to Analog，D/A），得到相应的基带信号；再次，根据基带信号对载波相应的物理量进行控制，使载波的相应物理量随着基带信号的改变而改变，这一步骤称为载波调制；接着，根据可用电磁频段的频率要求，将载波频率变换到相应的许可电磁频段，这一步骤称为上变频。在上变频的过程中通常会产生不需要的镜像频率分量，通过适当的滤波可消除其影响。最后，经功率放大和天线发射将信号发射到空中。

发射信号经过空中传播后，在接收端将经历相反的解调过程实现信号的恢复，如图 2-1（b）所示：首先将天线接收下来的微弱信号进行滤波放大，再进行下变频，将信号变到合适的中频甚至基带频率上，通过获取载波的对应物理量（幅度、相位、时

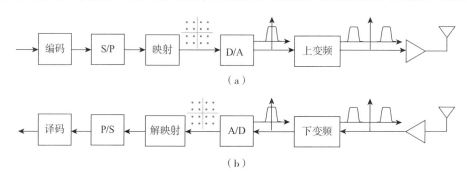

（a）

（b）

图 2-1　调制解调过程概念框图

长等）得到连续的基带信号，然后进行模数变换（Analog to Digital，A/D），恢复出携带信息的符号序列，对该符号序列进行解映射和译码，即可恢复出原始的信息比特流。

下面将结合 5G 系统的具体实现方式对上述过程予以介绍。

2.1.1　基本调制方案与星座图设计

调制方式一般分为幅度调制和角度调制，角度调制又分为频率调制和相位调制。载波幅度随调制信号变化的调制为幅度调制，简称调幅（Amplitude Modulation，AM），数字幅度调制称为幅度键控（Amplitude Shift Keying，ASK）；频率调制是载波的瞬时频率随调制信号变化的调制，简称调频（Frequency Modulation，FM），数字频率调制称为移频键控（Frequency Shift Keying，FSK）；相位调制是载波的瞬时相位随调制信号变化的调制，简称调相（Phase Modulation，PM），数字相位调制称为移相键控（Phase Shift Keying，PSK）。除了以上三种基本调制方式之外，还有一些其他的调制方案，它们都是由三种基本的调制方法结合而成，如把幅度调制和相位调制结合为正交幅相调制（QAM）。

ASK 是较为简单的调制形式，且发送信号时不需要大量的带宽。但是 ASK 信号容易受到噪声的干扰影响造成失真，而且能耗较大。相较于 ASK，FSK 发射信号的能耗较低，但由于是频率调制，其对带宽的需求较大。PSK 调制相较于 ASK 和 FSK，抗噪声能力较强，但在衰落信道环境下，由于多径带来的干扰，接收端难以精准地估计载波的相位。此外，随着现代通信要求调制阶数 M 的增大，噪声容限随之变小，误码率也难以保证。因此，在高阶调制下更多地采用 QAM 调制技术。在 QAM 调制中，载波幅度和相位被同时利用来传递信息比特，以实现更高的频带利用率；同时增大噪声容限，在一定程度上保证了系统的误码性能。

5G 标准中主要使用的调制方式有 π/2 BPSK、QPSK、16QAM、64QAM 及 256QAM。相对于 4G LTE，5G 标准增加了两种调制方式，π/2 BPSK 和 256QAM。其中 π/2 BPSK 可以提高小区边缘的覆盖，256QAM 能够提高系统容量。BPSK、QPSK、16QAM、64QAM、256QAM 分别将连续的 1、2、4、6、8 比特位调制为 1 个复值符号。

图 2-2 是各调制方式对应的星座图[2]，图中横坐标为同相分量，纵坐标为正交分量。采用 IQ 调制的方式，数据分两路分别进行载波调制，两路载波互相正交。

QAM 调制为均匀幅相调制，对接收端的复杂度要求较低，但同时也会带来性能的损失。Manuel Fuentes 等人提出可以使用非均匀星座（Non-uniform Constellation Modulation，NUC）调制替代 QAM 调制，以改变信号的调制符号分布、最大化信道容量。图 2-3、图 2-4 分别为 1D-NUC 调制星座图和 2D-NUC 调制星座图。1D-NUC 调制中星座符号之间具有不均匀的距离，但保持正方形以保证解映射的

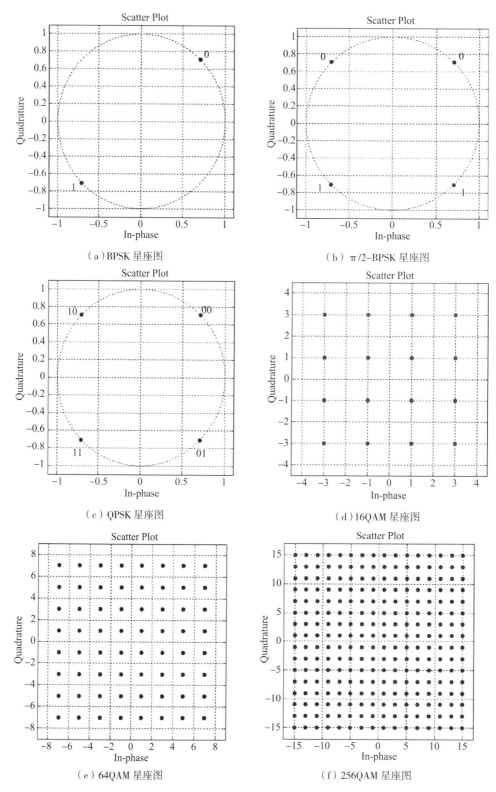

图 2-2　各调制方式对应的星座图

复杂度。2D-NUC 调制通过解除正方形的形状约束而增加了复杂度，但也提供了比 QAM 和 1D-NUC 更好的性能。物理传输速率用调制与编码策略（Modulation and Coding Strategy，MCS）索引表示，图中 MCS 5、MCS 11、MCS 17、MCS 23 分别对应 16、64、128、256 阶调制相应的码率和频谱效率[4]。

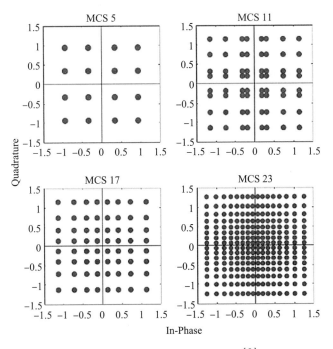

图 2-3　1D-NUC 调制星座图[3]

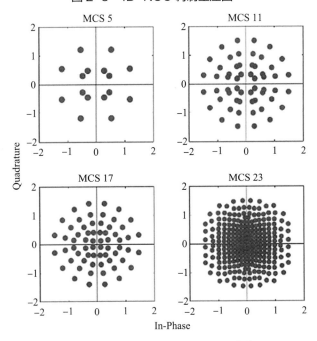

图 2-4　2D-NUC 调制星座图[3]

任务是确定其帧结构，如图 2-5 所示。首先，5G 标准中，一个无线帧的长度为 10ms，由 10 个长度为 1ms 的子帧构成。其次，每个无线帧分为大小相同的两个半帧，其中半帧 0 由 0~4 号子帧组成，半帧 1 由 5~9 号子帧组成。最后，每个子帧由连续的正交频分复用（OFDM）符号构成。

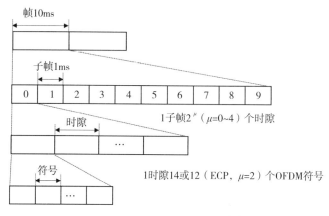

图 2-5　5G NR 帧结构[5]

5G 物理层信号发射端框图如图 2-6 所示。首先，信源比特流依据采用的信道编码对传输的信息码元加入冗余码（监督元），进而提高传输的可靠性。通过交织改变数据流的传输顺序，从而将突发的错误随机化，提高纠错编码的有效性。接着选择适合的调制方式，按照映射规则将码字映射为复值调制符号。调制之后得到的复值符号进行层映射，将这些符号按照规则重新排列，把互相独立的码字映射到空间概念层上。通过层映射得到的数据经过预编码映射到不同的天线端口、子载波上和时隙上，以便实现分集或复用。接着需要插入导频信号，导频信号（参考信号）的分类及功能介绍如表 2-1、表 2-2 所示[1]。资源映射时，要将数据信号和参考信号都分别映射到资源元素（Resource Elements，RE）中。具体地，根据映射图样将各参考信号由频域到时域映射到对应的资源元素上，然后将数据信号由频域到时域映射到各天线端口均没有参考信号的位置，即数据信号在各个天线端口上占有相同

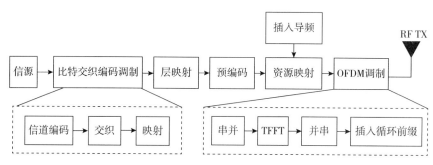

图 2-6　5G 物理层信号发射端框图

的位置。接着对数据流进行 OFDM 调制：将高速数据流通过串并变换转换为并行的多路低速子数据流，然后将这些数据流调制到每个子载波上，通过并串变换生成 OFDM 符号。最后经过插入循环前缀、模数转换、射频转变等处理变为射频信号由天线发送。

表 2-1 下行参考信号

简称	下行物理信号名称	功能简介
DMRS	解调参考信号	用于下行数据解调、时频同步等
PT-RS	相噪跟踪参考信号	用于下行相位噪声跟踪和补偿
CSI-RS	信道状态信息参考信号	用于下行信道测量、波束管理、RRM/RLM 测量和精细化时频跟踪等

表 2-2 上行参考信号

简称	上行物理信号名称	功能简介
DMRS	解调参考信号	用于上行数据解调、时频同步等
PT-RS	相噪跟踪参考信号	用于上行相位噪声跟踪和补偿
SRS	测量参考信号	用于上行信道测量、时频同步、波束管理

信号接收端框图如图 2-7 所示。在接收端，同样地经过射频转变、数模转换的过程，然后需要通过同步使得接收信号中的数据信息能够得到正确的解调。其中，同步分为下行同步和上行同步，下行同步是为了使用户设备（UE）能够正确解调基站发送的数据；上行同步是为了使基站能正确解调不同 UE 发送的混合信号。

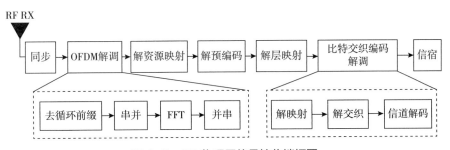

图 2-7 5G 物理层信号接收端框图

上行同步步骤：①对上行同步的前导（Preamble）序列进行检测，获得时间提前量（TA）；②将定时估计结果发送给不同的 UE；③UE 根据指令提前相应时间发出数据包以取得上行同步，同时不断检测上行同步过程，直到完成接入。

下行同步步骤：①根据 PSS 主同步信号和 SSS 辅同步信号，用户设备能估计并校正频率和时间偏移；②解码 PPS 主同步信号并获得小区 ID；③解码 SSS 辅同步信号并获得小区组 ID；④解调参考信号 DMRS 解码和主信息块 MIB 解码。

同步完成后需要去除循环前缀，并通过串并变换、快速傅里叶变换 FFT 和并串变换，将调制在各子载波上的数据流信息解调出来；最后分别经过解资源映射、解预编码、解层映射、解映射、解交织和信道解码等步骤，检测得到信源传输的比特流。

2.1.2 单载波与多载波调制

在无线通信发展系统中，无线信道特性对整个系统有着巨大的影响。为了对抗多径衰落，常采用多载波调制和单载波频域均衡来改善系统性能。多载波调制技术通过频带划分，在多个子信道上进行信号传输，这就充分利用了信道带宽。正交频分复用（Orthogonal Frequency Division Multiplexing，OFDM）是其中最具代表性的技术，它的基本原理是通过快速傅里叶逆变换（Inverse Fast Fourier Transform，IFFT），在正交的子载波上传送多路信号。单载波调制则需通过均衡技术来解决码间串扰问题，均衡可以在时域进行，也可在频域进行，相应的系统则分为单载波时域均衡（Single Carrier Time-Domain Equalization，SC-FDE）系统和单载波频域均衡（Single Carrier Frequency-Domain Equalization，SC-FDE）系统。相关研究表明，SC-TDE 虽然可以使单载波传输系统的性能达到与多载波传输系统一致的水平，但由于其实现复杂度较高，因此实际应用并不广泛。

单载波调制的特点是具有较低的峰均比值，适合于覆盖受限和需要延长电池寿命等对功耗要求较高的场景；而多载波调制则具有较高的频谱效率、支持灵活的资源分配以及和 MIMO 较好的适配性。由于 5G 拥有诸多应用场景，这两大类调制方案都是可以考虑的，并可以适用于不同的场景。如单载波方案可能在 mMTC 以及毫米波应用方面有一定价值，而多载波方案则适用于 5G 绝大多数场景。但如果 5G NR 系统要同时支持这两大类波形，对系统设备将会带来一定的挑战。因此，在 3GPP R15 标准中，业界更倾向于在上下行都采用 OFDM 类的多载波技术；而在上行对功率受限的场景，则把 DFT-S-OFDM 这种具有单载波特性的波形作为可选项。

1994 年，单载波频域均衡技术由 Jeanclaude、Sari、Karam 等人率先提出[6-7]，其传输系统框图如图 2-8 所示。发送端输入信号经过编码与星座映射后，插入循环前缀作为保护间隔，再通过 D/A 转换后送入无线信道。在接收端，接收到的信号经 A/D 转换后进行时频同步，然后去除保护间隔，通过 FFT 将信号变换到频域中，在频域经过均衡处理后，再通过 IFFT 操作变换回时域，在时域判决后得到重建的原始信号。

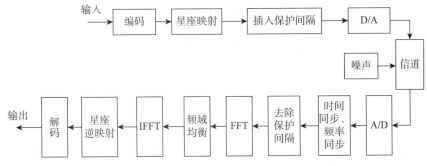

图 2-8 单载波频域均衡 SC-FDE 传输系统框图

单载波频域均衡系统结合了 OFDM 系统与单载波时域均衡系统的优点：

1）与时域均衡系统相比，实现复杂度较低，且均衡性能与多载波系统近似；

2）与 OFDM 系统相比，抗载波频偏性能更优，一定程度上降低了同步精度的要求。

除此之外，SC-FDE 也存在一些不足之处，由于其没有采用并行传输，发射符号速率并没有降低，在时延扩展很大的情况下，抗衰落性能不如 OFDM 系统；同时单载波调制方式也无法利用频率分集来提升系统性能。

R.W.Chang 在 20 世纪 60 年代末首次阐明了现在我们所讨论的 OFDM 技术[8]，其原理框图如图 2-9 所示。OFDM 将高速数据信息编码后分解到若干个正交子载波上，每个子数据流调制速率很低，减小了相邻码元的重叠概率，降低了符号间干扰（Inter-Symbol Interference，ISI），但同时数据的吞吐量与传输速率并未降低。而 OFDM 系统相较于传统的多载波调制技术，其改进的地方在于各子载波相互正交性且可以实施叠加。除了带宽利用率高以外，OFDM 系统还有以下优点：

1）由于采用多载波调制，对于实际场景中的频率选择性衰落信道，只是其中的一部分子信道会受到影响，不会导致整个链路不可用，同时还可通过合理选择信噪比较高的子信道，保证系统性能。

2）由于无线数据业务的上下行链路的非对称性特征，经常会出现下行链路数据量远超上行链路数据量的情况，此时 OFDM 系统可以对上下行链路灵活采用不同数量的子信道从而满足实际通信需求。

虽然 OFDM 调制系统具有以上的优点，但由于子信道的频谱相互覆盖，对于正交性的要求则变得严格，且输出信号为多个子数据流的叠加，发送的合并信号的峰均比过大，对系统中存在的非线性问题较为敏感，对放大器的线性范围要求很高。同时由于无线信道的时变特性，传输过程中会出现频率偏移现象，或者由于发射机载波频率与接收机本地振荡器之间的频率偏差，系统子载波之间的正交性都会被破坏，从而进一步导致子信道间的相互干扰。

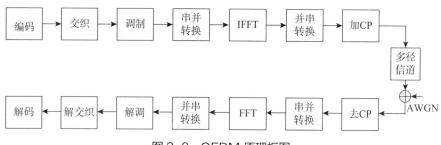

图 2-9　OFDM 原理框图

滤波器组的多载波技术（Filter-Bank Multi-Carrier，FBMC）是一种常见的多载波技术，其基本概念最早在 20 世纪 60 年代中期被提出[9]。在多径信道的情况下，由于连续多载波符号中的 ISI，纯正交多载波调制不能保持正交性。OFDM 中解决这个问题的传统方法是引入一个比信道所引入的时间扩展更长的 CP，这使得能够通过 IFFT 和 FFT 操作来保持传统的收发器实现，但是在通信中会引入时间开销，导致频谱效率的损失。FBMC 用于克服这个问题的方法是保持符号持续时间不变，从而避免引入任何时间开销；并在 IFFT/FFT 模块外，在发射和接受时添加额外的滤波来处理时域中相邻多载波符号之间的重叠[10]。FBMC 对每个子载波进行滤波，导致滤波器的响应长度比较大，这使得滤波器组的设计复杂度较高，从而加大了硬件开销和商用成本[11]。

FBMC 发射信号的基本原理如图 2-10 所示。FBMC 技术可以采用 QAM 或者偏移正交幅度调制（Offset Quadrature Amplitude Modulation，OQAM）两种调制方式。FBMC 在采用 OQAM 时，被称为 FBMC/OQAM（OQAM 的采用可以降低相邻子载波的相互干扰）。5G 采用 FBMC 调制技术有如下优势：①没有扩展循环前缀，传输效率得到提高；②对系统的同步要求不是很严格，因此适合一些非同步传输的场景；③在频域大大降低了旁瓣功率、减少了带外泄露，比较适合于碎片化的频谱场景；④在高移动性场景表现良好。

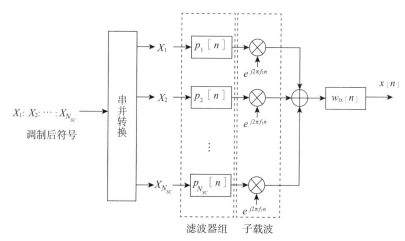

图 2-10　FBMC 发射信号的基本原理框图

但是，FBMC 也存在一些问题，例如：①破坏了子载波间的正交性，这就意味着即使没有任何信道的损害，在接收端也难以完美地复原发送端的 QAM 信号；② FBMC 针对不同的子载波分别进行滤波处理，由于子载波的间隔较窄，只有滤波器的长度较长才能满足对于窄带滤波的性能要求，因此其在突发性小文件包或对时延要求较高的应用场景下的效果受到影响；③滤波器的长度较长，增加了实现的复杂度；④难以和 MIMO 技术适配。

总的来讲，FBMC 避免了循环前缀和大保护频带的使用，提高了系统的频谱效率；同时，以适度的实现复杂度为代价，降低了载波间干扰和相邻信道干扰水平，是现今主流的 CP-OFDM 方案的潜在后续技术。其理想目标场景可能是无需精准同步的异步传输、零碎频谱、高速移动用户等。

滤波 OFDM（F-OFDM）是一种可变子载波带宽的自适应空口波形调制技术，是基于 OFDM 的改进方案[12]。F-OFDM 能够实现空口物理层切片后向兼容 LTE 4G 系统，又能满足未来 5G 发展的需求。F-OFDM 能为不同业务提供不同的子载波间隔与 CP 配置，使用合适的物理资源来满足不同业务的需求。从本质上来说，它提供了一种可以将编码调制技术和多址技术等物理层技术进行最佳组合的系统框架[13]。

F-OFDM 的基本思想是将 OFDM 载波带宽划分成多个不同参数的子带[14]，并分别添加子带滤波器接收端通过子带滤波器来实现信号解耦，而各子带也可以根据各自的业务场景需求进行不同的波形参数配置。F-OFDM 系统的收发原理框图如图 2-11、图 2-12 所示[14]。以子带一为例，发射端先将输入信号进行编码及载波映射处理，串并转换之后再进行 IFFT 处理，再将 IFFT 变换后的数据添加循环前缀，接着就是子带滤波处理过程。接收端收到信号后，首先对各个子带的信号进行滤波处理，接着对不同子带滤波后的数据进行 FFT 和去循环前缀的处理，最后再进行信号的解调，也就是与发送端信号相反的逆处理过程。

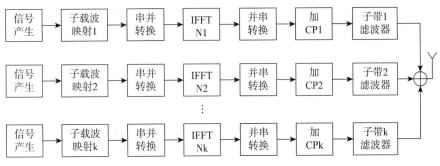

图 2-11 F-OFDM 下行链路多子带的发射机原理框图

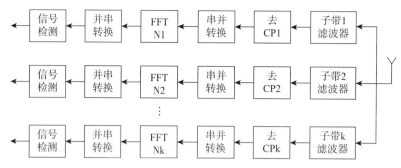

图2-12　F-OFDM下行链路多子带的接收机原理框图

由于 F-OFDM 支持配置参数的特性，该技术可应用于未来 5G 通信系统中，灵活满足不同业务的需求。对于 F-OFDM 技术，具有的优点[14]主要包括：

1）支持在不同的子带上提供不同的子载波间隔与 CP 配置，从而更好地适配不同的业务场景；通过优化滤波器设计，可以具有良好的带外抑制特性，从而将不同子载波间的保护频带开销压缩到最低。

2）通用滤波多载波（Universal Filtered Multi-Carrier，UFMC）技术是由欧盟资助的研究项目 5GNOW 提出的多载波调制技术[15]。UFMC 是对一组连续的子载波进行滤波处理，当组内子载波的数量为 1 时，UFMC 与 FBMC 的实现原理则完全相同。UFMC 继承了 FBMC 技术的优点，同时又具有更多的优势，可根据实际应用需求配置子载波个数，从而有效提升了系统灵活性[16]。

滤波器的选择可以很灵活，其目标在于降低带外发射和带内失真。另外，采用不同滤波器时，UFMC 的实际性能很大程度取决于所考虑的场景和实际的滤波器设计。相比 CP-OFDM，更低的带外发射使得 UFMC 更适于异步多址接入。UFMC 具有 CP-OFDM 的一些优点，如通过对附加滤波的适当选择，使带内失真的数量得以限制。另外，不同子载波组间也可以支持灵活的参数集。

UFMC 的一种发射端实现方式原理如图 2-13 所示。UFMC 之所以对于子载波组而非子载波本身进行滤波是基于频域资源的调度通常以资源块（Resource Block，RB）为最小单元，而非子载波本身。这样，使得可以对不同的业务类型进行有针

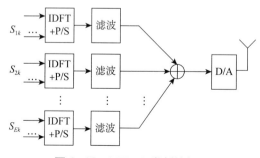

图2-13　UFMC 发射端框图

对性的处理。

UFMC 不需要添加循环前缀。它在 5G 应用中有如下好处：①对于时间和频率的同步要求不那么严格；②不需要循环前缀，传输效率得以提高；③由于 UFMC 是对子载波组进行滤波处理，其滤波器的通带较宽，因此滤波器的长度可以设计得相对较短，即其时间约束性较好，故在小文件包的场景其频谱效率也相对高一些；④比 CP-OFDM 更好地应用于碎片化频谱的场景；⑤可以在子载波组内动态地调整子载波间隔，从而实现调整符号长度以匹配信道的相关时间（Coherence Time）。

UFMC 也存在一些不足，如与 CP-OFDM 相比，其发送和接收的实现复杂度都要高一些。

2.1.3 空时编码调制

相比单天线传输，多输入多输出（Multiple-Input Multiple-Output，MIMO）技术通过空间分集、空间复用等技术，可以获得更高的频谱效率、传输速率和传输可靠性。其中，空时编码（Space-Time Coding，STC）甚至可到达 MIMO 理论上的信道容量，成为 MIMO 技术中的关键技术之一。

空时编码通过引入阵列天线处理技术，结合时间和空间两个维度，能够在不增加频谱资源的情况下有效抵消信道衰落，获得分集增益和编码增益，提高系统频谱效率[17]。目前常见的空时编码结构有三种，即基于空间分集技术的空时格型编码（Space-Time Trellis Coding，STTC）和空时分组编码（Space-Time Block Coding，STBC）以及基于空间复用技术的分层空时编码（Layered Space-Time Coding，LSTC）。

空时格型编码把编码和调制结合在一起，既能在平坦衰落信道中不降低频谱效率，又能获得编码增益和分集增益。其编码器可看作一个有限状态机，输出基于当前状态和输入比特流，编码过程可由状态转移图表示。以两发射天线场景下 8 状态 8-PSK 调制的 STTC 为例，其状态转移图如图 2-14 所示。编码设计是基于接收端已知信道状态信息条件下最大化任意两个码字之间的欧式距离；译码则是采用维特比译码算法，通过计算累计码距在卷积码格状图上寻找唯一的最大似然路径，再根据这条路径所通过的延时寄存器状态重构发送数据。STTC 在不同的传输条件下都能保证发挥优良的性能，但频谱效率因受星座图限制，不会随着发射天线数目的增多而增高，即通过损失若干频谱效率来获得最大分集增益；并且信号检测算法复杂度与分集阶数和数据速率成指数关系，因此，在实际运用中不好推广。

空时分组码是一种译码算法复杂度低且能实现满分集增益的多发射天线编码调制方案。最早被提出的 Alamouti 空时编码方案中的编码器框图如图 2-15 所示，通过把信息比特流两两分组，编码后得到两个相互正交的行向量作为发射信号，经过

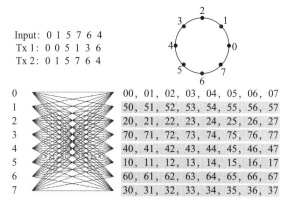

图2-14　8状态8-PSK空时格型编码[17]

两个时隙从两根发射天线上发射，可得到满分集全速率传输。接收端通过最大似然算法实现彼此独立的译码。但 Alamouti 编码方案主要针对发射天线数为2的系统，具有局限性，进而推广到适合多天线的正交空时分组码。通过设计产生各行相互正交的传输码字矩阵，每行码字在对应的天线上通过多个时隙进行发送，接收端利用码字在空时域上的正交性，通过最大似然检测算法进行译码，检测复杂度低。

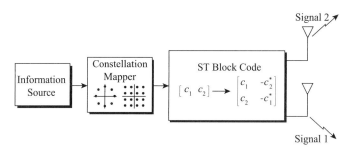

图2-15　Alamouti 空时编码器框图[17]

　　不同于上述两种空时编码，分层空时编码通过 N_t 路独立数据流的传输可获得空间复用增益，提高频谱利用率。其基本思想为：在发射端将高速信息比特流经串并转化为低速比特流，进而对其使用分层结构的空时处理，输出信号经调制映射后由多天线发射；接收端进行分集接收，采用线性反馈均衡器去掉噪声和码间干扰后进行分层空时检测。按照符号排列形式的差异，LSTC 可分为对角分层空时编码（Diagonal LSTC，DLSTC）、水平分层空时编码（Horizontal LSTC，HLSTC）和垂直分层空时编码（Vertical LSTC，VLSTC）。其中，HLSTC 由于各层之间不进行信息分享，导致空时性能相对较差；DLSTC 具备良好的空时性能和分层设计，但会有 N_t（N_t-1）比特的传输冗余且解码复杂；VLSTC 空时性能和分层设计相较于 DLSTC 较差，但没有传输冗余、编译码复杂度也更低，且性能比 HLSTC 好，因此被广泛采用。

综上，空时格型码和空时分组码通过使不同时刻、不同发送天线上的发送数据之间具有一定的相关性，实现时间和空间上的联合编码以增加信息的冗余度，在不增加系统带宽的前提下提升了系统传输性能。其中空时格型码具有较高的分集增益和编码增益，但编译码复杂度相对较高；空时分组码具有较好的抗衰落性能，但是频谱利用率较低。而分层空时码将信息源分成若干个子数据流分别独立进行编码和调制，从而获得空间复用增益，具有较高的频谱利用率，但抗衰落性能较差。

2.2 5G 信道编码技术

2.2.1 5G 信道编码性能需求与标准化情况

信道编码主要解决信息传输过程由噪声、干扰、畸变、失步等非理想特性所引起的传输差错，通过引入适当的信息冗余和信号内在关联性来有效对付这些差错，进而逼近信道容量。信道编码是通信理论最为基础性的部分之一，是逼近信道容量的主要手段，是移动通信标准化研究的核心任务之一。编码一直被视为通信系统更新换代的重要技术标志，也是全球通信技术标准激烈竞争的重要领地。

5G 信道带宽较宽，除了通常的噪声和干扰，还面临因用户移动和多径传播所引起的极为复杂的信号衰落、信道原生差错概率较高的问题。同时，5G 业务种类多样，要支持宽带视频、车联网、工业控制等许多大带宽、高可靠、低时延的通信需求，因此必须提供足够的信道纠错能力，保障系统足够的可靠性和可用性。例如，在 uRLLC 应用场景下必须提供高达 99.9999% 的可用性。同时，移动通信系统自身的控制信令传输也必须具备更高的可靠性，因此，除了数据信道的编码，还必须针对控制信道进行编码设计。

5G 数据信道的包长范围很宽，介于 40~8000 比特，而控制信道的包长被限制在 20~200 比特（极限情况下可达 300 比特）。因此，为了提高编码效率、保障译码时延，同时增强控制信道的可靠性和可用性，需要对长包和短包分别设计不同的编码，即长码和短码。在如此宽的信息长度范围内设计通用的信道编码面临巨大的挑战。

近年来，国际上在编码理论方面取得了一系列突破性进展，其中 Arikan 于 2008 年发明的极化码（Polar Codes）成为首个从理论上被严格证明可以在香农可达性的意义上达到一般信道容量的实用码类[27]，为解决 5G 高可靠、高吞吐率、低时延等复杂传输需求提供了重要的理论基础。

但是，在 5G 标准初始竞争阶段，相对于成熟的低密度校验码（LDPC）码类而言，极化码必须回答"适用性"在内的许多关键问题，尤其是高吞吐率、低复杂度、低时延通用编译码以及其与动态信道和可变信息长度的灵活适配机制等。经过国内外众多研究者的共同努力，这些问题得以较好地解决，从而为极化码入选 5G 标准铺平了道路。

2016 年 11 月 18 日，在美国内华达州里诺结束的 3GPP RAN1#87 次会议上，经过与会公司代表等多轮技术讨论，国际移动通信标准化组织 3GPP 最终确定了 Polar 码作为 5G eMBB（增强移动宽带）场景下控制信道的编码方案[35, 57, 59]。经过两年的标准化过程，5G NR 确定了 Polar 码作为上行控制信道（PUCCH）上行控制信息（UCI）、下行控制信道（PDCCH）下行控制信息（DCI）、物理广播信道（PBCH）承载广播信息的编码方案。在 2020 年 6 月底冻结的 5G R16 版本中，Polar 码和 LDPC 码继续分别作为 uRLLC 场景中控制信道和数据信道的编码方案。

下面分别介绍 5G 数据信道和控制信道所涉及的两大类编码技术——LDPC 码和 Polar 码。

2.2.2 数据信道编码——LDPC 码

1. LDPC 码背景介绍

LDPC 码是一类逼近信道容量限的线性分组码，亦称为低密度校验码。LDPC 码最早是由 Gallager 于 1962 年提出的[18]，证明了其拥有强大的纠错能力。但由于其在实现方面的复杂性，LDPC 码在当时并没有引起重视。

直到 20 世纪 90 年代中期，Mackay、Neal 等人在基于 Tanner 图的 LDPC 码构造和迭代译码算法的研究中重新发现其与香农的理论极限非常接近[19]，在码长足够长时，性能甚至超过了 Turbo 码，并且更加利于实现。自此以后，学术界重新认识到 LDPC 码在纠错性能和实用价值方面的优势，许多学者对 LDPC 码进行了广泛而深入的研究。

2005 年，基于单位阵的循环移位矩阵的准循环 LDPC 码，即 QC-LDPC 码，首次在 IEEE 802.16 系列宽带接入标准（World Interoperability for Microwave Access，WiMAX）中得到应用。经过多年的研究和发展，凭借其显著的性能和复杂度优势，LDPC 码在 2016 年 10 月最终被 3GPP 标准采纳，成为 5G NR 标准的数据信道编码方案[20]。

2. LDPC 码基本概念及 Tanner 图表示

在二元域 GF（2）上定义（N，K）的 LDPC 码是一种线性分组码。线性分组码由它的生成矩阵 G 或校验矩阵 H 唯一决定，LDPC 码可以由它的校验矩阵和 Tanner 图来表示。它的校验矩阵是稀疏矩阵，由"0"元素和"1"元素构成，其中只有很少一部分的元素是"1"。由 Gallager 构造的 LDPC 码其校验矩阵 H 具有以下性质：

①每一行和每一列分别有 k 和 j 个 1；②任意两列具有共同 1 的个数不大于 1；③ k 和 j 与校验矩阵 H 中的行数与列数相比都很小。

这类所有行（列）包含 1 的个数一样的 LDPC 码又称为规则 LDPC 码；如果并非所有的行（列）都包含相等数量的 1，则这样的 LDPC 码称为非规则 LDPC 码。相比于规则 LDPC 码，非规则 LDPC 码具有更大的灵活性和优化空间，其性能也优于规则 LDPC 码。

LDPC 码的校验矩阵 H 是一个大小为 $M \times N$ 的稀疏矩阵，它表示 M 个行向量 h_1，h_2，$\cdots$，h_M。若 $x = [x_1, x_2, \cdots, x_N]$ 为一个码字，则该码字需要满足 $H \times x^T = 0$ 的约束条件，即表示为：

$$
\begin{bmatrix}
h_{11} & h_{12} & \cdots & h_{1N} \\
h_{21} & h_{22} & \cdots & h_{2N} \\
\vdots & & \ddots & \vdots \\
h_{M1} & h_{M2} & \cdots & h_{MN}
\end{bmatrix}
\begin{bmatrix}
x_1 \\
x_2 \\
\vdots \\
x_N
\end{bmatrix}
= 0
\tag{2.1}
$$

编码生成的码字 x 一定满足校验矩阵 H 所确定的 M 个校验方程，只要 H 确定，便可以由输入信息块求出所有校验位，生成码字 x 完成编码。作为线性分组码，当 x 作为一个（N，K）LDPC 码字时，码字 x 的最小距离等于其校验矩阵 H 中线性相关最小列向量个数。

用来表示 LDPC 码校验矩阵的二分图通常称为 Tanner 图。Tanner 图作为 LDPC 码的重要分析工具，可以描述出 LDPC 码的完整特性，有助于表示译码算法过程。Tanner 图中的顶点通常称为节点，图中的节点被划分为变量节点 v_n 和校验节点 c_m 两类，其中 $n = 1$，2，$\cdots$，N，$m = 1$，2，$\cdots$，M。所有变量节点表示校验矩阵 H 的对应列，校验节点表示校验矩阵 H 的对应行，即每个校验节点对应一个校验方程。若校验矩阵 H 中某个元素 h_{mn} 为 1，那么在 Tanner 图中有一条边将变量节点 v_n 和校验节点 c_m 相连，这时候称节点 v_n 和 c_m 为邻节点。若变量节点 v_n 与 λ 个校验节点相连，则该变量节点的度（degree）数为 λ。从定义可以看出，校验矩阵与 Tanner 图是一一对应的，当变量节点 v_n 的度数为 λ 时，表示校验矩阵的第 n 列共有 λ 个 "1"。其中，规则 LDPC 码每个节点的度都为固定值，否则构成的 LDPC 码称为非规则 LDPC 码。

假设一个规则的（8，2，4）LDPC 码（即码长为 8，校验矩阵 H 的列重量为 2，行重量为 4），其校验矩阵 H 和对应的 Tanner 图如图 2-16 所示。

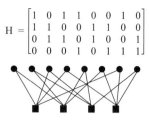

图2-16 （8，2，4）LDPC 码的校验矩阵与 Tanner 图

LDPC 码的 Tanner 图不仅可以完整地解释其奇偶校验结构，更重要的是推动了译码算法的研究。在 Tanner 图中，从一个节点出发，经过若干个不同节点和边后，再回到初始的节点，我们称它为一个环（cycle），环的周期为该环所包含的边数。环的周期直接影响了 LDPC 码的译码性能，特别是短环会使边上传递的消息局限于一个很小的局部范围，进而降低了译码性能。LDPC 码的译码是基于变量节点和消息节点间的消息迭代，直到译码成功或达到最大迭代次数。在每一次的迭代过程中，每个节点根据信道及邻节点的消息进行消息的更新，并把更新后的结果传递给邻节点，LDPC 码校验矩阵的稀疏性保证了迭代译码可以快速有效地执行与实现，这也是它最大的特点与优势。

3. LDPC 码编码算法

LDPC 码采用直接的编码方法时，其编码复杂度与 LDPC 码码长的平方成正比，码长较长时，其复杂度是难以接受的。而 LDPC 码校验矩阵的稀疏性使编码成为可能。LDPC 码常用的编码算法是采用递归方式求解校验比特位，避免了直接使用校验矩阵求逆得到生成矩阵带来的高复杂度。

对 LDPC 码来说，也可以像求解线性方程组一样，直接采用高斯消元法实现编码。但采用高斯校元编码会破坏原有校验矩阵的稀疏性，需要 $O(N^2)$ 的运算量，因此这种编码方法依然是复杂的。较为简单实用的方法是基于近似下三角矩阵的编码。

近似下三角矩阵的方法是对校验矩阵进行高斯消元，将校验矩阵转换为如图2-17 所示的结构，由于图中的 6 个分块矩阵是由原始稀疏矩阵行列重排得到的，因此经过这种转换后的矩阵仍然具备稀疏特性。对系统码而言，要发送的信息序列将

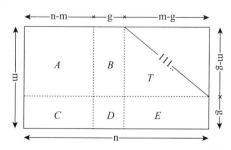

图2-17 近似下三角结构的校验矩阵[21]

直接作为 LDPC 码字的前 $N-M$ 个信息位比特输出。而校验位将被分为长度分别为 g 和 $M-g$ 的两部分，通过递归的方式逐一产生。经进一步分析可知，两部分校验位的运算量分别为 $O(N+g^2)$ 和 $O(N)$，相对于高斯消元法大大减少。如果要进一步减小 LDPC 码编码复杂度，需要在重新排列校验矩阵中保证 g 值足够小。

4. LDPC 码译码算法

LDPC 码优异的译码性能是利用与之匹配的迭代译码算法实现的，迭代译码算法基于校验矩阵实现，具有较低的复杂度与良好的性能。LDPC 码最基本的译码算法为比特翻转[18]（Bit-Flipping，BF）译码算法和置信传播（Belief Propagation，BP）译码算法[22]。BF 算法互相交换的信息是硬判决的比特，而 BP 译码算法的核心在于每个节点上满足贝叶斯准则的消息值与邻节点的消息值进行交换传递，并通过不断迭代将消息扩散至整个图中。

（1）比特翻转译码算法

比特翻转译码算法是 Gallager 提出的一种硬判决译码算法，复杂度低，时延小，但译码性能较差，其性能与香农极限有一定差距。

信息序列编码后经过信道传输时，受到噪声影响，接收端的码字不再满足全部校验方程。由于在校验矩阵中变量节点受不同校验方程的限制，可以将变量节点满足校验方程的个数作为该变量节点当前判决值的可靠性度量。每次迭代时，对可靠性最低的变量节点进行判决值的翻转。完整的 BF 译码算法流程如下：

1）假设编码后的码字为 x，对接收端接收到的码字作硬判决，得到 x'；将码字 x' 代入校验矩阵进行校验，如果 x' 满足校验方程 $H \times x'^T = 0$，则停止译码，将码字 x' 作为最后的译码输出；若不满足校验方程，则进行步骤 2）。

2）计算每个变量节点满足的校验矩阵个数，作为变量节点的可靠性度量，对可靠性最低的变量节点进行翻转，得到更新后的判决码字 x'。

3）当达到最大迭代次数时，将当前码字 x' 作为最后的译码输出；否则重复步骤 1）。

（2）置信传播译码算法

置信传播译码算法是一种软判决算法。在迭代中，传递的消息值分为两种：从变量节点到校验节点的消息值和从校验节点到变量节点的消息值。其中，变量节点 v_n 传递给校验节点 c_m 的消息值是根据上一轮迭代时与变量节点 v_n 相连的其他校验节点传递的置信信息所生成的概率值，反之亦然；这些概率值通过信道的统计量进行计算。每一轮迭代中，所有节点的置信信息得到更新，每轮迭代后计算每个码字的伪后验概率进行译码判决，若满足校验条件 $H \times x^T = 0$ 或达到最大迭代次数，则译码结束，否则进行下一轮迭代。

在图 2-18 所示的 Tanner 图中，圆形表示变量节点，方形表示校验节点；要得到 v_n 向 c_m 的消息，需要处理其他与 v_n 有边连接的 $c_{m'}$ 传达过来的概率信息，再将处理后的概率信息传达到 c_m。所有校验节点完成操作后，执行变量节点操作，要得到 c_m 向 v_n 传达的信息，需要处理其他与 c_m 有边相连的 $v_{n'}$ 传达过来的概率信息，再将处理后的概率信息传达到 v_n。完成校验节点和变量节点操作后，就完成了一次迭代运算。BP 译码算法流程如下：

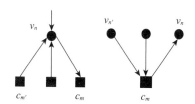

图 2-18　Tanner 图中变量节点 v_n 与校验节点 c_m 的局部关系[23]

1）假设编码后的码字为 x，对接收端接收到的码字进行处理得到概率消息，变量节点将消息传递到与之相连的校验节点。

2）校验节点对传递过来的消息进行处理，处理后将消息传递到与之有关的变量节点。

3）变量节点对传递过来的消息进行处理，处理后将消息传递到与之有关的校验节点。

4）完成一次迭代后，更新后验概率信息，然后硬判决得到 $\hat{x}$。如果 $\hat{x}$ 满足校验条件或者达到最大迭代次数时，译码终止并输出 $\hat{x}$ 为译码结果；否则重复迭代过程。

BP 译码算法的计算复杂度与校验矩阵 H 中"1"元素的数目直接相关，这也是只有 LDPC 码适合用 BP 算法译码的原因之一。

5. LDPC 码在 5G 中的应用

5G-NR LDPC 编码链路中包含码块分段、循环冗余校验（Cyclic Redundancy Check，CRC）、LDPC 编码、速率匹配、交织，如图 2-19 所示。物理层在接收到媒体接入控制层（Media Access Control，MAC）的一个传输块后，先添加一个 16 或 24 比特的 CRC 用于接收端错误检测。在添加 CRC 后，如果传输块包含的比特数超

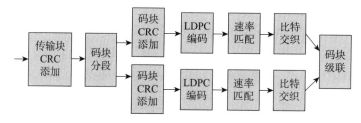

图 2-19　NR LDPC 编码流程图[24]

过了一定值，则把它分为长度相同的若干个码块，各个码块再各自添加 CRC，而后进行独立的 LDPC 编码。最后，各个编码后的码块分别进行速率匹配、混合自动重传请求处理和交织。

（1）5G NR LDPC 编码矩阵

5G NR LDPC 码采用了准循环结构，即准循环 LDPC 码（Quasi-Cyclic Low-Density Parity-Check codes，QC-LDPC）。QC-LDPC 是通过一个基础矩阵扩展得到的，而基础矩阵是满足某种规则的结构码，即将校验矩阵做分块化处理得到若干个分块矩阵，而各个分块矩阵由某个矩阵循环移位得到。QC-LDPC 码的校验矩阵可表示为：

$$H = \begin{bmatrix} \boldsymbol{Q}^{P_{1,1}} & \boldsymbol{Q}^{P_{1,2}} & \cdots & \boldsymbol{Q}^{P_{1,N}} \\ \boldsymbol{Q}^{P_{2,1}} & \boldsymbol{Q}^{P_{2,2}} & \cdots & \boldsymbol{Q}^{P_{2,N}} \\ \vdots & & \ddots & \vdots \\ \boldsymbol{Q}^{P_{M,1}} & \boldsymbol{Q}^{P_{M,1}} & \cdots & \boldsymbol{Q}^{P_{M,N}} \end{bmatrix} \tag{2.2}$$

其中，$\boldsymbol{Q}$ 表示大小为 $z \times z$ 的矩阵，当 $P_{i,j}$ 为一个自然数时，H 表示由一个 $z \times z$ 的矩阵每一行右移 $P_{i,j}$ 位得到。可知校验矩阵 H 的大小为 $zM \times zN$，其中 z 是 QC-LDPC 码的扩展因子。

QC-LDPC 码有几个比较突出的优点：①通过分析基础矩阵就可以对校验矩阵的性能有大致的了解。②描述复杂度低。对于传统 LDPC 码，当其消息序列较长时，校验矩阵的规模会很大；对于 QC-LDPC 码，只需要描述基础矩阵中非 0 元素的位置和相应循环移位系数即可。③编译码的复杂度低。由于其采用 $z \times z$ 的循环移位矩阵，编码时可实现并行度为 z 的编码过程，译码时可实现 z 个校验方程相关消息的同时更新传递，大大提升了译码器吞吐量。

（2）5G NR LDPC 校验矩阵

5G NR LDPC 码的校验矩阵由标准文档[25]中给出的基础矩阵 $\boldsymbol{H}_{BG}$ 定义。基础矩阵的每一项都表示一个 $z_c \times z_c$ 的零矩阵或一个 $z_c \times z_c$ 的单位矩阵循环右移后的矩阵，其中右移的位数由 3GPP 标准文档中的移位系数表给出。组成基础矩阵的分别是信息比特列、校验比特列和附加的校验比特列。5G NR 数据信道支持两个基础矩阵，保证在数据信道中码率和信息块大小的范围内都获得良好的译码性能。其中，基础矩阵 $\boldsymbol{H}_{BG1}$ 生成的校验矩阵维数为 $46z_c \times 68z_c$，信息位长度为 $22z_c$。经过大量的仿真和搜索以及对各个码长和码率进行性能优化，3GPP 确定了非零元素的具体位置。

6. 5G LDPC 码链路性能

表2-3中介绍了图2-20性能仿真的仿真参数，其中仿真信道为AWGN信道，调制方式为QPSK。图2-20给出了不同码率、不同码长的LDPC码在误块率（BLER）不超过1%时的门限信噪比（Es/No）。门限信噪比越低，意味着性能越可靠。可以看出，在较高码率和较短码块下，LDPC码具有较为明显的优势。

表2-3　图2-20的仿真参数[26]

信道	AWGN		
调制方式	QPSK		
编码方案	Turbo	LDPC	Polar
码率	1/5，1/3，2/5，1/2，2/3，3/4，5/6，8/9		
译码算法	MAP	Offset-min-sum	CA-SCL

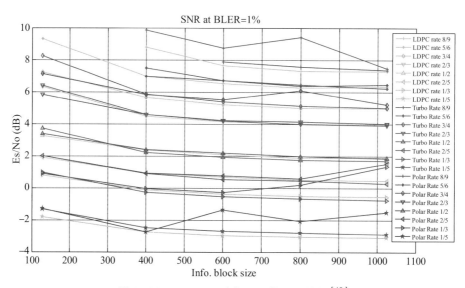

图2-20　LDPC码在短码码块下的性能[18]

2.2.3　控制信道编码——极化码

信道容量C是信道能无错误传送信息的最大速率，是香农提出衡量一个通信信道可靠性的重要参数。但是香农只给出信道容量的极限，并未给出如何才能到达香农极限的编码方案。因此编码理论应运而生，目的是将香农提出的极限变为现实。20世纪出现了几种可以逼近香农极限的编码方案，如1993年发明的turbo码，与香农极限只有2~3dB的差距；1999年研究者重新研究LDPC码，找到了与香农极限只有 0.0045dB 差距的 LDPC 编码方案。

2008 年，E.Arikan 教授基于信道极化理论提出一种线性信道编码方案——极化码，这是目前人类已知范围内唯一一种可达香农极限的编码方案[27]。在 E.Arikan 的自述中，Polar 码最初被认为是提高信道截止速率 R_0 的编码方式[28]。信道截止速率 R_0 是编码领域的重要参数，在随机编码和最大似然条件下，信道截止速率（cut-off Rate）R_0 决定了相应的码块的错误概率 $P_e = 2^{-NP_0}$ [N 为码块长度，在实际信道传输时，当传输速率 R 小于 R_0 时，信道的平均错误概率 $\overline{P}_e = 2^{-N(P_0-R)}$]。

E.Arikan 首先研究多址信道的序列译码，寻找序列译码下的信道截止速率上界，证明了可实现的信道截止速率 $R_0 \leq R_{Comp}$（R_{Comp} 是序列译码计算得到的信道速率）。2004—2006 年，E.Arikan 尝试使用信道合并与分裂提高信道截止速率[见图 2-21（a）]，对于一个离散无记忆信道分裂成两个相关的子信道 W_1 和 W_2，有 $C(W_1)+C(W_2) \leq C(W)$ 和 $R_0(W_1)+R_0(W_2) > R_0(W)$[29]。两个分裂子信道的信道容量之和小于等于原信道的信道容量，但是分裂子信道的信道截止速率超过了原信道。2008 年，E.Arikan 使用新的信道合并和分裂后的码字作为内码来工作，并给出一种在二进制删除信道和二进制离散无记忆信道下达到香农极限的编码方案，即 Polar 码[28]，如图 2-21（b）所示架构。

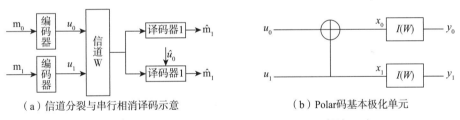

（a）信道分裂与串行相消译码示意　　　（b）Polar码基本极化单元

图 2-21　提高信道截止速率的编码方案[29]

1. Polar 码基本概念

Polar 码是一种线性纠错码，通过信道合并（Channel Combination）和信道分裂（Channel Splitting）两种操作得到合成信道和若干分裂子信道。合成信道的总容量是各个子信道的容量之和，容量守恒。分裂子信道的信道容量呈现出两极分化的趋势，对于二进制离散无记忆信道（Binary Discrete Memoryless Channel），一部分分裂子信道的信道容量趋近于无噪声信道的信道容量 1；另一部分分裂子信道的信道容量趋近于 0，即完全噪声信道下的信道容量[30]。假设原二进制离散无记忆信道 W 的二进制输入对称容量为 $I(W)$，当码长趋于无穷大时，信道容量趋于 1 的分裂子信道比例约为 $N \times I(W)$，信道容量趋于 0 的分裂子信道比例约为 $N \times [1-I(W)]$[27]。因此，Polar 码是一种具有可达编码速率 $I(W)$，即可达信道容量的编码方案。

极化信道的产生是由于使用互信息链式法则增大了源信息序列与接收序列的

互信息[31]。如图 2-21（b）所示，码长为 2 的 Polar 码将两个比特（u_0，u_1）编码为（x_0，x_1）=（$u_0 \oplus u_1$，u_1），分别通过两个独立的二进制离散无记忆信道 W 传输，$\oplus$ 为异或操作。此时我们定义三个信道：①合成信道 W_2：（u_0，u_1）$\rightarrow$（y_0，y_1）；②分裂子信道 $W_2^{(1)}$：$u_0 \rightarrow$，（y_0，y_1）；③分裂子信道 $W_2^{(2)}$：$u_1 \rightarrow$，（u_0，y_0，y_1）。上述合成信道 W_2 可以分裂成两个等效的二进制分裂子信道 $W_2^{(1)}$ 和 $W_2^{(2)}$。

由互信息链式法则可知，$I(W_2^{(1)}) + I(W_2^{(2)}) = 2I(W)$ 和 $I(W_2^{(1)}) \leqslant I(W) \leqslant I(W_2^{(2)})$，证明分裂子信道的对称信道容量呈现出两极分化趋势，经过信道极化，子信道 $W_2^{(1)}$ 比原来的信道略差，子信道 $W_2^{(2)}$ 比原来的信道略好，但合成信道的总体信道容量保持不变。

图 2-22（a）为码长 N=4 的 Polar 码合成信道示意图，（b）为 Polar 码递归结构示意图，R_N 是比特翻转操作（Bitrevorder）。由图 2-22（b）可知，通过两个独立的母码长度为 N/2 的拷贝信道 $W_{N/2}$（两个信道完全相同）递归地合成码长为 N 的合成信道 W_N，通过不断递归构造，最终可以得到码长 $N = 2^n$ 的 Polar 码且得到 $N = 2^n$ 个分裂子信道，当 N 趋于无穷大时，分裂子信道的容量趋近于 0 或 1。

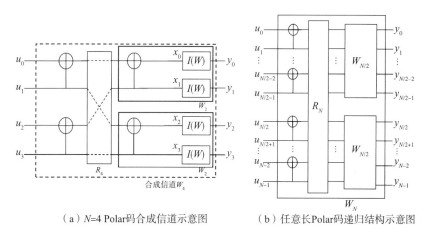

（a）N=4 Polar码合成信道示意图　　　（b）任意长Polar码递归结构示意图

图 2-22　Polar 码编码示意图[27]

此处定义一个（N，K）Polar 码，基于分裂子信道的信道容量，可以得到各个子信道的可靠度。将 K 个信息比特（Information Bit）放在 N 个子信道中可靠度最高（互信息最大）的 K 个子信道上，剩余（N-K）个比特放置冻结比特（Frozen Bit），冻结比特为收发端已知的比特，一般为全 0 比特。放置信息位的子信道集合称为信息比特集合，记为 I；放置冻结比特位的子信道集合称为冻结比特集合，记为 F。实际应用中由于一些约束，码长 N 不可能趋于无穷大，如图 2-23 所示，部分分裂子信道极化不完全，信道容量在 0 与 1 之间，因此有限长 Polar 码信息比特集合选择是 Polar 码重要的研究方向之一。

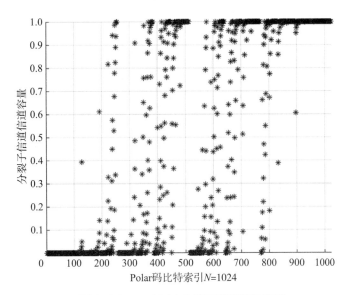

图2-23　N=1024 条件下信道极化情况

2. Polar 码信息比特集合评估与选择

Polar 码信息比特集合 I 的选择好坏直接影响到 Polar 码的性能。确定信息比特集合 I 需要对各子信道进行可靠度排序，子信道的可靠度与信道（加性高斯白噪声信道、二进制删除信道等）和环境（噪声）有关，对信道进行排序主要有以下方法。

（1）密度进化（Density Evolution，DE）[32]

密度进化是 LDPC 码中 BP 译码算法中的经典算法，用来跟踪消息概率密度。在 Polar 码中，DE 可以跟踪译码过程评估分裂子信道的可靠度，针对一些特殊信道，DE 可以得到简化[33]。

二进制删除信道：巴氏系数[27]。巴氏系数（Bhattacharyya）是用最大后验概率（MAP）译码时错误概率的上界衡量信道容量的大小。由于 Polar 码的递归结构，各分裂子信道的巴氏系数也可以递归得到。E.Arikan 使用巴氏系数衡量二进制删除信道（BEC）下 Polar 码分裂子信道的信道容量，取巴氏系数最小 K 个子信道集合作为信息比特集合。

加性高斯噪声信道：高斯近似（Gaussian Approximation，GA）[34]。假设均值为 0，方差为 σ^2，使用 BPSK 调制的加性高斯噪声信道（AWGN），分裂后的子信道 LLR 符合高斯分布且噪声方差是均值的两倍。高斯近似算法利用高斯分布去近似 AWGN 信道输入的 LLR（对数似然比）值分布和 SC 译码器计算所得的 LLR 值分布，通过计算在 u_1^N 的 LLR 值分布的参数，得出 SC 译码器在每个比特上出错的概率，对各分裂子信道进行排序。该方法运用计算 LLR 均值的办法对信道进行排序，$\mu(L_v)$ 代表 LLR 的均值，该均值越大，表示对应的分裂子信道的信道容量值越大。

（2）极化权重（Polarization Weight，PW）[35]

华为公司提出极化权重方案，通过追踪 Polar 码子信道的极化过程来评估子信道的可靠度。每个信道的极化权重只与索引号有关，权重越大，分裂子信道越可靠。首先将分裂子信道的索引号 i 用二进制表示：$B_{n-1}B_{n-2}\cdots B_0$，B_0 是最低位。定义子信道的可靠度如下：

$$V\left[W_N^i\right]=\sum_{j=0}^{n-1} B_j \cdot \beta^j \tag{2.3}$$

其中，β^j 表征正向极化（经过极化后，信道更好）带来的可靠度增加的权重。此方法与信噪比无关，降低了编码的复杂度。

Blasco-Serrano 等指出在相同信道条件下，当码长趋于无限长时，信息位的选择是可以嵌套的。因此，对于有限长的 Polar 码只需要一个长度为 N_{max} 的可靠性序列 $Q^{N_{max}}$，在该序列中选择索引号 $i < N$ 的元素即可获得长度为 $N < N_{max}$ 的可靠性序列 Q^N。3GPP TS 38.212 协议使用的正是此方法[36]。

3. Polar 码译码算法

由于 Polar 的生成矩阵 $\boldsymbol{G}_N$ 满足 $\boldsymbol{G}_N^{-1} = \boldsymbol{G}_N$，因此 Polar 码的译码图与编码图完全类似。Polar 码的译码算法大致分为三类：基于连续串行相消（Successive Cancellation，SC）的译码方案、BP 译码方案、AI 译码方案。实际研究中还有统计排序译码（OSD）算法、基于递归结构的 SC 并行译码算法等。

（1）基于连续串行相消的译码方案

SC 译码算法[27]：SC 译码算法是一种具有准线性复杂度 $O(NlogN)$ 的低复杂度译码算法，具有极高的效率。其算法思想是对于码长为 N 的 Polar 码，首先将 $y_{N/2}^{N-1}$ 作为随机噪声，根据接收序列译码 $u_0^{N/2-1}$，然后将 $u_0^{N/2-1}$ 作为已知比特译码 $u_{N/2}^{N-1}$。它通过逐个计算每一个分裂子信道的对数似然比（LLR），然后根据 LLR 的正负符号来完成该比特的判决。前一个比特判决之后，其结果用于计算下一个比特的分裂子信道的 LLR，再进行下一个比特的判决，如此类推。由于是从前往后进行逐比特判决译码，因此 SC 译码器具有较严重错误传递特点，前面的错误比特译码结果会影响后续结果。

SCL（Successive Cancellation List）译码算法[37]：SC 译码算法复杂度很低，但是在有限码长下性能不太理想，改进的串行相消列表（SCL）译码算法如图 2-24（c），译码过程在信息比特集合 I 处进行路径分裂，分为 0，1 两条路径，最终从 L 条候选路径中选取最佳路径，列表大小 L 越大，性能越好。SCL 译码算法有路径分裂和路径剪枝两种操作，路径分裂保留硬判决损失的信息，路径剪枝减少内存开销。SCL 译码器的译码算法与 SC 类似，其软判决值用路径度量值（path metric）表示，路径度量值靠后验概率度量。后续研究表明，一些特殊节点，如 Rate-1 节点、Rep 节点、Rate-0 节点等可以简化 SC、SCL 译码算法，可在不损失性能的条件下降低复杂度；CRC 校验辅助的 SCL 译码算法通过 CRC 选择幸存路径，可有效提升 Polar 码性能[38]。SCL 译码算法因其接近 ML 界的优异性能，许多研究者在 SCL 译码算法基础上对其进行改进。

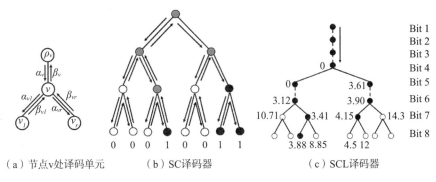

（a）节点v处译码单元　　（b）SC译码器　　（c）SCL译码器

图 2-24　基于连续串行相消的译码器

SCF（Successive Cancellation Flip）译码算法[39]：SC-Flip 译码算法尝试识别和纠正 SC 译码算法中因信道噪声导致的首错比特，属于翻转译码。研究表明，在高信噪比下，SC 译码算法译码错误基本由首错比特引起，当正确翻转首错比特后，后续译码基本正确。因此当 SC 译码器发生错误时，SC-Flip 译码器翻转具有最不可靠信息（|LLR| 最低，最不可靠）的比特位，启动二次迭代继续译码剩余部分，直至译码正确或达到最大迭代次数。关键集合可以缩小首错比特的搜索空间，研究验证了首错比特以高达 99% 的概率落在关键集合内且该关键集合远远小于原搜索集合，从而减少复杂度[40]。

（2）BP 译码算法[28]

Polar 码的 BP 译码算法由 E.Arikan 首次提出。基于等效于 Polar 码 SC 译码图的因子图，软信息在校验节点和变量节点之间传输，因此 BP 译码算法性能优于 SC 译码算法。BP 译码器性能受限于迭代次数，虽然有一些早停策略（当 $\hat{x} \cdot H = 0$ 或对数似然比超过一定门限时停止译码），但与 SC 译码器相比，实用的 BP 译码器仍具有较高的复杂度和较低的吞吐量。

（3）AI 译码算法

由于计算机领域 AI 发展，机器学习的译码算法也被应用到 Polar 码译码中。此类译码算法一般将译码问题视为分类问题，但维度灾难、复杂度（分类类别 2^k）等影响 AI 译码的发展[41]。目前研究证明，在合适码长下，BP 译码图展开可用神经网络代替，RNN、MLP 网络可以达到较好的 Polar 译码性能，该领域仍是目前 Polar

码译码算法研究的热门领域。

4. Polar 码性能特点

ML 性能取决于各码字之间的最小距离[27]。Polar 码本身可能存在最小码距小的缺点，增加循环冗余校验（CRC）位、奇偶校验（PC）位可以有效改善 Polar 码间距，提高 Polar 码的性能。几种常见的级联 Polar 码，如 CRC 辅助 Polar 码（CA-Polar）、分布式 CRC 辅助 Polar 码（DCRC-Polar）、级联奇偶校验（PC）Polar 码被应用于 5G 控制信道编码方案[42]。采用了 CRC 校验的 Polar 码 SCL 译码方案称为 CA-SCL 译码算法，只有通过 CRC 校验的候选路径才是最终的译码路径。

表 2-4   Polar、Turbo、LDPC 性能对比[31]

		译码		编码		码构造	
	算法	复杂度	性能	结构	复杂度	方式	复杂度
Polar 码	SC	$O(NlogN)$	次优解	递归结构	$O(NlogN)$	DE	高
	BP	$O(I_{max}NlogN)$	次优解				
	SCL	$O(LNlogN)$	接近 ML			GA	低
	CA-SCL	$O(LNlogN)$	超越 ML（额外增益）				
Turbo 码	BCJR	$O(I_{max}(4N2)^m)$	接近 ML	卷积结构	$O(mN)$	交织优化	高
LDPC 码	BP	高	接近 ML	矩阵乘法	$O(N^2)$	度分布优化	高

从理论上讲，当码长趋于无穷大时，三种编码方案都具有相似的 BER 性能。相比于 Turbo 码和 LDPC 码编程方案，Polar 码结构符合联合渐进等分性（AEP），是唯一达到信道容量的编码方案，因此更具有理论优势；而且 Polar 码具有特定的编译码结构，编译码方案简单，复杂度低却有较好的译码性能，没有错误平层（Error Floor），递归结构易于硬件实现。

5. Polar 码在 5G 中的应用

2016 年 11 月 18 日，在 3GPP RAN1#87 次会议上，国际移动通信标准化组织确定 Polar 码作为 5G eMBB（增强移动宽带）场景下控制信道的编码方案。经过两年的标准化过程，5G NR 确定了 Polar 码作为上行控制信道（PUCCH）上行控制信息（UCI）、下行控制信道（PDCCH）下行控制信息（DCI）、物理广播信道（PBCH）承载广播信息的编码方案。

2.2.4   链路自适应技术——自适应编码调制与自动差错重传

1. 5G 移动信道的动态衰落特性

相比于有线信道，5G 无线信道对环境变化的敏感度更高，会随着时间的变化而变化，具有很强的随机性[43]。一是随着传播距离的延长，电波会发生损耗，如传播路径上建筑物的遮挡和地形的复杂多变都会造成信号路径损耗，产生阴影效应。二是电波在传播时会遇到各种各样的散射物，散射物会对信号传播造成影响，就算忽略噪声，到达接收端的信号也不再是原来的信号，而是掺杂多径信号而成。这些多径信号的幅度、相位和到达时间都有差别，叠加之后就会产生多径效应。三是接收机在实际情况下可能不是固定的，接收机的移动性会产生多普勒效应[44]。总之，无线信道对信号传输会产生各种大尺度衰落和小尺度衰落的影响，使得接收信号强度和相位等特性随时间不断地起伏变化。

随着接收信号质量的变化，为了对通信系统容量和覆盖范围进行优化，发射机配合每个用户的数据率，根据当前的信道信息自适应地调整系统传输参数，该过程通常被称为链路自适应，典型地基于自适应调制和编码（Adaptive Modulation Coding，AMC）来进行。采用合适的配合信道变化的调制编码方案以及具有更稳健抗衰落性能的传输方案，可以进一步提高系统的传输效率。

2. 自适应编码调制（AMC）

对于上 / 下行链路数据传输，基站根据上 / 下行链路信道条件选择典型的调制方案和编码速率，并根据信道的变化不断调整被选择方案的过程被称为 AMC[45]。AMC 包含调制和编码方案两个维度的选择自由度。

调制方案：低阶调制方案，如 QPSK，其中每个调制符号携带的数据比特较少，所以能容忍的干扰程度更强，但提供较低的传输比特率也较低。而高阶调制方案，如 64QAM，提供的传输比特率更高，但因其对干扰、噪声和信道估计误差的敏感程度也更高，解调时更容易出错，只有当 SINR 足够高的时候才使用。

编码率：在调制方案确定的情况下，码率的选择取决于无线链路的条件：较低的编码率可以在信道条件较差的环境下使用，较高的编码率可以在高 SINR 的环境下使用。编码的输出可以进行凿孔或重复，以实现码速率的匹配。

在下行链路传输中，基站（gNB）可以根据终端上报的信道状态信息（Channel State Information，CSI）中的信道质量指示（Channel Quality Indicator，CQI）来选择合适的调制和编码方案（Modulation and Coding Scheme，MCS），并对 UE 所使用的调制方式及其与目标码率的组合进行动态指示，以便确定传输块大小（即 TBS）。反馈的 CQI 从接收信号质量中获得的，一般基于参考信号来进行测量。其中，CQI 并不是 SINR 的直接指示，而是在满足特定 BLER 需求时 UE 报告的最高 MCS，因此 gNB 接收信息时不仅要考虑 CQI，也要考虑接收机的特征[45]。在特定 BLER 目标值要求下，UE 测量每个 PRB 上的接收功率以及干扰来获取 SINR，并根据频谱效率需求，将 SINR 映射到相应的 CQI，随后将 CQI 上报给 gNB。gNB 选择当前信道状况下的最合适的 MCS，以满足特定比特错误率和分组误帧率下的频谱效率，确保数据速率最大化。

选择 CQI 值最为简单直接的方法是基于一套 BLER 门限，如图 2-25 所示，UE 基于测量的接收信号质量，在确保 $BLER \leqslant 10^{-1}$ 的条件下上报与之对应的 MCS 的 CQI 值。

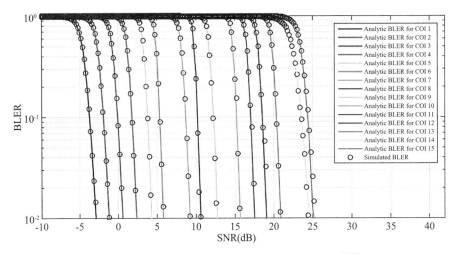

图 2-25　不同 CQI 值的误块率 - 信噪比曲线[23]

MCS 共有 32 种组合，具体可参考 3GPP 协议[46]。系统根据 CQI 与 MCS 的对应关系以及相关的传输块大小，为物理下行链路共享信道（Physical Downlink Shared Channel，PDSCH）选择合适的调制方式及传输块大小的组合进行数据传输。这种调制方式和传输块大小的组合应使有效信道码率与 CQI 索引所指示的码率最为接近。如果有多个组合都产生相同的有效码率且都与 CQI 索引指示值相接近，则只选择传输块最小的那种组合。

当 UE 支持 256QAM 时，根据 CQI 值发送信号的调制方案和编码速率如表 2-5 所示。

表 2-5　4bit CQI 表[46]

CQI 索引	调制方式	码率 x 1024	效率
0	out of range		
1	QPSK	78	0.1523
2	QPSK	193	0.3770
3	QPSK	449	0.8770
4	16QAM	378	1.4766
5	16QAM	490	1.9141
6	16QAM	616	2.4063
7	64QAM	466	2.7305

续表

CQI 索引	调制方式	码率 × 1024	效率
8	64QAM	567	3.3223
9	64QAM	666	3.9023
10	64QAM	772	4.5234
11	64QAM	873	5.1152
12	256QAM	711	5.5547
13	256QAM	797	6.2266
14	256QAM	885	6.9141
15	256QAM	948	7.4063

上行链路的链路自适应处理与下行链路类似，在 gNB 的控制下选择调制方式和编码方案。与下行链路的主要区别是 gNB 能直接通过信道探测对支持的上行数据速率做出估计，如使用探测参考信号（Sounding Reference Signals，SRS）。

此外，UE 采用的 CQI 上报周期以及频域颗粒度均由 gNB 控制。在时域上可支持周期和非周期的 CQI 上报。其中周期性的 CQI 上报只使用物理上行链路控制信道（Physical Uplink Control Channel，PUCCH），非周期的 CQI 上报只使用 PUSCH，所以 gNB 会特别指示 UE 把 CQI 值插入上行链路数据传输的资源中。而 CQI 上报的频域颗粒度是根据定义的子带数目所确定的，其中每个子带由 k 个连续的物理资源块（PRB）所构成。

PUSCH 的非周期 CQI 上报由 gNB 进行调度，通过在 PDCCH 的上行资源准许中设置一个 CQI 请求比特实现。其上报类型通过 RRC 信令由 gNB 配置，主要有如下几种类型：

1）宽带反馈。UE 只上报一个整个系统的宽带 CQI 值。

2）gNB 配置子带反馈。UE 不仅会为整个系统带宽上报一个宽带 CQI 值，若假设只在相关的子带内进行传输，UE 还会为每个子带上报一个 CQI 值。此外，子带 CQI 的上报与宽带 CQI 相关联，并使用 2 比特差分编码，表示为：子带差分 CQI 偏移量 = 子带 CQI 索引值 − 宽带 CQI 索引值，其中子带可能的差分 CQI 偏移是 { ≤ −1，0，+1，≥ +2 }。

3）UE 选择子带反馈。在整个系统带宽内，UE 会选择 M 个大小为 k 的最好子带集，其中每个系统带宽范围对应的 k 值和 M 值如表 2-6 所示。此时，UE 上报一个宽带 CQI 值和一个反映所选子带平均质量的子带 CQI 值。

表 2-6　UE 选择子带反馈的非周期上报[47]

系统带宽（RB）	子带大小（k RB）	所选子带数（M）
6~7	（仅宽带 CQI）	（仅宽带 CQI）
8~10	2	1
11~26	2	3
27~63	3	5
64~110	4	6

若 gNB 希望接收周期性的 CQI 上报，对于 PDSCH 传输模式，只有宽带和选择子带反馈对周期性 CQI 上报是可行的，其周期可通过 RRC 信令配置为：{2, 5, 10, 16, 20, 32, 40, 64, 80, 128, 160}ms（应用于 FDD 模式）或关闭。其宽带反馈模式与通过 PUSCH 发送的模式类似，但其 UE 选择子带反馈模式不同，具体可参考 3GPP 协议[47]。

通过 CQI 上报实现的 AMC 所带来的系统性能提升如图 2-26 和图 2-27 所示，该仿真基于 LTE OFDMA 系统。综合图 2-26、图 2-27 来看，系统吞吐量曲线与 BLER 性能曲线呈相反的趋势，最大化吞吐量（Maximum Throughput，MT）算法在不考虑 BLER 限制的情况下可以实现系统吞吐量最优，但其 BLER 性能很差。TBLER（Target BLER）算法即上文所述的较经典的 AMC 方案，旨在满足特定 BLER 性能要求的前提下去选择最佳的 MCS，BLER 目标值越大，则系统的 BLER 性能越差，因为系统

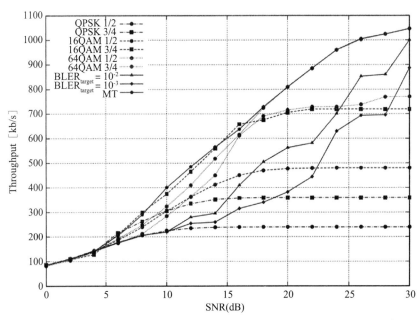

图 2-26　自适应调制编码方案和固定调制编码方案的系统总吞吐量比较[48]

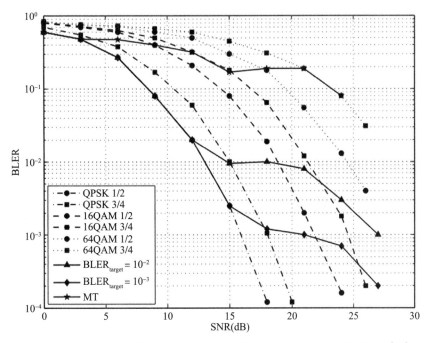

图 2-27 自适应调制编码方案和固定调制编码方案的 BLER 性能比较[48]

选择了效率更高的调制方案，此时系统吞吐量也更大。可以看到，在高信噪比情况下，AMC 方案可以实现比固定调制与编码方案更高的吞吐量；在低信噪比情况下，AMC 方案能达到最优的 BLER 性能。

3. 自动差错重传（ARQ）

在无线通信中，当接收端接收到的数据出错时，接收端请求发送端重发数据来恢复之前出错的数据，以处理信道所带来的差错的过程被称为自动重传请求（Automatic Repeat reQuest，ARQ），这是一种通过重传的代价来提高传输可靠性的机制。重传时，MCS 可改变，其中三种方案（MCS index 29~31）是预留的且只用于重传。

5G NR 和 LTE 一样都有两级重传机制，即 MAC 层的混合自动重传请求（Hybrid Automatic Repeat reQuest，HARQ）机制和 RLC 层的 ARQ 机制[49]。其中，HARQ 能够提供快速重传，ARQ 能够提供可靠的数据传输，采用多级重传结构可以实现传输速度与可靠性之间的权衡。

HARQ 将前向纠错（Forward Error Correction，FEC）与 ARQ 相结合，通过在传输信息中加入冗余，使得接收端可以纠正一部分错误，并降低重传的次数。NR 中使用 LDPC 编码来对错误进行校正，其中，对 FEC 无法校正的错误，则对其残留错误进行校正，通过 ARQ 机制，接收端可以请求发送端对数据进行重传，此外，接收端通过使用 CRC 校验可以检验接收到的数据包是否有错。若无错，则接收端发送确认信息 ACK 给发送端，发送端收到后即会继续发送下一个数据包。若有错，则接收端丢弃该数据包，并发送 NACK 给发送端，发送端收到后即会对该数据进行重传。

上述 ARQ 机制采用丢弃并重传的方式，但被丢弃的数据包中也包含一部分有用信息，通过带软合并的 HARQ 可以对其进行利用。"软合并"的过程为：先将收到的错误数据包存到一个 buffer 中，然后与后续接收的重传数据包合并得到一个更可靠的数据包，最后对合并后的数据包进行解码，若仍失败，则重复重传和软合并的过程。软合并 HARQ 主要可以分为跟踪合并（Chase Combining，CC）和增量冗余（Incremental Redundancy，IR）两类，其中 CC 中重传的比特信息与原始传输的比特信息相同，而 IR 中则无需相同。

要特别说明的是，HARQ 发送数据使用的是停等协议（Stop-and-Wait Protocol）。在该协议中，发送端每发送一个数据块都会停下来等待 ACK，等待过程的存在使得系统的吞吐量较低。因此，为了降低系统的时延和反馈，可以采用并行的 Stop-and-Wait 进程，即一个 HARQ 进程在等待 ACK 时，发送端同时可以使用另一个 HARQ 进程继续发送数据。多个 HARQ 进程共同组成为一个 HARQ 实体，该实体结合了停等协议，所以允许数据同时连续地进行传输[33]。

此外，HARQ 有上下行之分，对应各自的上下行数据传输，两者相互独立，处理方式也不相同。表 2-7 给出了 5G NR 和 LTE 的 HARQ 机制比较。

表 2-7 LTE 和 NR 在 HARQ 上的不同

	LTE	NR
HARQ 进程的个数	采用预定义方式确定	采用 RRC 配置
1 个 TB 的 HARQ 反馈比特	1 比特	可根据 CBG 配置反馈多个比特
同步 / 异步 HARQ	下行 HARQ 异步 / 上行 HARQ 同步	上下行 HARQ 均异步
UE 上下行数据处理时延参数	无	有
HARQ 定时	FDD 固定为 4 个子帧，TDD 采用预定义表格	RRC 配置和 DCI 动态指示相结合

NR R15 每个上下行载波均支持最大 16 个 HARQ 进程，基站可以根据网络的部署情况，通过高层信令半静态配置 UE 支持的最大进程数。若网络没有提供对应的配置参数，则下行缺省的 HARQ 进程数为 8，上行每个载波支持的最大进程数始终为 16，对应的进程号在 PDCCH 中承载，固定为 4bit。

5G 不支持跨小区的 HARQ 重传，如果初始传输在小区 1，在传输后激活的小区变为小区 2，则不会在小区 2 上重传；且其仅支持顺序的 HARQ 调度，即先调度的数据的 HARQ-ACK 不会比后调度的数据的 HARQ-ACK 先反馈，上下行均如此。

同时，对于同一个 HARQ ID，如果先调度的数据的 HARQ-ACK 没有反馈，则不会对同一个数据再进行一次调度，如图 2-28 所示。

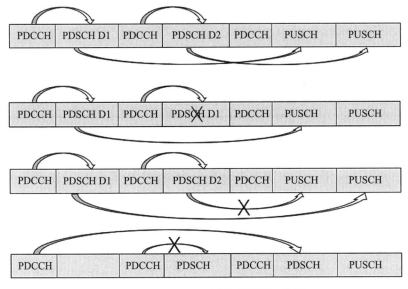

图 2-28　HARQ 调度和反馈顺序限制

至于 ACK 信息的上报，由于 NR 上下行均采用异步 HARQ，HARQ-ACK 信息既可以在 PUCCH 上承载，也可以在 PUSCH 上承载。对于上行数据发送，如果需要重传，基站则不向 UE 发送 ACK/NACK 信息，而是直接调度 UE 进行数据重传。

2.3　5G 链路接入技术

正在快速发展的先进多媒体应用（如超高清视频、虚拟现实等）对无线网络的信道容量和用户接入数量提出了更高的要求，使得 5G 无线通信网络在支持大规模异构数据传输方面面临巨大挑战。多址接入是多用户实现信道共享和网络通信的基本方式。多用户通信条件下，由于频率等通信资源必须高度共享，需要设计适当的协调机制以解决用户之间的竞争以及由此所引起的复杂干扰问题。

5G 技术将广泛应用在工业、农业、医药和交通等多个领域，同时也刺激了 5G 无线通信设备（智能手机、平板电脑等）的爆炸性增长。为了允许大规模智能设备随时随地连接、交互和交换数据，必须利用无线方式将设备接入通信网络中。现有的智能设备主要依靠低花费的商业技术进行连接，比如蓝牙和无线网络等。但是上述接入技术主要适用于设备数量较少情况下的短距离无线传输，比如室内几百个设备的情况。在 5G 无线通信网络中，智能通信设备（智能手机、平板电脑等）数量的快速发展对大规模用户的接入提出了更高要求。

支撑大规模设备接入的关键是设计合适的多址接入技术。事实上，在有限的系统资源条件下支撑大量设备的接入是蜂窝网络的固有研究课题。过去以及现有的蜂窝网络中已经提出了很多的多址接入技术，如第一代无线通信网络（1G）中的频分多址接入技术（Frequency Division Multiple Access，FDMA），第二代无线通信网络（2G）中的时分多址接入技术（Time Division Multiple Access，TDMA），第三代无线通信网络（3G）中的码分多址接入技术（Code Division Multiple Access，CDMA）和第四代无线通信网络（4G）中的正交频分多址接入技术（Orthogonal Frequency Division Multiple Access，OFDMA）。但是在未来无线通信网络中实现大规模用户接入依然面临很多困难，具体如下。

1）缺乏设计新型多址接入的信息理论支撑。传统多址接入主要针对用户数量较少的情况，不能满足未来无线通信网络中大规模用户的接入。特别是大规模多址接入时一般会选择短的数据包来减少接入的时延和接收机的解码复杂度，这使得大规模多址接入技术实现十分复杂。

2）现有的多址接入技术大多基于注册随机协议。注册多址接入会导致接入时延过高和信号过载。而且在注册多址接入技术中，活跃用户需要从正交序列池选择一个前同步码，但是相关时间和序列长度是有限的，这就导致正交序列也是有限的。如果有两个或以上活跃用户选择了同一个前同步码，就会导致冲突进而连接失败。更重要的是，随着活跃用户数量的激增时延不可避免地也会增加。

3）现有无线通信网络大多采用正交多址接入技术。正交多址接入技术的优点是能够简化传输和接收设计，但同时也降低了整个网络的频谱利用率。在考虑大规模用户接入的情况下，使用传统的正交多址接入技术显然降低了网络的资源利用率。

4）覆盖范围是能量有限的无线设备的一个重要问题。无线设备一般只有较低的能量存储，因此为了延长电池使用时间，无线设备的发射功率一般较低，比如23dBm，这就导致接收机在远距离时接收的信号很微弱。为了补救，设备会利用再传输和低顺序编码等方式来增加覆盖范围，而这些技术都是在牺牲系统资源利用率的情况下来增加覆盖范围的。

5）大规模用户接入的安全性。无线信号的传播特性是广播，广播出去的信号也会被非目标设备检测到，进而导致信息泄露。为了克服信息泄露，传统方式是利用基于密码学的加密技术来保证信息安全。但是随着窃听技术的快速发展，传统加密技术面临越来越大的挑战。更不幸的是，智能设备的计算能力一般很有限，无法胜任大量加密技术的计算任务。

2.3.1 正交多址接入技术

在过去的三四十年，多址接入技术及其标准化得到了快速发展。从1G无线网络中的频分多址接入技术发展到 4G 无线网络中的正交频分复用多址接入技术。传统正交多址接入技术是将用户分配在不同的时间或者频率资源上，进而实现多用户的接入和信道的不重叠。根据分配资源的不同，可以将传统正交多址接入技术分成频分多址接入技术、时分多址接入技术、码分多址接入技术和正交频分复用多址接入技术等。

频分多址接入技术：如图 2-29 显示了频分多址接入技术中用户和时间 / 频率资源的关系。在频分多址接入技术中，信道频带被分割为若干更窄的互不相交的频带（称为子频带），再把每个子频带分给一个用户专用（称为地址）。通过这种方式实现了多用户的接入和用户之间干扰的消除。频分多址接入技术的信号在时间上是连续的。优点是实现技术成熟和经济实用；缺点是由于模拟信道每次只能供一个用户使用，使得带宽得不到充分利用、频带利用率较低、用户容量小。主要应用在第一代无线通信系统（1G）中。

时分多址接入技术：图 2-30 是时分多址接入技术中用户和时间 / 频率资源的关系。在时分多址接入技术中，用户的信道是互不重叠且周期重复的时间资源。在每个时间间隙中，整个频率资源被完全占据。优点是频带利用率高、用户容量大；缺点是实现比较复杂，需要严格的时间同步。主要应用在第二代无线通信系统（2G）中。

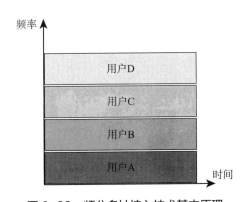

图 2-29　频分多址接入技术基本原理

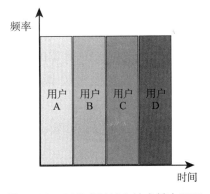

图 2-30　时分多址接入技术基本原理

码分多址接入技术：图 2-31 为码分多址接入技术中用户和时间 / 频率 / 码资源的关系。在码分多址接入技术中，不同用户的扩频信号占用相同的时间和频率资源，而用正交或者非正交的扩频码来实现用户的区分。优点是用户容量大、频率利用率高、通信质量高；缺点是在实际使用过程中会利用功率控制来克服远近效应。主要应用在部分 2G 和大部分 3G 中。

正交频分复用多址接入技术：图 2-32 为正交频分复用多址接入技术中用户和时间 / 频率资源的关系。在正交频分复用接入技术中，频率被进一步压缩，进而提高

了频谱利用率。虽然用户频带有所叠加，但是由于载波信号是正交的，所以可以实现互不干扰的承载各自的信息。

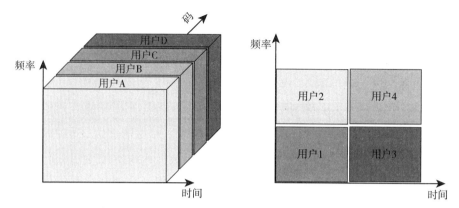

图2-31　码分多址接入技术基本原理　图2-32　正交频分复用多址接入技术基本原理

2.3.2　非正交多址接入技术

非正交多址接入技术是一种新的多址接入技术。它允许多个用户同时占用相同的时间和频谱资源。非正交多址接入技术分为功率域非正交多址接入技术和编码域非正交多址接入技术。在功率域非正交多址接入技术中，叠加在相同的时频资源中的信号具有不同的功率水平，通过在接收机中利用串行干扰消除来消除干扰[50]。

1. 非正交多址接入技术的优点

相较于传统的正交多址接入技术，非正交多址接入技术主要有以下几个优点：

1）高的资源效率：因为非正交多址接入技术允许多个用户共同使用同一个资源块，使其具有较高的资源效率，进而提高了通信系统的吞吐量。

2）公平性：功率域非正交多址接入技术的显著特征是给信号弱的用户分配了更多的传输功率，因此能够更好地折中强用户和弱用户吞吐量的公平性。

3）超高连接性：传统正交多址接入技术为每个用户分配了一个频率/时间资源块；而非正交多址接入技术可以实现将多个用户分配在同一个资源块，进而实现未来无线通信网络的万物互联功能。

4）兼容性：理论上来说，非正交多址接入技术可以和传统正交多址接入技术结合使用，因为非正交多址接入技术利用了新的功率域或码域维度。例如，在功率域非正交多址接入技术中，由于叠加编码技术（Superposition Coding，SC）和串行干扰消除技术（Successive Interference Cancellation，SIC）在理论和实践中的成熟运用，可以和现有多址接入技术合并使用。

5）灵活性：与其他现有的多址接入技术相比，非正交多址接入技术在概念上更具有吸引力。实际上，功率域非正交多址接入技术和其他编码域非正交多址接入技术,如多用户共享接入技术(Multi-user Shared Access,MUSA)、模式划分多址接入技术(Pattern Division Multiple Access,PDMA)和稀疏码多址接入技术(Sparse Code Multiple Access,SCMA)的基本原理是相似的,都是将一个频率/时间资源块分配给多个用户。

2. 功率域非正交多址接入技术

功率域非正交多址接入技术是 3GPP LTE 提出的非正交多址接入技术,相较于传统的正交多址接入技术,能够显著提高用户的容量。功率域非正交多址接入技术的关键技术是在发射端利用叠加编码技术和在接收端利用串行干扰消除技术来实现多个用户在同一个时间/频率资源块中同时被服务。因此,非正交多址接入技术与传统频分多址接入、时分多址接入、码分多址接入等技术有本质上的区别。使用非正交多址接入技术的目的是根据用户的信道增益大小来更加有效地对信道进行分配,进一步开发有限的信道资源。

1)叠加编码技术:叠加编码技术一般用在下行非正交多址接入中。叠加编码技术的目的是在非正交多址接入的信源端消除信源端已知的干扰信息。其基本思想是在已知干扰信息的条件下,编码器与已知干扰信息通过一定机制对信源信号进行编码。编码以后得到的信息再通过随机信道进行信息的传输。

2)串行干扰消除技术:图 2-33 所示为上行和下行非正交多址接入技术中的串行干扰消除技术。串行干扰消除技术的基本思想是先对输入的叠加信号进行干扰信号的检测判决,然后根据判决结果对干扰用户信号进行信道估计并重建,再从叠加信号中去除重建的干扰信号,以消除该信号对其他用户产生的多址干扰,最后将去除干扰信号的叠加信号作为下一级的输入信号。通过这种多级操作,逐步消除接收信号中的多址干扰,直至所有用户信号完成检测。

3)协作式非正交多址接入技术:协作式非正交多址接入技术传输的基本思想是以具有较强信道条件的用户充当中继来帮助信道条件较弱的用户[51-52]。典型的协作式非正交多址接入技术传输可以分为两个阶段,即直接传输阶段和协作传输阶段。在直接传输阶段,基站将叠加的信息同时传输给弱用户和强用户。在协作传输阶段,强用户首先利用串行干扰消除技术来解码弱用户的信息,然后强用户以中继的方式将该信息传输给弱用户。这样一来,弱用户就可以收到两份包含自己所需信息的信号,进而显著提高弱用户接收信息的可靠性。

协作式非正交多址接入技术相较于传统的非正交多址接入技术主要有以下优点:①系统冗余低。在实施串行干扰消除的过程中,弱用户的信号已经被强用户解码出来了,因此,可以把解码出的信号传递给弱用户,进而增强弱用户的信号。②公平性高。协作式非正交多址接入增强了弱用户的信号,从而使整个系统的公平性得到

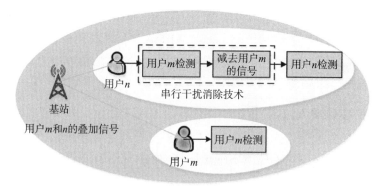

（a）下行非正交多址接入传输

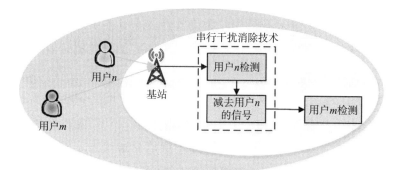

（b）上行非正交多址接入传输

图2-33　功率域非正交多址接入技术基本原理[50]

提高，尤其是当弱用户在网络边缘信号很差的时候。③分集增益高。协作式非正交多址接入技术可以显著提高弱用户的分集增益，特别适用于克服弱用户的多径衰减效应。研究表明，协作式非正交多址接入中弱用户的分集增益与传统协作式通信网络相同。

　　但是，协作式非正交多址接入技术的缺点也很明显：①当用户数量较多的时候，协调多用户网络将消耗大量系统开销；②实现协作式非正交多址接入需要额外的时间来进行用户协作。为了克服协作式非正交多址接入的以上缺点，一些专家从用户配对和功率分配的角度进行了研究[51]。

3. 编码域非正交多址接入技术

　　编码域非正交多址接入技术的概念源自经典的码分多址技术，即多个用户共享相同的时间/频率资源，但采用了用户特定的传播序列。编码域复用和功率域复用的区别在于编码域复用可以增加信号带宽来获得某种扩展增益和整形增益[50, 53]。

　　1）低密度扩频码分多址技术（Low-Density Spreading CDMA，LDS-CDMA）：为了抑制传统码分多址技术系统芯片的干扰，在低密度扩频码分多址技术中，低密度扩频代替了传统的常规扩频序列技术。在低密度扩频码分多址技术中，所有传输的符号都被调制到稀疏的扩展序列。因此，低密度扩频码分多址技术可以通过利用低密度扩频序列来增加码分多址技术的系统性能，进而通过适当的扩展序列设计来减少多用户之间的干扰。

2）低密度扩频正交频分复用技术（Low–Density Spreading OFDM，LDS–OFDM）：低密度扩频正交频分复用技术可以看作是低密度扩频码分多址技术和正交频分复用技术的整合。在传统正交频分复用技术中，只有单个符号被映射到子载波，不同的符号在不同的位置传输正交的子载波，因此不会彼此干扰。但是在低密度扩频正交频分复用技术中，每个用户的信号的子载波数量是精心选择的，并且在频率域的顶端交叠。在低密度扩频正交频分复用技术中，传输符号首先被映射到低密度扩频序列上，然后用不同的正交频分复用子载波进行传输。因此，传输符号可以比子载波的数量多，频谱效率也更高。

3）稀疏编码多址接入技术（Sparse Code Multiple Access，SCMA）：与低密度扩频码分多址技术相反，稀疏编码多址接入技术的比特 – 星座的映射和扩展运作在本质上是合并的。因此原始比特流被直接映射到不同的稀疏编码本上。在接收机上，稀疏编码多址接入技术使用低复杂度消息传递算法来检测用户的数据。由于每个用户都有自己独一无二的编码本，因此实现不同用户的区分。稀疏编码多址接入技术可以过载以实现大规模连接和支持无授权访问。

2.3.3　5G 随机接入协议

如图 2-34 所示，物联网应用中的传输是零星的，即在给定的时间中只有部分用户（活跃用户）进行信号传输。接入协议应用在标定活跃用户的接入请求过程中。具体来说，就是标定每个活跃用户与基站收发站（Base Transceiver Station，BTS）的通信联系，基站收发站能够用特殊的方式识别出每个用户。由于物联网用户的活跃性是随机的，因此随机接入技术在蜂窝网络中被广泛使用。现有的随机接入技术主要分成三种：注册随机接入技术、免注册随机接入技术和无源大规模随机接入技术[54]。

图 2-34　物联网应用中的零星传输

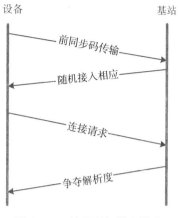

设备　　　　　　　　基站

前同步码传输

随机接入相应

连接请求

争夺解析度

图 2-35　注册随机接入技术

1. 注册随机接入技术

现有的 5G 物联网主要采用传统注册随机接入技术，如图 2-35 所示。注册随机接入的意思是活跃用户在接入网络之前，需要获得基站收发站的允许。物联网活跃设备和基站收发站之间有四个握手过程[55]：①每个活跃设备从相互垂直的前同步码序列中随机选择一个前同步码（也称为签名），并用这个前同步码来告知基站收发站该活跃设备需要数据传输；②基站收发站响应授权它的每个活跃设备，在下一阶段发送连接请求；③活跃设备发送资源连接请求分配，以用于数据传输；④如果一个前同步码仅被一个活动设备选择，则基站收发站将批准相应的请求并发送争夺解析度消息给该活跃设备，告知其被分配的资源。否则，访问请求不被批准。

传统注册随机接入技术的主要优点是基站收发站处理简单。但是，在大规模访问情况下，具有前导序列有限、介入失败概率高的缺点，并且四个握手过程容易导致信号过载。

2. 免注册随机接入技术

为了克服以上缺点，免注册随机接入技术被提出。在免注册随机接入中，只需要注册随机接入技术中的第一个握手过程，不需要后面的随机接入相应，连接请求和争夺解析度[56]。具体来说，就是活跃设备先是发送独一无二的前同步码给基站收发站，然后将信号直接传输给基站收发站。这种方式既能缩短接入时延，又能缓解信号过载。免注册随机接入技术的关键在于基站收发站根据接收到的前同步码来检测活跃设备。对于大量访问的情况，由于设备数量众多和使用短数据包，前同步码序列是不正交的，结果导致接收到的前同步码信号遭受严重的同频道干扰。因此，基站收发站需要采用复杂的活动检测算法。换句话说，免注册随机接入技术需要在基站收发站进行大量的设备检测，是在牺牲计算复杂度的基础上换取接入时延和信号过载的降低。现有研究主要关注于基于压缩感知的稀疏信号恢复和基于协方差的信号估计。

3. 无源大规模随机接入技术

无源大规模随机接入技术是最近被提出的一种随机接入方式[57]。在注册随机接入技术和免注册随机接入技术中，每个活跃用户被分配给一个独一无二的前同步码序列；而无源大规模随机接入技术则是利用一个编码本（包含一组序列）为所有活跃用户服务。活跃用户将自己的身份信息包含在发送的信息中，然后基站收发站按照排列顺序对活跃用户进行解码。研究发现，无源大规模随机接入技术在满足可靠性的基础上，能够有效降低每个比特所需要的最低能量；在满足可靠性的基础上，当增加基站收发站的天线数量时，可以进一步降低每个比特所需要的最低能量。但是无源大规模随机接入技术也存在一些急需解决的挑战，比如如何设计密码本和如何对大量活跃用户进行解码等。

2.3.4　5G链路接入协议标准化进程

非正交多址接入传输被公认为最有前途的多路访问技术，能够有效提高移动通信网络的频谱有效性。比如多用户叠加传输（Muti-User Superposition Transmision，MUST）作为一种下行非正交多址接入技术，已经提出在第三代合作伙伴计划长期演进增强技术（3GPP-LTE-A）网络中。除此以外，非正交多址接入技术的运行也成为5G的关键组件[58]。

非正交多址接入传输的关键技术是利用功率域或编码域来提供多用户接入，而传统正交多址接入传输是利用时间/频率进行多用户接入。以3GPP-LTE中的传统正交频分多址接入（OFDMA）传输为例，OFDMA的主要问题是当子载波分配给信道增益较低的用户时，网络的频谱效率比较低。但是在非正交多址接入传输中，每个用户都可以接入所有的子载波上，因此，分配给信道增益弱的用户的带宽同时也可以被信道增益强的用户接入，由此大大提高了频谱效率。此外，传统的机会用户调度策略只服务信道增益强的用户，而非正交多址接入技术能够平衡系统吞吐量和用户公平性。换句话说，非正交多址接入技术能够为信道增益不同的用户及时提供服务，进而满足5G网络的低时延和高连通性的要求。

在下一代移动网络的研究过程中，关于非正交多址接入技术的实施的标准化活动已经进行了大量工作，特别是标准化组织3GPP在第13版发起了一项关于LTE多用户叠加传输（MUST）的研究。该研究主要针对多用户非正交传输方案、先进接收机设计和相关的传输信号方案等内容。在MUST计划中，研究人员提出了很多先进的非正交多址接入技术并取得了重大突破[59]。根据传输特征，可以将现有的非正交多址接入技术分成以下三种：①在每个分量星座图上具有自适应的功率比例和非灰色映射的合成星座图的叠加传输；②在每个分量星座图上具有自适应的功率比例和灰色映射的合成星座图的叠加传输；③在每个分量星座图上具有标签比特分配和灰色映射的合成星座图的叠加传输。

为了定量描述MUST计划中非正交传输方案的增益，很多公司都对其进行了初始连接级别和系统级别评估。评估发现MUST计划中的非正交传输方案可以获得近20%的网络平均和网络边缘吞吐量增益。其他支持非正交传输方案的相关技术，如信道状态信息上传策略、重传策略、混合自动重复请求（HARQ）流程以及先进接收机信号方案等，仍在积极讨论中[60]。

除了 MUST 计划提出的非正交多址接入技术，还有其他形式的非正交多址访问方案，如稀疏码多址接入技术（SCMA）、模式划分多址接入技术（PDMA）、多用户共享接入技术（MUSA）等。值得指出的是，上述提到的多址接入技术候选方案与基本的非正交多址接入技术在原理上很相似，都是在相同的信道内实现多个用户的同时服务。以稀疏码多址接入为例，稀疏指的是每个用户只能占用少量正交信道，但每个子载波上面总是有多个用户。因此，在每个子载波上，稀疏码多址接入可被视为非正交多址接入，因为多个用户正在共享相同的带宽资源。换句话说，稀疏码多址接入可以看作是非正交多址接入加上了先进的子载波分配、编码和调制策略[61]。除此以外，表 2-8 列出了关于非正交多址接入技术的标准化和工业化进程。

表 2-8　非正交多址接入技术标准化和工业化进程

相关进展	内容				
5G 白皮书	DOCOMO	METIS	NGMN	ZTE	SK Telecom
LTE Release 13	非正交多址接入中两用户下行传输（MUST）				
下一代数字TV标准ATSC 3.0	非正交多址接入技术的演进		非正交复用技术中的分层分割复用（LDM）[62]		

2.4　本章小结

编码、调制和多址接入是通信系统的基本过程，也是包括 5G 在内的无线通信系统空中接口（空口）的关键技术。本章针对 5G 系统设计目标和标准化需求，分别介绍 5G 调制解调技术、信道编译码技术和多址接入技术的基本概念、原理、特点和性能及其在 5G 系统中的应用情况。重点包括：①结合星座图映射，介绍了调制解调技术的原理和概念以及 5G 为实现高效可靠传输所采用的正交幅相调制（QAM）等基带映射方式和正交频分复用（OFDM）等调制方式。②结合 5G 数据信道和控制信道对信道编码的需求和标准化情况，介绍信道编码的一般概念以及两种被采纳的编码码类——低密度校验码（LDPC）和极化码（Polar Codes）的原理和思想及其编译码算法。同时针对 5G 信道的时变衰落特性，介绍了信道自适应编码调制（AMC）技术和自重反馈重传（ARQ）等链路自适应传输关键技术。③针对 5G 多用户接入需求和标准化情况，重点介绍了多址接入的基本方法，包括正交接入技术以及为提升 5G 系统容量所提出的各种非正交接入技术。

习题：

1. 阐述调制解调的基本概念。

2. 以 OFDM 调制为例，阐述调制解调的基本过程。

3. 回答为什么要进行信道编码？

4. 简述低密度校验码（LDPC）的原理和特点。

5. 简述极化码（Polar Codes）的原理和思想及其优势。

6. 阐述自适应编码调制（AMC）和自重反馈重传（ARQ）的基本概念及其主要作用。为什么 5G 需要 AMC 和 ARQ？

7. 什么是多址接入？有何典型的多址接入方式？

8. 简述非正交多址接入的基本原理和关键技术。

9. 正交多址接入和非正交多址接入各有何特点？为什么 5G 需要非正交多址接入？

参考文献：

［1］3GPP TS 38. 211. NR，Physical channels and modulation（Release 15）［S］. 2017.

［2］陈爱军. 深入浅出通信原理［M］. 北京：清华大学出版社，2018.

［3］Fuentes M，Christodoulou L，Mouhouche B. Non-uniform constellations for broadcast and multicast in 5G new radio［A］. 2018 IEEE International Symposium on Broadband Multimedia Systems and Broadcasting（BMSB）［C］. Las Vegas，2018：1-5.

［4］3GPP TS 38. 214. NR，Physical layer procedures for data（Release 15）［S］. 2017.

［5］Omri A，Shaqfeh M，Ali A，et al. Synchronization procedure in 5G NR systems［J］. IEEE Access，2019（7）：41286-41295.

［6］Sari H，Karam G，Jeanclaude I. Frequency-domain equalization of mobile radio and terrestrial broadcast channels［A］. Global Telecommunication Conference［C］. San Francisco，1994.

［7］Sari H，Karam G，Jeanclaude I. Transmission techniques for digital terrestrial TV broadcasting［J］. IEEE Communications Magazine，1995，33（2）：100-109.

［8］Chang R W. Orthogonal frequency division multiplexing［P］. U. S.：3488445，1970.

［9］Farhang-Boroujeny B. OFDM versus filter bank multicarrier［J］. IEEE Signal Processing Magazine，2011，28（3）：92-112.

［10］Schellmann M，Zhao Z，Hao L，et al. FBMC-based air interface for 5G mobile：Challenges and proposed solutions［A］. IEEE International Conference on Cognitive Radio Oriented Wireless Networks and Communications［C］. Oulu，2014：102-107.

［11］Schaich F，Wild T，Chen Y. Waveform contenders for 5G-suitability for short packet and low latency transmissions［A］. IEEE Vehicular Technology Conference［C］. Seoul，2014：1-5.

［12］Abdoli J，Jia M，Ma J. Filtered OFDM：A new waveform for future wireless systems［A］. 2015 IEEE

16th International Workshop on Signal Processing Advances in Wireless Communications（SPAWC）［C］. IEEE，2015：66-70.

［13］ Tong W，Ma J，Huawei P Z. Enabling technologies for 5G air-interface with emphasis on spectral efficiency in the presence of very large number of links［A］. IEEE Asia-Pacific Conference on Communications［C］. Kyoto，2015：184-187.

［14］ Zhang X，Jia M，Chen L，et al. Filtered-OFDM-enabler for flexible waveform in the 5th generation cellular network［A］. IEEE Global Communications Conference［C］. San Diego，2015：1-6.

［15］ Vakilian V，Wild T，Schaich F，et al. Universal-filtered multi-carrier technique for wireless systems beyond LTE［A］. IEEE Global Communications Conference Workshops［C］. Atlanta，2013：223-228.

［16］ Schaich F，Wild T. Waveform contenders for 5G-OFDM vs. FBMC vs. UFMC［A］. IEEE International Symposium on Communications，Control and Signal Processing［C］. Athens，2014：457-460.

［17］ Gesbert D，Shafi M，Shiu D S，et al. From theory to practice：an overview of MIMO space-time coded wireless systems［J］. IEEE Journal on Selected Areas in Communications，2003，21（3）：281-302.

［18］ Gallager R. Low-density parity-check codes［J］. Journal of Circuits & Systems，2008，8（1）：3-26.

［19］ Shannon C E. A mathematical theory of communication［J］. Bell System Tech. J.，1948，27（3）：379-423.

［20］ 3GPP TSG RAN WG1，Final report of RAN1 86b v1.0.0［R］. Lisbon，Portugal，2016.

［21］ 袁东风，张海刚. LDPC 码理论与应用［M］. 北京：人民邮电出版社，2008.

［22］ Casado A，Griot M，Wesel R. Informed dynamic scheduling for belief-propagation decoding of LDPC codes［A］. IEEE International Conference on Communications［C］. Glasgow，2007：932-937.

［23］ 仇佩亮，张朝阳. 信息论与编码第二版［M］. 北京：高等教育出版，2011.

［24］ 徐俊. LDPC 码及其在第四代移动通信系统中应用［D］. 南京：南京邮电大学，2003.

［25］ 3GPP TS 38.212 V15.8.0-2020，Multiplexing and channel coding（Release15）［S］. 2020.

［26］ 3GPP，R1-1612276，Coding Performance for short block eMBB data［S］. Nokia，RAN1#87，2016.

［27］ Arikan E，Channel Polarization. A method for constructing capacity-achieving codes for symmetric binary-input memoryless channels［J］. IEEE Transactions on Information Theory，2009，55（7）：3051-3073.

［28］ Arıkan E. On the origin of polar coding［J］. IEEE Journal on Selected Areas in Communications，2016，34（2）：209-223.

［29］ 徐俊. 5G-NR 信道编码［M］. 北京：人民邮电出版社，2018.

［30］ 张亮. 极化码的译码算法研究及其应用［D］. 杭州：浙江大学，2016.

［31］ Niu K，Chen K，Lin J，et al. Polar codes. Primary concepts and practical decoding algorithms［J］. IEEE Communications Magazine，2014，52（7）：192-203.

［32］ Trifonov P. Efficient design and decoding of polar codes［J］. IEEE Transactions on Communications，

2012，60（11）：3221-3227.

［33］刘晓峰著．5G 无线系统设计与国际标准［M］．北京：人民邮电出版社，2019.

［34］Wu D，Li Y，Sun Y. Construction and block error rate analysis of polar codes over AWGN channel based on gaussian approximation［J］. IEEE Communications Letters，2014，18（7）：1099-1102.

［35］R1-167209. Polar code design and rate matching，Huawei and HiSilicon，3GPP TSG RAN WG1#86 Meeting［R］. Sweden：Gothenburg，2016.

［36］吴湛击，吴熹．5G 控制信道极化码的研究［J］．北京邮电大学学报，2018，41（4）：110-118.

［37］Tal I，Vardy A. List decoding of polar codes［J］. IEEE Transactions on Information Theory，2015，61（5）：2213-2226.

［38］Li B，Shen H，Tse D. An adaptive successive cancellation list decoder for polar codes with cyclic redundancy check［J］. IEEE Communications Letters，2012，16（12）：2044-2047.

［39］Afisiadis O，Balatsoukas-Stimming A，Burg A. A low complexity improved successive cancellation decoder for polar codes［A］. Proc. 48th Asilomar Conf. Signals，Systems and Computers［C］. California，2014：2116-2120.

［40］Zhang Z，Qin K，Zhang L，et al. Chen. Progressive bit-flipping decoding of polar codes over layered critical sets［A］. IEEE Global Communications Conference Workshops［C］. Singapore，2017：1-6.

［41］Gruber T，Cammerer S，Hoydis J，et al. On deep learning-based channel decoding［A］. 51st Annual Conference on Information Sciences and Systems（CISS）［C］. Baltimore，2017：1-6.

［42］3GPP TS 38. 212 V15. 6. 0-2019，Multiplexing and channel coding（Release15）［S］. 2019.

［43］Doone M，Cotton S. Fading characteristics of dynamic person-to-vehicle channels at 5.8 GHz［A］. 9th European Conference on Antennas and Propagation（EuCAP）［C］. Lisbon，2015：1-5.

［44］李其昌．大规模多天线信道测量及信道衰落特性研究［D］．北京：北京交通大学，2017.

［45］塞西亚．LTE/LTE-Advanced UMTS 长期演进理论与实践［M］．北京：人民邮电出版社，2012.

［46］Blanquezcasado F，Gomez G，Aguayotorres M D，et al. eOLLA：An enhanced outer loop link adaptation for cellular networks［J］. Eurasip Journal on Wireless Communications and Networking，2016，2016（1）：1-16.

［47］3GPP TS 38. 214 V15. 3. 0，5G；NR；Physical layer procedures for data（Realease 15）［S］. 2018.

［48］Fantacci R，Marabissi D，Tarchi D，et al. Adaptive modulation and coding techniques for OFDMA systems［J］. IEEE Transactions on Wireless Communications，2009，8（9）：4876-4883.

［49］3GPP TS 38. 213 V15. 3. 0，5G；NR；Physical layer procedures for control（Realease 15）［S］. 2018.

［50］Liu Y，Qin Z，Elkashlan M，et al. Nonorthogonal multiple access for 5G and beyond［J］. Proceedings of the IEEE，2017，105（12）：2347-2381.

［51］Liu Y，Ding Z，Elkashlan M，et al. Cooperative non-orthogonal multiple access with simultaneous wireless information and power transfer［J］. IEEE Journal on Selected Areas in Communications，2016，34（4）：938-953.

[52] Ding Z, Peng M, Poor H. Cooperative non-orthogonal multiple access in 5G systems [J]. IEEE Communications Letters, 2015, 19 (8): 1462-1465.

[53] Dai L, Wang B, Yuan Y, et al. Non-orthogonal multiple access for 5G: solutions, challenges, opportunities, and future research trends [J]. IEEE Communications Magazine, 2015, 53 (9): 74-81.

[54] Chen X, Ng D, Yu W, et al. Massive access for 5G and beyond [J]. IEEE Journal on Selected Areas in Communications, 2021, 39 (3): 615 637.

[55] Centenaro M, Vangelista L, Saur S, et al. Comparison of collision-free and contention-based radio access Protocols for the Internet of Things [J]. IEEE Transactions on Communications, 2017, 65 (9): 3832-3846.

[56] Zhang Z, Li Y, Huang C, et al. DNN-Aided Block Sparse Bayesian Learning for User Activity Detection and Channel Estimation in Grant-Free Non-Orthogonal Random Access [J]. IEEE Transactions on Vehicular Technology, 2019, 68 (12): 12000-12012.

[57] Shao X, Chen X, Ng D W K, et al. Cooperative activity detection: Sourced and unsourced massive random access paradigms [J]. IEEE Transactions on Signal Processing, 2020 (68): 6578-6593.

[58] Ding Z, Liu Y, Choi J, et al. Application of non-orthogonal multiple access in LTE and 5G networks [J]. IEEE Communications Magazine, 2017, 55 (2): 185-191.

[59] 3GPP R1-154999, TP for classification of MUST schemes, TSG-RAN WG1#82 Meeting [R]. Beijing, China, 2015, 24-28.

[60] 3GPP RP-150496. New SI proposal: Study on downlink multiuser superposition transmission for LTE, 3GPP TD#RP-67 Meeting [R]. Shanghai, China, 2015.

[61] Future Mobile Communication Forum 5G SIG, Rethink Mobile Communications for 2020+ [EB/OL]. http://www.future-forum.org/dl/141106/whitepaper.zip, 2014.

[62] Zhang L, Wu Y, Li W, et al. Layered-division-multiplexing for high spectrum efficiency and service flexibility in next generation ATSC 3.0 broadcast system [J]. IEEE Wireless Communications, 2019, 26 (2): 116-123.

第3章 大规模 MIMO 无线通信技术

大规模多输入多输出（Multiple-Input Multiple-Output，MIMO）无线通信是近年来无线移动通信领域最为活跃的研究方向。配置大量天线的基站可以在同一时频资源上与大量用户终端通信，大幅提升系统频谱效率、功率效率、用户终端连接数和速率容量，大规模 MIMO 技术是 5G 的重要使能技术。本章系统讨论大规模 MIMO 无线通信基本技术，内容包括大规模 MIMO 系统构成与信道模型、信道状态信息获取、上下行数据传输以及同步与控制信息传输。

3.1 节主要介绍大规模 MIMO 无线通信系统的构成，并从典型通信场景多径时变无线传播信道的物理模型出发，分析大规模 MIMO 无线信道的统计特性，为后续讨论提供必要的基础。

3.2 节针对大规模 MIMO 无线通信系统中传统正交导频开销过大的问题，介绍导频复用及信道估计方法。

3.3 节首先结合随机矩阵理论及自由概率理论，分析上行信道的容量，并介绍上行大规模 MIMO 传输的低复杂度线性检测方法。

3.4 节主要介绍大规模 MIMO 系统下行预编码方法，包括基站侧已知精确信道信息时的常规预编码方法以及基站侧无法获得精确信道状态信息时的鲁棒预编码方法。

3.5 节主要针对大规模 MIMO 系统中同步与控制信息的传输问题，介绍全向预编码传输和宽覆盖预编码传输两种同步与控制信息传输的方法。

3.1 系统构成及信道模型

3.1.1 系统构成

大规模 MIMO 无线通信系统在基站侧配置大规模天线阵列，其天线单元数可达数十甚至数百个，较传统 MIMO 系统中的 4（或 8）根天线增加一个量级以上，天线单元可以排列为均匀线阵、均匀面阵等。

在大规模 MIMO 无线通信系统中，分布在基站覆盖区内的多个用户可在同一时频资源上与基站进行通信（如图 3-1 所示），从基站到用户的通信称为下行传输链路，从用户到基站的通信称为上行传输链路。图 3-2 给出了典型无线通信传输链路的构成示意图，图中上半部分为无线传输链路的发送端，下半部分为接收端，虚线框为无线信道。在大规模 MIMO 无线通信系统中，利用基站大规模天线配置所提供的空间自由度，不同用户在同一时频资源上的通信提升了频谱资源在多个用户之间的复用能力、各个用户链路的频谱效率以及小区间的抗干扰能力，由此大幅提升了频谱资源的整体利用率。与此同时，利用基站大规模天线配置所提供的分集增益和阵列增益，每个用户与基站之间通信的功率效率也得到显著提升。

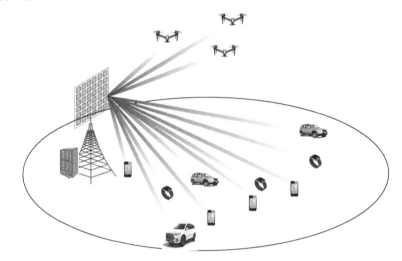

图 3-1　大规模 MIMO 无线通信场景示意图

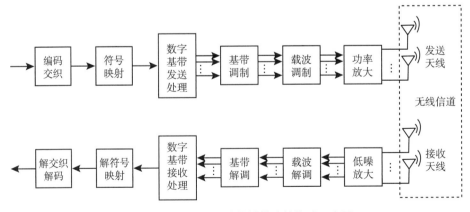

图 3-2　典型无线通信传输链路的构成示意图

大规模 MIMO 无线通信通过显著增加基站侧配置天线的个数，深度挖掘和利用空间维度的无线资源，显著提升频谱效率和功率效率，所涉及的基本通信问题是如何突破基站侧天线个数显著增加所引发的无线传输及资源调配技术瓶颈，探寻适于大规模 MIMO 通信场景的无线传输理论方法和资源调配理论方法。

3.1.2 窄带信道模型

信道建模是通信理论分析和系统设计的基础。在大规模天线配置和带宽显著增加的情况下，无线信道的空间分辨率和时间分辨率都显著增加，呈现出新的特性。接下来将从典型通信场景多径时变无线传播信道的物理模型出发，分析大规模 MIMO 无线信道的统计特性，为后续讨论提供必要的基础。

考虑一个单小区大规模 MIMO 传输系统，小区内有多个用户，基站侧配置 M 根天线，每个用户配置单根天线。考虑一平坦衰落信道，信道的相干带宽大于信号带宽，均方根时延拓展远小于信号的符号周期，因此该信道不存在符号间干扰。在多载波传输系统中，每个子载波上的信道即为平坦衰落信道。

利用基于射线跟踪的信道建模方法，基站与用户 k 之间的上行信道可以建模为

$$\mathbf{h}_k = \int_{\theta_{\min}}^{\theta_{\max}} \boldsymbol{v}(\theta) g_k(\theta) d\theta \qquad (3.1)$$

其中，$g_k(\theta)$ 为用户 k 的角度域信道增益函数，$\boldsymbol{v}(\theta) \in \mathbb{C}^{M \times 1}$ 为基站侧对应入射角 θ 的阵列响应矢量，$\mathbf{h}_k \in \mathbb{C}^{M \times 1}$ 为基站侧 M 个天线与用户 k 之间的信道矢量。这里，我们考虑的信道矢量是基带收发信号之间的等效信道，它与收发天线的空间传播信道有严格的对应关系。典型地，每个用户与基站之间的空间传播信道为多径传播信道，发送端发射的信号经过多条路径到达接收端，每条路径可以是发射信号经过单个散射体到达接收端的路径，也可以是发射信号经过多个距离相近的散射簇到达接收端的路径，每条路径可能包含多条子路径。在窄带信道条件下，多径之间的时延差远小于信号的符号周期。多径传播特性使得角度信道增益 $g_k(\theta)$ 具有显著的局部特性。图 3-3 为相邻天线间隔为半波长的均匀线阵（Uniform-Linear-Arrays，ULA），其中 d 为相邻天线间隔，λ 为波长。当基站侧配置图 3-3 中所画的半波长均匀线阵时，阵列响应矢量可表示为 $\boldsymbol{v}(\theta) = \begin{bmatrix} 1 & \exp\{-j\pi\sin(\theta)\} \end{bmatrix} \cdots$

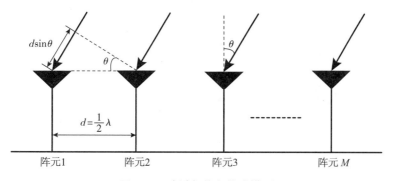

图 3-3　半波长均匀线阵模型

$\exp\{-j\pi(M-1)\sin(\theta)\}]$。

对于大规模 MIMO 无线信道的统计特性，主要关注其期望和空间协方差矩阵。下面以用户 k 为例，对用户信道的期望和空间协方差矩阵进行分析，假定空间传播信道大量子径的随机相位服从均匀分布，则信道的期望为 $\mathrm{E}\{\mathbf{h}_k\}=\mathbf{0}$，信道的空间协方差矩阵为 $\mathbf{R}_k=\mathrm{E}\{\mathbf{h}_k(\mathbf{h}_k)^H\}\in\mathbb{C}^{M\times M}$。当基站侧的天线数 M 充分大时，$\mathbf{R}_k$ 可以近似表示为

$$\mathbf{R}_k\cong\mathbf{V}\,\mathrm{diag}(\mathbf{r}_k)\,\mathbf{V}^H \tag{3.2}$$

其中，$\mathbf{V}\in\mathbb{C}^{M\times M}$ 为阵列响应矢量构成的矩阵，当基站侧的天线数 M 充分大时，其具有渐近酉正交的特性，$\mathbf{r}_k\in\mathbb{C}^{M\times 1}$ 为信道角度功率谱，$\mathrm{diag}(\mathbf{r}_k)$ 为以矢量 $\mathbf{r}_k$ 中元素为对角线元素的对角矩阵。因此，公式（3.2）揭示了信道空间协方差矩阵与信道角度功率谱之间的渐近关系。具体来说，对于大规模 MIMO 信道，不同用户信道协方差矩阵的特征矢量渐近趋于相同且结构取决于阵列响应矢量，同时其特征值取决于该用户的信道角度功率谱函数。

下面对特征矢量和特征值做进一步的说明。在 5G 系统中，基站侧天线阵列通常采用面阵，这里仅对基站侧配备均匀线阵的情况进行讨论，该讨论可以拓展到基站配备面阵的情况。在这种配置下，对于特征矢量来讲，若天线数目足够大，信道协方差矩阵的特征矢量矩阵可用 DFT 矩阵（经过适当的矩阵初等变换）近似表示。对于特征值来讲，用户 k 的信道角度功率谱 $\mathbf{r}_k$ 上的各元素对应该用户角度域信道上各元素的方差。而角度域信道上的不同元素对应着不同入射角方向的信道增益，这些方向可以在大规模 MIMO 中被分辨出来。同时，由于无线信道的近似稀疏性，信道角度功率谱上多个元素的幅值近似为 0。

图 3-4 是大规模 MIMO 系统中用户信道角度功率谱的示意图，图中不同颜色反

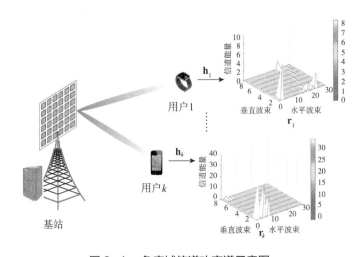

图 3-4　角度域信道功率谱示意图

映了角度域信道能量的大小。从图中可以看出各个用户的角度域信道能量分布具有稀疏性，这与各用户信道角度功率谱上多个元素幅值近似为0的结论一致。

上述信道模型采用了文献中广泛采用的广义平稳信道假设，因此信道空间协方差矩阵能够被基站侧获得。然而实际的无线信道仅具有局部平稳性，即信道空间协方差矩阵随时间变化，且变化的时间尺度相对较大。因此，需要周期性地对信道空间协方差矩阵实施估计。大规模MIMO信道空间协方差矩阵的估计是一个相对困难的问题。但是，由于对各个用户的信道空间协方差矩阵进行特征值分解后，特征矢量趋于相同，因此仅需对信道协方差矩阵的特征值进行估计，从而使待估计参数的数目大幅下降。同时，考虑信道统计量的慢变特性，信道空间协方差矩阵可对信道时域样本进行平均来获取。此外，信道空间协方差矩阵在较宽的频率范围内近似保持不变，因此对于宽带信道来说，还可以对频域信道样本进行平均来获取信道协方差阵的估计值。综上，对于实际宽带无线通信系统，将有足够的时频资源可用于实施高精度的信道空间协方差矩阵的估计。

3.1.3　宽带信道模型

随着系统带宽的增加，调制符号之间的符号周期（即采样间隔）减小，多径信道引起的离散时间域信道冲激响应的长度增大，单载波调制的接收信号中符号间干扰变得愈加严重，用于消除符号间干扰的均衡器会变得复杂。OFDM技术可将宽带信道分解为一组并行窄带信道，克服符号间干扰问题。除此之外，OFDM技术还具有易于实现以及能够灵活支持多址传输等优点。因此，在宽带无线通信系统中经常采用OFDM技术来降低符号间干扰。下面从多径时变无线传播信道的物理模型出发，分析大规模MIMO-OFDM无线信道的统计特性。

OFDM是一种多载波调制方式，其基本思想是把高速率的数据流通过串并变换，变成低速率的多路并行数据流，然后用多个相互正交的子载波进行调制，将多路调制后的信号相加即得发射信号。为了进一步消除多径效应在接收端引起的码间干扰，一般插入循环前缀。

考虑一单小区宽带大规模MIMO无线通信系统，小区内有多个用户，基站侧配置 M 根天线，每个用户配置单根天线。系统采用基于循环前缀的OFDM调制，其中子载波数目和循环前缀长度分别为 N_c 和 N_g（$\leqslant N_c$）。令 $T_{sym} = (N_c + N_g) T_s$ 和 $T_c = N_c T_s$ 分别表示OFDM符号包含和不包含循环前缀的时间间隔，其中 T_s 表示系统采样间隔。为了对抗信道时延扩散特性，设置OFDM循环前缀长度 $T_g = N_g T_s$ 不小于各用户的最大信道时延。

假设信道在同一个OFDM符号内保持不变，在相邻符号之间随时间连续变化。记第 ℓ 个符号第 n 个子载波上的用户 k 与基站侧第 m 根天线之间的上行信道为 $\left[\mathbf{h}_{k,\ell,n}\right]_m$，那么依据射线跟踪信道建模法，可得信道响应矢量 $\mathbf{h}_{k,\ell,n} \in \mathbb{C}^{M \times 1}$ 的表达式如下：

$$\mathbf{h}_{k,\ell,n} = \sum_{q=0}^{N_g} \int_{-\infty}^{\infty} \int_{\theta^{\min}}^{\theta^{\max}} \mathbf{v}(\theta) \cdot \exp\left\{-j2\pi \frac{n}{T_c}\tau\right\} \cdot \exp\left\{j2\pi \nu\ell T_{\text{sym}}\right\} \cdot g_k(\theta,\tau,\nu) \cdot \delta(\tau - qT_s) d\theta d\nu \quad (3.3)$$

其中，$\mathbf{v}(\theta) \in \mathbb{C}^{M \times 1}$ 表示入射角为时的阵列响应矢量，$g_k(\theta,\tau,\nu)$ 为用户 k 的信道角度时延多普勒增益函数，τ 和 ν 分别为信道的时延和多普勒频移。用户 k 在第 ℓ 个符号所有子载波上的信道可表示为 $\mathbf{H}_{k,\ell} = \left[\mathbf{h}_{k,\ell,0}\ \mathbf{h}_{k,\ell,1} \cdots \mathbf{h}_{k,\ell,N_c-1}\right] \in \mathbb{C}^{M \times N_c}$，后续将 $\mathbf{H}_{k,\ell}$ 称为空间频率域信道响应矩阵。

与窄带信道分析类似，对于大规模 MIMO 宽带无线信道的统计特性，需要关注其空间频率域信道的期望和协方差矩阵。下面以用户 k 为例，对用户的空间频率域信道的期望和协方差矩阵进行分析。假定空间传播信道的各径中各子径的随机相位服从均匀分布，则信道的期望为 $\mathrm{E}\{\mathbf{H}_{k,\ell}\} = \mathbf{0}$。信道的协方差矩阵可表示为

$$\mathbf{R}_k = \frac{1}{\varrho_k(\Delta_\ell)} \mathrm{E}\{\text{vec}\{\mathbf{H}_{k,\ell}\} \text{vec}^H\{\mathbf{H}_{k,\ell}\}\} \in \mathbb{C}^{MN_c \times MN_c} \quad (3.4)$$

其中，$\varrho_k(\Delta_\ell)$ 为信道时域相关函数，后续将 $\mathbf{R}_k$ 称为空间频率域信道协方差矩阵。

假设基站侧配置一均匀线阵且天线间距为半波长，当基站侧天线数目 M 趋于无穷大时，$\mathbf{R}_k$ 可近似表示为

$$\mathbf{R}_k \simeq \left(\mathbf{F}_{N_c \times N_g} \otimes \mathbf{V}_M\right) \text{diag}\left[\text{vec}(\mathbf{\Omega}_k)\right] \left(\mathbf{F}_{N_c \times N_g} \otimes \mathbf{V}_M\right)^H \quad (3.5)$$

其中，$\mathbf{V}_M \in \mathbb{C}^{M \times M}$ 与基站侧天线的阵列响应矢量有关，当基站侧配置一半波长均匀线阵时，$\mathbf{V}_M$ 中的各元素的取值为 $[\mathbf{V}_M]_{i,n} \triangleq 1/\sqrt{M} \exp\{-j2\pi i(n-M/2)/M\}$，$\mathbf{F}_{N_c \times N_g}$ 为 N_c 维酉 DFT 矩阵的前 N_g 列组成的矩阵，$\text{vec}(\cdot)$ 为矩阵拉直运算，$\mathbf{\Omega}_k \in \mathbb{C}^{M \times N_g}$ 为用户 k 的角度时延域信道功率矩阵，其维度比空间频率域信道协方差矩阵 $\mathbf{R}_k$ 的维度要小很多。因此，公式（3.5）揭示了空间频率域信道协方差矩阵与角度时延域信道功率矩阵之间的渐近关系。具体来讲，不同用户的空间频率协方差矩阵的特征矢量趋近于相等，特征值取决于该用户的角度时延域信道功率矩阵。用户 k 的角度时延域信道功率矩阵 $\mathbf{\Omega}_k$ 的各个元素是由该用户相互独立的角度时延域信道元素的方差组成。同时，由于无线信道的近似稀疏特性，矩阵 $\mathbf{\Omega}_k$ 的大多数元素幅值近似为 0。

图 3–5 是用户角度时延域信道功率谱的示意图，从图中可以看出各个用户在角度时延域的信道能量分布具有稀疏性，这与各用户角度时延域信道功率矩阵多数

元素幅值近似为 0 的结论一致。在实际通信中，无线信道通常不满足广义平稳特性，空间频率协方差矩阵 $\{\mathbf{R}_k\}$ 也随时间变化。在实际大规模 MIMO-OFDM 通信系统中，空间频率协方差矩阵 $\{\mathbf{R}_k\}$ 的估计是一个较为困难的问题。由于空间频率协方差矩阵 $\{\mathbf{R}_k\}$ 与角度时延域信道功率矩阵 $\{\mathbf{\Omega}_k\}$ 之间存在对应关系，而矩阵 $\{\mathbf{\Omega}_k\}$ 具有维度相对较低、近似稀疏、各个元素相互独立的特点，在实际系统中也有足够的时频资源可用于实施高精度的角度时延域信道功率矩阵 $\{\mathbf{\Omega}_k\}$ 的估计。因此，通常将空间频率协方差矩阵 $\{\mathbf{R}_k\}$ 的估计问题转换为角度时延域信道功率矩阵 $\{\mathbf{\Omega}_k\}$ 的估计问题，使问题得到简化。此外，不同用户的角度时延域功率矩阵通常具有不同的稀疏模式，这一特性可以用于提升宽带大规模 MIMO 无线传输性能。

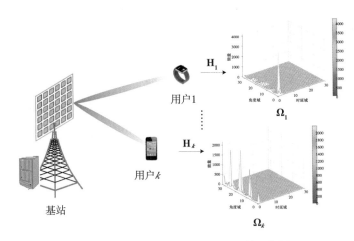

图 3-5　角度时延域信道功率谱示意图

3.2　信道状态信息获取

3.2.1　导频设计

TDD 系统信道由于具有上下行互易性，在相干时间间隔内，基站可以通过上行导频信道估计得到下行 CSI。上行导频信道估计是指各用户向基站发送已知的导频信号，基站利用接收到的导频信号进行信道参数的估计。在采用 TDD 的大规模 MIMO 系统中，导频污染和导频开销问题会在很大程度上影响无线通信系统性能，因此导频设计对系统性能有着重要的影响。

信道参数估计是实施信号传输和信号检测的基础。在传统的 MIMO 信道估计方案中，通常采用正交导频辅助的 CSI 获取方法——小区中的各用户（通常假设配置单个天线）向基站发送相互正交的导频信号，基站利用接收到的导频信号获得上行链路信道参数的估计值，再利用 TDD 系统上下行信道的互易性获得下行链路信道参数的估计值，由此实施上行检测和下行预编码传输。然而，如果将传统正交导频辅助的 CSI 获取方法直接拓展应用于大规模 MIMO 场景，随着用户个数的增加，用于信道参数估计的导频开销将随之线性增加，当用户个数显著增加时，这一开销变得难以接受，尤其在中高速移动通信场景中，导频开销将会消耗掉大部分甚至全部的时频资源，因此，在大规模 MIMO 无线通信系统中采用传统正交导频传输方案存在着导频开销过大和信道信息获取困难的瓶颈问题。为了解决该问题，一般在导频设计过程中采用导频复用或非正交导频的方法进行信道参数估计。下面将分别给出大规模 MIMO 系统在多小区场景和单小区场景下的导频复用方法。

对于多小区场景下的大规模 MIMO 系统，假设同一小区内的不同用户使用正交导频，而不同小区间重复使用同一组导频序列以降低系统的导频开销。此时，由于系统内各小区工作在相同的时频资源上，而且各小区之间采用的导频具有非正交性，使得各小区的导频信号互相干扰，产生严重的导频污染，降低了大规模 MIMO 系统的无线传输性能。为了缓解导频污染的影响，研究者们提出了多种方法进行应对，如协调信道估计、时移导频分配、基于特征值分解的盲信道估计、协作导频污染预编码以及分布式最小均方误差（Minimum-Mean-Square-Error，MMSE）预编码等。

对于单小区场景下的大规模 MIMO 系统，小区内多个用户复用导频使得所需要的正交导频数目远小于小区内用户数目。此时，如何为不同的用户分配导频获得最佳的导频复用模式是一个组合优化问题，其最优解通常需要穷举搜索来获得，但该方法实现的复杂度较高。随着大规模 MIMO 系统研究的深入发展，其角度域或角度时延域的特性被进一步研究，结合这些特性，可以发现当不同用户的信道在角度域可以严格分离时，导频干扰不再产生影响，导频污染将得到很好的抑制。以此为基础设计导频调度算法，在获得较好的信道估计的同时可以大大降低导频复用的实现复杂度。

为了评估导频复用方案在大规模 MIMO 无线通信系统中的性能，对采用导频复用方法和正交导频方法的大规模 MIMO 系统进行了仿真。初步仿真结果如图 3-6、图 3-7 所示，其中 PR 代表导频复用方法，OT 代表正交导频方法，σ 为信道角度拓展。图 3-6 给出了采用两种导频方法时，上行净频谱效率在不同信噪比、不同相干时间长度下的仿真结果。图 3-7 给出了采用两种导频方法时，下行净频谱效率在不同信噪比、不同相干时间长度下的仿真结果。如图所示，相比于传统的正交导频方法，导频复用方法在频谱效率上有明显的性能增益。

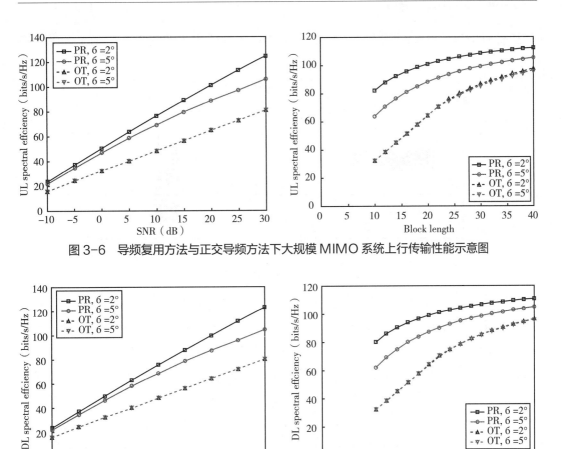

图 3-6 导频复用方法与正交导频方法下大规模 MIMO 系统上行传输性能示意图

图 3-7 导频复用方法与正交导频方法下大规模 MIMO 系统下行传输性能示意图

3.2.2 信道估计

由于无线通信传播环境的复杂性，无线通信系统的性能受多方面影响，如无线信道的时延扩展与多普勒扩展，以及角度域扩展带来的频率选择性衰落、时间选择性衰落和空间选择性衰落。无线通信面临这些未知且具有多重选择衰落的通信环境时，信道估计技术显得尤为重要。信道估计是接收端对接收信号进行相干检测的基础，同时也是实现发送端进行预编码信号传输和无线信道自适应传输的基础。信道估计技术可以分为两类：一类属于盲估计方法，另一类属于非盲或导频辅助的半盲估计方法。相较于盲信道估计技术，导频辅助的信道估计技术以其简单和可靠的特性得到了深入的研究和广泛的应用。

为了更直观地比较不同信道估计方法的性能，一般利用信道估计值与真实值之间的均方误差（MSE），使用信道估计值进行接收处理后的误符号率（SER）和误码率（BER）进行性能评估。在大规模 MIMO 系统中，需要具有低复杂度和高精度的

信道估计方案。下面将分别给出 FDD 和 TDD 两种模式（如图 3-8 所示）下的信道
估计方法。

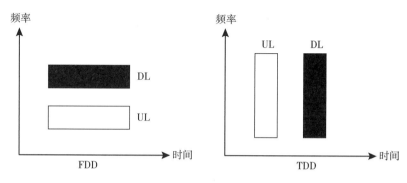

图 3-8　FDD/TDD 传输模式示意图

在采用 FDD 传输模式的大规模 MIMO 系统中，为了获取 CSI，需要分别对上
下行链路进行信道估计。对于上行链路，基站接收用户发送的导频序列，然后进行
信道估计，进而获取 CSI；对于下行链路，基站需要发送下行导频，由各个用户分
别进行信道估计，然后将获取的 CSI 进行量化压缩，最后反馈给基站。下行链路信
道估计的导频开销与基站侧天线数目成正比，这意味着当基站侧采用大规模天线阵
列时，其导频开销将是传统 MIMO 的数十倍。同时，由于导频矩阵维度很大，在进
行信道估计时，信号处理的计算复杂度将会变得很高。另外，各用户进行 CSI 反馈
时，其反馈的信息量也将与基站侧天线数目成正比，这将会导致上行链路传输性能
下降。

在采用 TDD 传输模式的大规模 MIMO 系统中，基站和用户共享相同的频带用
于传输。因此，TDD 被认为是获得快速变化信道的 CSI 的有效方式。TDD 系统的一
个重要特征是上下行信道具有互易性，可以通过具有上行链路训练信号的无线介质
的互易性来获取 CSI。尽管仍然需要考虑相干间隔的约束，但 TDD 方案的使用使得
大规模 MIMO 系统在服务天线的数量上可进一步提升。无线通信传输分为两个阶段：
上行阶段和下行阶段。在上行阶段，用户将导频信号发送到基站，基站使用这些导
频信号进行信道估计处理并生成下行预编码矩阵。在下行阶段，基站使用所产生的
预编码矩阵将数据发送给小区中的各个用户。在多小区场景中，当系统采用全频复
用的时候，导频开销与用户端总天线数成正比关系，故当用户配置多天线或用户数
目较多时，导频开销变得很大，实际系统通常难以负担。所以在采用 TDD 工作模
式的大规模 MIMO 系统中，一般采用非正交导频策略，让导频在小区间进行复用。
但是，非正交导频的使用会产生导频污染（如图 3-9 所示），使得信道估计误差变
大。为了减少甚至消除导频干扰，获得更准确的信道估计结果，国内外学者提出了

一些缓解导频污染的信道估计方法，如时移导频的估计方法以及统计 CSI 辅助的信道估计方法等。

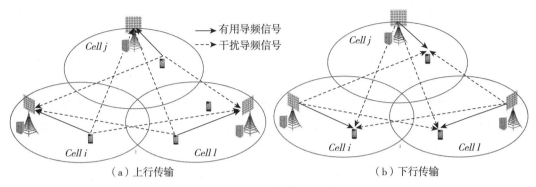

（a）上行传输　　　　　　　　　　　　（b）下行传输

图 3-9　导频污染示意图

值得注意的是，近年来，随着大规模 MIMO 系统研究的深入发展，其空间角度的稀疏特性和能量集中特性被进一步研究。在此基础上，压缩感知（CS）算法，如正交匹配追踪（Orthogonal-Matching-Pursuit，OMP）、近似消息传递（Approximate-Message-Passing，AMP）以及压缩采样匹配追踪（Compressive-Sampling-MP，CoSaMP）等，也被广泛应用于大规模 MIMO 信道估计。压缩感知利用信道稀疏特性，可以在远小于奈奎斯特采样率的条件下随机采样信道的离散样本，进而通过非线性重建算法来重建信道参数。

3.3　上行数据传输

在大规模 MIMO 系统中，上行多用户数据传输对获得大规模天线阵列所带来的性能增益至关重要。与传统多用户 MIMO 上行数据传输相比，大规模 MIMO 上行数据传输在形式上并无不同，但随着基站天线数量和用户数的增加，相应问题的维度大大增加。在下面的讨论中，所涉及的传输信号模型可以理解为 OFDM 系统中单个子载波上的信号模型，其信道为相应子载波上的信道。

3.3.1　信道容量

上行数据传输模型可以描述为

$$\mathbf{y}=\sum_{k=1}^{K}\mathbf{H}_k\mathbf{x}_k+\mathbf{z} \tag{3.6}$$

其中 $\mathbf{y}$ 为上行接收矢量，$\mathbf{x}_k$ 为用户 k 的发送符号，$\mathbf{H}_k$ 为基站与用户 k 之间的信道，$\mathbf{z}$ 是元素独立同分布的复高斯随机噪声矢量。定义矩阵 $\mathbf{H}$ 和 $\mathbf{x}$ 分别为

$$\mathbf{H} = \begin{bmatrix} \mathbf{H}_1 & \mathbf{H}_2 & \cdots & \mathbf{H}_K \end{bmatrix} \tag{3.7}$$

$$\mathbf{x} = \begin{bmatrix} \mathbf{x}_1^T & \mathbf{x}_2^T & \cdots & \mathbf{x}_K^T \end{bmatrix}^T \tag{3.8}$$

上行数据传输模型可以重写为如下矩阵形式

$$\mathbf{y} = \mathbf{H}\mathbf{x} + \mathbf{z} \tag{3.9}$$

无线通信中一般将发送矢量 $\mathbf{x}$ 视为随机矢量，并且这个随机矢量的先验概率分布 $p(\mathbf{x})$ 是已知的，接收端接收处理的目的是获取发送矢量的后验概率分布 $p(\mathbf{x}|\mathbf{y})$，与先验概率分布相比，后验概率分布关于 $\mathbf{x}$ 的不确定性更低，这个不确定性降低意味着信息量的获取。由于噪声的存在，所能获得的信息量是有上界的，这个上界即为上行信道传输容量。

上行信道容量是理论上系统的最大上行传输速率，反映了系统的传输性能，因此对于其分析具有重要的意义。将发送矢量的协方差矩阵记为 $\mathbf{Q}=\mathrm{E}(\mathbf{x}\mathbf{x}^H)$，由于各用户的发送矢量不能联合设计，一般假设各用户发送矢量独立，因此该协方差矩阵 $\mathbf{Q}$ 是具有一定结构的。在固定发送功率约束下，设计 $\mathbf{x}$ 的协方差矩阵 $\mathbf{Q}$，理论上可取得上行数据传输容量。若 $\mathbf{H}$ 是静止信道，则只需根据 $\mathbf{H}$ 来设计 $\mathbf{Q}$ 以获得最大传输速率；若 $\mathbf{H}$ 是衰落信道，则需基于 $\mathbf{H}$ 的概率分布来设计 $\mathbf{Q}$ 以获得最大平均传输速率。

对于大规模 MIMO，一般可以获得 $\mathbf{H}$ 的概率分布，基于此可进行信道容量分析。信道 $\mathbf{H}$ 在数学上可以视为随机矩阵，信道容量与其特征值分布密切相关，可以认为获得了 $\mathbf{H}$ 的特征值分布即获取了信道容量的表达式。随机矩阵理论是关于随机矩阵的经典理论。通过随机矩阵理论方法可以获得 $\mathbf{H}$ 的特征值分布，进而计算信道容量。在有限维度下，随机矩阵获得的结果通常是较为复杂的。但是在大规模 MIMO 系统中，随着信道矩阵维度的增加，可以将随机矩阵理论中大维矩阵特征值密度函数的一些渐近结果应用到信道容量的计算过程中。因此，随机矩阵理论在大规模 MIMO 系统中有着重要的应用。

随机矩阵理论中，关于大维随机矩阵渐近结果的一个很经典的例子是大维 Wigner 矩阵特征值分布趋于半圆分布。对于 $0 < i < j < N$，定义 x_{ij} 为均值为 0、方差为 1 的独立同分布随机变量，并有

$$x_{ij} = x_{ij}^* \tag{3.10}$$

则矩阵 $\mathbf{X}$ 为一复 Wigner 矩阵。随着矩阵维度的增加，随机矩阵 $\mathbf{X}$ 的特征值分布趋于半圆分布，如图 3-10 所示。

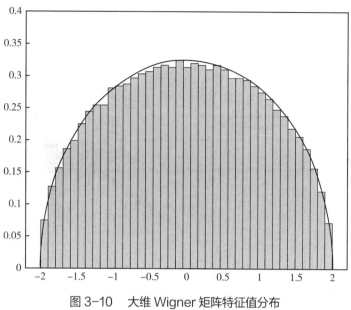

图 3-10 大维 Wigner 矩阵特征值分布

关于大维随机矩阵，除了随机矩阵理论还可以应用自由概率理论进行处理。自由概率理论是由 Voiculescu 于 20 世纪 80 年代开创的一门新数学理论，其始于纯数学理论，但却在大维随机矩阵中找到了应用。自由概率理论可以看作是更一般的概率理论，同经典概率理论有着显著的不同。

经典概率理论中一个重要的关系是随机变量之间的独立性。对于两个随机变量 X 和 Y，如果它们相互独立，则可以通过 X 和 Y 的概率密度函数直接求出 $X+Y$ 的概率密度函数。对应独立的概念，自由概率理论中有着自由独立的概念。对于两个大维随机矩阵 $\mathbf{A}$ 和 $\mathbf{B}$，若它们满足自由独立，则可以通过 $\mathbf{A}$ 和 $\mathbf{B}$ 的特征值密度函数直接求出 $\mathbf{A}+\mathbf{B}$ 的特征值密度函数。

经典概率理论一个重要的定理是中央极限定理，即多个均值为零且独立同分布的随机变量之和趋于高斯分布。对于自由概率理论，则有多个均值为零且自由独立同特征值分布的共轭对称随机矩阵之和的特征值分布趋于半圆分布。因此，半圆分布在自由概率理论的作用类似于高斯分布在经典概率理论中的作用。

从自由概率理论的中央极限定理可以看出，自由概率理论可以很容易地获得很多经典随机矩阵理论中通过复杂技巧推导而来的重要结论。自由概率理论的难度在于其建立在很多抽象的数学概念基础之上，因此入门较难。但其优势在于，很多随机矩阵理论中很难推导的内容通过自由概率理论可以轻松推导。

图 3-11 给出了两种场景下基于自由概率理论的 MIMO 上行容量分析结果与仿真结果比较。两种场景下的基站天线数分别为 64 和 4，对应场景分别为大规模 MIMO 和传统 MIMO 场景，两种场景下用户数量都为 3，且每个用户的天线数量为 4。

文献中一般将基于随机矩阵或自由概率理论得到的容量分析称为确定性等同。从图中可以看出，基于自由概率理论得到的确定性等同结果和仿真结果非常接近，这表明由自由概率理论得到的容量分析结果非常准确。

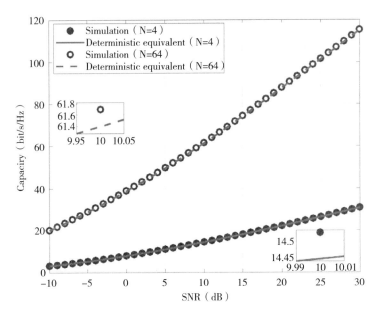

图 3-11　基于自由概率的确定性等同容量分析结果和仿真结果比较

3.3.2　信号检测

为简单起见，下面只考虑用户配置单根天线的场景。此时，上行数据传输模型可以重写为

$$\mathbf{y} = \sum_{k=1}^{K} \mathbf{h}_k x_k + \mathbf{z} \tag{3.11}$$

其中 $\mathbf{y}$ 为上行接收矢量，x_k 为用户 k 的发送符号，$\mathbf{h}_k$ 为基站与用户 k 之间的信道，$\mathbf{z}$ 是元素独立同分布的复高斯随机噪声矢量，其元素方差为 σ_z^2。

上行检测结果需要输入后续译码模块，而译码模块需要的检测输出是每个发送符号的后验概率。对于大规模 MIMO 上行检测而言，最优的是多用户联合最大后验概率检测，即根据每个符号的先验概率去计算出所有用户的联合后验概率 $p(\mathbf{x}|\mathbf{y})$，然后再通过边缘概率计算出每个发送符号的后验概率 $p(x_k|\mathbf{y})$。但是，随着上行用户数的增加，联合后验概率检测会带来复杂度的提升，所以实际上在大规模 MIMO 系统中一般不采用该方法。

为降低检测复杂度，大规模 MIMO 系统常用的是具有低复杂度的线性检测器，主要有匹配滤波（Matched Filter，MF）检测器、迫零（Zero Forcing，ZF）检测器和 MMSE 检测器，并根据检测器结果计算发送符号的后验概率。为了表述简洁，在此不讨论线性检测器后验概率的计算，只介绍线性检测器原理。

MF 检测器计算简单，其输出形式如下

$$\hat{x}_k = \mathbf{h}_k^H \mathbf{y} \tag{3.12}$$

将 MF 检测结果代入接收模型有

$$\hat{x}_k = \mathbf{h}_k^H \mathbf{y} = \mathbf{h}_k^H \mathbf{h}_k x_k + \sum_{i \neq k}^{K} \mathbf{h}_k^H \mathbf{h}_i x_i + \mathbf{h}_k^H \mathbf{z} \tag{3.13}$$

从上式可以看出 MF 检测能够最大化信号能量。当接收天线数量趋于无穷时，用户间的信道将趋于正交，此时干扰部分将趋于零，MF 检测能取得最优性能。

在实际大规模 MIMO 系统中，天线数量是有限的，因此 MF 检测后干扰分量不能消除。为抑制干扰，需使用其他线性检测。定义矩阵 $\mathbf{H}$ 为

$$\mathbf{H} = \begin{bmatrix} \mathbf{h}_1 & \mathbf{h}_2 & \cdots & \mathbf{h}_K \end{bmatrix} \tag{3.14}$$

当 $\mathbf{H}$ 的各行线性独立时，ZF 检测器形式如下

$$\mathbf{G}_{ZF} = (\mathbf{H}^H \mathbf{H})^{-1} \mathbf{H}^H \tag{3.15}$$

将 ZF 检测器代入接收模型，有

$$\hat{\mathbf{x}} = \mathbf{G}_{ZF} \mathbf{y} = (\mathbf{H}^H \mathbf{H})^{-1} \mathbf{H}^H \mathbf{y} = \mathbf{x} + (\mathbf{H}^H \mathbf{H})^{-1} \mathbf{H}^H \mathbf{z} \tag{3.16}$$

从上式可以看出，ZF 检测能够完全消除用户间干扰。但其问题在于噪声部分会被放大，因此在噪声功率比较高的时候 ZF 性能仍需进一步提高。

为了平衡检测结果中的干扰和噪声分量，考虑最小化检测输出均方误差（MSE）准则，即最小化

$$E\{\|\mathbf{x} - \hat{\mathbf{x}}\|^2\} = E\{\|\mathbf{x} - \mathbf{G}\mathbf{y}\|^2\} \tag{3.17}$$

其中 $\mathbf{G}$ 表示检测器。MMSE 检测即能够取得最小 MSE 的检测器，其形式如下

$$\mathbf{G}_{MMSE} = (\mathbf{H}^H \mathbf{H} + \sigma_z^2 \mathbf{I})^{-1} \mathbf{H}^H \tag{3.18}$$

将接收模型代入 MMSE 检测有

$$\hat{\mathbf{x}} = \mathbf{G}_{MMSE} \mathbf{y} = (\mathbf{H}^H \mathbf{H} + \sigma_z^2 \mathbf{I})^{-1} \mathbf{H}^H \mathbf{y} \tag{3.19}$$

与 ZF 检测相比，MMSE 检测不能完全消除用户间干扰，但能够同时抑制干扰和噪声，因此能够取得更好的性能。

然而，当用户数量非常大时，MMSE 检测器中大维矩阵求逆的存在使得其复杂度变得极高。在此种场景下使用 MMSE 检测器，复杂度是一个必须要解决的问题。多项式展开（Polynomial Expansion，PE）检测器利用一矩阵多项式来近似 MMSE 检测器中的矩阵求逆，降低了复杂度，在大规模 MIMO 上行检测中被广泛研究。对于信道 $\mathbf{H}$，PE 检测器所使用的近似多项式中的各项系数来自信道 Gram 矩阵（即 $\mathbf{H}^H \mathbf{H}$）的经验矩。为进一步降低 PE 检测器的复杂度，可用经验矩的确定性等同将

其替代。经验矩的确定性等同独立于一个特殊的信道实现，只取决于统计信道信息。由于统计信道信息随时间变化较慢，所以其更新频率也较低，相对于每一信道都要计算的经验矩而言极大地降低了复杂度。上一节提到的自由概率理论可以用来计算经验矩的确定性等同。

图 3-12 给出了采用 16QAM 调制时几种大规模 MIMO 检测器的 BER 性能，其中基站天线数为 128，用户数为 24 且每一用户配置单天线。图中 Exact PE 表示基于精确经验矩的 PE 检测器，Approx PE 表示基于经验矩确定性等同的近似 PE 检测器。如图所示，近似 PE 检测器的性能能够很好地近似于使用精确系数的 PE 检测器，并且能很好地近似于 MMSE 检测器。

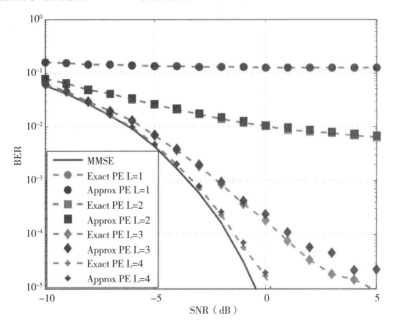

图 3-12　几种检测器在 16QAM 调制下的 BER 性能

除了线性检测器外，在传统 MIMO 系统中被广泛研究的基于因子图、贝叶斯网络、Markov 随机域等图形模型的 BP 算法和 AMP 算法在大规模 MIMO 系统中也有一定的研究。

3.4　下行数据传输

大量用户共享空间无线资源是提升大规模 MIMO 系统速率容量、频谱和功率效率的关键。为支持大量用户同时通信，需实施多用户下行预编码传输以对抗多用户干扰。同上节相同，这一节所涉及的传输信号模型可以理解为 OFDM 系统中单个子载波上的信号模型，其信道为相应子载波上的信道。

3.4.1 常规预编码传输

传统多用户 MIMO 系统中，预编码方法主要分为线性预编码和非线性预编码方法。非线性预编码方法虽然可取得最优性能，但是其极高的复杂度限制了其在大规模 MIMO 系统中的使用，下文只讨论线性预编码。

首先，给出大规模 MIMO 下行预编码传输模型。为简单起见，只考虑单天线用户。用户 k 的接收符号 y_k 可以表示为

$$y_k = \underbrace{\mathbf{h}_k\mathbf{p}_k x_k}_{信号} + \underbrace{\sum_{l\neq k}^{K}\mathbf{h}_k\mathbf{p}_l x_l + z_k}_{干扰+噪声} \quad k=1,2,\cdots,K \tag{3.20}$$

其中 x_k 是发给用户 k 的符号，$\mathbf{h}_k$ 是用户 k 的信道行矢量，$\mathbf{p}_k$ 是用户 k 的预编码列矢量，z_k 是元素独立同分布的复高斯随机噪声矢量。对于接收信号而言，主要包含两部分：信号部分以及干扰加噪声部分。干扰部分来自基站同时发送给其他用户的信号。预编码的目的就是对抗干扰和噪声，以提升系统的传输和速率性能。

最简单的对抗干扰和噪声的方法是提升每个用户接收信号中有用信号的功率。在预编码方法中，提升用户接收信号中有用信号功率的最有效方法为 MF 预编码，即

$$\mathbf{p}_k = \alpha\mathbf{h}_k^H \tag{3.21}$$

其中 α 为使预编码满足功率约束的归一化因子。从上面的式子可以看出，MF 预编码可以最大化接收符号中信号分量的功率，但其没有对用户间干扰进行抑制，当用户增多时，干扰部分总功率会大大提升，采用 MF 预编码传输的系统性能会严重下降。

ZF 预编码是另一种简单线性预编码。迫零的含义是让各用户接收符号中的干扰部分功率为零。定义矩阵 $\mathbf{H}$ 及矩阵 $\mathbf{P}$ 为

$$\mathbf{H}=[\mathbf{h}_1^T \quad \mathbf{h}_2^T \quad \cdots \quad \mathbf{h}_k^T]^T \tag{3.22}$$

$$\mathbf{P}=[\mathbf{p}_1 \quad \mathbf{p}_2 \quad \cdots \quad \mathbf{p}_k] \tag{3.23}$$

当 $\mathbf{H}$ 的各行线性独立时，ZF 预编码的形式如下

$$\mathbf{P}=\beta\mathbf{H}^H(\mathbf{H}\mathbf{H}^H)^{-1} \tag{3.24}$$

其中，β 为保证预编码矩阵满足 $\mathbf{P}$ 功率约束的归一化因子。容易验证，当采用 ZF 预编码时，各用户接收符号中的干扰部分功率为零。因此，ZF 预编码可以完全消除用户间干扰。然而，ZF 预编码没有考虑接收符号中信号部分的功率大小，虽然接收信号中不再有干扰分量，但是信号部分可能也被过分抑制，使其功率强度得不到保证。由于噪声的存在，接收符号中信号分量的功率需要达到一定强度才能够有效通信，因此 ZF 预编码的性能仍需提升。

为兼顾信号与干扰分量的功率大小，研究者们提出了 RZF 预编码。通过在矩阵求逆里添加正则化部分，RZF 预编码形式如下

$$\mathbf{P}=\beta\mathbf{H}^{H}\left(\mathbf{H}\mathbf{H}^{H}+\lambda\mathbf{I}\right)^{-1} \tag{3.25}$$

通过调整正则化因子 λ，RZF 预编码能够调节接收符号中信号部分和干扰部分的功率大小。与 ZF 预编码相比，RZF 预编码虽不能完全消除用户间干扰，但由于其兼顾了信号部分的功率，所以能够取得更高的传输速率。当噪声分量趋近于零时，只需要对干扰进行抑制，RZF 预编码就会退化为 ZF 预编码。

RZF 与 ZF 编码从抑制其他用户干扰的角度出发进行设计的预编码。实际上，还可以将每一用户到其他用户的总干扰视作各用户的泄露，进而从抑制各用户泄露的角度出发设计预编码方法。基于信漏噪比（Signal to Leakage plus Noise Ratio，SLNR）最大化准则设计的预编码被称为 SLNR 预编码。RZF 与 SLNR 预编码作为传统多用户 MIMO 系统中使用最广泛的线性预编码方法，同样也被广泛用于信道信息精确已知的大规模 MIMO 系统。

上述 RZF 与 SLNR 预编码并不是基于最大化速率准则获得的，因此这两种预编码方法的速率性能还可以进一步提升。传统多用户 MIMO 系统中经典的迭代加权最小均方误差（Weighted MMSE，WMMSE）预编码为从信息论角度出发，通过最大化所有用户加权和速率所获得的线性预编码。与 RZF 和 SLNR 预编码相比，WMMSE 预编码方法的传输速率性能进一步提升。WMMSE 预编码方法能够收敛到最大化加权和速率问题的局部最优解，可直接推广到大规模 MIMO 系统。

图 3-13 给出了大规模 MIMO 系统下行链路三种常规预编码方法的遍历和速率性能比较。所仿真的大规模 MIMO 系统基站天线数为 64，用户数为 24，并且每一

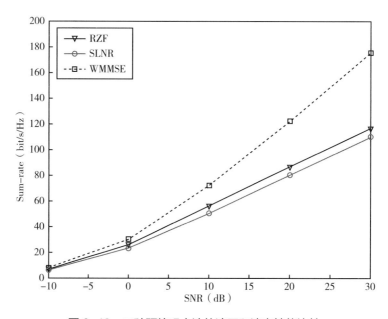

图 3-13　三种预编码方法的遍历和速率性能比较

用户配置单天线。从图中可以看出，RZF 预编码和 SLNR 预编码具有相似的遍历和速率性能；而与 RZF 和 SLNR 预编码相比，WMMSE 能够取得更高的遍历和速率性能。

3.4.2 鲁棒预编码传输

大规模 MIMO 信道信息获取的准确度受导频开销、移动性、载波频率、时延扩展、系统配置等多种因素影响，通常基站侧不能获得用户的精确信道信息。用户移动性以及导频资源受限是影响精确信道信息获取的主要原因。一方面，不同的用户通常具有不同的移动速度，在进行预编码时会存在用户的信道信息已经过时的问题，即获取的信道信息在使用时已经不再准确。另一方面，随着大规模 MIMO 系统中用户数的增加，用于估计信道信息的导频资源将遇到瓶颈，引起信道估计间隔的增加，进一步加剧了预编码时信道信息的不准确性。此时，如果仍然使用基于精确信道信息的 RZF、SLNR 及 WWMSE 等预编码传输方法，将会导致系统性能下降，而且随着移动性和导频间隔的增加而下降得越严重。

导频资源受限与用户移动性对信道信息获取的影响类似，接下来以用户移动性为例对系统性能进行分析。假设基站侧信道估计没有误差，只考虑信道移动性带来的信道信息过时因素。设基站侧通过信道估计获取第 k 用户第 n 时刻的信道 $\mathbf{h}_{k,n}$，其中 n 为某一时刻，而预编码设计用于 $n+1$ 时刻。为描述不同移动速度下信道的时间相关性，引入一阶马尔可夫过程

$$\mathbf{h}_{k,n+1} = \alpha \mathbf{h}_{k,n} + \sqrt{1-\alpha^2} \mathbf{w}_{k,n} \qquad (3.26)$$

其中 α 为相邻时刻间的相关性；$\mathbf{w}_{k,n}$ 表示一均值为零的随机矢量，只与信道的先验统计信息有关，其统计特性可由若干已经估计的信道样本获取。

相关因子 α 的大小与移动速度和载频有关。当 α 为 1 时，表示用户处于准静止状态；当 α 很小时，表示用户的移动速度非常快，信道随时间变化非常显著。此外，在相同的速度下，载频越高则相关因子 α 越小，这表明移动性带来的信道不确定性随着载频的提高而增加。

在 $n+1$ 时刻进行预编码设计时，基站仍然只有 n 时刻的信道 $\mathbf{h}_{k,n}$，而无法获取准确的 $\mathbf{h}_{k,n+1}$。此时，只能用 $\mathbf{h}_{k,n}$ 来代替 $\mathbf{h}_{k,n+1}$ 对发送信号进行常规预编码。当用户处于高速移动，即 α 很小时，$\mathbf{h}_{k,n+1}$ 和 $\mathbf{h}_{k,n}$ 并没有太大的相关性，用 $\mathbf{h}_{k,n}$ 来代替 $\mathbf{h}_{k,n+1}$ 显然无法抑制 $n+1$ 时刻的用户间干扰，从而导致系统性能的严重下降。即使当用户处于中低速，$\mathbf{h}_{k,n+1}$ 和 $\mathbf{h}_{k,n}$ 之间仍有一定偏差，仍然会让系统性能有一定程度的下降。因此，基于精确信道信息的常规预编码传输不适用于非精确信道信息

场景。

为应对信道信息的不准确性，需要对其进行准确建模，设计对于非精确信道信息具有鲁棒性的预编码。鲁棒预编码方法可以提高各种典型移动通信场景下的大规模 MIMO 系统性能。鲁棒预编码设计的主要过程有两步：首先，考虑信道估计误差、信道老化、信道物理模型等因素，建立较前文所述一阶马尔可夫过程更加精确的包含信道均值和方差的信道后验统计模型；然后，提出后验统计模型下加权遍历和速率最大化问题，并据此进行鲁棒线性预编码设计。鲁棒预编码传输基于较为精确的后验统计模型，能够解决大规模 MIMO 技术在各种典型场景下的适应性问题。

图 3-14 给出了大规模 MIMO 系统下行链路鲁棒预编码和其他预编码方法的平均和速率性能比较，其中 Algorithm 1 为鲁棒预编码方法，其他预编码方法包括 RZF、SLNR 和 WMMSE 预编码。所仿真大规模 MIMO 基站天线数为 64，用户数为 20，并且每一用户配置单天线。图中仿真了三种不同移动速度下的大规模 MIMO 通信场景，相关因子 α 分别设置为 0.99，0.95 和 0.8。从图中可以看出，与其他预编码相比，不同移动场景下鲁棒预编码都能取得显著的性能增益，并且随着移动速度的增加，其性能增加将更加显著。在高移动性场景下，鲁棒预编码平均和速率性能约为其他预编码平均和速率性能的两倍。

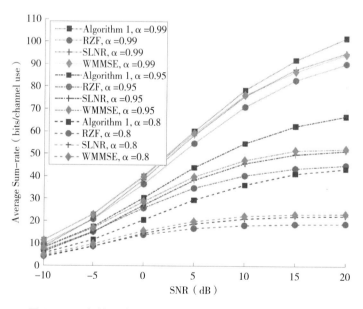

图 3-14　鲁棒预编码和其他预编码的平均和速率性能比较

未来 B5G 和 6G 通信中，大规模 MIMO 系统用户数量将进一步大幅提升，移动性也将进一步增强，并可能会用到太赫兹、光波段等更多频段进行通信。因此，与常规预编码传输相比，鲁棒预编码传输的重要性将日益增强。

3.5 同步与控制信息传输

同步与控制信息传输在无线通信系统中起着重要的作用，是诸多无线业务信息传输的前提。同步与控制信息传输需要服务于小区内的所有用户，这些用户可能是活动的，也可能是休眠的。对于处于休眠状态的用户，基站无法获得其信道状态信息；而对于处于活动状态但还没与基站建立同步的用户，基站同样无法获得其信道状态信息。因此，同步与控制信息传输需建立在基站无法获取用户信道状态信息的基础上，并且为了确保同步与控制信息的有效传输，需要同步与控制信道信息的传输能够覆盖基站所服务的整个小区，使得处于任何空间方向的用户都能够获得可靠的同步与控制信息。

3.5.1 全向预编码传输

为保证任何空间方向上的用户都能获得可靠的同步与控制信息，基站的天线阵列向外辐射的功率需要是全向的。假设天线阵列的单元都是全向的，则选择单根天线进行全向传输是最简单的同步与控制信息传输方案。然而，每一天线阵元的功放都是功率受限的，只使用单天线进行传输所能使用的功率有限，无法满足长距离覆盖。

为保证同步与控制信息传输的最大覆盖范围，需要尽可能多地利用所有天线的功率。因此，在进行全向传输设计的时候，通常认为所有天线功率相等。与单天线全向传输相比，在天线等功率约束下，利用天线阵列进行全向传输需要进行专门设计。为满足天线等功率约束，所有天线上发送的信号需要是幅值相同的复信号。

当多个天线同时发送信号时，不同角度接收到的多个发送信号具有不同相位差，在进行叠加时，会产生不同叠加结果，具有空间选择性。天线发送信号与角度方向的接收功率之间的关系，和离散时间序列与频谱之间的关系类似。以均匀线阵为例，当天线阵列上的信号具有固定的相位差时，会形成一个具有指向性的波束，类似于单频率有限离散时间序列的频谱为 Sinc 函数，如图 3-15 所示。因此，可以通过调节天线阵列不同天线上的信号相位来产生不同空间指向性的波束。

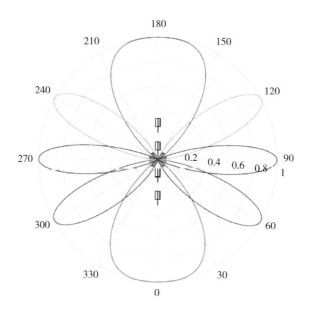

图 3-15　空间波束示意图

在每一时刻生成指向不同空间方向的波束，并在一段时间范围内通过多个波束叠加实现全向传输，这个方法称作波束扫描方法。然而，波束扫描方法中波束间的切换需要花费一定的时间，并且扫描完整个空间方向需要花费更多的时间。因此，波束扫描方法存在实时性较低的问题。

近年来，文献中提出的大规模 MIMO 全向预编码传输理论方法能够实现全功率利用、大范围覆盖的高效可靠传输。仍以均匀线阵为例，令 $\mathbf{h}$ 表示由基站侧天线阵列到任一用户的发送信道矢量，该用户的接收信号可以表示为

$$y = \mathbf{h}\mathbf{W}\mathbf{s} + z \qquad (3.27)$$

其中，$\mathbf{W} \in \mathbb{C}^{M_t \times r}$ 为公共信道预编码矩阵，$\mathbf{s} \in \mathbb{C}^{r \times 1}$ 为协方差矩阵为单位阵的发送随机矢量，r 为数据流数，z 为复高斯随机变量。这一子节及下一子节的信号模型可以理解为 OFDM 系统中单个子载波上的信号模型。

根据离散时间傅里叶变换定义矢量 $\mathbf{v}(u)$ 为

$$\mathbf{v}(u) = \frac{1}{\sqrt{M}}[1\ e^{-j2\pi u}\ \cdots\ e^{-(M-1)j2\pi u}]^T \qquad (3.28)$$

其中 u 为空间角度。令 $\mathbf{w}_i$ 表示预编码矩阵 $\mathbf{W}$ 中的第 i 列，全向预编码需要满足的条件可以表示为

$$\sum_{i=1}^{r} \mathbf{v}(u)^H \mathbf{w}_i \mathbf{w}_i^H \mathbf{v}(u) = 1,\ \forall u \qquad (3.29)$$

当 $r=1$ 时，全向预编码为单流预编码。令 w_m 表示 $\mathbf{w}_1$ 中的第 m 元素。因为角度功率谱和天线信号是傅里叶变换的关系，所以全向传输意味着天线上的信号序列非周

期自相关函数需要满足

$$c(n) = \sum_{m=1}^{M} w_m w_{m+n}^* = \delta(n) = \begin{cases} 1, & n = 0 \\ 0, & n \neq 0 \end{cases} \quad (3.30)$$

在所有天线等功率约束下，理论上可以证明上式是无法成立的。因此，基于单流预编码无法做到连续角度全向传输。

基于 Zadoff-Chu（ZC）序列的单流预编码可以进行多个离散角度上的全向传输。ZC 序列为恒模序列，各元素幅值为 1，能满足天线等功率约束。因为 ZC 序列周期自相关函数为 $\delta(n)$，所以其角度功率谱在某些离散角度上的采样相等。因此，在单流情况下，基于 ZC 序列的离散角度全向传输是可行的方案。

为实现真正的连续角度全向传输，需要利用多个数据流进行传输。在进行多个数据流传输时，不同角度的功率谱为多个序列角度功率谱的叠加。Golay 互补序列为序列集，其中序列具有频谱互补性质。将 Golay 互补序列放置到天线上，则各序列产生的角度功率谱也具有互补性质，因而利用 Golay 互补序列可以实现连续域全向传输。令 $w_{i,m}$ 表示 $\mathbf{w}_i$ 中的第 m 元素，Golay 互补序列同样为恒模序列，并且各序列的自相关和满足

$$a(n) = \sum_{i=1}^{r} \sum_{m=1}^{M} w_{i,m} w_{i,m+n}^* = \delta(n) = \begin{cases} 1, & n = 0 \\ 0, & n \neq 0 \end{cases} \quad (3.31)$$

其中 r 为预编码数据流数。

下面给出长度为 4 的二进制 Golay 互补序列示例：设两个二进制序列分别为（+1，+1，+1，-1）和（+1，+1，-1，+1），则其自相关函数为（4，1，0，-1）和（4，-1，0，1），因此加起来为（8，0，0，0）。图 3-16 中给出了这两个互补序列的角度功率谱以及这两个角度功率谱之和。从图中可以看出，这两个互补序列的角度功率谱为一恒定常数，即具有互补性质。

5G 系统更经常采用的天线阵列是均匀面阵（Uniform Rectangle Array，URA）天线阵列。由于面阵和线阵的角度功率谱性质不同，Golay 互补序列无法用于均匀面阵天线阵列的全向预编码设计，需要应用由 Golay 互补序列扩展而来的 Golay 互补阵列。与 Golay 互补序列相比，Golay 互补阵列更加复杂，这里不做详细介绍。对于某些天线尺寸，Golay 互补阵列不一定存在，实际中的全向传输还需满足其他约束，同时也需要进一步的设计。

3.5.2 宽覆盖预编码传输

在实际大规模 MIMO 系统中，每个天线阵列只服务固定的区域。例如，蜂窝移

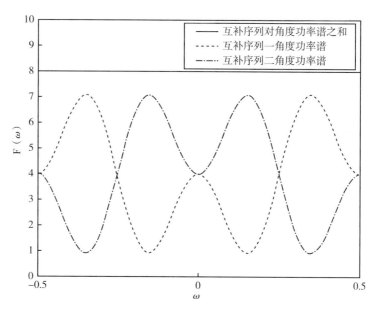

图 3-16 Golay 互补序列角度功率谱

动通信系统中小区分成三个扇区。每个扇区的天线阵列在水平角度上只覆盖 120°
的范围。为了避免不同扇区之间的干扰，需要将自由空间全向覆盖扩展到单个扇区
全向覆盖，即单个天线阵列只覆盖其所服务角度范围内的用户。只覆盖固定角度范
围内用户的预编码被称作宽覆盖预编码。

与全向预编码不同，宽覆盖预编码覆盖角度有一定的范围。将覆盖的角度范围
定义为集合 U，则理想宽覆盖预编码需要满足的条件可以表示为

$$\sum_{i=1}^{r} \mathbf{v}(u)^{H} \mathbf{w}_{i}\mathbf{w}_{i}^{H} \mathbf{v}(u) = \begin{cases} 1, & u \in U \\ 0, & \text{otherwise} \end{cases} \quad (3.32)$$

对于宽覆盖预编码，天线阵列仍然要满足天线等功率约束。此外，为提升传输
速率，通常还考虑引入预编码矩阵半酉约束。因此，宽覆盖预编码设计就是在天线
等功率约束以及预编码矩阵半酉约束下设计能满足宽覆盖要求的预编码。与全向预
编码不同，宽覆盖全向预编码没有已知的序列可以利用，因此需要进行优化设计。
优化方法指通过某一算法获得某一目标问题在一定约束下的最优解。由于等功率约
束和半酉矩阵约束都不是线性约束，因此采用传统的优化方法比较困难。

和传统优化方法相比，流形优化方法是一个更强力的数学工具。当一些约束利
用传统优化方法很难求解时，可以转而利用流形优化方法。为了便于理解，这里不
讨论优化方法，只简单介绍下流形的概念。

流形在一个很小的局部可以近似为欧氏空间，但整体而言，其与欧氏空间并不
相同。例如，如果将地球理想地看作一个三维球体的话，人们所处的地球表面就是

一个二维流形。对于每个人而言，由于其所处的范围有限，所以看起来还是处于一个二维平面上。

　　对于宽覆盖鲁棒预编码，引入流形的优势在于可以分别将天线等功率约束和预编码矩阵半酉约束看作流形。因此，优化问题自然变成流形约束下的问题，进而可以利用流形优化方法进行宽覆盖预编码设计。

　　图 3-17 展示了针对均匀线阵方位角在 120° 范围内设计的广覆盖功率图样，其中横坐标展示的方位角以角度制度量，纵坐标展示的功率图样以分贝（dB）度量。

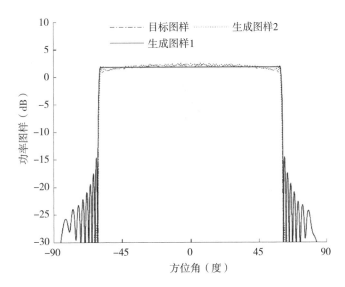

图 3-17　广覆盖预编码角度功率谱

　　广覆盖预编码也可以应用于如图 3-18 中那样配备有均匀面阵的大规模 MIMO 系统。由于均匀面阵在俯仰角方向上为广覆盖功率图样设计提供了额外自由度，因此相比于均匀线阵可能带来额外的性能优势。

　　下面给出一个均匀面阵场景下广覆盖预编码的设计例子。为了确保整个小区覆盖范围内用户的同步性能，考虑全部可能的发射角度所对应用户的漏检概率公平性。对于直达径占主要成分的信道场景，可设置所需的功率图样正比于传输距离的平方来描述公平性准则。若采用相关矩阵距离（Correlation Matrix Distance，CMD）来度量在离散角度上所需功率图样 **B** 与产生的功率图样 **A** 之间的距离，并且考虑各天线等功率约束，则本例中广覆盖预编码 **W** 的设计可由公式（3.33）所示的优化问题来描述。其中 M_t 表示均匀面阵中的天线个数。借助于流

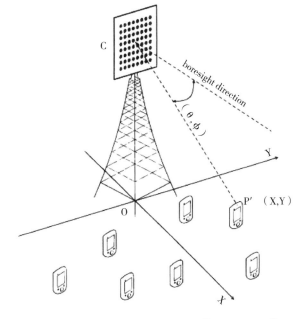

图 3-18　配备有均匀面阵的大规模 MIMO 系统

形优化方法能够较为便利地解决该问题。

$$
\begin{aligned}
&\underset{\mathbf{W}}{\text{minimize}} && 1-\frac{\mathrm{tr}\left(\mathbf{A}^{T}\mathbf{B}\right)}{\|\mathbf{A}\|_{\mathrm{F}}\|\mathbf{B}\|_{\mathrm{F}}} \\
&\text{subject to} && \mathbf{I}_{M_{t}}\circ\left(\mathbf{W}\mathbf{W}^{H}\right)=\frac{1}{M_{t}}\mathbf{I}_{M_{t}}
\end{aligned}
\qquad(3.33)
$$

图 3-19 展示了在公平性准则下，均匀面阵产生的功率图样。如图所示，功率图样的形状是 120° 扇区向以俯仰角 θ 与方位角 ϕ 表示的球面的投影。由于在 $\theta=0°$ 附近发射机与接收机之间距离远大于 $\theta=-40°$ 在附近的距离，在公平性准则下 $\theta=0°$ 附近的发射功率显著高于 $\theta=-40°$ 附近的发射功率。

图 3-20 展示了在公平性准则下，扇区内接收功率的情况。如图所示，得益于公平性准则产生的广覆盖预编码设计，小区内由路径损耗引起的接收功率衰减得到了缓解。此时，广覆盖预编码方案产生的接收功率数值在 120° 扇区内近似相等。因此，在该扇区内，全体用户间的同步性能公平性能够得到保证。

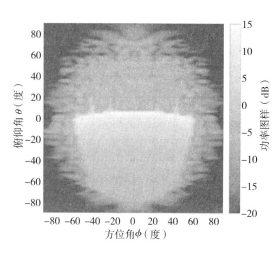

图 3-19　产生的功率图样

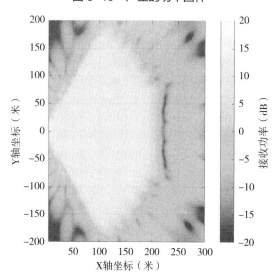

图 3-20　扇区内接收功率

3.6　本章小结

为满足未来巨流量、巨连接技术需求，在各种典型频段和场景下，拓展利用大规模 / 超大规模天线配置，构建大规模 / 超大规模 MIMO 无线移动通信系统，成为未来移动通信长期的发展趋势。本章系统讨论了大规模 MIMO 无线通信的关键基本技术，主要内容包括大规模 MIMO 系统构成与信道模型、信道状态信息获取、上下行数据传输以及同步与控制信息传输等。

尽管大规模 MIMO 已经得到了国内外研究者的广泛关注，但其理论与技术仍处于不断发展和完善的过程中。概括来说，大规模／超大规模 MIMO 无线通信具有三个方面的作用：一是深度挖掘空间维度无线资源，进一步大幅提升频谱和功率效率、速率和用户容量；二是深度开发利用毫米波／太赫兹等高频段无线资源，大幅提升其覆盖能力和传输效率；三是突破卫星移动通信等场景功率受限及频谱资源复用能力提升问题。因此，对其开展持续深入系统的研究和应用具有重要的理论意义与实际价值。

习题：

1. 简述大规模 MIMO 的系统构成。
2. 在大规模 MIMO 系统采用窄带信道模型，当信道的随机相位服从均匀分布时，信道的期望和空间协方差矩阵各有什么特性？
3. 简述在传统的 MIMO 信道估计方案中，TDD 系统下行链路信道参数估计的过程及在大规模 MIMO 系统中采用导频复用方法的原因。
4. 在大规模 MIMO 系统的信道估计中，除了采用非正交导频策略之外，是否还有其他方法可以获取信道参数？如果有，请举例说明。
5. 大维 Wigner 矩阵特征值分布趋于什么分布？如何利用自由概率理论得到这个结果？
6. 大规模 MIMO 常规上行检测主要有哪几种？各有什么优缺点？
7. 和常规预编码相比，鲁棒预编码有什么优势？
8. Golay 互补序列有什么性质？

参考文献：

［1］Marzetta T L. Noncooperative cellular wireless with unlimited numbers of base station antennas［J］. IEEE Transactions on Wireless Communications，2010，9（11）：3590-3600.

［2］Larsson E G，Edfors O，Tufvesson F，et al. Massive MIMO for next generation wireless systems［J］. IEEE Communications Magazine，2014，52（2）：186-195.

［3］Andrews J G，Buzzi S，Choi W，et al. What will 5G be?［J］. IEEE Journal on Selected Areas in Communications，2014，32（6）：1065-1082.

［4］Lu L，Li G Y，Swindlehurst A L，et al. An overview of massive MIMO：Benefits and challenges［J］. IEEE Journal of Selected Topics in Signal Processing，2014，8（5）：742-758.

［5］Hoydis J，ten Brink S，Debbah M. Massive MIMO in the UL/DL of cellular networks：How many antennas do we need?［J］. IEEE Journal on Selected Areas in Communications，2013，31（2）：160-171.

［6］Couillet R，Debbah M. Random matrix methods for wireless communications［M］. Cambridge：

Cambridge University Press, 2011.

[7] Marzetta T L, Larsson E G, Yang H, et al. Fundamentals of Massive MIMO [M]. Cambridge: Cambridge University Press, 2016.

[8] Bertsekas D P. Nonlinear programming [M]. Belmont: Athena scientific, 1999.

[9] Absil P A, Mahony R, Sepulchre R. Optimization algorithms on matrix manifolds [M]. Princeton: Princeton University Press, 2009.

[10] Tulino A M, Verdu S. Random matrix theory and wireless communications [M]. Boston: Now Publishers Inc, 2004.

[11] Edelman A, Rao N R. Random matrix theory [J]. Acta Numerica, 2005 (14): 233-297.

[12] Nica A, Speicher R. Lectures on the combinatorics of free proBaBility [M]. Cambridge: Cambridge University Press, 2006.

[13] You L, Gao X Q, Xia X G, et al. Pilot reuse for massive MIMO transmission over spatially correlated Rayleigh fading channels [J]. IEEE Transactions on Wireless Communications, 2015, 14 (6): 3352-3366.

[14] You L, Gao X Q, Swindlehurst A L, et al. Channel acquisition for massive MIMO-OFDM with adjustable phase shift pilots [J]. IEEE Transactions on Signal Processing, 2016, 64 (6): 1461-1476.

[15] Sun C, Gao X Q, Jin S, et al. Beam division multiple access transmission for massive MIMO communications [J]. IEEE Transactions on Communications, 2015, 63 (6): 2.

[16] Meng X, Gao X Q, Xia X G. Omnidirectional precoding based transmission in massive MIMO systems [J]. IEEE Transactions on Communications, 2016, 64 (1): 174-186.

[17] Lu A A, Gao X Q, Xiao C. Free deterministic equivalents for the analysis of MIMO multiple access channel [J]. IEEE Transactions on Information Theory, 2016, 62 (8): 4604-4629.

[18] Björnson E, Hoydis J, Sanguinetti L. Massive MIMO networks: Spectral, energy, and hardware efficiency [J]. Foundations and Trends in Signal Processing, 2017, 11 (3-4): 154-655.

[19] Lu A A, Gao X Q, Zhong W, et al. Robust transmission for massive MIMO downlink with imperfect CSI [J]. IEEE Transactions on Communications, 2019, 67 (8): 5362-5376.

[20] Guo W, Lu A A, Meng X, et al. Broad coverage precoding design for massive MIMO with manifold optimization [J]. IEEE Transactions on Communications, 2019, 67 (4): 2933-2946.

[21] Lu A A, Gao X Q, Meng X, et al, Omnidirectional precoding for 3D massive MIMO with uniform planar arrays [J]. IEEE Transactions on Wireless Communications, 2020, 19 (4): 2628-2642.

第4章　高频段/超高频段无线传输技术

随着 5G 技术商业化的推进，用户将体验到 10 Gbps 的无线超高数据传输速率，这一数据传输速率意味着下载一部高清电影将在几秒内完成，8K 视频的实时直播将成为可能，虚拟现实技术（Virtual Reality，VR）/增强现实技术（Augmented Reality，AR）将出现在人们生活的方方面面。传统的 2G/3G/4G 通信系统使用的通信频段频谱资源有限，无法满足上述超高数据传输速率需求。要想实现 10 Gbps 的传输速率，就必须将频谱资源进一步扩大。低频段频谱资源接近饱和，拥有巨大频谱资源的高频段甚至是超高频段能很好应对当前无线通信系统面临的频段频谱资源有限的问题，成为实现高速无线通信的新资源。利用高频段/超高频段作为承载信息的载体来完成无线通信，就是高频段/超高频段通信。与低频无线通信相比，高频段/超高频段通信具有可用带宽丰富、元件尺寸小、保密性能好、易与超密集网络集成等优点。

作为高频段超高频段通信的代表频段，毫米波和太赫兹位于微波与红外线之间，兼具两种频谱的特点，被认为是满足下一代无线通信系统的候选频段。相比之下，太赫兹频段比毫米波频段具有更大的潜力。首先，太赫兹频段的带宽从 0.1~10THz，比毫米波的带宽（30~300GHz）高出一个数量级，可以提供 Tbps（太比特每秒）级别数据传输速率的支持。其次，由于减小了天线孔径，太赫兹比毫米波具有更高的方向性，更不易发生自由空间衍射[1]。

目前，太赫兹通信仍处在预研究阶段，研制的太赫兹通信系统的规模化应用仍然存在一些需要攻克的难点问题，如太赫兹器件体积较大、集成度不高，太赫兹信号的传输损耗大，太赫兹射频器件的发射功率有限等[2]。而毫米波早期的研究比较成熟，在毫米波无线通信领域投入的大量资金和研究工作以及全球 5G 试验和试验平台的早期成功，确保了到 2020 年 5G 无线网络能够实现商业广泛传播。

基于以上，本章主要对毫米波通信技术进行介绍。

4.1 节结合毫米波的国际标准化过程，介绍了毫米波的典型应用场景，如智能可穿戴设备网络、虚拟现实、车辆网络、高精度的成像和探测系统等。

4.2 节列举了三种毫米波通信的典型应用实例（毫米波波导通信系统、毫米波地面通信系统及毫米波卫星通信系统），并总结了这三种系统的优势和特性，方便读者进一步理解毫米波通信。

4.3 节主要介绍了毫米波信道特有的信道传播现象，包括自然空间传播特性，毫米波反射、散射等传播机制，以及毫米波大气分子吸收及雨雾衰减。基于毫米波信道传播的特殊性，分析了毫米波信道建模新需求与挑战；同时也介绍了几种常用的毫米波信道模型。

4.4 节有针对性地介绍了毫米波无线传输的关键技术，包括波束成形传输技术、智能反射面辅助技术、调制技术以及多址接入技术。整理了相关技术用于毫米波频段的特殊性，并针对由此产生的新问题列举了对应的解决方案。

4.1 毫米波通信的标准化进程

毫米波的研究具有非常悠久的历史。1895 年，Jagadish Chandra Bose 在印度加尔各答的总统学院首次演示了 60GHz 的电磁波传输和接收，其通信距离超过 23m。Bose 提出的通信系统中包含的毫米波元件有火花发射器、相干器、介电透镜、偏振器、喇叭天线和圆柱形衍射光栅，这是世界上第一个毫米波通信系统。俄罗斯物理学先驱 Pyotr N. Lebedew 在 1895 年也研究了波长为 4~6mm 的无线电波的传输和传播[3]。

毫米波具有独特的优势，可以很好地应对当前无线通信系统存在的频谱资源不足、传输速率不够等问题，因此极具应用前景与竞争力。然而其发展及应用依赖于一个国际标准的制定过程，以确保全球范围内的消费者拥有一个具有全球互操作性的大众市场。

由 3GPP 支持的 3GPP 5G NR 是第一个将毫米波通信引入 5G 蜂窝网络的标准。3GPP NR 毫米波频段的射频标准的讨论和制定工作由 3GPP RAN4 牵头开展，3GPP 定义的 5G 第一阶段（3GPP Release-15）中定义了 52.6GHz 以下的毫米波频段，以满足较为紧急的商业需求。具体地，Release-15 中的 FR2 代表毫米波频段，其范围为 24.25~52.6GHz，可支持的信道带宽有 50MHz、100MHz、200MHz 和 400MHz，由此可知最大信道带宽为400MHz。同时，Release-15中的表5.5.5-1显示了5G NR FR2频段中的4段频率，即n257、n258、n260、n261（与LTE不同，5G NR频段号标识以"n"开头）。各个频段的上/下行频谱范围、双工模式如表4-1所示。

表4-1　5G NR FR2频段中的4段频率具体划分

频段号	上行工作频段（MHz）	下行工作频段（MHz）	双工模式
n257	26500~29500	26500~29500	TDD
n258	24250~27500	24250~27500	TDD
n260	37000~40000	37000~40000	TDD
n261	27500~28350	27500~28350	TDD

SCS代表子载波间隔，在LTE系统中只支持一种SCS，即15kHz。而在Release-15中，则进一步将其扩展成了5种SCS，即15kHz、30kHz、60kHz、120kHz和240kHz。在上述的5种SCS中，毫米波频段占据了3种，即60kHz、120kHz和240kHz。同时，Release-15还定义了灵活的子载波间隔，不同的子载波间隔对应不同的频率范围。

此外，在3GPP标准框架下，毫米波每个时隙周期为5G低频的1/4，因此可以极大降低空口时延。同时，也可以根据不同的用户业务需求进行灵活的帧结构配置，以满足多样化、差异化的弹性业务应用。由于3GPP决定5G NR继续使用正交频分复用（Orthogonal Frequency Division Multiplexing，OFDM）技术，为了让OFDM技术更好地扩展到毫米波频段，也引入了其他技术，如大规模多输入多输出（Multiple Input Multiple Output，MIMO）技术、低密度奇偶校验（Low-Density Parity-Check，LDPC）/Polar码以及新的子载波间隔等。

虽然Release-15中已经明确了5G NR的基础技术，但3GPP仍在继续致力于提升核心技术。第二阶段3GPP Release-16考虑与第一阶段兼容，在Release-15基础上进行了完善和增强，专注于最高100GHz的频率，以全面实现ITU IMT-2020的愿景。具体包括：5G NR增强型移动宽带（Enhance Mobile Broadband，eMBB）性能提升，面向工业物联网（Industrial Internet of Things，IIoT）的5G NR专用网和超可靠低延迟通信（Ultra Reliable Low Latency Communication，URLLC），基于5G NR的蜂窝车联网（Cellular Vehicle-to Everything，C-V2X）支持更先进的使用场景，在免许可频谱上部署5G NR，5G海量物联网，5G广播，5G集成接入和回程，5G定位技术，5G NR面向非地面部署等。

由于Release-15中定义的FR2毫米波频段上限为52.6GHz，因此即将出现的Release-17将对52.6GHz以上频段的波形进行研究。由于行业需求，预计在2021

年年底之前结束 Release-17 的制定工作。业界专家指出，Release-17 将在提高速度和功率效率方面进行改进，包括双 5G 和 4G-5G 同时连接、毫米波波束成形以及从多个传输点提供服务等。

4.2 应用实例：典型的毫米波通信系统

毫米波通信系统有很多种不同的分类方式。按用途可以分为毫米波民用通信和毫米波军用通信；按信号承载方式可以分为毫米波模拟通信和毫米波数字通信。此外，毫米波传播有两种方式：一种是有线传输，即波导通信；另一种是无线传输，即利用大气传输。因此按传输媒质，可以分为毫米波波导通信和毫米波无线电通信。进一步，在毫米波无线电通信中，按设备所处位置，可以分为毫米波地面通信和毫米波卫星通信。本节主要针对不同传输媒质下的三类通信系统：毫米波波导通信系统、毫米波地面通信系统、毫米波卫星通信系统进行介绍。

4.2.1 毫米波波导通信系统

在介绍毫米波波导通信以前，我们先介绍什么是波导。首先，能传播电磁波的金属管子叫作波导管，简称为波导。波导不仅在外形上与地下电缆相似，而且在作用上也与电线、电缆等有线传输煤质相同，图 4-1 为圆形波导管和矩形波导管的示意图，其横截面分别为圆形和矩形。通过波导承载电磁波信号来传递信息，就叫作波导通信。当波导里面的电磁波处于毫米波频段，则称为毫米波波导通信。

毫米波波导通信具有以下几个优势：

1）相比直接在大气中传播，毫米波被束缚在波导管内进行传播，其通信更不易受大气衰减的影响，传播损耗小，传输距离远。

2）毫米波信号沿着波导管这种有线传输煤质进行传输，具有极高的安全性、保密性、可靠性以及抗干扰性，一般不会产生电磁波泄漏，从而避免对其他设备造成干扰。

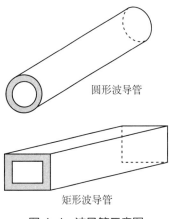

圆形波导管

矩形波导管

图 4-1 波导管示意图

3）由于毫米波频段丰富的频谱资源，使得毫米波通信容量较大，因此可以作为大容量通信干线。

毫米波波导通信的代表性系统有美国贝尔实验室的 WT-4 系统和日本电报电话公司（Nippon Telegraph & Telephone，NTT）的 W-40 G 系统。

4.2.2 毫米波地面通信系统

随着通信、计算机技术的飞速发展，接入网络的移动便携设备数量日益增多，网络需要处理的数据流量急剧增加，由此对通信系统的速率、带宽和质量提出了新的要求，推动了带宽接入网络的发展。毫米波通信由于其极高的频率、丰富的通信带宽资源与极大的通信容量，迅速得到了广泛的研究与发展，其具有以下几个优势：

1）由于毫米波波束较窄，且毫米波天线的旁瓣很小，因此毫米波地面通信具有极强的抗干扰和抗截获能力。

2）毫米波设备具有重量轻、体积小的特性，便于安装和拆卸。

3）毫米波地面通信距离有限，当超过这一距离后，信号强度就会变得比较弱，因此具有极高的防窃听能力。（由于毫米波信号在传播过程中会遭受较高的路径损耗，单跳通信距离有限，因此在对通信距离要求比较高的场景中，可以把中继技术运用到毫米波地面通信中。大量的毫米波传播试验也表明，利用多跳的毫米波中继通信是可行的，可以有效增大通信覆盖范围。）

图4-2展示了毫米波地面通信系统的示意图。如图所示，宏基站通过部署大规模天线阵列，可以与小基站进行通信（此时小基站可以看作中继），然后小基站在其通信覆盖范围内为其中的用户提供服务，同时用户之间也可以直接进行设备到设备（Device to Device，D2D）通信；当用户与小基站距离较远时，还可以通过无人机辅助，以此达到用户与小基站的通信。不仅如此，宏基站也可以不需要小基站提供中继作用，直接通过视距传输和非视距传输（通信链路被建筑物或者植物遮挡）

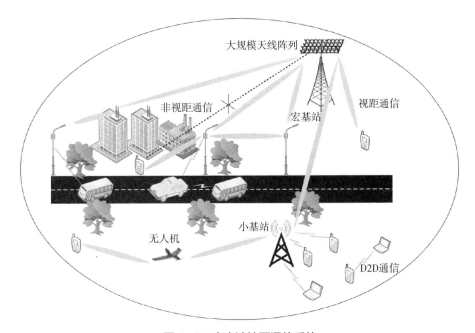

图4-2 毫米波地面通信系统

与用户进行通信。同时在基础设施如路灯上安装天线，可以接收来自宏基站的信息，然后过往的车辆和用户都可以与基础设施建立通信链路。总之，通过部署毫米波地面通信系统，可以实现更加快速高效的通信。

毫米波地面通信的代表性系统：大、中容量短程毫米波通信系统，本地多点分配业务（Local Multipoint Distribute Service，LMDS），高高度、远程运行网络（High Altitude Long Operation Network，HALO），宽带无线局域网[4]。

4.2.3　毫米波卫星通信系统

卫星通信就是利用卫星充当中继，进行全球大范围覆盖的通信，其通信系统包含了卫星和地球。在毫米波频段进行卫星通信就称为毫米波卫星通信。毫米波卫星通信之所以能够得到广泛发展与运用，主要在于毫米波具有的独特性：其一，毫米波信号在大气传输中会遭受严重的衰减，但是由于太空中无大气存在，因此毫米波可以免受严重的传播损耗，具有极高的数据传输速率；其二，毫米波通信设备具有小型化、轻量级的优点，便于运用到空间通信；其三，毫米波通信能够应对等离子鞘套问题。如航天飞行器返回大气层时，由于金属与空气摩擦，使周围的空气电离形成了等离子鞘套，而这会导致微波通信中断。然而，毫米波能穿过等离子体，顺利地实现地面与飞行器的通信。

具体地，毫米波卫星通信系统如图4-3所示。在太空中部署卫星，卫星可以与宏基站建立通信链路，然后宏基站可以为小蜂窝、微型蜂窝网络提供服务。在小蜂

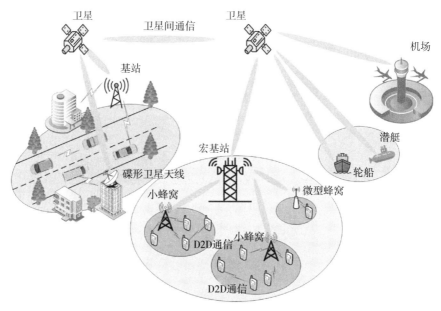

图 4-3　毫米波卫星通信系统

窝和微型蜂窝网络中，用户可以与受管辖覆盖范围内的基站通信，也可以直接与另外的用户进行 D2D 通信。同时宏基站也可以和基站 / 碟形卫星天线建立通信链路，进而实现城市中用户 / 车辆 / 基础设施的通信。由于卫星通信覆盖范围很广，用户的移动性很高时也可以很好建立通信链路，因此还可以与机场、飞行中的飞机建立通信，以此更好获取空中的状态。考虑到水中建立基站的困难，因此卫星还可以与正在航行的轮船和潜艇建立通信链路。值得注意的是，在太空中放置的卫星通常是多颗，卫星间可以进行通信，以此更好实现全球更广泛的通信覆盖。

毫米波卫星通信具有以下几个优势：

1）以广播的方式进行通信，便于实现多址接入。

2）毫米波卫星通信容量大，能传送的数据量庞大，且传送的业务类型多。

3）在进行星际间的通信时，由于没有严重的传播损耗，因此传输速率高、通信距离远，且建站成本与通信距离无关。

4）相比毫米波波导、地面通信，毫米波卫星通信通过利用多卫星间的相互协作，可以极大提高通信的覆盖面积。

毫米波卫星通信的代表性系统：先进通信技术卫星（Advanced Communication Technology Satellite，ACTS）系统，军事战略与战术中继卫星（Milstar Ⅱ），Astrolink 网络，Spaceway/Galaxy 系统，Teledesic 网络以及 Cyberstar 网络[4]。

4.3 毫米波信道传播特性和建模

根据国际电信联盟规范 ITU-R V.431，毫米波段指的是波长介于 1~10mm 的电磁波，其对应的频率范围为 30~300GHz。然而，在实际的工程应用中，根据实际无线电业务的频谱规划情况，我们针对 5G 所通常提到的毫米波频段主要指的是 24~100GHz 这一范围，或这一范围内拟划分或已经划分给 5G 的频段。由于低频段（主要是 6GHz 以下）的频谱资源已经极度拥挤，5G 及未来移动通信系统必须寻求毫米波乃至更高频段的资源，以满足高速率和高容量的通信需求。掌握毫米波信道传播特性并建立信道模型，是高效利用毫米波频谱资源、研发和设计毫米波通信技术和系统的重要前提[5]。本节将对毫米波信道的传播特性、毫米波信道建模的新需求和挑战、常用的毫米波信道模型三个方面进行介绍，使读者对毫米波信道的传播特点以及信道模型有所了解。

4.3.1 毫米波信道传播特性

相比于 6GHz 以下频段，毫米波信道随着频率升高一方面传播损耗会显著增加，另一方面更易受到大气分子吸收及雨、雾等自然天气和遮挡物的影响。下面首先从基本的自由空间传播损耗出发，再进一步介绍大气分子吸收等因素对毫米波信道传播特性的影响。

1. 自由空间传播

路径损耗是指电波在传播过程中，由于电波的辐射扩散以及环境的遮挡和吸收导致的能量损耗。在无线移动通系统中，路径损耗决定了蜂窝网的覆盖范围以及基站的部署密度，因此路径损耗是信道最重要的特性之一。自由空间路径损耗是指电磁波在理想化的各向同性的真空环境，并且接收机和发射机之间完全无遮挡的条件下的传播损耗。自由空间传播是电磁波最基本、最简单的传播方式，也是理想化的传播条件，通常是不存在的。自由空间是人们为了方便研究电波传播特性假设的计算环境。

电磁波从发射端天线发射出去，经过自由空间传播被接收端天线接收。接收功率等于入射波功率密度与接收天线有效孔径的乘积。假设电磁波发射功率为 P_t，接收功率 P_r 可以表示为

$$P_r = \frac{P_t G_t G_r}{L_P} \tag{4.1}$$

其中，G_t 为发射天线增益，G_r 为接收天线增益，L_P 为自由空间路损。根据 Friis 传输公式方程，接收功率等于入射波功率密度与接收天线有效孔径的乘积。因此，L_P 定义为

$$L_P = \frac{(4\pi d)^2}{\lambda^2} = \frac{(4\pi df)^2}{c^2} \tag{4.2}$$

其中，d 是自由空间传播距离，λ 是电磁波波长，f 是电磁波频率，c 是光速。

从自由空间路损的定义可以看出，自由空间路损与电磁波传播距离和电磁波频率有关。相同条件下，频率越高，自由空间路损越大。如图 4-4 所示，当发射端和

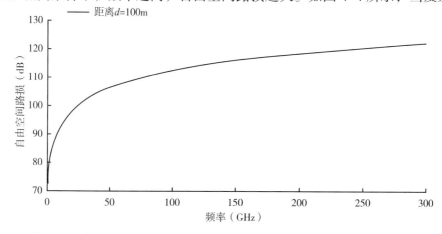

图 4-4　发射端和接收端距离 100 米时，自由空间路损随频率的变化趋势

接收端距离为 100m 时，电磁波频率从 1GHz 上升到 300GHz，相应地，自由空间路损从 72.44dB 上升到 121.98dB。从另一个角度来看，在发射信号功率保持不变且接收能力相同的条件下，如果 1GHz 频率的电磁波覆盖半径为 100m，那么 30GHz 频率的信号的覆盖半径仅能达到 3.33m。由此可见，尽管毫米波频段具有比低频段更丰富的频谱资源，但是毫米波信道传播具有较高的自由空间路径损耗。特别是在真实传播环境中，障碍物的遮挡会进一步导致信号衰减更大，不利于无线通信系统的覆盖和长距离通信。

2. 毫米波反射、散射等传播机制

除了自由空间传播，电磁波在遇到阻挡物会出现镜面反射、漫散射和绕射，如图 4-5 所示。我们知道，电磁波的传播规律与其频率或波长有极强的相关性。相比于厘米波，毫米波频段的波长更短、频率更高，其传播机制有极大的不同。

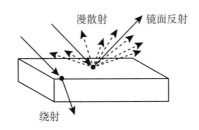

图 4-5 毫米波信道不同传播机制示意图

当无线传播环境中的阻挡物表面的起伏度与毫米波的波长可比拟时，毫米波传播将经历丰富的漫散射，即每个反射射线将具有不同的反射方向角度，导致毫米波信号整体的反射功率分散到多个方向，镜面反射方向的功率下降。此外，对于毫米波传播机制的一个普遍共识是在传播环境中相对光滑的大型阻挡物的边缘，其主要传播机制是绕射，而非反射。然而，对于在厘米波信号看来"较小"的阻挡物，毫米波信号由于第一菲涅尔区更窄，因此更容易被阻挡。例如，几十厘米大小的阻挡物对于毫米波信号来说则是"大"散射体，这导致了电磁波的绕射能力减弱，阴影效应更加显著。在一些室内场景，尤其是在非视距条件下，毫米波通信可以依赖绕射传播进行通信。相比之下，在室外场景，毫米波通信则难以依赖绕射传播，而是依赖反射传播。

由于毫米波易于受到阻挡物阻挡信号，导致路径损耗进一步衰减。因此，在毫米波通信中，通过采用窄波束定向发射和接收天线来弥补其极大的自由空间路径损耗。基于波束赋形的定向通信，可以构造具有视距路径的传播以及反射和绕射路径，将这些传播路径构成的多径限制在构造的波束范围内。这一方面能够有效减少多路径间的干扰，另一方面会导致能够获取的多径数量的减少。

3. 大气分子吸收及雨雾衰减

在毫米波信号传播过程中，除了传播环境中的阻挡物引起的不同传播机制，其还会受到大气和雨、雾等天气影响引起额外的功率衰减。

大气衰减指的是由于大气中的分子振动吸收某一特定频率电波的能量引起的电磁波在传播过程中的衰减。在毫米波频段，主要引起大气衰减的分子是氧气和水蒸气。大气分子吸收引起的衰减，除了频率因素外，还受到诸多因素的影响，比如温度、压强、海拔等。依据ITU-R P.676建议书，图4-6给出了在一个标准大气压（101.325kPa）、温度15℃、水汽密度7.5g/m³情况下的大气衰减随频率变化的情况。可以看出，当频率在30GHz以下、大气衰减率低于0.2dB/km时，峰值出现在23GHz附近。随着频率升高，大气衰减率明显增大，在60GHz附近出现峰值超过15dB/km，主要由氧气分子吸收引起；在180GHz附近出现峰值约30dB/km，这主要由于水蒸气分子吸收导致。

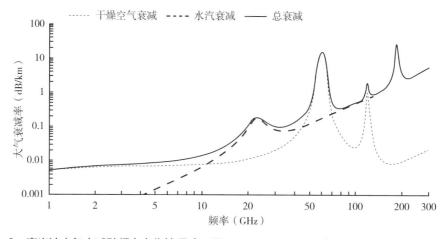

图4-6　毫米波大气衰减随频率变化情况（压强101.325 kPa，温度15℃，水汽密度7.5g/m³）

除了大气中的气体吸收效应，毫米波信号在传播过程中还会受到空气中的凝结水引起的衰减，其中，以降雨衰减最为明显。一般来说，典型的雨滴大小在几毫米的量级，与毫米波的波长相近，因此毫米波信号相比厘米波将更易受到雨滴的阻挡，从而引起传播过程中的功率衰减。毫米波频段受到的降雨衰减与大气衰减类似，同时也受到降雨量大小、温度、压强、海拔等多种因素影响。依据ITU-R P.837建议书，图4-7显示了在高降雨量（50mm/h）和低降雨量（5mm/h）条件下，降雨衰减率随频率的变化。可以看出，在低降雨量条件下，降雨衰减率最大值接近5dB/km；在高降雨量条件下，则将近20dB/km。由此可见，当降雨量极大，如大雨或者大暴雨的情况下，将导致毫米波通信质量剧烈下降。

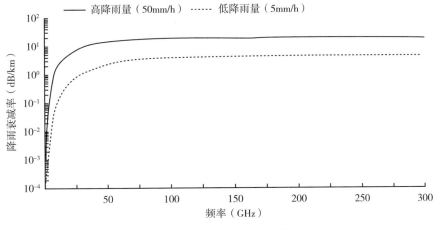

图4-7 降雨衰减随频率的变化情况

4.3.2 毫米波信道建模新需求与挑战

由于多径在传播过程中会经历直射、反射、散射和衍射，并最终以近似于叠加的方式被接收端接收，使得信道具有大尺度衰落特性和小尺度衰落特性。信道建模就是通过数学的方式来刻画信道大尺度衰落特性和小尺度衰落特性，揭示多径的传播机理。信道模型是优化和评估无线通信系统技术的前提条件，对于设计无线通信系统具有重要作用。在毫米波频段，毫米波波长较短，与低频电磁波的传播特性差异较大。由于无线通信新技术和新应用的出现，对毫米波信道建模提出了新的需求和挑战。下文将依次从三个方面介绍毫米波信道建模面临的新需求与挑战[6]。

1. 信道测量与实测数据

利用信道测量平台在特定场景下进行信道测量，再从信道测量数据中提取信道参数并建模，是最常见的信道建模方法。已有的信道模型标准大多是基于这种建模方法。信道测量是该建模方法的前提条件，也是获取原始数据的方式。而信道测量平台是进行信道测量必备的设备，仪器性能会影响到获取真实的毫米波信道特性。

从20世纪90年代末开始，国内外众多高校和研究机构持续开展了大量的信道测量活动。我国高校针对5G毫米波通信的需求，于2014年在国内较早开展了室内热点场景的宽带毫米波信道测量活动，初步给出了在28GHz频段、1GHz带宽条件下路径损耗、时延以及角度等信道特性结果[7]。国内外各团队的工作囊括了不同频率、不同场景的信道特性参数，覆盖了包括28GHz、38GHz、60GHz和72GHz等重要频点，但是大多数毫米波测量仪的性能受限，比如带宽较小、测量距离受限、存储能力较低等。毫米波的高传播路损和多普勒频移相比微波更大，这就对毫米波信道测量仪的发射功率和存储能力提出了更高的要求。另外，国际电联世界无线电通信会议（WRC–19）为 5G 确定了更多的频段，包括 24.25~27.5GHz、37~43.5GHz、45.5~47GHz、47.2~48.2GHz 和 66~71GHz，并批准了 275~296GHz 毫米波频段可无限制条件地用于固定和陆地移动业务应用。因此，为了建立高精度的毫米波信道模型，还需要利用高性能毫米波信道测量平台，在 30~300GHz 的整个毫米波范围内进行信道测量，获取多频点、大带宽、长距离、多场景的毫米波信道原始数据。

2. 三维空间特性及空间一致性

毫米波频段具有丰富的频谱资源，但是毫米波信道具有很高的自由空间路径损耗，必须使用具有高增益的自适应天线阵列来弥补传播损耗。通常情况下，基站或接入点将使用数百个天线单元，从而形成大规模 MIMO。在设计天线阵列时，为了防止出现栅瓣和天线阵元间的耦合，通常将相邻天线阵元间隔半个波长的距离。相比于微波来说，毫米波的波长更短，仅为 1~10 mm，因此毫米波大规模 MIMO 天线阵列可以实现更高的集成度。另外，毫米波大规模 MIMO 天线阵列的集成度更高，波束的宽度会更窄，因此具有更高的空间分辨率和波束增益。

对于毫米波信道而言，利用大规模 MIMO 天线阵列，使得信道多径在三维空间（即水平维度和垂直维度）均可分辨和利用。因此，毫米波信道模型需要能够支持 3D 信道建模，即包含发射端和接收端的水平角度信息以及垂直角度信息[8]。随着天线数增加，天线阵列在空间上不断扩展，使得收发两端天线阵列上不同位置的天线阵元之间的信道相似性变弱，信道特性随着天线位置变化而变化，需要支持信道空间的非平稳性建模。此外，由于毫米波大规模 MIMO 天线形成的波束变窄，在实际应用过程中需要实时跟踪用户位置，从而需要毫米波信道模型能够支持用户连续位置变化的信道特性变化，即空间一致性。

3. 人体等遮挡效应

毫米波的穿透能力较差，在穿透墙壁、玻璃等环境中物体时会产生大的衰减。除了这些物体会给毫米波传播带来大的能量损耗外，人体也会对毫米波传播产生明显的遮挡效应[9]。与环境中其他物体相比，人体会呈现随机多姿态，如站立、摔倒等。如图 4-8 所示，不同姿态下，终端与用户相对位置存在差异，对信道的幅值和相位具有不同程度的影响，摔倒姿态和坐姿姿态的信道幅值差异可达 15dB。在 60GHz 频段，毫米波穿过人体时的能量损耗甚至达到了 40dB[10]。可以设想，人体的转动或姿态转换可能导致毫米波通信链路中断。因此，毫米波信道建模不仅要考虑人体遮挡的影响，还需要考虑人体不同姿态遮挡对毫米波信道的影响。

图 4-8　毫米波信道人体遮挡情况示意图

4.3.3　常用的毫米波信道模型

一般来说，无线信道的建模方法可以分为两类：一类是随机统计建模，如基于几何的随机统计模型（Geometry-based Stochastic Channel Model，GSCM）；一类是确定性建模，如射线跟踪建模（Ray-tracing，RT）。在 3G 和 4G 期间，全球的研究机构和标准化组织建立了一系列的信道模型，但均主要适用于 6GHz 以下频段和 MHz 级带宽，如 3GPP SCM（3rd Generation Partnership Project Spatial Channel Model，3GPP SCM）[11]、SCME（Spatial Channel Model Extension）、WINNER（Wireless World Initiative for New Radio）信道模型[12]以及欧洲的 COST（Cooperation in Science and Technology）273/2100 信道模型[13]。其中 SCME 模型为 SCM 模型的扩展，将原本只支持 5MHz 带宽的模型扩展到 100MHz，适用频率扩到 5GHz。SCM、SCME 与 WINNERII 模型是基于二维（2-D）的 MIMO 信道建模方法。后经研究表明，信道的三维（3-D）扩展性对于多输入多输出（MIMO）容量有很大的影响[14]，这促使信道模型进一步演化，由 2-D 模型转换为 3-D 模型。

在 5G 技术研发和标准化初期，亟需建立统一标准的无线信道模型，支撑 5G 毫米波通信技术评估和系统设计，从而使得毫米波信道测量和建模一度成为学术界和工业界的研究热点。2017 年，国际电信联盟正式发布了 5G 信道模型标准 ITU-R M.2412[15]，不仅兼容 6GHz 以下，也适用于毫米波频段。如表 4-2 所示，该信道模型容纳了全球众多研究机构和标准化组织在毫米波信道实测和仿真的贡献。如 3GPP TR 38.900、3GPP TR 38.901[16]、MiWEBA（Millimeter-Wave Evolution for Backhaul and Access）、METIS（Mobile and Wireless Communications Enablers for the Twenty-twenty Information Society）[17]、5GCMSIG（5G Channel Model Special Interest Group）、mmMAGIC（Millimetre-Wave Based Mobile Radio Access Network for Fifth Generation Integrated Communications）、QuaDRiGa（Quasi Deterministic Radio Channel Generator）等。下面将对这些常用的毫米波信道模型进行介绍。

表4-2　常用毫米波信道模型

信道模型	频率（GHz）	毫米波	建模方法	三维	大规模MIMO	空间一致性	阻挡	氧气吸收
ITU-R M.2412	0.5~100	√	GSCM Map-based	√	√	√	√	√
3GPP TR 38.900	6~100	√	GSCM	√	√	√	√	√
3GPP TR 38.901	0.5~100	√	GSCM	√	√	√	√	√
MiWEBA	60	√	GSCM/Map-based	√	√	√	√	×
METIS	<70	√	GSCM	√	部分支持	部分支持	×	×
METIS	<100	×	Map-based	√	√	√	√	×
5GCMSIG	0.5~100	√	GSCM	√	部分支持	√	√	×
mmMAGIC	6~100	√	GSCM	√	√	√	√	√
QuaDRiGa	<100	√	GSCM/Map-based	√	√	√	√	√

1. ITU、3GPP 5G 标准信道模型

2017年年底，ITU作为5G技术标准的最高标准机构，综合考虑了3GPP TR 38.900，6GHz以下4G信道模型标准ITU-R M.2135、3GPP TR 36.873，以及其他相关高、低频信道建模研究，最终形成了5G技术标准性能评估的信道模型标准ITU-R M.2412。该信道模型标准主要采用GSCM建模方法，同时也提供了一种基于地图的建模方法（Map-Based Model）作为可选模型。模型定义了四类典型场景，分别为城市宏蜂窝、城市微蜂窝、室内热点和农村宏蜂窝，每个场景均包括视距和非视距条件；频率适用范围为0.5~100GHz，最高支持带宽为2GHz，支持3-D和大规模MIMO信道生成。

模型的主要建模原理如图4-9所示，通过发射端的水平、离开角，接收端的水平、离开角，以及传播过程中的时延，刻画在三维空间中传播的信道多径。此外，由于多径传播受相似散射体的影响，会形成"聚簇"的特性。在该模型原理框架下，信道响应可以表示为多个簇的叠加，即

$$H_{u,s}(\tau,t)=\sum_{n=1}^{N}H_{u,s,n}(\tau,t)\delta(\tau-\tau_n)$$ （4.3）

其中，$H_{u,s,n}(\tau,t)$表示第s个发射天线和第u个接收天线间，由第n个簇形成子信道响应。通过广泛的信道测量，我们可以获得信道模型所需要的各种信道参数，从而实现信道仿真。大尺度信道参数包括路径损耗、视距概率（Line-of-sight Probability，LOS Probability）、室外到室内（Outdoor-to-Indoor，O2I）穿透损耗、阴影衰落等。建模的小尺度衰落参数包括时延参数、角度参数、多普勒偏移以及簇

特性等[18]。除了基础的模型仿真参数，为了支持毫米波频段的特殊信道特性，还提供了诸多新特性，如气体吸收衰减、阻挡效应、空间一致性[19]和随机簇[20]等。此外，该模型标准还提供了簇抽头（Clustered Delay Line，CDL）模型与时延抽头（Tapped Delay Line，TDL）模型两种相对简化的链路级仿真模型。ITU-R M.2412 5G信道模型标准作为5G技术评估的统一标尺，被企业和高校广泛使用。

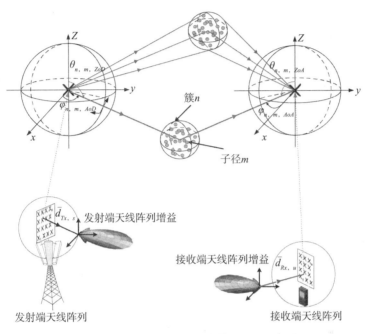

图 4-9　三维 GSCM 信道模型原理示意图

3GPP 作为移动通信技术行业最具影响力的标准化组织，也在 5G 初期启动了毫米波信道研究，并发布了 6~100GHz 的 3-D 信道模型 3GPP TR 38.900。该模型吸收容纳了 METIS、MiWEBA、ITU-R M.2135（4G）、COST2100、IEEE 802.11、NYU WIRELESS、QuaDRiGa 等信道模型。由于其研究周期与 ITU-R 5G 信道模型标准的周期重叠，后续演进成为 3GPP TR 38.901 标准，适用频段扩大为 0.5~100GHz，最大支持带宽为中心频点的 10%（但不超过 2GHz）。

2. MiWEBA

MiWEBA 项目发布于 2014 年，该项目重点针对 60GHz 毫米波通信的回传链路与接入技术。该模型的建立有效解决了 57~66GHz 频率范围内的路损模型、阴影衰落模型、空间一致性、大规模天线（球面波模型）、双移动性模型、信道参数的频率依赖性、镜面反射与散射的比例以及信道极化等问题。该模型涵盖了三大特殊的场景，即接入场景、回传 / 前传场景以及 D2D 场景。典型的接入场景包括开放区域（如典型的大学校园）、街道峡谷以及酒店大堂；回传 / 前传场景包括楼顶回传和街道回传；D2D 场景包括开放地区的 D2D 场景、街道中的 D2D 场景以及酒店大厅 D2D 场景。MiWEBA 信道模型是混合模型，将基于测量的参数与现有模型结合在一起，以表征信道中多径成分的强弱。

3. METIS

METIS 项目旨在创造一个任何人在任何地方随时随地都可以访问和共享信息的通信系统。为了支持开发和优化该系统的相关技术，METIS 项目在 2015 年发布了一个高质量的无线电传播模型，即 METIS 信道模型。

METIS 信道模型由基于地图模型、GSCM、混合模型（Hybrid Model）组成，其中混合模型由地图模型与随机模型混合构成。这种灵活且可扩展的信道模型框架可以满足仿真对于准确性和计算复杂性方面的要求。基于地图模型由简化三维传播环境的射线追踪（Ray Tracing）仿真得到，如衍射、镜面反射、漫射散射、阻挡等重要的信道传播机制都被考虑在内，适用于评估大规模 MIMO 以及波束成形技术，有助于设备到设备（Device-to-Device，D2D）通信和车到车（Vehicle-to-Vehicle，V2V）通信情况下的实际路径损耗建模。基于几何的随机模型由 WINNER 与 3GPP SCM 模型进一步开发而来，该模型用来提供低复杂度的多维阴影地图、毫米波参数、功率角谱的直接采样以及具有频率依赖性的路径损耗模型。混合模型提供了灵活且可扩展的信道建模框架，可以平衡仿真的复杂性与真实性。例如，信道的阴影衰落可以基于地图模型，而其小尺度衰落则是由随机模型确定。

4. 5GCMSIG

5GCMSIG 发布于 2016 年，该模型基于 3GPP TR 36.873 演进而来，目的是将原本应用于 6GHz 以下的信道建模方式扩展至 6~100GHz。该模型是一个 3-D 信道模型，主要涵盖的应用场景包括城市微蜂窝、城市宏蜂窝以及室内场景。被建模的大尺度信道参数包括路径损耗、阴影衰落、LOS 概率、穿透损耗以及遮挡模型等；小尺度参数包括时延扩展、角度扩展、簇内特性等。该模型可以视为 3GPP TR 38.900 模型的雏形，许多场景与信道组成部分都被借鉴至 3GPP TR 38.900 之中，包括典型场景的路径损耗、小尺度衰落模型、动态遮挡模型以及空间一致性模型。

5. mmMAGIC

mmMAGIC 信道模型发布于 2017 年 5 月，它的主要目标之一是为 5G 无线通信建立 6~100GHz 的信道模型，并涵盖相关的 5G 部署方案。该模型采用基于几何的随机模型建立，结合 3GPP 与 QuaDRiGa 建模方法，利用 6~100GHz 频率间的大量测量数据与仿真数据得到信道模型的参数。该模型重点关注场景有 UMi 街道峡谷、UMi 露天广场、办公室、机场值机区和室外到室内（Outdoor-to-Indoor，O2I）。为了研究信道频率相关性，该模型对于相同的传播环境最多考虑四个频率。这其中也包括低于 6GHz 的频率频段，这可以弥补与传统蜂窝频率之间的差距。在信道特性方面，该模型特别关注大尺度参数的频率依赖性、毫米波频率下地面反射的影响、簇和子径特性、小规模衰落、遮挡模型、建筑物穿透损耗、空间一致性以及散射模型。

通过与 3GPP 和 ITU–R 的积极合作，大量 mmMAGIC 结果和建模方法被 3GPP 与 ITU–R 采用，此外，mmMAGIC 的部分结果也被引入到 QuaDRiGa 开源信道模型之中。

6. QuaDRiGa

QuaDRiGa 信道模型由德国的 Fraunhofer Heinrich Hertz Institute 开发实现，是一个开源信道模型。该模型的第一个 3–D 模型信道发布于 2016 年，第一个毫米波信道发布于 2017 年，目前该模型更新至 V2.2 版本，并且还在一直更新。它属于混合模型，将 SCM、WINNER 随机模型与射线追踪确定性建模方式相结合，在设定收、发端的位置坐标以及接收端移动方向的同时，按照随机分布随机生成场景中的散射体的位置。这种场景建模方式可以有效地仿真用户在移动情况下的多链路仿真，保证了信道在时间上的连续演进、大小尺度参数的时间相关性以及移动过程中不同场景间的切换。在场景方面，它除了支持如室内、城市微蜂窝、城市宏蜂窝、郊区宏蜂窝、工厂等地面通信场景外，还支持地 – 空卫星信道。在频率方面，它支持频率范围从 450MHz~100GHz，射频带宽 1GHz。

4.4 面向 5G 的毫米波无线传输关键技术

随着千兆比特流（Gbps）点对点通信、大容量无线局域网（Wireless Local Area Network，WLAN）、短距离高速无线个人局域网（Wireless Personal Area Network，WPAN）和车载雷达等高速率宽频带通信应用的市场需求不断扩大，如何设计新颖的毫米波波束成形方案以及引入其他新技术来提高毫米波通信的数据传输速率、增大增益和扩大覆盖范围，是毫米波通信重点关注的问题。本节对毫米波无线传输关键技术进行具体介绍。

4.4.1 毫米波波束成形传输技术

毫米波通信与传统通信的主要区别在于毫米波信号极短的波长（在 28GHz 时为 10.7mm，在 60GHz 时为 5mm）[3]。由于毫米波信号波长较短，射频前端硬件体积可以进一步缩小。因此，可以进一步在较小的物理尺寸中高密度集成大量的电子元器件。基于以上原因，可以使提供高增益的大规模天线技术在毫米波通信系统中的应用成为可能。相对于传统通信的收发端天线数通常小于10，毫米波天线阵列可以集成至少100个天线阵元[3]。

在通信系统中，将汇聚后指向一个方向的信号称为波束。波束可以理解为"光束"。想象有一个光源，当光向四面八方辐射的时候，光源类似于一个电灯泡，通信系统中的全向天线就是这样的一个"光源"；反之，若光线的方向都相同时，光源类似一支手电筒，光汇聚形成了光束。大规模天线阵列系统通过利用足够大的发射天线阵列高度汇聚发射能量，形成极窄的波束来对准目标接收端所在区域，即波束成形（波束赋形）技术。

毫米波通信在带来上述优势的同时，也给通信系统的设计带来了一定挑战。其难点主要有以下两点：①相较于低频段信号，毫米波信号的传播具有较大的路径衰落，需要通过合理设计天线硬件架构来补偿信号的衰落；②由于毫米波频段的高频特性，射频链路的功耗剧增，因此需要在射频链路的功耗与性能之间做出权衡。因此，与低频通信不同的是，在设计毫米波波束成形技术时，需要结合设计大规模天线的硬件架构。

1. 毫米波波束成形技术

根据大规模阵列天线硬件架构的不同，诞生了三类主流的波束成形架构：①模拟波束成形架构；②数字波束成形架构；③混合波束成形架构。下面，我们将从上述三种主流架构出发，具体分析不同波束成形方案的优缺点。

（1）模拟波束成形

模拟波束成形系统架构如图4-10所示，该架构仅使用一条射频（Radio Frequency，RF）链路与所有的天线阵元相连，并通过一系列的模拟相移器来控制发射/接收信号的相位。模拟波束成形方案所需的硬件数目最少，具有最简单的硬件架构，因此也具有最低的功耗。然而简单的结构带来的性能上的缺陷也是显而易见的。由于仅有RF链路可以对信号做幅度调制，因此模拟波束成形可实现的信号处理受限，难以充分发挥多个独立天线阵元的优势。

（2）数字波束成形

数字波束成形架构如图4-11所示，其结构中每一个天线阵元与一条独立的RF链路相连，可以实现对信号同时且独立的调幅和调相。相较于前面介绍的模拟波束成形，该架构具有更大的灵活性和可调性。由于没有严格的幅度限制，从最大化接收信噪比的角度考虑，数字波束成形方案在理论上是最优的。同时，通过获取的信道状态信息，即信道矩阵，数字波束成形技术利用空间正交性来降低用户之间的干扰。

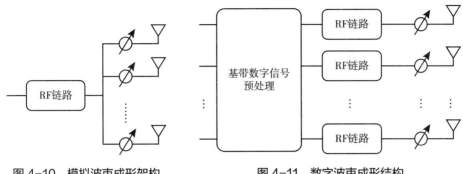

图 4-10　模拟波束成形架构　　　图 4-11　数字波束成形结构

但是，由于大规模天线阵列技术在毫米波通信中的应用，直接应用全数字波束成形架构会带来较大的功耗和硬件开销，全数字波束成形架构采用的高复杂度算法对计算机处理能力也有较高要求。

（3）混合波束成形

结合全模拟及全数字波束成形架构技术的特点，产生了一种混合模拟－数字的波束成形技术——混合波束成形技术。混合波束成形利用较少的 RF 链路与所有的天线连接，在功耗和性能之间尝试做最优的权衡。该技术结合了前两种结构的优势，在一定程度上避开各自缺点的同时尽可能地提高性能[21]。

简单来说，混合波束成形将信号预处理分为两步。首先，信号通过一个较小的数字预编码器（仅使用较小数量的 RF 链路）在基带完成数字信号处理；然后，信号被上传至模拟预编码器（使用大量的模拟相移器），在模拟域完成相移。因此，混合波束成形技术可以以较小的性能损失为代价，大幅降低波束成形所需要的 RF 链路数。该特性使得混合波束成形技术在毫米波大规模天线阵列中具有较大的应用潜力。

在结构上，基于不同的 RF 链路与发射天线阵列连接的方式，主要分为两种，如图 4-12 所示：①全接式架构，如图 4-12（a），该架构中每条 RF 链路通过相移器与所有的天线相连；②子阵式架构，如图 4-12（b），其天线阵元被分为多个子天线组，每条 RF 链路与一个子天线组相连。

上述两个结构的区别可以总结如下：①子阵式架构所需硬件数较少、结构也更简单易实现，因此，子阵式架构具有较小的功耗和较低的复杂度；②全接式架构得益于 RF 链路与天线相移器的灵活连接方式，可以实现更精准的信号预处理；③全接式架构的性能通常优于子阵式架构，但是同时也会带来较高的硬件消耗，并且整体复杂度较高。

2. 毫米波波束成形技术的应用场景

在面向 5G 的毫米波通信中，波束成形技术在多个场景下具有应用潜力，图 4-13 展示了毫米波波束成形技术的多场景应用。

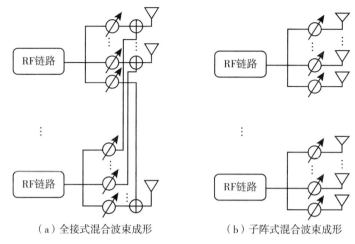

（a）全接式混合波束成形　　　　　　　　（b）子阵式混合波束成形

图4-12　基于不同的 RF 链路与发射天线阵列连接的方式

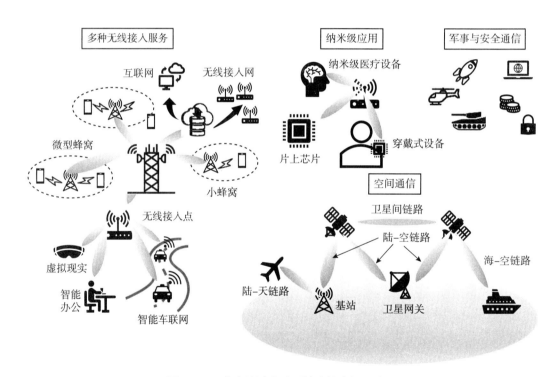

图4-13　毫米波波束成形技术的多场景应用

（1）多种无线接入服务

在典型通信场景中，基于毫米波特性和5G通信需求，波束成形技术可以较好地在未来新型的异构网络结构中使用。为应对该网络的多层体系结构、大规模设备连接、高密度蜂窝小区部署、高动态用户随机接入等挑战[22]，波束成形可以提供灵活且具有高指向性、大覆盖面积的信号传输，因此在5G毫米波通信中成为研究热点和关键点。多种无线接入服务能为不同需求的通信提供服务，具体地，发射机可以通过波束成形技术，对用户进行分组，针对不同的通信需求实现差异化服务。

（2）卫星-地面通信

除此之外，在卫星-地面通信系统中，波束成形技术也具有重要价值。传统的卫星通信中，卫星通常使用单一波束实现大面积覆盖。在5G毫米波通信中，由于高数据率的传输需求和毫米波信号的高路径损耗，要使用单一波束实现传统的大面积覆盖变得极为困难。而波束成形技术可以在空间上实现有效划分，将原来的覆盖面积分割为多个由"点波束"构成的一系列"足迹"，从而大大增加卫星-地面通信在某个指定方向上的辐射功率。该技术可以允许地面终端用较小口径的天线来完成高速率的数据传输，以支持毫米波卫星移动通信和宽带通信业务。

（3）军事与安全通信

波束成形技术在军事与安全通信领域的应用也备受关注。军事与安全通信通常需要通信链路具有健壮性，并且需要具有一定的抗干扰、抗截获能力。而波束成形不仅可以将信号能量汇聚在目标方向，还可以通过主动抑制干扰源方向的信号，来实现接收的信噪比最大化。更进一步地，波束成形还可以加入人工噪声，在窃听者的方向上主动地发射干扰，来降低窃听者获取信息的可能性。

（4）纳米级应用

面向5G的通信场景中，人们越来越多地关注毫米波在智能通信中的应用。如前面介绍的，毫米波天线具有体积小、便携性高的特点，由此诞生了一系列毫米波的纳米级应用，如纳米传感器网络、片上天线技术等。这些技术的应用场景通常具有高密度接收端、高动态终端随机接入或离开的特性。传统的信号传输方式难以支持，而波束成形技术可以灵活地控制信号在小范围内的覆盖，显著降低用户之间的信号干扰。

4.4.2 面向毫米波的智能反射面辅助技术

相比于5G以前的无线通信系统，智能反射面技术的引入是一次革命性的创新。智能反射面技术扩大了毫米波通信的覆盖范围，增强了通信质量，在整个高频段/超高频段无线通信中占据着极其重要的位置，下面将对智能反射面的原理、构造、优势以及应用场景进行介绍。

1. 智能反射面辅助技术

哈佛大学在《科学》期刊上提出基于相位突变概念的广义斯涅尔定律，带来了全新的物理现象与应用，使得利用物理手段调控电磁波的传播方向成为可能[23]。

智能反射面（Intelligent Reflective Surface，IRS）正是依托这一定律，通过改变反射材料的角度实现对信号传播方向的控制，其工作场景如图 4-14 所示。

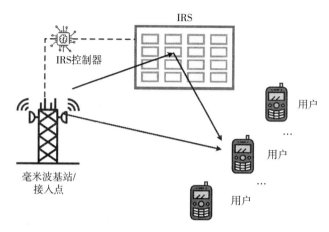

图 4-14　智能反射面

IRS 通过将大量低成本、相位可调的无源反射元件集成为平面阵列，根据通信环境自适应地调节每一个反射元件的相位，实现对入射信号的独立反射，进而对信号传播方向进行控制。

毫米波通信中使用 IRS 具备以下优势：

1）IRS 技术为实现智能化、可编程的无线传输环境提供了技术支持。由于 IRS 中每一个反射元件可以独立控制，因此可根据信号传输方向的需求以及对信号增益的需求，可编程地控制反射元件的相位，从而完成对信号传播方向以及信号增益的控制，使得系统具备障碍躲避、干扰躲避以及防窃听等功能。

2）IRS 技术为毫米波超密集网络的部署提供新的技术支撑。5G 通信时代要求实现 1000 倍的网络容量增长以及 1000 亿台设备的无线连接。毫米波大规模 MIMO 技术可以为超密集网络提供技术支撑，然而其实现的高复杂性、硬件成本以及不可忽略的能耗增长仍然是尚未解决的关键问题。无源且低成本的 IRS 的出现取代了毫米波大规模 MIMO 中传输射频链的使用（传输射频链是大规模 MIMO 能耗高的主要原因），因此 IRS 可实现低成本、低能耗的超密集部署。

3）IRS 技术应用场景广泛。由于 IRS 是较小的智能反射元件的集成，因此 IRS 可以根据实际场景的需要自适应地制作成符合各种场景安装需求的形状，从而广泛应用于各种场景中。

为了更好地理解 IRS 技术，以下将 IRS、反向散射通信、中继以及大规模 MIMO 技术的特点进行比较，如表 4-3 所示。

表 4-3 IRS、反向散射通信、中继以及大规模 MIMO 技术比较

技术方式	工作方式	双工	RF 链路需求	硬件成本	功耗	功能
IRS	无需供电	全双工	0	低	低	辅助
反向散射通信	无需供电	全双工	0	极低	极低	源
中继	需要供电	半/全双工	大量	高	高	辅助
大规模 MIMO	需要供电	半/全双工	大量	极高	极高	源/收发

首先，中继技术需要对信号进行再生和重传处理，而这一处理过程在进行时需要提供电能，且需要大量 RF 链路的支持，这使得中继技术的成本和功耗极高。其次，反向散射通信是指用户利用对入射信号的反射，将与入射信号反方向的反射信号作为载波信号进行信息传递。其中反向散射通信中的典型应用是射频识别技术（Radio Frequency Identification，RFID），RFID 的标签通过调制阅读器发送的信号，并将调制信号发送至阅读器，完成反向散射通信。需要注意的是，在这一过程中，由于标签会产生多条散射路径，各条散射路径之间会产生信号干扰，即 RFID 会产生自干扰情况，因此需要 RFID 额外再执行自干扰消除过程。最后，大规模 MIMO 技术集成度高，致使其硬件实现复杂度高，且大量 RF 链路的使用使得大规模 MIMO 功耗极高，因此极大制约了大规模 MIMO 技术的发展。经过以上分析对比，可见 IRS 技术在毫米波通信中具备天然的优势。

2. 智能反射面辅助技术的应用场景

图 4-15 展示了毫米波通信可能遇到的问题。毫米波通信易遭受多种干扰与阻挡：（a）发射机的直射信号容易受移动物体的阻挡，如人体、车辆等；（b）由于通信中通常采用高指向性的波束，容易造成主要直射径之间的重叠和干扰；（c）由于

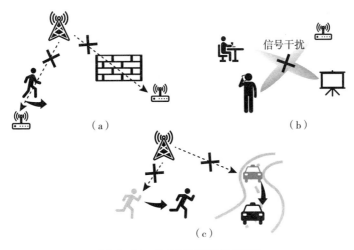

图 4-15 毫米波通信受阻场景

毫米波通信会面临用户的高移动性，而毫米波波束方向性极强，移动中的接收端接收信号时易出现不稳定的情况。

图 4-16 展示了 IRS 最典型的应用场景。由于毫米波直射链路易受物体的阻挡，增大了用户处在通信盲区的概率。传统的解决方案是增加一个中继节点或者部署更密集的基站，但是这会导致较大的能耗。而 IRS 可以安装在墙面或者建筑物表面，来辅助毫米波信号绕过障碍，创建一个"虚拟的直射径"。同时，由于其无源特性，IRS 辅助的无线通信不会造成额外的功率消耗。

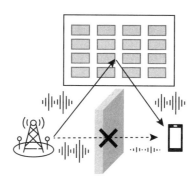

图 4-16　IRS 典型应用场景

图 4-16 可以拓展至多种不同场景，图 4-17（a）和图 4-17（b）分别展示了 IRS 在室内复杂结构环境和城市复杂建筑群环境下的应用。IRS 可以辅助解决局部信号覆盖问题，改善恶劣的传播环境。图 4-17 展现了 IRS 极强的可塑性和适应能力。相较于传统的中继节点，IRS 能够以低成本、低功耗的方式解决覆盖空洞的问题，满足 5G 绿色通信的要求。除此之外，IRS 可以轻易部署在各种通信场景中，并且可以根据需求灵活地改变安装位置与形态。

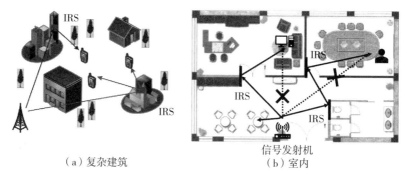

（a）复杂建筑　　　　　　　（b）室内

图 4-17　IRS 在复杂建筑和室内复杂结构场景应用

图 4-18（a）展示了在有窃听者存在的毫米波通信系统中，IRS 辅助实现合法用户安全通信的场景。当基站与合法用户（如用户 1）之间的距离大于基站到窃听者的距离，或当窃听者与合法用户（如用户 2）处在相同方向上时，如果使用传统

的信号传输方式，信息极易被窃听者截获。即使是毫米波波束成形技术也难以区分窃听者和合法用户。此时可以引入 IRS，将其部署在窃听者附近。通过调整 IRS 的反射信号，利用信号的相干相消，抵消掉窃听者处接收到的直射信号，从而有效减少信息泄露[24]。除此之外，还可以增加人工噪声，通过 IRS 反射，在主动干扰窃听者的同时，不会对合法用户接收信号造成干扰。

图 4-18（b）展示了用户处在小区边缘的情况下，IRS 辅助通信的应用场景。处在小区边缘的用户通信质量通常遭受两方面的影响，首先是当用户处在小区边缘附近，本小区基站发射的信号衰减较大，信号接收困难；其次是处在边缘附近时，用户会受到最大的小区间干扰。5G 通信架构下，采用高密度小区部署并且小区内有高密度用户分布，此时小区间干扰问题会更为严重。IRS 可以部署在易遭受上述干扰的小区边缘附近，提供 IRS 反射径来增强有用信号接收功率[24]。与此同时，通过合理设计相邻小区信号的 IRS 反射波束可以有效降低小区间干扰。

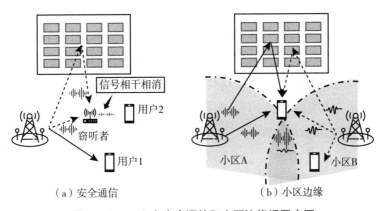

图 4-18　IRS 在安全通信和小区边缘场景应用

图 4-19（a）展示了 IRS 在 D2D 通信场景中的应用。在 D2D 通信中，由于设备本身发射功率和信号调制解调能力有限，大量的设备接入网络时产生的设备间干扰难以在接收端消除。通过引入 IRS 辅助，可以为设备提供一条 IRS 反射径来增强有用信号功率，同时可以辅助设备抵消干扰信号。

图 4-19（b）展示了 IRS 在无人机 - 地面、无人机 - 无人机通信场景下的应用，为天地一体化网络打下了基础。一方面，IRS 可以克服无人机通信中障碍物阻挡的问题。通过联合无人机和建筑物表面的 IRS 对反射波束进行调控，可灵活地避开障碍物，实现多角度覆盖，形成稳定的毫米波传输链路。另一方面，IRS 可以降低无人机的能量消耗，无人机可通过多跳的方式实现与地面目标的间接通信，并且在每一跳中均采用 IRS 调控反射波束，对系统能量的消耗低。

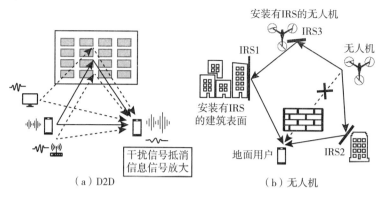

图4-19　IRS在D2D和无人机场景应用

图4-20展示了IRS在物联网（Internet of Things，IoT）中的应用。在未来5G毫米波IoT通信中，通常会有多种不同通信能力的智能设备接入。这些设备由于自身通信能力的限制，为了实现复杂通信网络中的可靠通信，可能需要接受外界的功率辅助，这种通信被称为无线携能通信（Simultaneous Wireless Information and Power Transfer，SWIPT）[24]。SWIPT可以在传播传统信息的同时，向无线设备传输能量信号。无线设备通过同时捕获信息信号和能量信号完成通信。IRS可以辅助SWIPT实现在多个方向上进行能量信号和信息信号的传输。通过利用IRS的大孔径，可以补偿毫米波信号在长距离传输中的损耗，进而增大系统无线能量传输效率，提高IoT设备的接收信噪比。

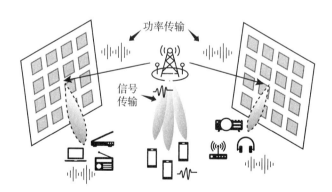

图4-20　IRS在物联网场景应用

4.4.3　毫米波调制技术

大规模MIMO技术在基站（BaseStation，BS）配置大量天线，并且可在同一频段内同时为多个用户提供服务，实现较高的频谱和能量效率。而毫米波由于其波长短，使得具有微小尺寸的天线可以大量集成在较小尺寸的封装内。面对毫米波通信极大的路径损耗，大规模MIMO可以提供波束成形等信号处理技术以及超高的天线增益，使得大规模 MIMO 在毫米波通信中更具吸引力。因此，下面将针对毫米波大规模 MIMO 的使用，对毫米波调制技术进行讨论。

1. 空间调制

毫米波通信中大规模 MIMO 的使用极大程度地补偿了毫米波通信路径损耗，然而不可忽略的是，一方面，大规模 MIMO 实现了多个发射天线同时刻独立传输数据，这使得接收端会同时收到大量天线的传输数据，数据间的混叠在接收端会产生极高的信道间干扰（Inter Channel Interference，ICI）。而这一问题需要依靠复杂度极高的算法进行解决，并且高 ICI 的存在会降低 MIMO 系统的性能（降低数据传输速率）。另一方面，由于大量的天线和 RF 链的集成，毫米波大规模 MIMO 系统的功耗非常高。因此，空间调制（Spatial Modulation，SM）技术作为一种低复杂度、低功耗的大规模 MIMO 候选技术被提出。

SM 是一种应用于多天线的调制技术，其基本思想是令调制后的数据信息包含两部分内容：一是数据本身调制后的结果；二是发射信号的天线序号数信息。通常来讲，信号调制技术（第 2 章）以及发射天线数量可以随意选择。天线的序号可以视为天线的物理位置信息，利用天线的物理位置信息来携带部分发送的数据信息，将传统的二维映射扩展至包含空间域的三维映射，进而大幅度提高了频谱利用效率（即每单位频谱资源传递的数据量）。具体地，天线的物理位置信息的调制形式展示如下：SM 要求在每个时隙内，MIMO 选择一根发射天线处于工作状态，其余天线的发射功率为 0。假设此时系统包含 4 根发射天线，则以二进制相移键控（Binary Phase Shift Keying，BPSK）方式进行调制，此时想要完全表示这 4 根天线中每一根天线的序号数，则需要 2 位二进制信息进行表示 $[\log_2(4)=2$ 比特$]$。

SM 技术单天线的使用有效地避免了 ICI 与天线同步发射问题，因此有效降低了 RF 链的使用条数，从而降低毫米波大规模 MIMO 通信成本。正因如此，SM 技术本身吸引了大量的关注，近几年业界提出了许多基于 SM 技术的变式。同时，随着波束成形在毫米波大规模 MIMO 中的应用，SM 技术可以分为应用波束成形技术的 SM 以及不包含波束成形技术的 SM，其中不包含波束成形技术的 SM 的基本原理如上所述，接下来，将主要针对包含波束成形技术的 SM 技术进行阐述。

广义空间调制（General Spatial Modulation，GSM）技术的提出为 SM 技术融合波束成形技术提供了技术支撑[25]，GSM 要求每一时刻激活一个以上的传输天线来传输相同的数据，因此可实现在 SM 中利用波束成形技术来获得更高的天线波束增益，从而克服毫米波严重的路径损耗。基于 SM 技术，针对毫米波通信路径的稀疏性（即毫米波通信的传输路径数量较小），空间散射调制（Spatial Scattering Modulation，SSM）被提出[26]。SSM 技术将波束的发射方向角度信息作为空间信息，进而实现带有波束成形技术的 SM 技术。

SM 技术一方面缓解了大规模 MIMO 在毫米波通信中的高能耗问题，另一方面还可以很好地适应大规模 MIMO 的扩展技术，如波束成形。可见，在未来毫米波大规模 MIMO 通信中，SM 技术将会成为其发展的有利技术支撑。

2. 正交频分复用

如第 2 章所述，在 5G 无线通信场景中，多载波传输技术 OFDM 仍然具备优越的性能，如 OFDM 具有较高的频谱效率、优越的抗频率选择性衰落性能、抗符号间干扰性能、支持灵活的资源分配以及与大规模 MIMO 较好的适配性，这使其可以适用于大多数 5G 场景。在毫米波通信中，OFDM 的优越性能仍然可以为毫米通信提供支持。然而毫米波大规模 MIMO 技术的出现也对 OFDM 技术提出了新的要求。接下来将讨论 OFDM 技术如何适应毫米波大规模 MIMO，并介绍两种主要的 OFDM 扩展技术——量化正交频分复用（Quantized OFDM，Q-OFDM）技术，以及大规模 MIMO 空间宽带效应下的 OFDM 技术。

（1）量化正交频分复用

大规模 MIMO 的使用有效补偿了毫米波通信遭受的极大路径损耗，然而也带来了更高的功率损耗（简称功耗）。这是由于大规模 MIMO 需要为每个天线都配置一个专用的 RF 链路。通常，每个收发端 RF 链由两个模拟数字转换器（Analog-to-Digital Converter，ADC）（分别量化复数域信号的实部和虚部）、解调器（Demodulator）、下变频器（Down-Converter）、低噪声放大器（Low Noise Amplifier，LNA）、混频器（Mixers）、自动增益控制（Automatic Gain Control，AGC）、可变增益放大器（Variable Gain Amplifier，VGA）和一些滤波器组成。虽然毫米波芯片制造技术的进步大大降低了电子产品的成本，然而 RF 链的功耗仍然不可忽略，并且 RF 链功耗的绝大部分是由 ADC 的存在产生的，因此如何降低 ADC 的功耗成为减小大规模 MIMO 功耗的研究重点。其中，ADC 的功耗随着量化比特数呈指数增长，因此降低量化比特数，即降低 ADC 的分辨率成为降低 ADC 功耗的关键[27]。

与传统的 MIMO 系统采用的高分辨率 ADC 不同，为了减小 ADC 的功耗，大规模 MIMO 采用低分辨率（量化比特位为 1~3 位）ADC 用于降低系统的功耗，如图 4-21 所示。其中的 ADC 为低分辨率 ADC，需要注意的是，粗糙的 ADC 分辨率会大大降低系统的性能。同时，为了有效抑制毫米波通信的频率选择性衰减，OFDM 成为毫米波通信的主要候选技术，并且将使用低分辨率 ADC 的 OFDM 系统称为 Q-OFDM 系统。

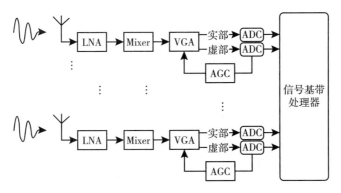

图4-21 射频链路的基本组成

如前所述，低分辨率的 ADC 会降低系统性能，而在 Q-OFDM 系统中，粗糙的量化会破坏系统子载波信号的正交性，产生严重的载波间信号干扰。为了解决这一问题，先进的信号接收策略必不可少，其中几种先进算法如下所示。目前，获得局部最优解的快速自适应收缩/阈值算法与基于广义近似消息传递（Generalized Approximate Message Passing，GAMP）算法被提出[28]，其中前者假设传输符号服从复高斯分布，这种假设并不能得到接收信号最优解；而 GAMP 算法是一种最具代表性、也是最先进的估计随机向量的方法，然而这种方法并不适用于正交信号，因此在 Q-OFDM 中，GAMP 算法需要进行蒙特卡洛模拟，导致 GAMP 算法时间复杂度较高。此外，基于涡轮迭代原理的贝叶斯最优数据接收算法被提出[27]，这种算法计算复杂度小，且性能要优于 GAMP 算法。

（2）空间宽带效应下的 OFDM

大规模 MIMO 与传统的 MIMO 模型不同，由于大规模 MIMO 尺寸过大，集成在同一大规模 MIMO 中的不同天线单元将存在信号的接收时延，这一现象被称为空间宽带效应。为了更好地演示空间宽带效应的影响，这里以单载波调制且使用均匀线性天线阵列为例（如图4-22所示）。其中，每两根天线间的距离为 d，信号的入射角度为 $\frac{\pi}{2}-\theta$，设信号以速度 c 进行传播，则第一根天线已接收到信号，第 M 根天线将在 $\Delta\tau=(M-1)\dfrac{d\sin\theta}{c}$ 传播时延后接收到信息，如果此时天线规模较小，则整个阵列的传播延迟 τ 可以忽略。然而对于大规模 MIMO 而言，传播时延不可忽略。因此，在单载波调制中需要人为地对除第一根天线外的每根天线添加 $\Delta\tau=(m-1)\dfrac{d\sin\theta}{c}$（$m$ 表示第 m 根天线）传播时延的补偿，来保证在同一时间内各个天线接收到的数据相同。

对于多载波 OFDM 调制，则可通过为数据添加循环前缀（Cyclic Prefix，CP）来抑制大规模 MIMO 的空间宽带效应[29]，如图4-23所示。其中，$\mathbf{B}[i]$ 和 $\mathbf{B}_{\mathrm{CP}}[i]$

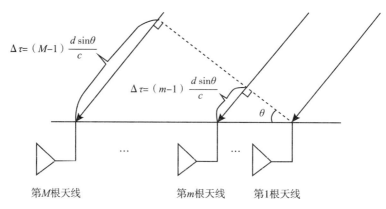

图 4-22 大规模 MIMO 的空间宽带效应

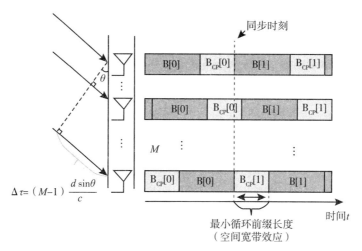

图 4-23 大规模 MIMO 的空间宽带效应下 OFDM 最小循环前缀示意

分别表示第 i 个时刻接收到的 OFDM 数据以及循环前缀。由于循环前缀的长度至少需要满足大规模 MIMO 的最大时延，即 $\Delta\tau=(M-1)\dfrac{d\sin\theta}{c}$，才可以抑制传播时延，从而有效抑制空间宽带效应，此时的 CP 被称为最小化 CP。

3. 空循环前缀单载波调制

第 2 章中介绍了应用于 5G 技术的单载波（Single-carrier，SC）调制技术，下面主要介绍一种针对毫米波通信提出的空循环前缀单载波（NULL Cyclic Prefix Single Carrier，NCP-SC）调制技术。NCP-SC 技术提出了一种新的数据帧结构（帧结构即传输数据的约定格式），如图 4-24 所示，在长度为 N 的符号块的末尾附加 N_{CP} 空符号作为后缀，其中每个符号块后的空符号实际上是下一个符号块的 CP。每个块的数据符号数为 $N_D=N-N_{CP}$。需要注意的是，符号块 N 的长度与 CP 大小无关，即符号块长度 N 一定，用户可以根据要求改变数据块长度，此时由于 CP 是空符号，所以 CP 长度可以根据用户数据长度要求自适应地进行长度改变。可见，这种帧结构更加灵活，因此，如果想要改变一帧数据的周期，只需根据用户对帧结构的要求调整 CP 即可，而无需通过"切割"帧结构中的数据信息实现。

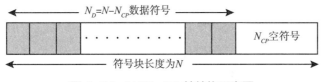

图 4-24　NCP-SC 帧结构示意图

NCP-SC 不仅具备第 2 章所述的 SC 调制的优势，还具有与 SC 相当的峰均值功率比以及较低的带外辐射。空循环前缀的使用使得 NCP-SC 还具备以下三种优势：

1）NCP-SC 可实现通信用户的高速切换。空循环前缀为天线波束功率上升和下降的状态切换提供了停滞时间，以便波束可以在 NCP-SC 符号之间切换而不破坏循环前缀属性，也不需要额外的保护时间。因此在多用户场景下，NCP-SC 允许在一个时隙内，用户和对应天线波束之间进行高效切换。

2）NCP-SC 提供了一种简单的估计均衡后的噪声以及干扰的方法。这是由于在空循环前缀部分，符号为空，不产生信号能量，因此均衡后，空循环前缀这一部分产生的能量即为均衡后噪声以及干扰部分对应的能量。

3）NCP-SC 数据结构更加灵活，能够动态地根据每个用户数据符号的要求改变循环前缀的大小，避免帧结构被破坏。

基于以上优点，可见在未来毫米波通信中，NCP-SP 可以通过适当的设置帧结构实现用户之间的快速波束转向，从而实现几 Gbps 的移动数据速率。

4.4.4　毫米波多址接入技术

目前的通信系统使用了不同的多址技术以实现多用户通信，这其中包括频分多址（Frequency Division Multiple Access，FDMA）、时分多址（Time Division Multiple Access，TDMA）、码分多址（Code Division Multiple Access，CDMA）和正交频分多址（Orthogonal Frequency Division Multiple Access，OFDMA）。这些多址接入技术同样也适用于毫米波通信。更重要的是，毫米波与大规模 MIMO 技术的结合可以提供高空间分辨率和波束成形能力。下面将针对毫米波 MIMO 系统讨论空分多址接入（Space Division Multiple Access，SDMA）。

与传统低频通信系统相比，毫米波除了拥有更大的传输频谱资源外，其信号传输的高方向性使得毫米波拥有丰富的空间资源，可以通过在空间域中实现多路复用来提高复用增益，这种技术被称为 SDMA。随着大规模 MIMO 技术的成熟以及混合波束成形的实现，毫米波波束具备的高方向性使得空间中不同的波束可用于不同方向用户的数据传输。这实现了在相同频率资源下同一时间段内的多用户复用，从而大大提高了通信系统的频谱资源利用率。

考虑到毫米波通信路径损耗严重以及其信号传输的高方向性，未来毫米波的通信覆盖范围相对较小；此外，超密度设备接入也将成为毫米波通信关注的重点。由此不难发现，相对较小的覆盖范围以及超密度的用户数量致使毫米波波束区分用户困难。因此，想要实现 SDMA 技术，就有必要对用户进行分组，同一组的用户可以使用方向相同的波束，这样在组间实现 SDMA，可以大大降低组间数据传输的干扰。在实现用户分组后，还需要考虑用户调度，即如何实现组内用户的复用。非正交多址接入（Non-Orthogonal Multiple Access，NOMA）技术将不同用户的不同信号经过经典信道编码和调制技术后叠加在一起，多个用户共享相同的时频资源，然后通过连续干扰消除（Successive Interference Cancellation，SIC）在接收端检测各个用户。该方法被认为是提高 5G 中频谱效率和设备连接密度的候选方法之一，因此下文以 SDMA 结合 NOMA 为例进行介绍，其系统框图如图 4-25 所示。

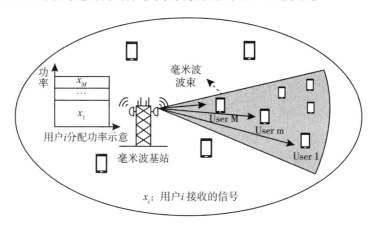

图 4-25　SDMA 结合 NOMA 技术示意

首先根据用户距离毫米波基站的空间位置对用户进行分组，方位相近的分为一组，利用毫米波波束实现组间用户的 SDMA。随后，组内用户利用 NOMA 技术实现功率域上的多用户复用。以组内包含两个用户为例，即对于信道状况不好（如距离较远）的用户 1，基站在发送信息时分配较大的功率，而信道状况较好（如距离近）的用户 2 则分配较小的功率，两个用户共用相同的时间和频率资源。在接收端采用 SIC 技术，首先单独检测用户 2 的较强的发送信号，对用户 2 进行信号重建，把用户 2 的信号成分从用户 1 的总接收信号中消除掉，从而解调出正确的用户 1 的发送信号。在更多用户的场景下也是依此原理，由强到弱逐个解调用户的发送信号，直至所有用户完成信号解调。

4.5 本章小结

智能终端应用的快速发展，要求通信系统能在各种复杂环境中实现无处不在的超高速访问。目前运行在频率低于6GHz的4G蜂窝通信系统存在频谱不足的问题，不能满足通信系统的要求，因此需要使用更高的载波频率来增加信道带宽，以提供足够的传输容量。作为高频段的候选频段之一，毫米波频段（30~100GHz）得到了广泛的关注与研究。

毫米波频段拥有丰富的频谱资源（270GHz），能够提供高速无线通信以及更快、更高质量的视频、多媒体内容和服务。一方面，毫米波波束较窄以及较高的方向性使其通信具有良好的保密性与抗干扰性；另一方面，毫米波的短波长使得毫米波通信设备更易实现小型化。因此，毫米波通信具有极大的潜力与应用前景。

然而毫米波的发展及应用依赖于一个国际标准的制定过程，以确保全球范围内的消费者拥有一个具有全球互操作性的大众市场。因此，本章介绍了在3GPP Release-15和Release-16中定义的毫米波蜂窝技术标准。然后，通过列举毫米波通信的典型应用实例——毫米波波导通信系统、毫米波地面通信系统、毫米波卫星通信系统，总结了这三种系统的优势和特性，方便读者进一步理解毫米波通信。

毫米波在传播过程中会经历较高的自由空间损耗，且当信号遇到阻挡物时，会出现镜面反射、漫散射和绕射。此外，由于毫米波所处的频段，其信号还会受到大气和雨、雾等天气的影响，而引起额外的功率衰减。因此毫米波信号的传播受到多方面因素的影响，需要建立合理的信道传播模型来捕捉这一特性。由此，众多研究机构和标准化组织致力于毫米波信道模型的研究，并产生了以ITU-R M.2412、3GPP TR 38.900、3GPP TR 38.901、MiWEBA、METIS、5GCMSIG、mmMAGIC、QuaDRiGa等为代表的多种毫米波信道模型。

最后，本章通过大量篇幅介绍了面向5G的毫米波无线传输关键技术，包括波束成形传输技术、智能反射面辅助技术、调制技术以及多址接入技术。基于毫米波天线阵列，当前主要有三种主流的波束成形技术，即模拟波束成形、数字波束成形和混合波束成形技术。波束成形技术不仅可以提供灵活且具有高指向性、大覆盖面积的信号传输，还可以降低通信中的干扰。智能反射面作为一种为高频通信技术提出的革命性创新，通过将大量低成本、相位可调的无源反射元件集成为平面阵列，根据通信环境自适应地调节每一个反射元件的相位，实现对入射信号的独立反射，进而对信号传播方向进行控制。该技术可以极大提高通信质量，且相比中继、反向散射通信以及大规模MIMO技术，智能反射面技术还可以节约系统的能量。

习题：

1. 为什么毫米波在大气中的传播衰减比微波高很多，吸收峰是如何形成的？

2. 天线的增益通常基于_____？

    A. 天线的物理尺寸   B. 实现天线的材料

    C. 天线工作环境温度   D. A 和 B

3. 请简述在毫米波大规模天线系统中，混合波束成形技术相较于模拟波束成形技术和全数字波束成形技术的优势。

参考文献：

［1］Chen Z, Ma X, Zhang B, et al. A survey on terahertz communications［J］. China Communications, 2019, 16（2）: 1–35.

［2］谢莎，李浩然，李玲香，等. 太赫兹通信技术综述［J］. 通信学报，2020，41（5）：168–186.

［3］RAPPAPORT T S, HEATH R W, DANIELS R C, et al. Millimeter Wave Wireless Communications［M］. Upper Saddle River: Prentice Hall, 2014.

［4］甘仲民. 毫米波通信技术与系统［M］. 北京：电子工业出版社，2003.

［5］张建华，唐盼，姜涛，等. 5G 信道建模研究的进展与展望［J］，中国科学基金，2020，34（2）：163–178.

［6］Zhang J, Tang P, Tian L, et al. 6–100 GHz research progress and challenges from a channel perspective for fifth generation（5G）and future wireless communication［J］. Science in China Series F: Information Sciences, 2017, 60（8）: 3–20.

［7］Lei M, Zhang J, Lei T, et al. 28GHz indoor channel measurements and analysis of propagation characteristics［A］. //Porc of the Personal Indoor and Mobile Radio Communications［C］. 2014: 208–212.

［8］Zhang J, Pan C, Pei F, et al. Three–dimensional fading channel models: A survey of elevation angle research［J］. IEEE Communications Magazine, 2014, 52（6）: 218–226.

［9］Chen X, Tian L, Tang P, et al. Modelling of Human Body Shadowing Based on 28GHz Indoor Measurement Results［A］. //Porc of the Vehicular Technology Conference［C］. 2016: 1–5.

［10］Gustafson C, Tufvesson F. Characterization of 60 GHz Shadowing by Human Bodies and Simple Phantoms［A］. //Proc of the 6th European Conference on Antennas & Propagation［C］. Prague: IEEE, 2012: 473–477.

［11］3GPP TR 25.996 v10.0.0. Spatial channel model for multiple input multiple output（MIMO）simulations［R］. 3GPP, 2011.

［12］Heino P, Meinilä J, Kyösti P, et al. WINNER+ Final Channel Models［R］. CELTIC/CP5–026 D5.3, 2010.

［13］Oestges C，Czink N，Doncker P，et al. Radio Channel Modeling for 4G Networks［M］. New York：Springer，2012：67–147.

［14］Zhang J，Zhang Y，Yu Y，et al. 3D MIMO：How Much Does It Meet Our Expectation Observed from Antenna Channel Measurements［J］. IEEE Journal on Selected Areas in Communications，2017，3（58）：1887–1903.

［15］ITU–R M.2412. Guidelines for evaluation of radio interface technologies for IMT–2020［R］. ITU，2017.

［16］3GPP TR 38.901 V15.0.0. Study on Channel Model for Frequencies from 0.5 to 100 GHz［R］. 3GPP，2019.

［17］Raschkowski L，Kyosti P，Kusume K，et al. METIS channel model［R］. ICT–317669–METIS/D1.4，2015.

［18］田磊，张建华. IMT–2020 信道模型标准综述［J］. 北京邮电大学学报，2018，41（5）：66–72.

［19］Shafi M，Zhang J，Tataria H，et al. Microwave vs. Millimeter–Wave Propagation Channels：Key Differences and Impact on 5G Cellular Systems［J］. IEEE Communications Magazine，2018，56（12）：14–20.

［20］Wang C，Zhang J，Tufvesson F，et al. Random Cluster Number Feature and Cluster Characteristics of Indoor Measurement at 28 GHz［J］. IEEE Antennas and Wireless Propagation Letters，2018，17（10）：1881–1884.

［21］Ghosh A，Thomas T A，Cudak M C，et al. Millimeter wave enhanced local area systems：a high data rate approach for future wireless networks［J］. IEEE Journal on Selected Areas in Communications，2014，32（6）：1152–1163.

［22］Gkonis P K，Trakadas P T，Kaklamani D I. A Comprehensive Study on Simulation Techniques for 5G Networks：State of the Art Results，Analysis，and Future Challenges［J］. Electronics，2020，9（3）：468.

［23］Yu N，Genevet P，Kats M A，et al. Light Propagation with Phase Discontinuities：Generalized Laws of Reflection and Refraction［J］. Science，2011，334（6054）：333–337.

［24］Wu Q，Zhang R. Towards smart and reconfigurable environment：Intelligent reflecting surface aided wireless network［J］. IEEE Communications Magazine，2019，58（1）：106–112.

［25］Liu P，Renzo M D，Springer A. Line–of–Sight Spatial Modulation for Indoor mmWave Communication at 60 GHz［J］. IEEE Transactions on Wireless Communications，2016，15（11）：7373–7389.

［26］Ding Y，Kim K J，Koike–Akino T，et al. Spatial Scattering Modulation for Uplink Millimeter–Wave Systems［J］. IEEE Communications Letters，2017，21（7）：1493–1496.

［27］He H，Wen C，Jin S. Bayesian Optimal Data Detector for Hybrid mmWave MIMO–OFDM Systems With Low–Resolution ADCs［J］. IEEE Journal of Selected Topics in Signal Processing，2018，12（3）：469–483.

［28］Studer C，Durisi G. Quantized massive MU-MIMO-OFDM uplink［J］. IEEE Transactions on Communications，2016，64（6）：2387-2399.

［29］Wang B，Gao F，Jin S，et al. Spatial-Wideband Effect in Massive MIMO with Application in mmWave Systems［J］. IEEE Communications Magazine，2018，56（12）：134-141.

第 5 章　5G 无线组网技术

无线组网技术构建在无线传输技术基础上，将无线接入网中的物理实体之间建立连接关系，包括终端和基站等设备。早期的无线组网技术（如 1G、2G 系统）主要支持点到点传输，无线组网结构也相对简单。随着无线传输技术的不断演进，特别是 MIMO、多点协作传输等技术的出现，可以支持多点到多点之间的无线传输，也相应地促进了无线组网技术的不断演进。如何采用高效的无线组网技术来充分发挥无线传输技术的性能优势，提升网络吞吐量、降低干扰、提高业务连续性，是每一代移动通信系统必须解决的关键问题之一。

本章主要阐述无线组网技术的概念、演进、各阶段无线组网的特征及关键技术，重点介绍 5G 超密集组网技术的特点、优势、挑战和涉及的关键技术。本章介绍的无线组网技术的演进历程也可以为未来无线组网技术的发展提供借鉴。

5.1 节主要讲述无线组网技术的演进历程及关键技术特点，即从移动通信系统的早期大区制组网技术，到 1G、2G 时代的蜂窝组网技术，到 3G 时代的分层组网技术，再到 4G 时代的异构和协作组网技术。

5.2 节讲述 5G 无线组网技术涉及的无线接入网络架构，介绍 5G 超密集组网技术概念、特点、性能优势和面临的技术挑战。

5.3 节重点介绍 5G 超密集组网涉及的各项关键技术，包括切换技术、干扰协调技术、多连接技术和高低频协作组网技术等，介绍具体的技术方案和解决挑战的思路，并对未来无线组网技术的继续演进进行展望。

5.1　无线组网技术概述

无线组网技术是指通过无线通信方式实现各种通信设备跨区域互联的技术。

从历史上看，无线组网方式主要分为两类：一类是小容量的大区制。大区制是

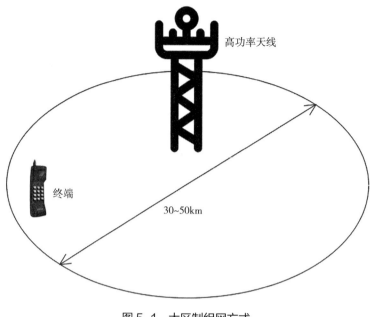

图 5-1　大区制组网方式

无线通信系统早期采用的无线组网方式，通常由一个高发射功率的基站覆盖一个较大的区域，范围可达30~50km，如图 5-1 所示。为了增加覆盖区域的系统容量，需要很大的发射功率（50~120W）和很高的发射塔（一般高达30m以上）。大区制的特点是无线网络结构简单，可用信道数目少，用户在较大区域内移动时无需切换。但为了增加容量，只能增加基站的信道数，但是信道数又受限于频率资源，所以大区制其局限性主要是系统容量受限，大区制组网方式只适合于中、小城市等业务量不大的地区或专用的无线通信业务。

另一类无线组网方式是大容量的小区制——蜂窝组网技术，典型的蜂窝组网方式如图 5-2 所示。

蜂窝组网技术最早起源于贝尔实验室在 1947 年提出的蜂窝无线移动通信的概念，通过不断地试验，技术上逐渐成熟，是 1G 诞生的重要推动力量。蜂窝组网技术成为移动通信系统的工业基础。

5.1.1　蜂窝组网技术

在可用频谱资源受限的情况下，为了进一步扩大系统容量，蜂窝组网技术提出了小区制和频率复用等概念。蜂窝组网的思想

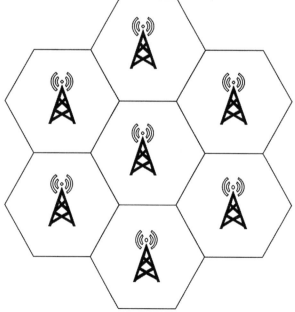

图 5-2　蜂窝小区组网方式

是采用多个低发射功率的基站来代替单个的高发射功率基站，每一个基站只服务于移动通信网络内的某一个小覆盖区域。小的覆盖区域也拉近了用户与基站之间的距离，可以进一步降低手机设备向基站发射信号时的能量消耗。

蜂窝组网技术中引入的频率复用是为蜂窝网络中所有基站分配可用频率资源的技术[1]。在采用频分多址技术的移动通信系统中，每个基站占用的频道是不同的。随着移动通信网络覆盖区域的不断扩展和基站数目不断增加，频率资源不足的问题就会显露出来。为了解决频率资源短缺的问题，可以采用区域划分技术，将若干基站划分为一个基站群，基站群内每个基站的可用频率是不同的。根据无线电波传播随传播距离的衰减特性，在距离较远的基站群便可以复用这些相同的频段资源。虽然不同基站群内的基站采用相同的频段会产生同频干扰问题，但是只要保证上述两个基站间隔的距离足够大，同频干扰就不会影响正常通信。频率复用可以有效提高珍贵的频率资源的利用效率，为移动通信网络容量的快速增长奠定了重要的技术基础。

虽然蜂窝组网方式通过小区制和频率复用技术实现了有限频谱资源的重复利用，提升了网络容量和频谱效率。但是蜂窝组网技术也引入了其他挑战，包括越区切换、无线资源管理等。

蜂窝组网技术为了保障用户的服务连续性，引入了越区切换技术，可以在用户远离当前基站服务区域，例如处于小区边缘，而且信号质量发生下降时，切换至邻近的、信号质量更有保障的目标基站中，从而实现用户在移动过程中的无缝覆盖。移动通信早期，主流越区切换技术采用硬切换[2]，其特点是"先断后连"，即用户先断开与原来基站的连接，然后与新基站建立连接，切换过程会有短暂中断，如图5-3所示。

切换前　　　　　　　　切换中　　　　　　　　切换后

图5-3　硬切换技术

无线资源管理需要对网络内可用的无线资源按干扰规避等规则实现高效的调度和分配等功能[3]。无线资源通常包括频率资源、时间资源、码字资源、空域资源等，在组网技术中，无线资源管理主要是对移动通信系统中的空中接口资源的规划和调度，无线资源管理所涉及的内容有接入控制、信道分配、功率控制、切换、负载控制以及分组信息调度等。在蜂窝网络中，无线资源管理策略对组网性能的影响非常大，是组网技术的关键组成部分之一。

5.1.2　无线组网技术演进

蜂窝网络自 1G 时代开始被应用，取得了巨大的成功，但是由于 1G 采用频分多址，通信资源仅由频率提供，导致系统容量有限、资源利用率低等问题。

以 GSM、cdma-95 为代表的 2G 系统在频率资源基础上进一步增加了资源维度，使系统容量获得了巨大的增加，蜂窝组网技术也随之有了新的发展。

当蜂窝网络内某个基站服务的用户量和业务量增加的时候，该基站覆盖的区域（小区）可以被划分为更小的多个小区，通过增加小区数 / 基站数可以增加频率资源的重用程度，进而提高网络容量，如图 5-4 所示。该技术称为小区分裂技术[4]。分裂后的小区拥有各自的基站，并且基站的发射功率由于小区分裂后覆盖区域变小可以进一步降低。小区分裂技术提高了资源复用率，也提升了系统容量。

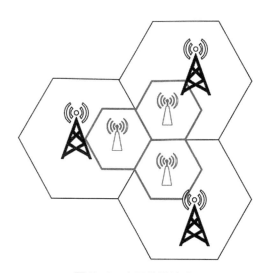

图 5-4　小区分裂技术

此外，基站还可以使用定向天线代替全向天线，这样可以进一步减小蜂窝网络中的同频干扰，从而更好地提高资源复用的程度，提升系统容量，这种方法被称为扇区化技术[4]。扇区划分又分为 120° 裂向和 60° 裂向等方式，其中使用最多的三扇区 120° 裂向如图 5-5 所示。

除了组网形式方面，针对越区切换技术，cdma-95 系统为了解决用户处于小区边缘时的性能下降问题，引入了软切换技术[5]，即手机设备处于小区边缘，需要进行切换时，先与新的基站建立通信链路，然后再与原基站切断连接，即"先连后断"，如图 5-6 所示。用户在切换过程中可以获得多于一个基站的联合服务，软切换技术有效降低了掉话率，并改善了组网覆盖性能，也为蜂窝组网技术后续的协作组网提供了基础。

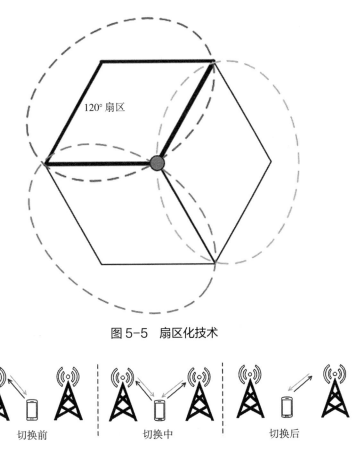

图 5-5　扇区化技术

图 5-6　软切换技术

进入 3G 时代后，为了进一步提升网络容量，WCDMA 系统在蜂窝组网技术基础上进一步引入了分层蜂窝网络技术。分层蜂窝网络中包含宏基站和微基站两类基站设备，宏基站负责大区域的网络覆盖，微基站则负责小区域的覆盖，两者的覆盖区域互相重叠，构成了分层蜂窝网络覆盖。微基站在可以应用在零散的热点区域，随着容量需求进一步增大，高话务量地区由点成面，微基站可以在一定区域内连续覆盖。微基站组网形式简单，可以直接加入到现有的网络中，无需改变原有的网络架构，其对应的微基站的体积较小，安装灵活、便捷，可直接在需要的地方快速部署，从而快速解决覆盖盲区、热点区域通信等问题。

随着移动通信系统演进至 4G 时代，蜂窝组网技术也产生了突破性的技术变革——协作组网及异构组网技术获得了广泛的应用。

无线组网技术在 4G 时代的一个关键发展为基于多点协作传输（Coordinated Multiple Points Transmission/Reception，CoMP）技术的协作组网技术[1]。如图 5-7 所示，CoMP 技术是指网络中多个无线接入基站同时为一个手机设备传输数据或者联合接收来自一个手机设备的数据。通过相邻小区间的信号联合处理，可以抑制小区间干扰，提高系统容量。特别地，针对小区边缘用户，协作组网技术可以使边缘用户接收信号的质量和频谱效率得到很大的改善。

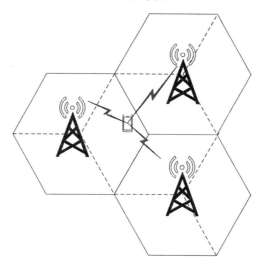

图 5-7　多点协作传输技术

4G 系统引入的另一个关键组网技术是异构组网技术[6]。如图 5-8 所示，在一个区域内重叠部署不同类型小区，宏基站提供网络的基础覆盖，在热点区域使用微基站、微微基站、毫微微基站和中继站——统称为小基站（Small Cell BS）——进行热点区域的网络覆盖，提升网络容量和增强网络覆盖的同时，还可以实现蜂窝网络中不同能力的小区协同服务。

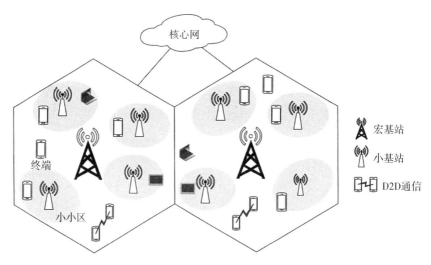

图 5-8　4G LTE-A 异构网络

异构组网技术可以发挥不同类型基站的优势，解决蜂窝网络覆盖的广度和深度问题。其中，小基站中的微基站主要用于密集城区的局部地区的深度覆盖、室外热点的覆盖、城区宏基站的盲区、居民区及密集街区场景；微微基站是比微基站更小的基站，主要用于办公室、餐厅等密闭室内场景、局部热点区域，弥补密集区域基站资源不足的难题；毫微微基站主要服务于家庭用户，可以通过用户的宽带连接或异构网关接入移动运营商的核心网络，为用户提供高质量的语音及高速数据流。毫微微基站的部署可以有效地利用较高的频段，能达到更好的室内覆盖效果，极大地改善用户的服务质量，而且具有即插即用的特点，部署便捷灵活。中继站可以扩展蜂窝网络的覆盖范围，并对覆盖盲区进行特定的补盲，提高了蜂窝网络的无缝覆盖能力。

为了应对5G系统对容量快速增长的需求，相比于4G，5G网络需要增加大约10倍的基站数量来支撑容量的需求。因此，5G蜂窝组网技术又面临新的变革需求——5G超密集组网技术应运而生。

为了方便大家对无线组网技术演进有更为直观的了解，给出表5-1。

表5-1　无线组网技术演进总结

时间	无线组网形式	无线组网技术特点
早期移动通信系统（　—1970）	大区制组网	结构简单，容量小
第1代移动通信系统（1G）（1980—　）	蜂窝小区组网	基站数量增加、发射功率降低，用户与基站的距离减小，终端能耗降低，网络容量小
第2代移动通信系统（2G）（1990—　）	蜂窝小区组网	采用小区分裂、扇区化等技术，频谱利用率提高，网络容量进一步提升，覆盖范围进一步扩展
第3代移动通信系统（3G）（2000—　）	分层组网	宏微基站重叠分层覆盖，微基站部署灵活，网络容量进一步提升，覆盖性能提升
第4代移动通信系统（4G）（2010—　）	协作组网及异构组网	支持多种类型基站异构组网，支持基于多点协作传输技术的协作组网，网络容量进一步提升，覆盖性能进一步提升
第5代移动通信系统（5G）（2020—　）	超密集组网	支持网络密集部署、基站向小型化和异构化进一步发展，网络容量大，覆盖性能进一步提升，用户服务质量提高

5.2　5G无线组网技术

5.2.1　5G无线接入网架构

根据3GPP对5G网络的相关标准规范[7]，5G网络的部署主要由两部分构成——无线接入网和核心网。无线接入网主要由基站设备组成，为用户提供无线接入功能。

如图 5-9 所示，5G 无线接入网中的 5G 基站（gNB）通过 NG 接口连接到 5G 核心网的两个实体（负责控制平面的功能实体 AMF 和用户平面的功能实体 UPF），基站之间通过 Xn 接口建立连接。5G 基站相比前几代移动通信系统的基站进行了一个重大的改变，分离为两个单元，分别为中央单元（CU）和分布式单元（DU）。CU 和 DU 分离对无线组网性能的提升提供了新的支撑，具体如下。

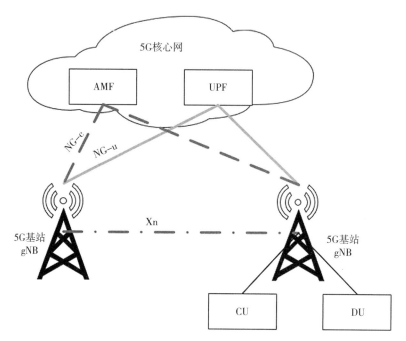

图 5-9 5G 无线接入网络架构

1）有利于实现基带资源共享。由于网络中每个基站的忙闲程度不同，若给所有基站都配置为最大容量，这个最大容量在大多数情况下式是达不到的，容易造成资源浪费。若将所有基站统一管理，把 DU 集中部署，并由 CU 统一调度，就能够有效节省基带资源。

2）有利于实现无线接入的切片和云化。网络切片作为 5G 按需组网的一种方式，能够更好地适配 5G 三大场景。网络虚拟化是网络切片和云化的基础，基站分离后可以更方便支持虚拟化技术，进而能够对网络切片和云化提供更大的支撑。

3）有利于实现 5G 复杂组网情况下的基站间协作。由于 5G 引入了高频段资源和超密集组网技术，基站分离后，CU 可以作为一个集中的节点来进行更有效的资源管理、调度、高低频协作和干扰协调等。

5.2.2 5G 超密集组网技术

为了满足日益增长的数据量需求，5G 系统提高网络容量，但同时更高频段资源的引入造成基站覆盖区域的减小，所以需要大规模地增加基站数量，小区部署日益密集，最终形成了超密集组网（Ultra Dense Networks，UDN）的形式[8]，如图5-10所示。

图 5-10　5G 超密集网络结构图

超密集网络是 5G 的核心技术之一，通过合理密集地部署基站节点，可以大幅度提高网络容量、降低用户的发射功率、提升用户的吞吐量等[9]。虽然在 5G 初期商用部署阶段仍然沿用 4G 的组网方式，但是随着 5G 网络部署的逐步完善，超密集网络也将逐步应用于 5G 实际网络部署之中。

在超密集网络中，部署着大量不同能力级别的异构基站设备，像宏基站、微基站、微微基站、毫微微基站和中继站等。网络可以根据不同区域的业务需求选择合适的基站设备，来进一步提升网络容量。

3GPP 和 ITU 提出了针对 5G 密集场景的部署模型，分为室内和室外两种部署方式。其中，5G 室内密集部署场景侧重于在高用户密度和高吞吐量的建筑物内，提供较小的覆盖范围。该场景的部分参数配置参见表 5-2[10]。

表 5-2　5G 室内密集部署场景参数配置

属性	部署参数
载频	30GHz、70GHz 或 4GHz 左右
系统带宽	30GHz、70GHz 左右：至多 1GHz（上行 + 下行） 4GHz 左右：至多 200MHz（上行 + 下行）
基站部署	室内单层覆盖（开放环境），收发基站之间的距离为 20m
用户分布	所有用户都位于室内，移动速度为 3km/h，平均每个收发基站的覆盖范围内分布 10 个用户

　　5G 密集城区部署场景侧重于宏基站覆盖或没有微基站覆盖的城市中心或是密集城区环境，该环境用户密度较大和吞吐量需求较高。该场景的部分参数配置见表 5-3。

表 5-3　5G 密集城区部署场景参数配置

属性	部署参数
载频	4GHz 左右（宏基站）、30GHz 左右（小基站）
系统带宽	4GHz 左右：至多 200MHz（上行 + 下行）； 30GHz 左右：至多 1GHz（上行 + 下行）
基站部署	两层部署： 宏基站部署：六边形网网格，站间距 200m； 小基站部署：随机部署，宏基站的每个扇区覆盖区域内部署 3、6 或 10 个小基站，小基站均部署在室外
用户分布	80% 用户都位于室内，移动速度为 3km/h；20% 用户位于室外，移动速度为 30km/h。 单层宏基站覆盖，宏基站的覆盖范围内均匀分布 10 个用户或 20 个用户。 两层（宏基站 + 小基站），宏基站的每个收发基站的覆盖范围内均匀分布 10 个用户或 20 个用户；小基站以簇的形式部署，每个收发基站的覆盖范围内均匀分布 10 个用户或 20 个用户

5.2.3　超密集组网技术特点

　　超密集网络具有四大核心特点，即基站小型化、小区密集化、节点多元化和高度协作化。

　　基站小型化：通过引入小基站，可以拉近用户与基站间距、降低基站的发射功率，带来了频率复用率的提高，可以提升网络容量。

　　小区密集化：为了解决网络容量不足的问题，通过增加小区密度以增加网络连接数量和提升网络吞吐量。

　　节点多元化：不同能力级别的异构基站部署在网络中，像宏基站、微基站、微微基站、家庭基站和中继站等，提供不同等级的覆盖。这样多元化的无线网络接入方式提升了网络覆盖的深度和广度，又使得网络部署更为灵活。

　　高度协作化：基站的密度不断增加带来了频繁切换和干扰加剧等问题。通过不同的基站之间协作传输，以增强边缘区域的网络覆盖和网络服务连续性。相邻小区之间进行资源协调调度，以降低由资源复用产生的切换和干扰等问题。

5.2.4　超密集组网技术性能优势

　　未来移动数据业务量仍然会持续快速增长，提升热点区域的用户服务体验一直是网络部署亟待解决的问题。受限于稀缺的低频段频谱资源，仅仅依靠频谱效率的提升已无法满足移动数据业务的增长需求。除了采用上文所述的 MIMO 等传输技术外，也可以采用超密集组网的方式来提升网络容量。超密集组网通过增加基站部署密度，可实现频率复用效率的提高，可在热点区域实现百倍量级的容量提升，其主要应用场景包括住宅区、密集街区、校园、办公室、商业区、火车站和体育馆等热点区域。如图5-11所示。

图5-11 5G超密集网络应用场景

5.2.5 超密集组网技术面临的挑战

如前所述，超密集组网技术可以在热点区域提高网络容量，但同时也面临许多挑战。

干扰加剧： 在超密集组网场景中，由于基站部署数目增多导致网络内干扰增加，进一步影响了系统容量的增长。

切换频繁： 超密集组网技术使得部署的基站间距进一步减小，用户在网络内移动时，小区间切换也将更为频繁，频繁地切换会增加信令开销，并影响用户业务的连续性。

成本增加： 超密集组网技术部署了更多的基站，虽然大量小基站成本及功耗较低，但是基站数量大幅增加后还是会对网络建设成本和运营维护成本带来一定的影响，运营商需要进一步平衡容量与成本之间的关系。

5.3 5G超密集组网关键技术

5G超密集组网涉及多项关键技术，例如切换、干扰协调、多连接、高低频协作、资源分配、用户附着/接入控制、功率控制、业务迁移等一系列关键技术。本节将着重针对超密集组网面临的挑战介绍具有代表性的四项关键技术。

5.3.1　切换技术

如前所述，切换技术也称为越区切换技术，是指为了保证正在使用网络服务的用户通信的连续性和服务的质量，当该用户从一个小区移动到另一个小区，或由于其当前所在小区的业务量负担过重等原因，网络将断开用户与原基站之间的通信链路，重新为用户建立其与新基站小区的连接。切换技术是移动通信组网技术中的关键环节之一，直接影响到用户的业务连续性，也由于其涉及大量信令消耗，发生频繁切换时会加重网络负担，造成更大的影响。

超密集网络中发生的切换类型主要与用户切换过程中涉及的小区类型有关，具体包括宏小区与宏小区之间的切换、宏基站与小小区之间的切换以及小小区之间的切换。

切换具体过程主要包括测量、判决和执行三个步骤。用户当前所在的小区称为源小区，所选择的满足切换条件的小区称为目标小区。切换过程的基本流程如下。

1）切换测量过程：当用户满足切换触发条件时，用户向源小区基站发送对源小区基站及邻小区基站的信号测量报告。

2）切换判决过程：基于用户上报的测量信息，源小区基站为用户做出切换判决，并向满足切换条件的目标小区发送切换控制信令，通知目标小区进行切换准备。

3）切换执行过程：当目标小区和源小区的切换准备完成之后，源小区向需要进行切换的用户发送控制信令通知进行切换。用户在接收到切换命令后，断开与源小区基站的连接，同时向目标小区基站发送连接请求，源小区基站将该用户的相关的分组数据发送至目标小区基站进行接收和保存。当用户从源小区切换至目标小区后，目标小区将相关分组数据发送给用户。当用户完成切换过程，源小区基站释放该用户占用的全部资源，删除用户信息，完成切换过程。

在超密集网络环境下，传统的切换技术将面临新的挑战。由于超密集网络中部署的小小区覆盖范围相对较小，且宏小区与小小区之间也会出现重叠覆盖情况，这就导致了小区边缘用户易产生乒乓切换问题，进而导致信令负担加重和切换失败概率增加。由于用户需要频繁地测量，以接入服务最优的小区，并且小区的部署密度很高，用户测量也需要消耗大量的能量。

此外，切换判决更为复杂。由于基站数量增多，符合切换要求的基站大为增加，使得切换准则也更为复杂，需要从传统的链路质量增加到负载均衡、业务卸载、小区开关等因素综合考虑。

受宏小区容量和信道质量的影响,当用户无法获得满意的小区服务时,将试图切换至临近的满足服务质量需求的小小区。由于小小区基站通常发射功率远比宏基站低,如果按照传统的接收信号强度的接入准则,用户将很难接入小小区,从而使得用户服务中断,小小区资源也因此无法得到充分利用。

为了解决超密集场景中的切换中断难题,引入了小区范围扩展(Cell Range Expansion,CRE)技术[11],如图 5-12 所示。传统的小区接入准则是依据参考信号接收功率(Reference Signal Received Power,RSRP),当用户在小区边缘移动的时候,由于用户距离周边多个小区的距离相近,所以接收到的不同小区的 RSRP 会较为相近,与用户处于小区中心时服务小区距离较近接收信号功率往往最强的情况不同,这就造成了处于小区边缘的用户在多小区之间会由于 RSRP 的频繁变化而产生乒乓切换。通过引入 CRE 技术,对某个特定小区的参考信号接收功率加上一个偏置值,使得用户在处于小区边缘时更容易接入到该特定小区,无需在两个或多个小区之间乒乓切换,从而保障了用户的服务连续性。

图 5-12 小区范围扩展技术

5.3.2 干扰协调技术

针对超密集网络所产生的干扰加剧等问题,可以通过引入增强的小区间干扰协调技术(enhanced Inter-cell interference Coordination,eICIC)。eICIC 技术的基本原理如图 5-13 所示,宏小区的某些子帧被配置成了接近空白子帧(Almost Blank Subframe,ABS)[12],通过在 ABS 位置上几乎不发送信号或故意降低信号的发射功率来减少对同频覆盖内的小小区的强干扰。

当手机设备处于小小区的 CRE 区域时,小小区基站可以尽量利用宏基站配置为 ABS 时对应的时间块资源,来进行下行数据传输,这样可以有效规避来自同频宏基站的强干扰,从而使得用户可以获得更好的小小区服务。

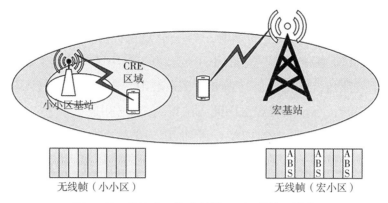

图 5-13　超密集网络中的增强型干扰协调技术

　　但该方案的缺点是宏小区需要牺牲掉一些宝贵的时间块资源。当用户处于小小区非 CRE 区域时，可以认为宏基站的下行干扰有限，因此小小区基站可对用户进行自由调度。5G 网络针对下行参考信号以及同步信号块进行了重新设计，更加减少了公共信号产生的小区间干扰。

　　eICIC 技术除了在时间维度上进行协调外，还可以在频率维度上进行，基本原理一致，在此不再赘述。

　　eICIC 技术虽能有效解决宏小区和小小区之间的干扰，但是随着 5G 超密集网络的部署，众多小小区间的干扰将变得更为复杂，此时基于时域的 eICIC 技术就无法满足需求了，需要进一步利用波束赋形等技术对干扰进行抑制或消除。如图 5-14 所示，波束赋形技术是通过对天线单元阵列发射的波形进行相位和增益调整来实现在特定的空间方向上的高增益，在空间上看就是对准了个别方向的波束。波束赋形使得能量集中于少数几个方向，而在绝大部分空间中都是零，如同手电筒对准要照射的对象一般。

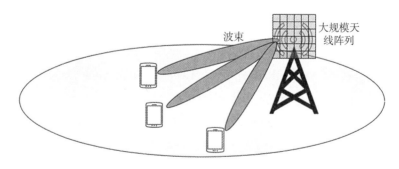

图 5-14　5G 波束赋形示意图

　　由于 5G 采用了大规模多天线技术，可以更方便地使用波束赋形技术，从而能更有效地利用频谱等资源，使得大规模天线阵列上的多个用户和多个天线同时交互更多的信息。

5.3.3　多连接技术

为了解决 5G 超密集组网场景下带来的流量卸载和移动性增强等问题，4G 系统引入了双连接技术（Dual Connectivity，DC）[13]，它使用户和两个基站同时相连接，同时建立两条无线链路（主无线链路和辅无线链路），用户使用其无线资源同时进行两条链路上的上下行数据传输。

支持双连接的用户通过同时连接两个基站，可以增加吞吐量。4G 网络的双连接示意图如图 5-15 所示，主基站负责传输控制信令和数据，辅基站只负责传输数据。

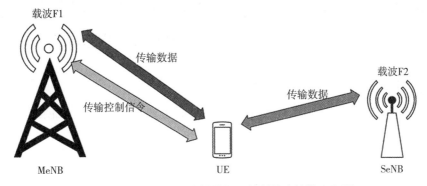

图 5-15　4G 网络双连接数据和控制信令传输示意图

3GPP 标准版本在 4G 双连接技术基础上定义了 4G 和 5G 的多连接技术。4G/5G 多连接是运营商实现 4G 和 5G 融合组网、灵活部署的关键技术。5G 早期可以基于现有的 4G 核心网实现非独立组网的快速部署，后期可以通过 4G 和 5G 网络的联合部署实现网络无缝覆盖，提升整个网络系统无线资源利用效率，降低网络切换时延，提高用户服务质量和网络性能。

在双连接技术基础上，5G 进一步提出了多连接技术。其中，该技术的一个典型场景是在宏小区的覆盖范围内部署了多个小小区，且小小区采用高频段资源。用户可以同时获得小小区和宏小区的无线资源来进行业务传输。而非双连接场景下仅支持一个基站的服务。

多连接中的多个主基站和多个辅基站之间可以建立非理性回程链路，主基站既可以进行控制平面信令的传输，也可以进行用户平面数据的传输。多连接的多个辅基站可以为用户提供数据传输服务，这样可以有效地缓解宏小区的数据压力并提高用户的数据速率。而且，多连接用户始终与宏小区保持连接，这增强了移动的鲁棒性。将多连接技术应用在移动网络和场景中，有效地支撑了 5G 需求。在多连接技术中，用户与无线网络的多个物理实体建立连接，充分利用了多种多样的无线资源，可以带来更大的性能提升。

从应用的角度来看，多连接与超密集异构网络的相关性更大。与 4G 双连接相比，多连接技术中的参与小区数目多于 2 个。而且，多连接也可应用于多种无线接入技术（Radio Access Technology，RAT）的连接，比如，相同 RAT 的多种无线接口的多连接。提供多连接服务的小区，可以采用相同的频谱资源，也可以采用不同频段；可以使用相同的RAT，也可以使用不同的RAT。当采用相同的频谱资源时，用户使用相同的 RAT 连接到两个或多个小区。这些小区采用集中式的部署方案或者通过回传链路建立相互连接。这种多连接技术可以通过多个小区的多连接实现用户的无缝移动，或者通过多个高频段多个热点小区的多连接提升链路的可靠性。在多连接技术中，宏小区负责为用户提供无线资源控制信令和系统信息，满足用户移动性和网络覆盖需求；而小小区则实现用户数据传输，可以提高用户的吞吐量。

多连接技术的使用场景有以下四种[14-15]（图 5-16）：

场景 1：室外宏小区和室外小小区是同频部署，并且两者之间使用非理想回程

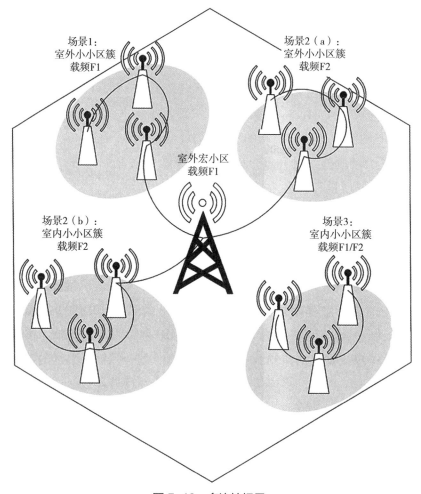

图 5-16　多连接场景

连接，且室外小小区在室外宏小区的覆盖下。

场景2（a）：室外宏小区和室外小小区异频部署，室外小小区在室外宏小区的覆盖范围内，并且两者的接入节点之间使用非理想回程链路建立连接。

场景2（b）：室外宏小区和室内小小区异频部署，室内小小区在室外宏小区的覆盖范围内，并且两者的接入节点之间使用非理想回程链路建立连接。

场景3：只有小小区的部署，可以是同频也可以是异频，无宏小区覆盖。

5G网络的部署是一个渐进的过程。早期可以在现有4G网络的基础上实现热点区域的5G部署，将5G无线系统连接到现有的4G核心网中，可以实现5G系统的快速部署。5G核心网建成之后，5G系统就可以实现独立组网，在这种情况下，5G系统可以提供更高的数据速率和更高质量的业务服务，但是在某些覆盖不足的区域仍需借助4G系统来提升覆盖能力。

针对上述独立或非独立组网的5G部署场景，国际标准定义了多种可能的4G/5G多连接模式，例如图5-17所给出的一种典型的4G/5G多连接模式场景（3GPP定义为4a模式）[15]。

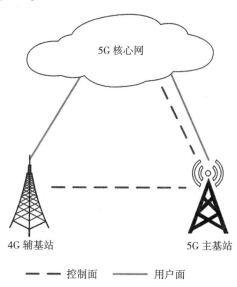

图5-17 双连接4a模式图

该场景中，5G gNB作为4G/5G多连接方式的主基站，5G核心网NGC将控制信息发送给主基站，将用户数据同时发送给主基站和辅基站，数据在核心网侧分离。

3GPP定义的多种4G/5G多连接模式为运营商的网络部署，特别是4G和5G的融合组网带来了更多的灵活性，但也增加了基站实现的复杂度。多连接技术的优势如下[16]。

1）提升了用户数据速率，尤其是边缘用户的数据速率。多连接技术使得用户动态地接入无线资源最好的多个小区且同时接收和发送多路数据。小小区为建立多连接的用户提供了额外的容量。

2）增强了用户移动的鲁棒性。在超密集网络中，小区半径进一步减小，用户与基站连接的持续时间变短，这将给移动用户带来频繁切换、切换失败、低效卸载和服务中断等一系列问题。当用户的移动速度增加，这些影响将变得更大。多连接技术通过与宏小区维持链路连接来降低交互失败的概率。

3）减少了频繁交互带来的信令开销。由于用户一直与宏用户保持连接关系，在宏基站的覆盖范围内，用户无需进行开/关的切换操作，从而减少频繁的信令交互。当用户在小小区之间移动时，由核心网产生的信令开销也将大幅减少。

5.3.4　高低频协作技术

随着 5G 时代来临、数据应用业务的迅猛发展，为移动用户提供高速、可靠的数据业务成为下一代移动通信的目标。毫米波等高频段具有丰富的频谱资源，成为 5G 的关键技术之一。高频段能够提供的频谱资源比 3GHz 以下的频段高出数百倍。然而高频段信号具有较大的衰减特性，用户的移动、障碍物和反射物的移动，甚至是人的身体位置的移动都会造成毫米波信道的快速变化，而这对移动通信无缝服务的鲁棒性带来了巨大的挑战。

为了增强高频段通信的鲁棒性，可以采用 4G 系统和 5G 高频段系统相结合的方式。利用 4G 系统的良好的覆盖性能来弥补高频段系统易受环境干扰的特性，而高频段丰富的频段资源也能为用户所需的高速数据传输提供支持。这种 4G 系统与 5G 高频段系统组网的方式被称为高低频协作组网。

在高低频协作组网中，移动设备采用多连接的方式来增加系统健壮性。每一个移动设备与多个基站保持连接，包括 5G 高频段基站和传统的 4G 基站。在一条通信链路质量变差的时候，移动用户还可以寻求与其他基站连接。这种高低频组网方式不仅大大提高了高频段资源的利用率，也解决了高频段通信不稳定的难题。

在高低频协作组网系统中，移动用户同时与多个基站保持连接，用户的小区切换的过程相较于传统的 4G 的小区切换的难度将会大大增加。此外，小区切换作为用户移动性管理中重要的一部分，对用户的体验至关重要，也影响着移动网络的协议栈设计。因此，如何在高低频协作组网系统中实现效率更高、耗时更短的小区切换是一个很大的挑战。

在 5G 高低频协作组网部署场景下，如果用户基于传统的参考信号接收功率准则进行接入，由于高频小小区发射功率受限，会出现小小区覆盖范围过小，导致高频段资源无法得到充分利用。一种有效的解决方案是对小小区进行覆盖范围扩展，使其可以接纳更多的用户，以解决高频段带宽资源过剩的问题。

高低频协作组网如图 5–18 所示，高低频协作组网主要是宏基站通过低频段实现整个区域内的基础覆盖，低功率基站采用高频段资源承担热点覆盖和高速数据传输，以此来满足未来 5G 网络更高数据流量、更快用户体验速率、海量终端连接和更低时延的需求[17]。

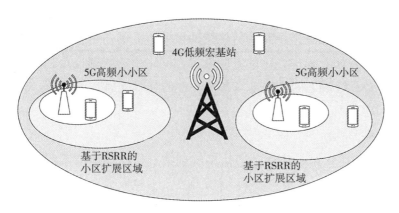

图 5-18 5G 高低频协作组网示意图

另外，传统的小区范围扩展 CRE 技术大多基于接收参考信号强度执行的，但是在 5G 高低频组网环境中采用这种方法会出现小区负载不均衡的问题。由于在 5G 高低频协作组网下低频宏小区和高频小小区存在带宽资源不对等的情况，会出现用户接收来自小小区的功率较宏小区小，但是小小区提供的带宽比宏小区大，最终使得接入小小区的数据速率要比宏小区大的情况，所以传统的基于 RSRP 的小区范围扩展方案不再适用。可以通过基于参考信号接收速率（Reference Signal Received Rate，RSRR）的小区范围扩展方案提供代替。可以在传统 RSRP 准则接入的基础上对小区范围进行扩展，即基于 RSRR 的小区范围扩展方案，将原来处于高频小小区边缘的用户从低频宏小区迁移到高频小小区，进而充分利用高频段的大带宽优势，为用户提供更高的数据速率。与传统的基于 RSRP 的小区范围扩展方案相比，基于 RSRR 的小区范围扩展方案使得高频小小区边缘用户的吞吐量有明显提升，同时可以使网络在能量效率指标上有较大提升。

5.4　本章小结

从早期移动通信的大区制组网方式，到蜂窝网络的不断成熟和 4G 异构组网方式的出现，再到 5G 超密集组网技术的发展，无线组网方式朝着小型化、密集化、多元化、异构化和协作化的方向不断演进。随着基站的覆盖范围不断减小及密集化程度增加，同频干扰问题、小区间切换问题和服务连续性等诸多问题显露出来。切换技术、干扰协调技术、多连接技术和高低频协作组网技术成为研究热点，以满足网络服务需求。

　　未来随着网络的部署越来越密集，去蜂窝化的无线组网技术也将获得更多的关注，从而可能从另一条路径上解决目前超密集组网面临的上述难题。

　　另外，随着网络中智能终端设备的能力越来越强，终端设备也可以协助网络处理通信和网络数据量负担。终端从传统的接受服务的角色变化为提供服务的角色后，组网技术也将朝着去中心化的方向发展，网络中的数据也更趋向于分布式存储在网络终端设备，终端之间将实现具备泛在性的互联互通。

习题：

1. 请简单阐述从第一代移动通信系统到第五代移动通信系统无线组网方向的演进路线。

2. 请全面阐述 5G 超密集网络的特点。

3. 试设计超密集网络的频谱复用的方法，在保证频谱利用率达到一定要求时最小化同频干扰。

4. 试在原有的 5G 超密集网络切换技术基础上设计高低频组网环境下的切换准则，以降低切换失败概率、提升网络服务性能。

参考文献：

［1］陶小峰. 4G/B4G 关键技术及系统［M］. 北京：人民邮电出版社，2011.

［2］张新程，关向凯，刁兆坤. WCDMA 切换技术原理与优化［M］. 北京：机械工业出版社，2006.

［3］王莹，张平. 无线资源管理：无线通信专辑［M］. 北京：北京邮电学院出版社，2005.

［4］丁奇，阳桢. 大话移动通信［M］. 北京：人民邮电出版社，2011.

［5］啜刚. 移动通信原理与系统［M］. 北京：北京邮电大学出版社，2009.

［6］Damnjanovic A，Montojo J，Wei Y，et al. A survey on 3GPP heterogeneous networks［J］. Wireless Communications IEEE，2011，18（3）：10–21.

［7］3GPP TS 38.300，NR and NG–RAN Overall Description［S］. 2020.

［8］陶小峰. 超密集无线组网［M］. 北京：电子工业出版社，2017.

［9］杨立. 5G UDN（超密集网络）技术详解［M］. 北京：人民邮电出版社，2019.

［10］3GPP. TR 38.913 version 16.0.0，Scenarios and Requirements for Next Generation Access Technologies.（Release 16）［S］. 2020.

［11］朱南皓，张涛. TD–LTE 异构网覆盖以及干扰的研究［J］. 移动通信，2015（Z1）：109–113.

［12］刘伟强. 异构蜂窝网络的干扰管理研究［D］. 合肥：中国科学技术大学，2013.

［13］李先栋. LTE-Advanced 系统中异构网双连接关键技术的研究［D］. 北京：北京邮电大学，2015.

［14］3GPP TR 36.872 version 12.0.0，Small Cell Enhancements for E-UTRA and E-UTRA；Physical Layer Aspects.（Release 12）［S］. 2013.

［15］3GPP TR 36.932 version 13.0.0，Scenarios and requirements for small cell enhancements for E-UTRA.（Release 13）［S］. 2015.

［16］张翠月. 5G 网络中的多／双连接技术的研究［D］. 北京：北京交通大学，2017.

［17］方思赛，魏品帅，刘聪. 5G 高低频协作组网场景下小区范围动态扩展优化技术［J］. 中兴通讯技术，2018，24（3）：10-14.

第 6 章　5G 网络架构

移动通信网络是一个复杂的系统，而网络架构就是这个复杂系统的核心。网络架构如同一栋大厦的骨架，决定整个系统的效率和能力，起到至关重要的作用。相比前几代移动通信系统，5G 网络在网络架构方面实现了跨越式的变化，尤其是 5G 的核心网更是采用了服务化的颠覆性的架构设计来实现低成本网络建设和新特性快速部署，以满足用户不断增长、应用种类繁多的业务需求。

本章将面向新型网络业务需求，针对网络发展目标，用 6 节分别介绍移动网络架构的概念、变迁，5G 网络架构的基础技术，5G 网络基础架构，5G 和 4G 互操作架构，以及 5G 网络融合架构。

6.1 节介绍了移动网络架构的概念以及 5G 网络的总体网络架构。

6.2 节总结了 2G、3G、4G 直至 5G 网络的发展变革，分别阐述了每一代网络的业务需求发展变更下，对应网络架构的更新迭代。

6.3 节介绍了 5G 新业务需求下，为实现 5G 网络发展目标所涉及的包括 NFV 及云原生技术、SDN 技术、微服务技术和新型互联网 /IT 协议技术在内的 5G 架构基础技术。

6.4 节主要介绍了 5G 网络的基础架构，包括多种架构的来龙去脉；介绍了非独立组网（NSA）架构和独立组网（SA）架构，并比较了两种架构的优劣。

6.5 节针对 5G 和 4G 将长期并存的情况，介绍了 5G 和 4G 之间的互操作架构，以及在该架构下如何为用户提供网间平滑的移动服务。

6.6 节针对 5G 网络与各类网络的融合发展，介绍了包含固定与移动融合架构、5G 与工业互联网融合架构及 5G 专网融合架构在内的 5G 融合网络架构。

6.1　移动网络架构概述

前面章节介绍了 5G 空口传输的各项关键技术以及无线组网技术，这些技术使得终端和基站之间的数据得以正确、高效地传输。通过基站的蜂窝组网技术实现了无线信号的连续覆盖，从而保障了终端在移动情况下能够不间断地收发数据。

为了进一步实现终端和终端之间、终端和互联网之间的通信，需要更多的设备来完成对终端的接入控制、数据路由、签约和计费等功能。这些设备通常部署在相对集中的位置，同时管理着一大批基站和终端，起着核心控制的作用，这些设备构成的网络也叫核心网。核心网和基站之间通过承载传送网互联。基站就像"前台"，负责从终端处通过无线信号把数据收上来并发下去。承载网就像"卡车"，负责在基站和核心网之间进行数据传递。核心网就像是"中枢"，连接无线网和业务网，对数据进行分拣，然后告诉它该去何方。

核心网肩负着承上启下、融会贯通的使命，功能复杂，因此核心网必须具备高性能、灵活开放等特点，一方面需要对大量基站、海量终端进行管理，另一方面需要满足各种应用的网络需求。

5G 在新业务、新场景方面的极具挑战的需求使得新的 IT 技术如虚拟化、云计算、大数据等被移动通信系统所采纳，以新的空口技术、组网技术、IT 化、云化技术、传输技术为基础，多种新的网络逻辑功能为载体，共同支撑多样化面向丰富的未来场景的业务应用。所有的这些成为一个统一的有机整体，可以用如图 6-1 所示的系统架构来展示。

6.2　移动网络架构的变迁

移动通信网络是一个复杂的系统，而网络架构就是这个复杂系统的核心，如同一栋大厦的骨架，决定整个系统的效率和能力。

移动通信网络经过多年的发展，不断经历着重大的变革。2G 实现了从 1G 的模拟通信向数字通信的转变，3G 实现了从 2G 语音通信向数据通信的转变，4G 实现了数据传输速率的大幅提升，5G 实现了面向垂直行业的万物互联。从网络架构方面来看，其演进路线大致经历了从单纯的电路域、到电路域和分组域相互并存、到电路域为辅而分组域为主、再到全 IP 化网络的演进路线。在这个演进过程中，网络架构从四层变成三层、再到两层，变得越来越扁平化。

2G 网络初期给用户提供的主要是单一的语音业务，整个网络中只有电路域。后来引入了通用分组无线服务（General Packet Radio Service，GPRS）技术，通过分组交换功能给用户提供数据业务。2G 时代接入网由基站（Base Transceiver Station，BTS）和基站控制器（Base Station Controller，BSC）构成，核心网包括电路域的控制网元移动交换中心／拜访位置寄存器（Mobile Switching Center/Visitor Location

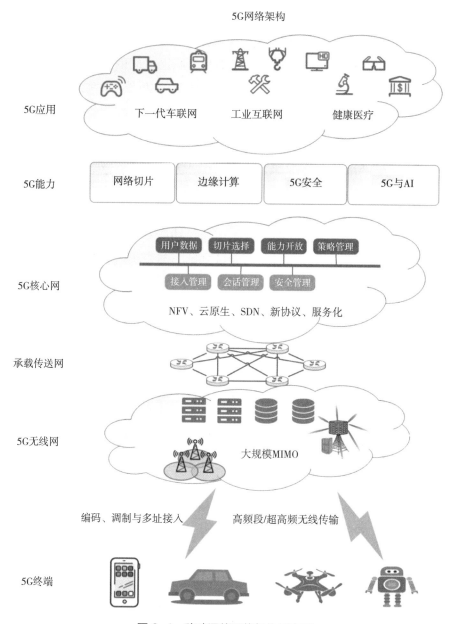

图 6-1　移动通信网络架构示意图

Register, MSC/VLR)、分组域的接入控制网元（Serving GPRS Support Node, SGSN）
和互联网接入网关（Gateway GPRS Support Node, GGSN）等。

3G 时代，无线网络部分的 BTS 和 BSC 分别被基站（NodeB）和网络控制器
（Radio Network Controller, RNC）取代。核心网基本延续了 2G 网络的架构，依然
分为电路域和分组域，但是由于 3G 时代数据业务量的激增，分组域逐渐占据主导
地位。

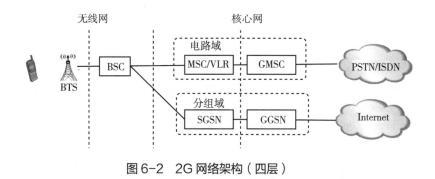

图6-2 2G网络架构（四层）

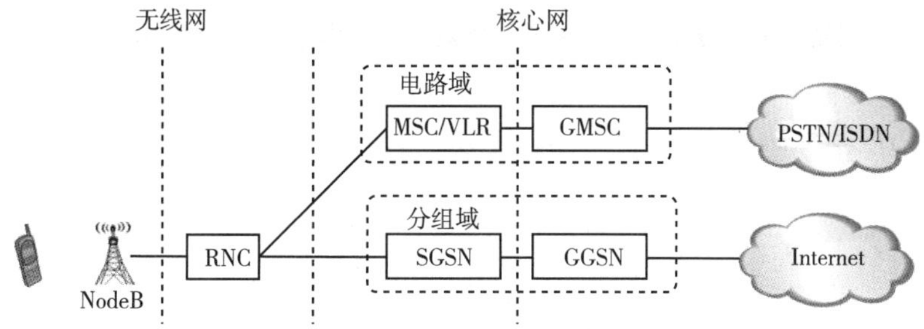

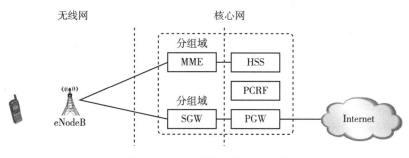

图6-3 3G网络架构（四层）

4G时代，随着智能手机的发展，移动宽带业务呈现爆发式增长。为了进一步提升用户业务体验、降低端到端时延，4G网络的网络层级从四部分变为三部分，网络架构呈现出扁平化趋势，4G用新型基站eNodeB取代了NodeB和RNC，用户数据包从基站可以直接发往核心网。4G核心网实现了全IP化，实现了控制面与用户面的初步分离，SGSN的控制面功能演变为移动性管理实体（Mobility Management Entity，MME）、用户面功能演变为服务网关（Serving GateWay，SGW）、GGSN演变成为PDN网关（Packet Data Network GateWay，PGW）。

图6-4 4G网络架构（三层）

5G网络相比前几代移动通信系统，在网络架构方面实现了跨越式的变化。5G除了传输速率大幅提升外，还有超低时延、高可靠、海量连接、低成本等多方面需求。5G承载的业务种类繁多，业务特征各不相同，对网络的要求也各不相同，同时对网络架构提出了更高的要求。因此，5G 网络架构在设计时充分考虑了 5G 的需求、场景和指标要求，采纳并结合了 IT 和互联网领域前沿的思想和技术，在 4G 核心网的基础上进行了革命性的重新设计。通过引入服务化架构 SBA，使得整个系统在大幅提升通信能力的同时也具备了 IT 系统的灵活性。通过引入单一的数据面网元等方式，实现了极简的架构设计，将网络架构压缩为两级，尽可能提升了数据转发性能，提高了网络控制的灵活性。在无线网方面，为了使组网方式更加灵活、满足 5G 多样化的需求，无线网有两种形式，可以是独立的基站 gNB，也可以将 gNB 分为集中单元（Centralized Unit，CU）、分布式单元（Distribute Unit，DU）两个网元分开部署：CU 负责处理非实时协议和服务，DU 负责处理物理层协议和实时服务。

下面将从 5G 网络架构的基础技术出发，详细介绍 5G 的网络架构。

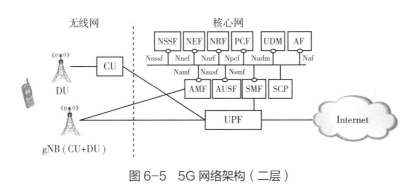

图 6-5　5G 网络架构（二层）

6.3　5G 架构基础技术

6.3.1　NFV 及云原生技术

网络功能虚拟化（Network Function Virtualization，NFV）是 5G 架构的基础技术之一。NFV 理念的提出是电信领域开始尝试全面拥抱 IT 技术的信号，随着移动数据流量的激增，运营商对于传统通信网络架构升级改造的需求凸显，面对来自 OTT 的冲击，运营商所面临的成本压力越来越大，业务创新需求也越来越多、越来越急迫。然而，传统通信设备的软件功能和硬件设备是紧密绑定的，通信设备因其功能需求的不同而表现为形态各异的硬件，当需要部署新的业务功能时，新的网络设备需要通过研发、测试、采购和部署多个环节才能最终替换现网旧设备，这一方面给运营商带来了较高的成本投入，另一方面导致了运营商对新业务的响应迟缓。

为了解决上述问题，欧洲电信标准化协会（European Telecommunications Standards Institute，ETSI）在 2012 年 10 月联合了包括 AT&T、中国移动在内的全球 12 个主流运营商成立了 NFV-ISG 工作组，并发布了业界首个 NFV 白皮书。书中介绍，NFV的核心理念是运用虚拟化和云计算技术将传统电信设备软硬件解耦，采用通用服务器代替原有的 ATCA 专用硬件，将虚拟网络功能（Virtual Network Function，VNF）以软件的形式运行在通用 IT 云环境中，以降低网络成本，并通过引入 MANO 系统（Management and Network Orchestration，MANO）实现网络的动态扩缩容和敏捷运营，最终实现缩短业务上线时间，以应对来自互联网巨头的竞争。

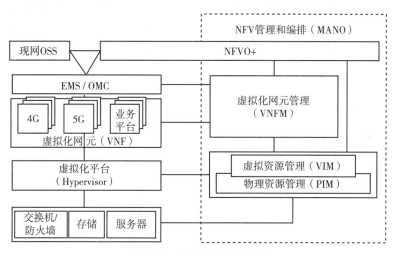

图 6-6　NFV 系统结构图

NFV 概念一经提出即受到了业界的极大关注，运营商纷纷启动了 NFV 技术可行性研究和原型验证，并借此开启了对运营商网络转型升级的探索。其中，最为引人注目的是 AT&T 于 2013 年启动的 Domain 2.0 项目，它致力于通过 SDN/NFV 技术将网络基础设施从"以硬件为中心"向"以软件为中心"转变，实现基于云架构的开放网络。同期，国内三大运营商也纷纷提出网络转型计划，中国移动提出下一代网络 NovoNet 愿景，中国电信发布 CTNet 2025 网络架构白皮书，中国联通启动面向未来可运营的新一代网络架构体系 CUBE-Net 1.0 研究计划。在这些信号下，整个产业链从一个长期相对封闭的状态进入了一个开放周期，包括惠普、红帽、VMware 等在内的通用服务器和云平台厂家开始深入研究电信业务需求，将 IT 理念融入电信场景并提出 ICT 融合的解决方案。传统的依靠 3GPP 或 ETSI 制定国际标准引导厂家开发产品的模式，也逐渐转向由标准组织和开源社区相互结合、相互促进的方式推进。

因此，NFV 技术对于运营商来说不仅仅是一次技术升级，更是对传统的研发、采购、建设和运维模式的极大颠覆。为实现最初提出的目标，整个产业链都面临着较大挑战,比如如何解决 NFV 架构下多个模块解耦集成的问题,如何将传统被动式、看护式运维升级成主动监控和自动化运维相结合的模式,如何在短时间内提升运营商员工 IT 技能等问题。通过产业的共同努力,多年的探索终于攻克了各项技术难题,NFV 开始步入成熟商用阶段。

在 5G 时代来临之际,业界就达成了一种共识——5G 必须基于 NFV 构建,也就是说从一开始 5G 就必须是基于 NFV 技术的软件化网络。基于 NFV 构建的 5G 网络使运营商在增加 5G 业务功能、动态生成新的 5G 网络切片的时候,不需要升级替换已经部署的硬件设施,避免了网络设备的浪费,有利于实现网络的快速、敏捷化部署。此外,基于 NFV 构建的 5G 软件化网络使得新业务的引入和部署速度大大提高,从传统的软件、硬件集成开发变为以软件开发为主,这对研发人员的开发难度大大降低,从而使得开发集成和部署的速度明显加快,提高了创新能力。

面向 5G 网络未来承载更多样化的业务场景,5G 核心网在设计之初,在 NFV 基础上进一步提出了云原生(Cloud Native)概念,借鉴 IT 领域的微服务架构将 VNF 按更细粒度进行重构,为解决当前 NFV 网络的资源利用率低、平台与业务解耦困难等问题提供了一种有效的手段。

云原生是一系列云计算技术体系和管理方法的集合,既包含了实现应用云原生的方法论,也包含了落地实践的关键技术。云原生典型代表技术包括容器、微服务、不可变基础设施等。理论上讲,基于云原生的不可变基础设施,可以解决平台与多厂家硬件资源适配的兼容性问题;基于微服务重构网络功能软件架构,可实现业务的敏捷开发与快速迭代;基于容器构建网络功能,可提高资源利用率。然而,与 IT 业务相比,电信业务具有高可用、高可靠和低时延等需求,网络功能设计与通信仍需遵循特定协议与规范要求,因此 IT 云原生技术如何与电信业务深度融合仍有很多问题需要研究和探索。

6.3.2　SDN 技术

软件定义网络(Software Defined Network,SDN)是一种新的开放网络架构。它起源于斯坦福大学园区网,扬名于数据中心,延展于电信网和互联网。传统的网络控制和转发功能集成在同一个设备上,但一张大网由成千上万的网络设备组成,网络缺乏集中控制并且相对封闭,难以开放给业务直接使用。

SDN 通过分离网络控制面与转发面实现集中控制,通过开放的网络可编程接口实现跨域跨平台的业务协同简化运维,适应向以云为中心的新型网络演进,实现全局视角网络资源灵活调度以及新业务快速部署,达到简化运维、提高网络资源利用率、提升业务感知的目的。

当前，云计算正发展成信息技术设施，同时也是 5G 网络的基础。如果把网络比作道路系统，那么云和数据中心就是港口、码头、机场。5G 网络将会以云和数据中心为中心，网络流量模型将会发生巨大变化。传统 4G 承载传送网，流量模型以南北向流量为主，即移动终端和数据中心间的流量，通过利用内容分发网络（Content Delivery Network，CDN）来有效提升网络流量的本地率。而在 5G 时代，随着万物互联及边缘计算的出现，网络流量和流向发生重大变化，流量模型开始向东西向转变，即边缘站点或边缘云间的流量大幅增加。如果没有一个集中的大脑进行调度和疏导，网络将无法得到高效利用，带来严重的拥塞。在这种情况下，SDN 技术可以全程协同调度全网资源，对流量实现管控，从而提供端到端的服务保证。

如图 6-7 所示，SDN 网络由基础设施层的网络设备、控制层的网络操作系统、应用层的商业应用组成。其中，基础设施层由多专业、多管理域的多张网络组成。每张网络通过控制层的 SDN 控制软件对外提供可编程的接口来实现本网络能力的开放，网络操作系统整合多张网络的控制器实现多网络的协同，最终实现网络连接端到端的协同开通和管理。

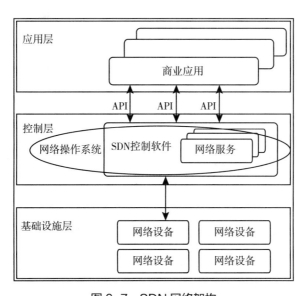

图 6-7　SDN 网络架构

SDN 的关键技术主要包括如下三个方面：

1）转发与控制分离：从全局视角调度资源，提升资源利用率，实现自动化运维。

2）软件与硬件解耦：软件自主掌控，硬件开放化，打破厂家垄断，提高网络的自主掌控。

3）业务和网络解耦：通过软件层面的修改或升级实现新业务快速上线，提升网络价值。

SDN 的核心价值体现在：

1）网络能力提升：SDN 实时感知全局资源信息，具备集中计算控制能力，可实现智能灵活调度，如网络流量调优、路由规划、保护恢复等。

2）打破互通壁垒：SDN 通过标准化南北向接口、层次化控制器实现跨域跨厂商统一调度，打破设备商采用私有协议形成的垄断，提升网络的开放性。

3）简化运维：利用 SDN 可以实现端到端业务全自动化快速开通，灵活配置，简化运维，提升客户体验。

4）可视化监控：基于 SDN 可以实现网络质量可视化，直观便捷地进行网络各项状态监控，从而支持运营商和客户随时随地调整优化。

5G 核心网借鉴 SDN 的思想设计了控制平面和转发平面共同组成的 5G 网络逻辑架构。控制平面通过网络功能重构实现控制的集中化，从而对接入资源或转发资源进行全局调度；通过对控制平面功能的按需编排，可以实现面向用户 / 业务需求的定制化服务。

SDN 为网络切片和边缘计算提供基础网络的承载技术。网络切片解决了不同需求场景的网络连接问题，可以按用户需求构建端到端的逻辑网络，SDN 技术横跨核心网、无线接入网、承载传送网进行资源分配，对流量进行管理。通过使用 SDN 集中管理所有网络，一方面可以端到端地分配网络资源并打通连接，另一方面可以对外开放网络能力，实现网络和业务的分离。

除 5G 承载传送网之外，SDN 技术还在与 5G 密切相关的数据中心、广域网、SD-WAN 等领域得到了广泛应用。数据中心内部网络通过 SDN 技术可实现自助开通以及多租户网络逻辑隔离、业务灵活调度；在 IP 承载传送网（广域网）场景中进行全网网络流量实时感知、全局流量集中调度、IP 网络带宽利用率提升以及关键业务质量保障；在 SD-WAN 场景中进行集团客户 L3/L2 VPN 用户快速接入和自动开通、按需提供增值服务、可视化的运维。

6.3.3　微服务技术

微服务由 Martin Flower 在 2014 年提出，主要思想是在传统软件应用架构的基础之上，按照业务能力将系统拆分成多个服务，每个服务都具备一个独立的功能，对外提供一系列的服务 API，服务之间以轻量级的方式相互调用[6]。微服务架构把一个大型、单个的应用程序或服务拆分为若干个可支持的微服务，是一种具有敏捷开发、持续交付、强可伸缩性特征的全新软件布局设计模式。与

SOA 相比，它对服务的粒度定义更细、服务之间边界更清晰。与 SOA 的 SOAP 通信机制相比，微服务架构采用了 REST/JSON/HTTP 2.0 等更加 IT 化、更加轻量级的通信机制。

微服务架构具有业务隔离、功能独立、可轻量级部署、方便升级等特点。

1）自动化交付：通过自动化的研发工具构建敏捷开发、交付环境，实现微服务系统研发的自动化、敏捷化，新功能可快速上线、快速交付。

2）独立演进：通过服务之间的解耦，每个服务在保持原有产品能力的基础上可以不断迭代、演进升级。

3）高可靠性：通过高度解耦的微服务架构、自动化交付的敏捷机制、关键业务的隔离和独立演进，使得业务高可用，提升了系统的可靠性，减少了设备宕机次数和时间，降低了设备宕机的可能性。

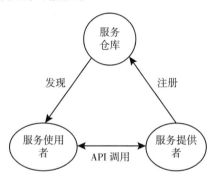

图 6-8　5G 服务化框架

微服务包含服务的定义方式、服务框架、服务化接口、服务监控及服务间负载均衡等若干核心技术。服务的定义方式规定了微服务的定义原则和方法；服务框架明确了服务之间的关系，包括服务的注册、发现、调用等；服务化接口规定了 API 接口的定义和描述方式。

5G 基于微服务的设计是一个全新的变革。5G 网络借鉴 IT 及软件架构中的 SOA、微服务的理念，基于移动通信系统的功能和逻辑，对 5G 网络功能解耦，由模块化、可独立管理的原子"服务"来构建网络功能（Network Function，NF）。服务之间可以灵活调用，便于网络按照业务场景以"服务"为粒度定制及编排。服务可独立部署、灰度发布，使得网络功能可以快速升级引入新功能。服务可基于虚拟化平台快速部署和弹性扩缩容。

6.3.4　新型互联网 /IT 协议技术

协议是传统电信网组织网络及互联互通的核心。4G 及之前电信网的协议往往都是专有协议，如 SS7、GTP、BICC、ISUP 等。随着互联网的蓬勃发展，涌现出一大批新型的开放性协议，如 QUIC、HTTP/2、JSON、BSON、ProtoBuf、OpenAPI 等。在新的形势下如何定义 5G 的协议体系成为业界关注的焦点。

表现层状态转移协议（Representational State Transfer，RESTful）最初由 Roy T. Fielding（HTTP/1.1 协议专家组负责人）在其 2000 年的博士学位论文中提出 [3]。从诞生之日开始，就因其可扩展性和简单性受到众多架构师和开发者的青睐。REST 充分利用 HTTP 的优势，以资源为核心，将资源的 CRUD 操作（create 添加数据、read 读取数据、update 修改数据、delete 删除数据）映射为 HTTP 的 GET、PUT、POST、DELETE 等方法。REST 式的 web 服务提供了统一的接口和资源定位，简化了服务接口的设计和实现，降低了服务的复杂度。

快速 UDP 互联网连接（Quick UDP Internet Connection，QUIC[1]）协议是一种新的多路复用和安全传输 UDP 协议。QUIC 通过一次甚至不需要往返握手就可建立连接，大大降低了网络传输延迟。同时采用 UDP 底层协议，避免了 HTTP/2 基于 TCP 的前序包阻塞等问题。

HTTP/2[2] 协议是新一代的超文本传输协议，相对于 HTTP 1.1 新增多路复用、压缩 HTTP 头、划分请求优先级、服务端推送等特性，解决了在 HTTP 1.1 中一直存在的问题，优化了请求性能，同时兼容了 HTTP 1.1 的语义。多路复用允许同时通过单一的 HTTP/2 连接发起多重的请求 – 响应信息，很好地解决了浏览器限制同一个域名下的请求数量的问题，同时也更容易实现全速传输。HTTP/1.1 的 header 带有大量信息，而且每次都要重复发送。HTTP/2 并没有使用传统的压缩算法，而是开发了专门的"HPACK"算法，在客户端和服务器两端建立"字典"，用索引号表示重复的字符串，还采用哈夫曼编码来压缩整数和字符串，可以达到 50%~90% 的高压缩率。HTTP2 还在一定程度上改变了传统的"请求 – 应答"工作模式，服务器不再是完全被动地响应请求，也可以新建"流"主动向客户端发送消息。

继 3GPP 确立了 5G 采用 SBA 作为 5G 核心网的基础架构后，5G 核心网控制面网络功能间的接口协议设计成了服务化架构标准进一步落地的关键。SBA 接口涉及多个层次的协议选择，即传输层、应用层、API 设计方式、序列化方法、接口描述语言（Interface Define Language，IDL），每个协议都有众多备选。经过产业界的深入分析及热烈讨论，最终在 2018 年 8 月底在波兰召开的 CT3/4 小组联合会上确定了以 TCP、HTTP/2、JSON、RESTful、OpenAPI 3.0 的组合为基础的服务化接口协议体系。

协议栈	备选协议		选择结果
接口描述语言（IDL）	OpenAPI 3.0 YANG		OpenAPI 3.0
序列化协议	JSON BSON CBOR ProtoBuf		JSON
API设计方式	RESTful RPC		RESTful
应用层	HTTP / 1.1 HTTP / 2 Diameter GTP		HTTP/2
传输层	TCP UDP QUIC SCTP		TCP

图 6-9 服务化接口协议栈

和传统电信网络特有的 Diameter 协议、GTP 协议相比，新的协议体系能够实现快速部署、连续集成和发布新的网络功能和服务、便于运营商自有或第三方业务开发。这是移动通信网第一次引入开放式、互联网化的协议体系，是一次巨大的变革。

6.4 5G 网络基础架构

2G 到 3G、4G 演变的核心主要在于网络传输速率的提升，但 5G 相对于前面几代移动通信系统而言，除了速率有大幅提升的需求外，还有超低时延高可靠、海量连接的需求，这让 5G 网络架构相对前几代网络而言需要更大的改变，才能全部满足这些需求。

不同于前几代核心网与无线接入网整体演进的方式，5G 网络的核心网和无线网分成两条路径发展。无线接入网主要由基站组成，为用户提供无线接入功能，通过引入新的频段、新的空口帧结构、更多天线等方式来提升传输速率和可靠性；核心网则主要为用户提供签约、接入控制、计费等功能，特别是通过新的服务化架构为用户提供灵活按需的服务能力。

考虑到端到端全新的 5G 网络网元多、跨厂商互操作接口配对多、复杂度高、现阶段成熟性差等问题，短时间内完成 SA 技术方案收敛并推动产业成熟部署的挑战较大，国际上有的运营商为了快速引入 5G 的部分特性（如高速数据传输），提出只引入部分 5G 功能（如只引入 5G 基站），将其接入到 4G 的核心网；也有运营商提出将 4G 基站升级接入 5G 核心网，为用户提供切片能力。

4G、5G 的基站和 4G、5G 的核心网之间的这种交叉组网以及多连接的组网方式构成了各种组网模式。德国电信在 2016 年 7 月的 3GPP 第 72 次全会上提出文稿将各种组合进行了排列组合，排除了两种完全不可能的组网方式，形成了如下两类一共 6 种组网方案[5]。

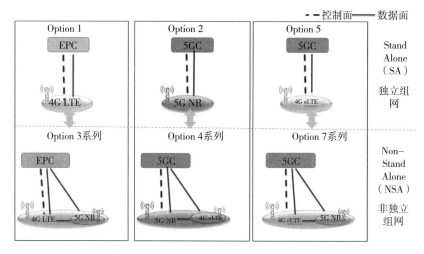

图 6-10　5G SA 和 NSA 网络架构选项

　　第一类是独立组网（StandAlone，SA），包括 Option1、Option2 和 Option5。Option1 其实就是 4G 的网络架构；Option2 是指以新空口独立部署方式接入 5G 核心网；Option5 是指将 4G 基站进行升级，独立接入到 5G 核心网。

　　第二类是非独立组网（Non-StandAlone，NSA），包括 Option3、Option4 和 Option7。Option3 是指以 4G 基站作为控制锚点，5G 基站通过双连接方式接入 4G 核心网；Option4 是指以 5G 基站作为锚点，4G 基站通过双连接的方式接入 5G 核心网；Option7 是指以 4G 基站作为控制面锚点，5G 基站通过双连接的方式接入到 5G 核心网。非独立组网的 Option3、Option4、Option7 还有不同的子选项。

　　非独立组网架构的典型选项是 Option3，独立组网架构的典型选项是 Option2，下面详细介绍这两类架构。

6.4.1　非独立组网（NSA）架构

　　NSA 是 5G SA 网络的过渡方案，依附于 4G 无法独立组网，只能部分满足 5G 的功能需求，如高带宽能力。非独立组网架构的典型选项是 Option3，具体组网方案包括 Option3、Option3a、Option3x。在该系列方案中，核心网都是基于 4G EPC 核心网的增强，4G 基站 eNB 作为 RAN 的主节点，5G 基站 gNB 作为副节点，终端需具备双连接能力。

　　三种组网中，UE 和核心网之间的控制信令都是通过 eNB 传输的，eNB 与 gNB 采用双连接的形式为用户提供高数据速率服务。此方案可以部署在热点区域，增加系统的容量。三种组网的主要差别在于数据面的路径不一样：① Option 3 中，下行由 eNB 分流，上行由 UE 选择，数据面的路径为 UE 到 eNB 到 EPC 和 UE 到 gNB 到

eNB 到 EPC；② Option 3a 中，下行由核心网分流，上行由 UE 选择，数据面的路径为 UE 到 eNB 到 EPC 和 UE 到 gNB 到 EPC；③ Option 3x 中，下行由 gNB 分流，上行由 UE 选择，数据面的路径为 UE 到 gNB 到 EPC 和 UE 到 eNB 到 gNB 到 EPC。

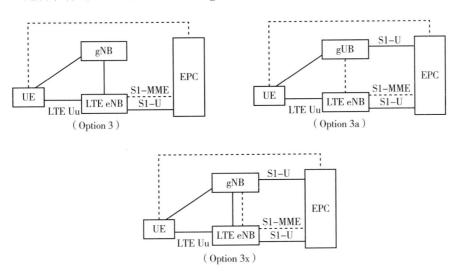

图 6-11　5G NSA 网络架构

考虑到 Option 3x 方案中新建 gNB 的高速处理能力，由 gNB 分流优势更明显，Option 3x 是 NSA 组网中的主流方案。

6.4.2　独立组网（SA）架构

独立组网指端到端的 5G 组网，不依附于 4G 即可构建 5G 网络。独立组网的核心是引入全新定义的 5G 核心网新架构。独立组网 SA 架构的典型选项是 Option2，这也是 5G 网络的目标架构。SA 架构端到端都是全新的，包括新基站、新核心网。

图 6-12　独立组网（SA）架构

SA 架构下的新基站通过采用新型的波束管理、新参考信号、新编码，采用更多的天线、更大的带宽等手段，全面提升 5G 无线网的能力。无线架构方面引入了 CU/DU 分离的新型架构，以实现无线资源的集中控制和协作，使得组网方式更加灵活。空口方面采用新型的灵活帧结构设计，加快上下行转换，减少等待时间，同时子载波带宽增大，最小调度资源的时长减少，从而很大程度降低了空口时延，提升了用户体验。

　　SA 架构下的新核心网采用了革命性的服务化架构，这种架构在 4G 核心网的基础上，通过功能重构、引入微服务和服务化框架、IT 化接口协议重新设计了 5G 核心网。

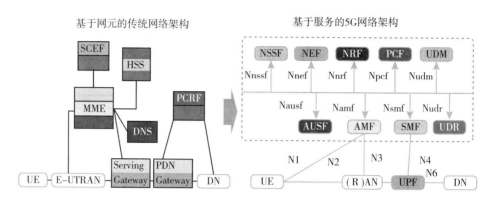

图 6-13　5G 网络架构演进

　　从图 6-13 可以看到，5G 核心网是在 4G 核心网的基础上进行重构和增强。4G 网络里面的功能在 5G 核心网里基本上都能找到，5G 网络功能实体的划分比 4G 更加合理、更容易扩展和部署。例如，将 4G 网络中分散在 MME、SGW、PGW 的会话管理相关功能剥离出来，集中到一起演变为 5G 的 SMF；将 MME、HSS 中负责鉴权的相关功能剥离出来，集中在一起形成 AUSF。MME 中剩下的部分即为 AMF，负责接入和移动性管理。HSS 中剩余的部分即 UDM，负责前台数据的统一处理，包括用户标识、用户签约数据、鉴权数据等。UDR 负责存储结构化数据，包括用户签约数据、策略数据等。UDSF 存储非结构化数据，包括 AMF 和 SMF 使用的会话 ID、状态数据。相对 4G 网络，5G 还新增了 NRF 和 NSSF，NRF 负责 NF 的登记和管理，NSSF 辅助网络切片相关信息的管理。

　　为了给不同的消费者提供不同的能力，将 5G 核心网的网络功能进一步拆分成若干个自包含、自管理、可重用的网络功能服务（NF Service），这些网络功能相互之间解耦，具备独立升级、独立弹性的能力，具备标准接口与其他网络功能服务互通并且可通过编排工具根据不同的需求进行编排和实例化部署的能力。每个 NF 服务都可以通过接口访问，接口可以由一个或多个操作组成[8]。

　　为了实现不同网络功能、不同服务的便捷加护，5G 核心网引入了服务化框架。通过服务的注册、发现和调用来构建 NF/ 服务间的基本通信框架，为 5G 核心网新功能提供即插即用式的新型引入方式。服务化架构下，控制面的 NF 摒弃了传统的点对点通讯方式，采用了新型的服务化接口（SBI 接口），每个 NF 通过各自的服务化接口对外提供服务，并允许其他获得授权的 NF 访问或调用自身的服务[8]。

　　独立组网架构是端到端的全新设计。通过引入全新的基站和全新的核心网，可以全面体现 5G 的新能力，通过一张网络全面满足 5G 定义的三大场景，支持网络切片、边缘计算等 5G 新特性；通过软件化服务化的架构设计，可以快速支持定制化的专网服务，能够更好地满足垂直行业多样化的场景需求，所以说 SA 是 5G 发展的目标方向[8]。

独立组网架构的设计由 3GPP 系统架构组 SA2 在 2016 年 11 月完成研究，正式标准于 2018 年 6 月发布。该标准由中国公司联合全球 67 家合作伙伴共同完成，这是第一次由中国公司牵头完成一代移动通信网的架构设计。

6.4.3 SA 和 NSA 的比较

NSA 是 5G SA 网络的过渡方案，依赖于 4G 核心网，无法独立组网。但是通过引入 5G 基站 gNB 及双链接的方式，可以快速引入 5G 的高速数据传输等特性，可以满足部分场景下热点区域高速数据传输需求。

性能方面，SA 上行速率达到 190Mbps，下行速率达到 1.7Gbps；而 NSA 的上行速率为 145Mbps，下行在分流的情况下为 1.85Gbps。时延方面，因为 NSA 需要多重转发，所以无论是控制面还是用户面的时延都更长。

网络能力方面，SA 网络通过网络切片可以实现端到端隔离网络、功能可定制、质量可保证；通过边缘计算实现用户面功能（User Plane Function，UPF）灵活部署，满足低时延、大带宽业务需求；通过新的 QoS、会话管理机制，提供更加精细的业务保障，更方便实现 5G 定义的特色指标和特色场景。

成本和实施方面，NSA 的现网改造成本更高，而且改造复杂度更高，需同步考虑 5G 小区、4G 锚点小区以及 4G 非锚点小区的三重要素。此外，从 NSA 向目标 SA 过渡仍需二次改造。

整体而言，与 NSA 相比，5G SA 优势和效果更显著。虽然在 5G 网络建设早期，NSA 不用改变核心网的架构而投资成本相对低，但考虑到后期 LTE 网络设备升级成本等方面的投入，实际上从长远发展来看，SA 架构的总投资会更节省，所以独立组网架构 SA 一定是目标方案。

6.5 5G 和 4G 互操作架构

5G 和 4G 是长期并存的，在 5G 没有覆盖的地方，需要依赖 4G 网络为用户服务。用户在 5G 和 4G 网络之间移动时，5G 网络和 4G 网络之间的信令交互即 5G 和 4G 的互操作。

5G 网络部署是一个过程，无法做到一步到位全覆盖，需要在 5G 网络没有覆盖的地方依靠 4G 网络的覆盖来提供业务，从而保障用户业务的连续性。当用户在 5G 和 4G 网络之间移动时，通过在 5G 和 4G 系统间交换用户的各类信息为用户提供平滑的移动服务。

5G 和 4G 之间的互操作架构如图 6-14 所示[4]。从图中可以看到，为了实现用户的网间互操作和网间业务的连续性，5G 和 4G 的部分网元需要合设，如存储 4G 用户签约数据的 HSS 和 5G 存储用户签约数据的 UDM 合设为 HSS+UDM，会话管理的控制面网元 PGW-C 和 SMF 合设，用户面网元 UPF 和 PGW-U 合设。为了支持 5G 和 4G 网络之间信令的交互，AMF 和 MME 之间存在互通接口，传递移动上下文、安全上下文等信息。UE 为了支持 5G 和 4G 之间的互操作，需要同时支持 4G 和 5G 的信令。

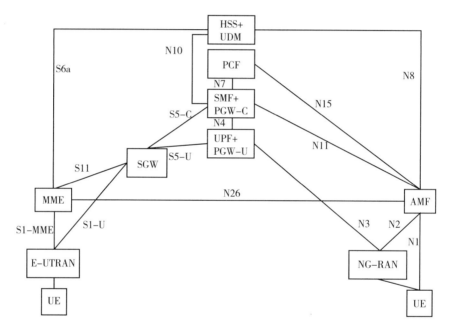

图 6-14　5G 和 4G 互操作网络架构

6.6　5G 融合网络架构

6.6.1　固定与移动融合架构

"内生的融合"是 5G 系统设计之初的目标[7]。5G 设计之初，宽带论坛（BBF）与 3GPP SA2（系统架构组）在 2017 年 2 月召开了联合会议。运营商希望 5G 具备统一接入的能力，实现"接入无关性"。这就要求不同的接入方式统一使用 3GPP 的接入标准：终端采用 N1（5G NAS）协议，接入网采用 3GPP 定义的 N2（控制面）和 N3（用户面）接口。在具体方案设计时，考虑到现有旧的设备（如固网的家庭网关）难以升级，3GPP 进行了折中的架构设计。

根据安全程度、接入类型、终端能力这 3 个维度，固定移动融合分成多种接入架构。3GPP 在 R15 定义了非可信接入的场景，在 R16 进行扩展支持了可信接入及固网接入的场景。

从安全程度来看，分可信接入及非可信接入，如图 6-15 所示。可信接入是指该接入网与运营商的网络同属于一个安全域，终端通过可信接入网关（TNGF）后能直接接入 5G 核心网（5GC）。在非可信接入场景下，接入网需要通过"互通功能"（N3IWF）后再接入 5GC。

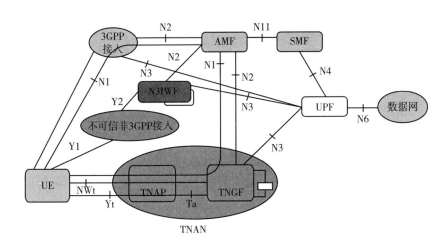

AMF：接入和移动性管理功能 TNAP：可信非3GPP接入点
N3IWF：非3GPP互通功能 TNGF：可信非3GPP接入网关
NWt：终端和TNG间的接口，提供NAS信令传输 UE：用户设备
SMF：会话管理功能 UPF：用户面功能
TNAN：可信的非3GPP接入网

图 6-15 可信及非可信非 3GPP 接入架构

从接入类型看，分无线接入（如 WiFi）和固定接入（固定宽带接入，如家庭网关）。蜂窝网和 WiFi 网络的融合能力是相对完善的，也是最主要的场景。随着 WiFi6 能力的引入和北美对非授权频段的支持，我们可以预见 WiFi 与 5G 的融合仍将是最重要的融合能力。在对 WiFi 融合接入支持的基础上，3GPP 在 R16 定义了固定接入（家庭网关）接入 5G 核心网的架构。

从终端能力来看，终端通过非 3GPP 接入 5GC 时，又分为具备或不具备 5G 信令（NAS）能力两种类型，如图 6-16 所示。5G 家庭网关（5G-RG）是一类新的终端，具备 5GNAS（N1 接口）信令能力，能接入 5G 核心网，对 5G 网络来说可以被看作一个 5G 终端。固网家庭网关（FN-RG）代表一类旧的、非原生 5G 接入的终端，本身不支持 5G 信令，需要通过有线接入网关（W-AGF）的 5G 信令接入 5G 核心网。

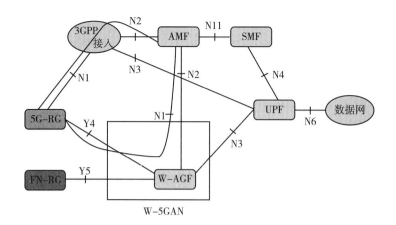

5G-RG：5G家庭网关　　　　SMF：会话管理功能　　　　W-AGF：有线接入网关
AMF：接入和移动性管理功能　UPF：用户面功能
FN-RG：固网家庭网关　　　　W-5GAN：有线5G接入网

图 6-16　不同能力的家庭网关接入 5GC 的架构

在网络融合接入中，终端具有很大的主动性。终端将根据诸如设备配置、用户偏好、历史记录、当前可用的网络信息等因素选择是通过可信还是非可信的方式接入网络。不论终端选择了可信还是非可信的接入，终端的接入和移动性管理功能（Access and Mobility Management Function，AMF）仍然是唯一的。虽然终端和网络的信令参考点 N1 是两个（非 3GPP 的 N1 连接与 3GPP 的 N1 连接），但是公用陆用移动网（Public Land Mobile Network，PLMN）是同一个。

终端无感知的网络融合方式仍将是后续技术发展的方向。从 3G/4G 网络融合的应用来看，终端的数量大、种类多、能力参差不齐等因素往往是制约网络融合统一的关键；因此，尽可能降低对终端的影响、降低用户使用的难度、避免业务体验的影响，往往是运营商选择融合方案实施的主要考量。

6.6.2　5G 与工业互联网融合架构

工业互联网的一个显著特点就是对时间的敏感度很高，因此，时间敏感网络（Time Sensitive Network，TSN）在工业互联网中得到了广泛的应用。TSN 是 IEEE 定义的广泛应用于工业有线网络的成熟标准。

5G 与工业互联网融合既可以通过 5G 网络替代传统有线 TSN 网络，又能利用 5G 的各种新特性，为特定应用提供确定性传输，即有界时延、低抖动、极高可靠性以及端到端的高精度时间同步。相比 URLLC 技术在可靠性和时延方面的保障，TSN 技术在时延抖动和时间同步方面对 5G 网络进行进一步的增强。

为此，3GPP 在 R16 阶段开始定义 5G 和工业互联网的融合架构。从整个融合架构来看，5G 系统是其中的一个 TSN 网桥（TSN Bridge），其架构如图 6-17 所示。

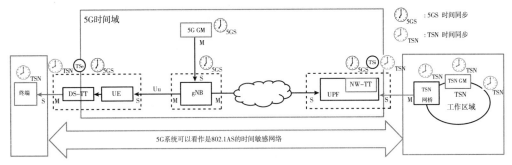

图 6-17　5G 与工业互联网融合架构

5G 与工业互联网融合架构做了如下增强。

1）架构增强：如图 6-17 所示，为了和 TSN 网络融合，5G 系统作为一个 TSN 桥和 TSN 系统进行集成。这个 TSN 桥包括用于 TSN 系统和 5G 系统之间用户面交互的 TSN 转换器等，该转换器功能包括终端侧 TSN 转换器（DS-TT）和网络侧 TSN 转换器（NW-TT）。

2）时间同步：为了使得 5G 系统两端连接的设备实现时间同步，端到端的 5G 系统和 TSN 一起构成了一个符合 IEEE 802.1AS 标准的时间感知系统。如图 6-17 所示，有两个时间同步域，分别为 5G 时间域和 TSN 时间域。5G GM 为 5G 系统内部的时钟，UE、gNB、UPF、NW-TT 和 DS-TT 需要与 5G GM 进行时间同步；其中，NW-TT 和 DS-TT 还需要支持 IEEE 802.1AS 的时间同步机制，包括支持处理上一个 TSN 节点发来的时间同步消息、对时间同步消息打时间戳、选择最佳主时钟等。

3）时间敏感通信（TSC）QoS 控制：TSN 系统会收集终端设备的要求，并转换成对 5G 系统的要求。为了实现数据的确定性转发，在 DS-TT 和 NW-TT 上预先配置特定类型的数据流在特定时刻的开关的门控列表、支持数据的保持和缓冲功能。根据 TSN 系统的时延、数据包大小等要求，5G 系统会为该数据流选择符合要求的时延敏感型 QoS。此外，网络侧还会告知无线侧数据的到达时间、周期性等参数，便于无线侧提前预留资源来传输 TSN 数据流。因此，5G 系统虽然对 TSN 系统是透明的，但是也可以按时完成 TSN 系统要求的数据流调度传输。

6.6.3　5G 专网融合架构

为了更好地支持 5G 系统面向垂直行业的部署，为垂直行业终端提供更加隔离的无线接入和通信服务，3GPP 标准在 R16 阶段定义了非公共网络（Non-Public

Network，NPN）的概念。

3GPP 定义的非公共网络有两种，一种是支持垂直行业自行部署的，即独立非公共网络（Stand-alone Non-Public Network，SNPN）；一种是基于运营商的 5G 网络，通过切片等技术实现的行业专网，即运营商网络集成的非公共网络（Public Network Integrated Non-Public Network，PNI-NPN）。这里重点介绍第二种。

运营商网络集成的非公共网络（PNI-NPN）中，NPN 可以通过运营商网络中的一个特定切片或者通过一个特定的数据网络名称（Data Network Name，DNN）来实现。此时，UE 拥有运营商的签约数据，包括在 NPN 中使用的签约切片 ID。根据移动运营商与 NPN 服务商的协议，该 NPN 可以仅部署在某些特定的地理范围内。当 UE 移出该范围时，网络将指示 UE 不能在新的注册区域继续使用当前的切片 ID。

由于网络切片无法阻止 UE 在不允许其使用的区域内尝试接入网络，为了阻止非授权的 UE 接入该 NPN 小区，3GPP 引入了封闭接入组（Closed Access Group，CAG）来实现接入控制，如图 6-18 所示。CAG 用于在网络 / 小区选择时进行授权。UE 根据广播消息中的 CAG ID 等信息判断是否可以接入网络，在 UE 的注册过程中，AMF 根据 UE 的签约信息来判断是否允许接入该小区。

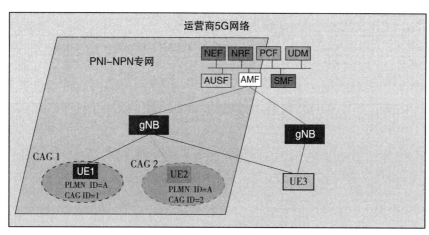

图 6-18　基于 CAG 的用户接入

CAG 标识一组用户，这些用户被允许接入与该 CAG 相关联的一个或多个 CAG 小区，从而防止 UE 通过自动选择接入关联的小区，进而接入非公共网络。标识一组用户的 CAG 由一个 CAG ID 表示，在一个 PLMN 内唯一。在一个 CAG 小区可以广播一个或者多个 CAG ID，还可以广播 CAG ID 对应的用户可读的网络名称，方便用户手动选择。

6.7 本章小结

相对 4G 而言，5G 网络架构是一个颠覆性的设计。在 5G 网络架构设计的时候，不仅充分考虑了 5G 网络的应用场景和定位，还重点考虑了运营商网络灵活运营部署的迫切期望，同时吸纳了 ICT 技术发展的最新成果，包括网络功能虚拟化 NFV、SDN、微服务等。5G SA 网络架构充分体现了 5G 新能力，虽然为了快速满足 5G 的高带宽能力，也定义了非独立组网的 NSA 过渡架构，但是独立组网的 SA 架构才是 5G 网络的目标架构。为了进一步满足行业用户的需求，5G 网络进一步与固定网络、工业互联网等进行了融合。

习题：

1. 5G 网络架构和前几代移动通信系统的架构相比有哪些不同？5G 网络架构的设计理念有哪些？
2. 请分别简述 5G 网络架构的基础技术。
3. 什么是独立组网？什么是非独立组网？请简述二者的优劣。
4. 网络融合是每一代网络发展的不断追求，5G 网络融合有哪些新的技术方向？其主要目标和技术特征是哪些？

参考文献：

[1] IETF draft–ietf–quic–transport–29 [S]. 2019.

[2] IETF RFC 7540–Hypertext Transfer Protocol Version 2（HTTP/2）[S]. 2019.

[3] Fielding R T. Architectural Styles and the Design of Network–based Software Architectures [D]. California：University of California, 2000.

[4] 3GPP TS 23.501 System Architecture for the 5G System [S]. 2020.

[5] 3GPP TR 23.799 Study on Architecture for Next Generation System [S]. 2020.

[6] Martin Fowler. A definition of this new architectural term [EB/OL]. http://martinfowler.com/articles/microservices.html.

[7] 孙滔, 陆璐, 刘超. 5G 技术演进趋势分析 [J]. 中兴通讯技术, 2020（3）：56–60.

[8] 刘超, 王丹. 5G 服务化网络架构研究 [J]. 信息通信技术与政策, 2018（11）：31–35.

第 7 章　5G 核心网关键技术及流程

　　5G 核心网是 5G 通信系统的核心枢纽，其通过基站汇聚各地的 5G 用户，负责对用户进行集中的认证、管控与调度，以及架通从用户到互联网的通路。如果将 5G 通信系统比作一台计算机的话，那么核心网就是整台计算机最核心的 CPU 与总线，其完成了对所有用户输入信息的识别、运算、存储以及对外发送等工作。

　　5G 核心网是承前启后的一代核心控制系统，更是全新设计的一代系统，相较于 4G 核心网，呈现出"五新"的设计——①新架构设计：采用控制面与转发面分离设计、转发面级联式组网设计以及无状态的网元设计，以提升 5G 核心网的灵活性、定制性和差异性；②新系统设计：采用 NFV+SDN 的底层系统，全面摆脱底层硬件的束缚，实现了 5G 核心网的快速构建与编排以及按需进行容量动态调整；③新服务设计：采用原子化的服务设计，将核心网网元的功能细分并打散，方便原子能力被不同网元复用，提高了内部服务的调用效率；④新协议设计：采用统一的服务化协议替代原有的多种协议类型，提升了网元服务的通用性；⑤新功能设计：全新引入网络切片功能、边缘计算功能以及网络大数据分析能力，以满足行业类客户的定制化、灵活化的组网要求。

　　本章将系统介绍 5G 核心网的关键技术以及主要流程，主要内容包括 5G 核心网的关键特性、5G 核心网的网络功能及其主要职能、5G 核心网的接口及其协议等。

　　7.1 节介绍 5G 核心网结构，分析了与 4G 不同的特性，简要介绍了 5G 网络架构以及核心网各网元的功能。

　　7.2 节介绍 5G 核心网主要特性，从七个方面介绍核心网的职能，包括接入及移动性管理、会话管理、签约信息管理、策略与计费控制管理、系统间互操作控制、语音及消息服务、网络服务管理。

　　7.3 节介绍 5G 核心网功能的扩展与演进，针对 5G 网络智能化、网络能力开放、时间敏感网络等重点特性进行了初步介绍。

7.4 节介绍 5G 核心网功能与服务，分网元介绍其提供的服务。

7.5 节介绍核心网接口与协议，主要介绍了终端与核心网、核心网与基站、核心网内部网元以及核心网与外部网络之间的接口及其遵循的协议栈。

7.6 节对本章内容进行总结。

7.1　5G 核心网结构

为了响应 5G 时代各类型行业应用灵活、多变、个性、极致的网络性能以及组网要求，5G 核心网对网络架构进行了较大的变革。相较于 4G 网络，5G 核心网呈现出以下"四化"。

原子化：通过控制与转发分离，实现了数据转发能力和会话控制能力的独立和拆分，分别由网元用户面功能（User Plane Function，UPF）与会话管理功能（Session Management Function，SMF）执行；通过网络功能的剥离，将认证服务器功能（Authentication Server Function，AUSF）、绑定功能（Binding Support Function，BSF）等功能独立出来。最终，网元数量从 4G 时代的 4 个网元扩展到 5G 时代的 12 个网元，使得每个网元的职能更加原子化、更加专一，也为后续更细粒度的服务能力的厘清提供了基础。

服务化：核心网各网元的能力被拆散成一个个相对独立、业务逻辑完整的服务单元，网元与网元之间的信令交互转变成服务能力的调用。基于服务化的设计一方面助力了网元能力的整合，另一方面有利于网元以服务为单元进行功能增强与迭代，进一步提升了网元的稳定性和健壮性。

总线化：借助服务化的设计理念和服务化的接口协议，各网元之间的连接打破了原有的点对点连接模式，形成总线式的互访架构，使得网元的能力和信息得到最大化的共享和复用。

模块化：在切片技术的助力下，整个核心网不再是"one-fit-all"的固化的、单一的核心网，而是可以根据业务需求灵活组合所需的专属网元以及各网元必要的服务组件，从而形成多切片共融的一个核心网。

5G 网络架构有着基于服务化和参考点的两种表示方式[1]。图 7-1 为基于服务化表示的 5G 网络架构，控制平面内的网络功能［例如接入和移动性管理功能（Access and Mobility Management Function，AMF）］可以授权其他的网络功能访问其服务。5G 控制平面内的网络功能仅使用基于服务的接口进行交互。图 7-2 为参考点表示的 5G 网络架构，列明了网元间主要的点对点的连接和交互关系。有连接的两个网元之间存在接口互通和服务化消息交互。

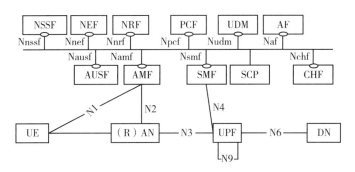

图 7-1　服务化表示的 5G 网络架构

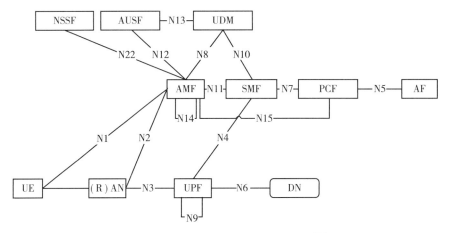

图 7-2　参考点表示的 5G 网络架构[1]

5G 核心网主要包括 AMF、SMF、网络存储库功能（Network Repository Function，NRF）、统一数据管理（Unified Data Management，UDM）、策略控制功能（Policy Control Function，PCF）、UPF 等网元，按照网元功能可划分为控制面、用户面、数据面和能力提升类网元。其中，控制面网元主要为 AMF、NRF、SMF、UDM 和 PCF 等，负责用户接入和移动性管理、会话管理、用户数据和策略数据管理以及计费等功能；用户面网元主要为 UPF，负责用户数据报文的路由转发、业务识别与策略执行等功能；数据面网元主要为统一的数据存储库功能（Unified Data Repository，UDR），负责 5G 用户数据、策略数据以及能力开放数据的存储；能力提升类网元主要包括网络开放功能（Network Exposure Function，NEF）、网络数据分析功能（Network Data Analytics Function，NWDAF）等，NEF 负责将 5G 核心网的服务化能力及信息对外部网络进行开放，NWDAF 负责采集并分析网络状态信息（如网络切片的拥塞情况）并向策略控制功能网元提供策略决策信息。计费功能（Charging Function，CHF）主要负责融合计费消息处理、实时计费配额下发和原始话单生成等功能。

7.2　5G核心网主要特性

7.2.1　5G核心网特性总述

5G核心网的职能主要体现在七个方面：接入及移动性管理、会话管理、签约信息管理、策略与计费控制管理、系统间互操作控制、语音及消息服务、网络服务管理。

接入及移动性管理：主要完成对用户在移动通信网络内的安全认证、网络连接状态、用户在网位置等信息的管理。通过移动性管理，一方面确保网络和用户之间的双向安全，另一方面实现对用户在网状态的实时获取，确保可以随时随地联系到该用户，实现电话、短信、互联网数据的及时送达。

会话管理：主要完成对用户访问业务行为的过程管理与控制，包括用户IP地址的分配及用户移动过程中的业务接续、业务服务质量（Quality of Service，QoS）的管控等。通过会话管理完成对于用户访问业务行为的全生命周期管控。

签约信息管理：主要完成根据用户订购的产品以及套餐等内容，进行用户的开户信息、权限配置、业务等级等信息的管理。这些信息将是5G核心网进行会话管理以及策略控制的核心依据。

策略与计费控制管理：主要完成对用户的服务能力以及服务质量的统一调控。依据用户订购的套餐中所包含的服务内容，根据用户的在网位置、访问的业务类型、套餐的余量情况等信息，通过策略与计费控制管理职能对用户的网络准入能力、业务访问的使用带宽、计费的优惠费率等信息按照既定策略进行统一调控。

系统间互操作控制：主要完成用户在5G网络与4G网络之间移动时，5G核心网与4G核心网对于用户的管理权限和必要的状态信息的交接以及用户业务的连续性保持。

语音及消息服务：主要完成用户在5G网络覆盖下的语音主叫与被叫业务以及短消息业务的发送与接收服务，确保提供连续、稳定、高清的语音服务以及实时送达的短消息服务。

网络服务管理：主要完成网络上述职能到网络服务的转化，并进行统一的服务管理。网络服务管理职能既方便网络内部的各个服务单元进行能力的相互调用和信息查询，也方便相关能力和信息的整合，进而通过大数据分析的方式形成可对外披露的网络信息，进一步提升了网络能力及网络数据的价值。

7.2.2 接入及移动性管理

1.网络接入控制

接入控制指的是在用户尝试接入网络时，核心网对用户进行身份认证和鉴权、基于签约数据对用户进行接入授权的过程。若用户身份认证失败或签约限制，则不允许用户接入网络。

用户开机后，先进行网络选择，从而确定向哪个 PLMN 尝试注册，包括 PLMN 选择和接入网选择。网络选择完成后，用户会尝试向网络发送初始注册请求接入网络，在此过程中，网络对用户进行身份认证和鉴权，验证用户是否拥有接入网络的权利。同时，网络可以通过 5G 设备标识符注册功能（5G-Equipment Identity Register，5G-EIR）对终端设备进行永久设备标识符（Permanent Equipment Identifier，PEI）检查，鉴定终端设备的合法性。用户鉴权成功后，网络基于用户的签约数据［包括运营商限制、漫游限制、接入类型限制和无线接入类型（Radio Access Type，RAT）限制等］，对用户接入进行授权。网络接入控制还包括在网络负载较高的情况下，核心网和基站按照一定策略限制用户尝试接入，从而保护网络。

2.注册管理

用户在访问业务前需要先注册到网络上，注册成功后，网络为用户建立上下文和安全的信令通道，用户才可以访问网络资源。注册管理指的是注册请求的处理过程及用户在网络上的注册状态管理。

注册管理状态分为注册态（RM-REGISTERED）和去注册态（RM-DEREGISTERED）两种。当用户在关机/开启飞行模式、没有网络或网络不允许用户接入等情况下，用户没有注册在网络上，无法访问网络资源，网络上没有用户上下文信息和位置信息，用户不可达，此时用户是去注册态。

用户开机/关闭飞行模式并选网成功后，自动向网络发起初始注册请求，AMF收到注册请求后，与 AUSF/UDM 交互完成接入控制（即用户认证和接入授权等）、与网络切片选择功能（Network Slice Selection Function，NSSF）交互完成切片选择（按需）、与 PCF 交互获取用户接入/移动性策略（按需），最终确定用户可否注册到网络上。若允许用户注册，网络为用户建立安全上下文和移动性管理上下文，返回 5G 全局唯一临时标识（5G Globally Unique Temporary Identity，5G-GUTI）、注册区、移动性限制、允许的切片、周期性更新时长、IP 多媒体子系统（IP Multimedia Subsystem，IMS）语音支持标记、紧急业务支持标记、用户的最大聚合比特率（Aggregate Maximum Bit Rate，AMBR）等参数给用户，授权用户可访问业务。这种情况下，用户变更为注册态，网络知道用户位置信息，可以寻呼用户，用户可以建立 PDU 会话访问业务。

用户注册到网络后，当周期性更新时长到时、用户移出注册区列表、用户需要更新自身的能力或重新协商协议参数时，用户会进行注册更新。当用户不再需要注册到网络中或网络侧决定注销该用户时，会进行去注册。注册管理状态模型如图7-3所示。

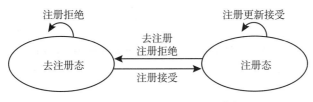

图7-3 注册管理状态模型[1]

3. 连接管理

空口资源是移动通信领域最宝贵的资源，用户在一段时间不进行信令或数据传输后，5G基站和核心网会释放空口资源以及基站与核心网之间的信令连接；当用户有信令或数据传输需求时，会重新为用户建立相关信令连接，上述按需进行连接建立和释放的过程以及5G核心网对用户连接状态的管理称为连接管理。

连接管理状态分为空闲态（CM-IDLE）和连接态（CM-CONNECTED）两种。当用户进入空闲态后，用户与基站间的AN（Access Network）连接、基站与核心网间的N2连接［统称为非接入层（Non Access Layer，NAS）信令连接］以及用户面N3连接均被释放，用户不能进行信令和数据传输；当空闲态用户需要进行信令及数据传输时，用户主动发起业务请求、注册请求等流程，以建立到AMF的NAS信令连接，若需要进行数据传输，则同时建立N3接口用户面连接，用户进入连接态，正常进行业务数据传输。连接管理状态模型如图7-4所示。

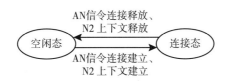

图7-4 连接管理状态迁移[1]

用户在连接态和空闲态间频繁迁移时，控制面NAS连接以及用户面N3连接频繁建立或释放，增加了信令开销且不利于业务快速恢复。为了改善此问题且保障空口资源不被长时间占用，5G系统引入了无线资源控制（Radio Resource Control，RRC）非激活连接态。在这种情况下，用户与基站之间的RRC连接释放，但基站与核心网之间的N2/N3连接仍保持，对于核心网来说，用户是连接态。

基站参考AMF下发的辅助信息决定用户是否进入RRC非激活连接态。当用户处于RRC非激活连接态时，由基站负责用户寻呼、用户移动性管理和可达性管理。

处于 RRC 非激活连接态的用户准备发送数据或与核心网进行信令交互时，会触发恢复 RRC 连接，用户进入连接态，进而进行信令和数据转发。

4. 终端可达性及寻呼管理

（1）终端可达性管理

终端可达性管理用于指示终端对网络来说是否可达，并对终端所在位置进行管理，以便网络对用户进行寻呼和下行信令或数据的分发。

当用户处于空闲态时，5G 网络可通过寻呼流程和位置跟踪获取终端的位置。用户追踪区域（Tracking Area，TA）列表粒度的位置对网络是可知的。用户进入空闲态后，会启动周期性注册定时器，定时器超时后，用户发起周期性注册。当基站发起用户上下文释放，指示终端不可达时，AMF 启动用户可达定时器，该定时器一般大于周期性注册定时器。如果用户可达定时器在用户连接到网络之前超时，AMF 判定终端不可达。

但是，AMF 并不知道用户将保持不可达多久，因此 AMF 不会立即注销该用户。在用户可达定时器到时后，AMF 会启动一个具有较大值的隐式去注册定时器。如果用户变更为连接态，则 AMF 停止隐式去注册定时器。如果隐式去注册定时器在用户连接到网络之前超时，则 AMF 隐式去注册用户。

当用户处于连接态时，AMF 知道用户在服务无线接入网络（Radio Access Network，RAN）节点粒度上的位置，当用户无法访问时，基站会通知 AMF。当用户处于连接态下的 RRC 不活动状态时，基站在通知区域粒度上知道用户的位置，并由基站执行对用户的寻呼和可达性管理。

（2）寻呼管理

当网络存在下行信令或数据需要向终端分发时，若终端处在空闲态，网络会向终端发送寻呼请求。用户收到寻呼后，会通过服务请求流程恢复与核心网的连接，完成后续的数据或信令传输。

基于运营商的配置，5G 系统支持为不同的会话使用不同的寻呼策略。当终端处于空闲状态时，AMF 决定寻呼策略并执行寻呼。当用户处于连接态下的 RRC 非活动状态时，由基站决定寻呼策略并执行寻呼。在网络触发服务请求时，SMF 根据从 UPF 接收的下行数据或下行数据通知确定 5G Qos 标识（5G QoS Identifier，5QI）和分配和保留优先级（Allocation and Retention Priority，ARP），并在发送到 AMF 的通知请求中传递给 AMF。AMF 可根据 5QI 和 ARP 得出不同的寻呼策略进行寻呼。

5G 网络支持对用户使用优先寻呼功能，允许 AMF 在发送给基站的寻呼消息中包括指示 UE 优先寻呼的标识，AMF 可基于从 SMF 收到的消息中的 ARP 值决定是否在寻呼消息中包括寻呼优先级。当基站收到携带寻呼优先级的寻呼消息时，它将优先处理该寻呼。对于处于 RRC 非活动状态的 UE，基站根据运营商规定的与 QoS 流相关联的 ARP 和来自 AMF 的核心网辅助寻呼信息来确定寻呼优先级。

7.2.3 会话管理

1. 控制及转发分离

传统 2G/3G/4G 移动网络中，核心网网元需支持路由转发功能和业务控制及信令传输功能，控制和转发为紧耦合的关系。但随着移动通信业务类型的愈加丰富，移动通信流量呈现爆发式增长，用户对业务体验的要求也在不断提升，传统的网络架构已难以满足业务需求。因此，在 4G 后期，研究者提出了控制与转发分离的概念，对服务网关（Serving Gateway，S-GW）和 PDN 网关（PDN Gateway，P-GW）中的控制面和转发面功能进行拆分，SGW 控制面 SGW-C 和 PGW 控制面 PGW-C 实现移动性管理、会话管理以及业务策略管理等复杂的控制功能，而 SGW 用户面 SGW-U 和 PGW 用户面 PGW-U 根据控制面的策略执行数据转发。

5G 核心网采用全新的网络架构，并在 4G 网络的基础上做了进一步优化和重组，将 4G 分散在移动管理实体（Mobility Management Entity，MME）、SGW-C 和 PGW-C 中的会话管理功能统一集中到 SMF，SGW-U 和 PGW-U 的用户面功能合并至 UPF，原有 4G 控制面的两层架构变为单层架构，用户面由三层转发（eNodeB->SGW-U->PGW-U）变为两层转发（gNodeB->UPF）（图 7-5），使得网络架构更加扁平化，实现了控制面和用户面功能完全分离。

图 7-5 5G 核心网演进的控制与转发分离架构

控制面与用户面分离后，控制面网元可集中部署、集中管控，实现统一的策略管理控制，提升网络运营维护效率；而用户面网元功能的简化使其可专注于业务数据的路由转发，在应对海量移动流量时亦可独立扩容，提升了网络架构的灵活性和稳定性。同时，用户面支持按需集中或分布式部署，当面对部分低时延的业务需求时，可将其下沉至业务侧，实现数据业务的本地分流，减少业务数据的传输路径，降低端到端传输时延。

2. 会话连接管理

在数据通信过程中，用户与外部网络［通过数据网络名称（Data Network Name, DNN）标识］可通过一定的数据交互机制完成数据包的传输，这种数据交互机制被称为会话。会话管理是对此交互机制进行建立、维护、修改和删除的过程，目的在于伴随用户当前状态和位置等因素的变化对网络进行调整，保证用户面链路的正常使用，同时还可根据用户类型和业务特征满足用户的多样化需求。此过程不仅涉及基于用户面的数据包传输，也涉及基于控制面的链路管理维护。5G 核心网中，SMF 负责会话管理功能，对应 4G 核心网的 MME 会话管理相关功能和 SGW-C、PGW-C 功能。

随着广连接、低时延、大带宽、高可靠等新兴业务需求的出现，5G 核心网的会话管理也在架构、协议、功能等方面进行相关增强。

广连接——引入新的会话类型：为满足更多不支持 TCP/IP 协议栈的工业或物联网终端接入 5G 网络的业务需求，5G 核心网除支持现有的 IPv4、IPv6 和 IPv4v6 会话类型外，还可支持非 IP 类型（Ethernet 和 Unstructured）的协议数据单元（Protocol Data Unit，PDU）会话，大大拓展了 5G 网络在垂直行业的应用场景。

大带宽、低时延——引入业务分流机制：5G 网络为满足增强移动宽带（enhanced Mobile Broad Band，eMBB）和超低时延高可靠（ultra Reability Low Latency Communication，uRLLC）这两大应用场景，通常需要借助边缘计算技术。为了方便、快捷地部署多接入边缘计算（Multi-Access Edge Computing，MEC）网元，并降低对现有网络的影响，需要使用高效的分流机制。因此，5G 核心网引入了上行分流（Uplink Classifier，UL CL）、多归属（Multi-homing）、本地数据网络（Local Area Data Network，LADN）三种业务分流方式，具体详见表 7-1。

表 7-1　5G 核心网三种业务分流方式

分流方式	分流依据	网元功能要求
UL CL	为目的地址不同的业务流选择不同的 UPF	上行分流 UPF 完成上行数据的分流和下行数据的合并
Multi-homing	为单 PDU 会话中使用不同 IPv6 地址前缀的业务选择不同的 UPF	分支点 UPF 完成上行数据的分流和下行数据的合并
LADN	为访问固定本地数据网络的业务就近选择 UPF	当用户进入 LADN 区域时，用户发起建立 LADN 的 PDU 会话或由 SMF 激活用户面连接；当用户离开 LADN 区域时，SMF 释放 LADN 的 PDU 会话

高可靠——引入会话服务连续性模式和I-SMF机制：为满足不同应用程序/服务的可靠性、连续性和时延要求，5G核心网支持会话和服务连续性功能，并新增定义了三种会话服务连续性模式（Session and Service Continuity mode，SSC mode），见表7-2。

表7-2 5G核心网三种SSC模式

SSC模式	模式特点	典型业务场景
SSC模式1	PDU会话建立后，Anchor UPF保持不变，类似EPC	业务和会话连续性要求高的业务，如运营商语音/视频类等
SSC模式2	PDU会话的Anchor UPF可以改变，但需要重建PDU Session	无业务和会话连续性要求的业务，如互联网浏览数据类等
SSC模式3	PDU会话的Anchor UPF可以改变，且保持业务持续	时延和业务连续性要求高的业务，如工业控制、车联网等

由于SSC模式1要求用户的PDU会话锚点保持不变，但是用户又在不断移动，一旦移出锚点网元的覆盖区域，就会影响当前业务的连续性和可靠性。因此，5G核心网中引入中间SMF（Intermediate SMF，I-SMF）充当基站和锚点SMF之间的"中继节点"，避免用户因移动出锚点SMF和UPF覆盖区域导致业务中断。

3. 用户面管理

用户面是用户与外部网络进行交互的数据链路，也是用户进行数据通信首先要打通的链路。5G核心网的用户面管理不仅需要保证5G用户面的基本业务交互，如具备用户IP地址分配、用户面隧道的建立等功能；还需为用户提供差异化服务和资费套餐，如支持流量检测能力、用户面转发控制、计费和用量监测处理、策略与计费控制等功能。5G的用户面管理功能主要由SMF和UPF共同完成。

（1）实现基本业务交互

用户如果需要与互联网完成基于TCP/IP的数据交互，那么该用户首先需要具备一个或多个属于自己的IP地址，这个地址分配过程通常由SMF完成。SMF可基于DNN配置、签约数据和运营商策略等因素为用户选择相应的PDU会话类型（IPv4、IPv6、IPv4/v6等），并通过NAS信令将分配的IP地址发送给UE。

用户收到IP地址后，还需要核心网为当前用户的PDU会话打通用户面隧道，用户面隧道信息通常由UPF分配，并在PDU会话建立或用户面路径发生变化时通过SMF与周边网元完成信息交互。当用户面各网元［无线、中间UPF（Intermediate UPF，I-UPF）、UPF等］均已获悉对端的用户面隧道信息后，用户面连接便被基本打通。

（2）实现差异化服务和套餐

当然，仅完成用户 IP 地址的分配和用户面链路的打通远远不能满足当前多样化的业务需求。为此，5G 核心网还需具备流量检测能力，并基于此完成一系列后续动作，如用户面转发控制、计费和用量监测处理、策略与计费控制等。

在用户面转发控制功能中，SMF 可通过 N4 接口消息中的转发动作规则（Forwarding Action Rule，FAR）信息指示 UPF 完成缓存、转发、封装等动作和转发目标控制（如重定向），基于此功能可为用户提供停机状态下的充值等特色服务。

在计费和用量监测处理功能中，SMF 可从 PCF 获取或根据本地配置的策略控制和计费（Policy Control and Charging，PCC）规则向 UPF 提供用量报告规则，以控制 UPF 执行基于周期性、用量门限、时间门限等因素的用量上报，并方便运营商基于此发展更加丰富的资费套餐。

在策略与计费控制功能中，除 SMF 和 UPF 外，通常还涉及 PCF、UDR 两个网元，UDR 为 PCF 提供策略数据的存储和读取功能；PCF 则访问 UDR 得到相关策略信息，并为 SMF 提供策略规则。当 UPF 检测到规则匹配的业务数据流后，SMF 可针对不同的用户和业务等实行不同的计费、用量控制限速、应用监控与控制、特色业务加速等策略，为用户提供差异化服务，进而优化网络资源配置，提升用户体验。

4.QoS 机制

会话建立后，用户面链路打通，此时就可以进行业务的传输。由于不同业务对速率、时延和可靠性等 QoS 指标参数的感知度不同，而不同用户对业务的要求可能也不同，所以网络需要区分业务或用户提供差异化的服务，5G QoS 机制应运而生。基于 QoS 策略，通过有差别的调度、转发处理和速率控制等手段，端到端网络可实现不同的 QoS 性能。

5G 网络中，QoS 的保障范围是终端到 UPF 的端到端网络，数据流量承载在终端到 UPF 之间建立的 QoS 流中实现端到端传输和控制，涉及终端、基站和核心网。其中，核心网控制面作为大脑，生成 QoS 策略后下发用户面的终端、基站和 UPF，用户面根据 QoS 策略建立不同的 QoS 流来承载不同用户或业务的数据流量。参与 QoS 控制的核心网控制面网元主要是 PCF 和 SMF，PCF 根据签约和业务需求生成 PCC 策略发送给 SMF；SMF 根据 PCC 策略生成 QoS 策略，分别发送给终端、基站和 UPF。

5G QoS 机制中，QoS 流是最小的控制粒度，与一组 QoS 策略对应，标记同一 QoS 流 ID 的数据包采用相同的处理方式。会话建立后，首先建立一条与默认 QoS 策略关联的 QoS 流，当有新业务到来时，若该默认 QoS 流无法满足业务的 QoS 要求，则新建 QoS 流。用户面 QoS 实现机制如图 7-6 所示。终端和 UPF 分别执行上行和下行业务流到 QoS 流的绑定，并标记 QoS 流 ID 和传输级参数；基站将 QoS 流映射到不同的无线承载上传输，执行差异化的接纳控制和调度。在运营商网络中，QoS 机制还涉及连接无线与 UPF 的传输网络以及连接 UPF 与外部数据网络的传输网络，二者根据 QoS 参数映射出的传输级参数进行差异化处理。详细的 QoS 机制参见 3GPP 标准 3GPP TS 23.501[1]。

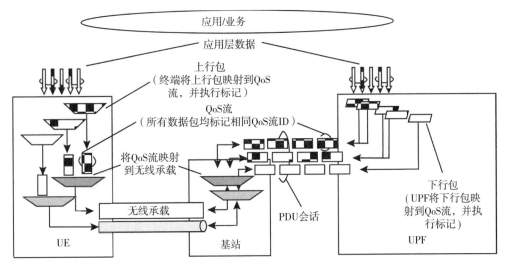

图 7-6　用户面 QoS 实现机制

7.2.4　签约信息管理

签约信息管理包括用户数据、策略数据、应用及能力开放数据等数据管理。其中，用户、策略数据是 5G 核心网存储用户、业务相关数据的核心，是 5G 核心网为用户提供服务的准则，决定了用户能否拨打电话、收发短信、上网业务体验等约定。用户、策略等数据以存储信息为主，同时也具有根据用户业务环境（如用户是否处于漫游状态、是否进入繁忙小区等）进行判断的能力，这往往与用户在网络上的签约有关（如用户在运营商中签订的套餐）。

5G 用户数据由 AUSF、UDM 和 UDR 三个网络功能组成，是 4G 网元签约用户服务器（Home Subscriber Server，HSS）和归属位置寄存器（Home Location Register，HLR）的演进和升级，主要管理用户签约数据（包含认证数据），提供认证向量生成、用户标识 / 码号处理、用户服务的网络功能管理、用户签约管理等功能。5G 策略数据由 PCF 和 UDR 两个网络功能组成，是 4G 网元策略及计费控制功能（Policy and Charging Control Function，PCRF）和用户签约数据库（Subscription Profile Repository，SPR）的演进和升级，提供用户 5G 用户业务套餐相关的签约、QoS 等策略逻辑存储以及业务因策略产生的用量等数据管理。5G 数据存储中还包

括应用及能力开放数据，由 NEF、UDR 等网元功能组成，是 4G 网络能力开放单元
（Service Capability Exposure Function，SCEF）的演进和升级，提供了用户的背景数
据传输、分流等应用定义的数据内容以及结构化可对外开放的数据管理。

在 5GC 设计过程中，将用户、策略数据的数据存储部分以及数据的逻辑处理
部分进行了分离设计，从而形成了以 UDM、PCF、NEF 等网络功能作为数据处理前
端、UDR 等作为统一的数据存储后端的架构。5GC 统一的数据存储架构由存储结构
化数据的 UDR 逻辑实体和非结构化数据的 UDSF 逻辑实体来保存。其中，在 UDR
存储的数据中包含了用户数据、策略数据以及用于对第三方应用的能力开放数据、
应用数据等。UDR 逻辑实体为访问结构化数据的网元提供 Nudr 服务化接口，供
UDM、PCF、NEF 等网络功能存储、修改、删除、查询数据，也提供数据改变的订
阅通知能力。

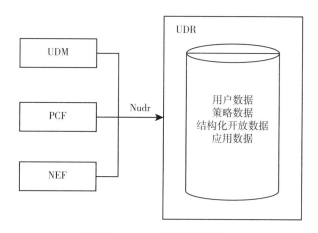

图 7-7　UDR 的服务化接口

此外，5G 核心网内各网络功能所产生的用户会话数据、应用上下文数据、状
态数据等非结构化数据可以统一存储在非结构化数据存储功能（Unstructured Data
Storage Function，UDSF）中 [1]。

7.2.5　策略与计费控制

1. 策略控制

随着移动数据业务持续蓬勃发展，用户业务需求和模式也趋于复杂化与多样
化，为了多维度提升客户的使用体验，同时增强运营竞争力、避免运营商管道化，
策略控制应运而生。基于完善的 5G 策略控制架构，5G 核心网可以基于"用户"和
"业务"两个层级提供接入与移动性控制、终端控制、用量监控与控制等多维度策

---

[1] UDSF 和其他网元之间的接口在截至本书撰写时仅进行了定义，未进行详细标准化，本书不再详述。

略，为用户提供全方位、多角度的差异化服务，进而优化网络资源配置，使用户获得更好的业务体验[2]。

接入与移动性管理策略主要用于对用户服务区域的控制以及对无线接入类型和频率选择优先级的管理。运营商可以通过此类策略控制用户在某个地区是否允许接入网络，或者在多种无线频点或接入类型中选择合适的方式接入网络。

终端控制相关策略主要用于对终端进行接入网发现与选择的控制以及对用户路由选择的控制。运营商可以通过此类策略辅助终端进行 WLAN 与蜂窝网间的选网操作或为运行在该终端上的业务选择合适的承载方式。

用量监控与控制相关策略主要用于对用户或某类业务数据流的使用量进行实时监控，并根据该使用量对用户进行动态的控制。比如可以根据套餐约定，在用户每月使用数据流量达到 20GByte 的时候，对该用户进行限速。

2. 计费控制

计费控制功能主要用于对用户的通信服务使用情况进行精准记录和收费，为运营商业务收入提供保障。运营商根据用户接入信息、业务种类、位置、QoS、计费策略等信息确定相应的费率和计费模型，由 5G 核心网实现计费信息的采集和上报，并由计费系统完成最终的信息整合和计费。

目前主流的计费模式分为离线计费和在线计费，可以提供基于流量或者时长的计费服务。离线计费模式下，网络资源使用和计费信息采集并行，核心网网元可以基于本地配置的时间门限或者流量门限生成计费话单，并将话单传输到运营商网络记账域处理。该机制具备一定的滞后性，记账域处理的话单中包含的计费信息并不能够实时反映当前的资源使用情况。在线计费模式的计费信息获取方式和离线计费相同，但是请求授权、费用计算及费用扣除等操作则需要在用户使用资源过程中实时完成。当用户发起网络资源使用请求时，核心网网元需要实时生成计费事件，向融合计费系统上报请求并提供计费信息，融合计费系统对用户的请求进行鉴权和授权，并根据网络资源的使用情况在用户的预付费账户中进行相应扣费。相比之下，在线计费模式的实时性高，对运营商而言具备更好的欠费风险控制能力，对用户而言可以享受更精准的余额查询和欠费提醒服务，因此，在线计费模式成为当前运营商主流的计费模式。

图 7-8 所示为 3GPP TS 32.240 标准定义的 5G SA 融合计费架构，由核心网计费触发功能（Charging Trigger Function，CTF）、融合计费系统（Converged Charging System，CCS）和记账域（Billing Domain，BD）组成。数据业务融合计费能力由 SMF 网元内置 CTF 功能提供，SMF 通过 Nchf 接口和 CCS 交互，是 Nchf 服务化接口计费服务使用者。UPF 网元是用量统计工作的执行点，UPF 通过 N4 接口根据本地

配置或者 SMF 下发的用量上报规则上报用量给 SMF 网元。CCS 的核心模块是 CHF，CHF 具备在线计费功能和计费数据功能，实现离线计费和在线计费能力的融合，是 Nchf 服务化接口计费服务提供者。BD 是运营商网络的关键部分，负责接收并处理计费话单文件。

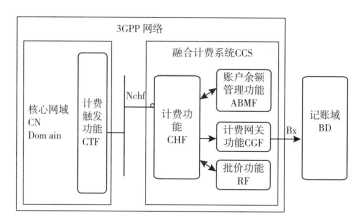

图 7-8　5G SA 融合计费架构

7.2.6　系统间互操作控制

为支持在 4G 和 5G 之间移动时的业务连续性，提升 5G 商用初期 4G 和 5G 无线覆盖区域的用户体验，电信运营商需提供 4G 和 5G 之间的互操作能力。在 5G 和 4G 网络之间移动时，通过在 5G 和 4G 系统间交换用户的会话信息，提供了用户 IP 连接的平滑切换。

3GPP 标准在设计 5G 互操作能力时，遵循了如下三个基本原则：① 5G 系统仅支持与 4G 进行互操作；② 5G 系统不直接与 2G/3G 互操作；③ 4G/5G 互操作方案由 4G/5G 核心网耦合关系、终端注册模式决定。

5G 多模终端有两种注册模式，一是单注册（Single Registration），只能在 5G 或 4G 任一系统上进行注册，仅保存一套 NAS MM 状态，是终端必选特性；二是双注册（Dual Registration），在 5G 和 4G 系统具有独立的注册状态，EPC 与 5GC 保持独立的 NAS MM 状态。

5G 核心网与 EPC 核心网之间有两种耦合关系，一是基于 N26 接口互通，4G 和 5G 核心网紧耦合，5GC AMF 和 4G MME 通过 N26 实现上下文和会话信息的传递；二是无 N26 接口互通，4G 和 5G 核心网松耦合，通过会话重建的方式实现业务迁移。

结合 UE 注册模式和网络互通方式等因素，4G/5G 互操作有三种组合关系，涉及五类互操作方案。运营商可根据自身组网及业务要求，选择相应的 4G/5G 互操作方案。

表7-3 互操作方案

分类	基于 N26	无 N26
单注册	连接态：执行切换（PS HO），或重定向 空闲态：①从 5G 到 4G，执行位置区更新 （TAU）；②从 4G 到 5G，执行移动性注册更新	连接态：执行重定向 + 基于切换的附着（HO Attach） 空闲态：执行基于切换的附着（HO Attach）
空闲态	不涉及	连接态：执行重定向 + 基于切换的附着（HO Attach） 空闲态：执行基于切换的附着（HO Attach）

为支持 4G/5G 互操作，5GC 部分网元需支持与 4G 网元的融合部署，如 PCF 融合 PCRF、SMF 融合 PGW-C、UPF 融合 PGW-U、UDR 融合 HSS 等。

7.2.7 语音及消息服务

话音和短消息是电信网络所提供的基础业务能力。

5G 提供两类语音业务，一类是新空口语音（Voice of New Radio，VoNR），基于纯 5G 的网络提供语音业务；一类是 EPS Fallback，通过将驻留在 5G 的 UE 踢回 4G，在 4G 网络提供 LTE 承载话音（Voice over LTE，VoLTE）语音业务。在 5G 运营的不同阶段，运营商可采用不同的语音方案。

VoNR：终端开机驻留在 5G，通过 5GC 建立语音会话，并在 IMS 网络注册并发起语音呼叫；当 5G 覆盖条件无法满足语音业务要求时，通过 5G 到 4G 的切换流程将呼叫切换到 LTE，保持呼叫连续性。VoNR 适用于 5G 网络覆盖较好的情况。

EPS Fallback：终端开机驻留在 5G，通过 5GC 建立语音会话，并在 IMS 网络注册并发起语音呼叫；5G 基站拒绝语音承载建立请求，同时发起 5G 到 4G 的 PS HO 或重定向流程，将呼叫切换到 LTE，并在 EPC 上建立语音承载，完成后续语音呼叫接续，从而将呼叫从 5G 回落到 VoLTE。EPS Fallback 适用于 5G 商用初期的情况。

5G 短消息业务（Short Message Service，SMS）可以通过 SMS over IP 和 SMS over NAS 两种方式提供。

SMS over IP：将短消息封装在 IMS 信令中，利用终端和 IMS 网络之间的 SIP 交互发送短消息。

SMS over NAS：将短消息封装在 5G 核心网信令中，通过终端和 5G 核心网之间的信令交互发送短消息。

图 7-9 主要体现了 5GC 内部以及 5GC 与 IMS 网络间的连接关系，IMS 网络架构不做详细体现。

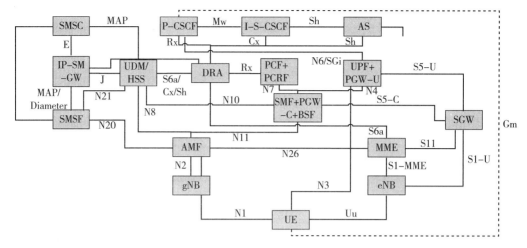

图 7-9　5G 语音及短消息网络架构图

7.2.8　网络服务管理

5G 引入服务化架构后，将网络功能（Network Function，NF）之间的交互能力定义为服务，并通过 NF 的服务调用实现服务间的基本通信框架，为 5G 核心网新功能提供即插即用式的新型引入方式。

5G 核心网的服务管理功能包括 NF/ 服务注册、去注册、更新，NF/ 服务的状态监测、状态订阅和 NF/ 服务发现等功能。

当 NF 首次激活时，即向 NRF 发送注册请求消息，将其配置文件同步给 NRF。NRF 收到消息后，保存该 NF 的配置文件并标记 NF 可用，然后将注册结果回复给NF。当 NF 有服务变更或停止服务时，同样可通过服务更新和服务去注册消息同步给 NRF 网元。

NRF 可提供 NF 的状态监测服务，根据 NF 上报的心跳信息判断 NF/ 服务是否可用。

当 NF 需要发现网络中可用的服务时，可通过向 NRF 发送 NF/ 服务发现请求消息进行发现。消息中可携带服务名称和目标 NF 类型，还可以包括 NFinstanceID、订阅永久标识符（Subscription Permanent Identifier，SUPI）、单个网络切片选择辅助信息（Single Network Slice Selection Assistance Information，S-NSSAI）、追踪区域标识（Tracking Area Identity，TAI）等其他与服务相关的参数。NRF 可根据服务请求者的权限，返回对应发现结果。

NF 还可以通过向 NRF 进行网元状态订阅获取 NF 状态变更信息，如注册、去注册、网元信息变更。NRF 可根据请求 NF 的类型或本地配置判断是否接受订阅请求，若接受则返回订阅结果信息，并在网元状态变更时通知订阅 NF。

7.3　5G 核心网扩展与演进

面向 5G 商用的多样化、深层次的需求，5G 网络功能在不断演进和发展。3GPP 国际标准围绕面向 5G 组网及业务的能力增强、面向垂直行业的能力拓展、分布式智能网络的构建、空天地一体化通信等领域，正在加速开展标准化研究，进一步完善 5G 标准。本节主要针对 5G 网络智能化、网络能力开放、时间敏感网络等重点特性进行初步介绍。

7.3.1　5G 网络智能化

1. 5G 网络智能化概述

传统通信行业与信息技术的结合与碰撞创造出了更多的行业需求与机遇。5G 多样化业务以及切片、边缘计算等 5G 新能力新技术的引入触发通信行业的智能化变革，亟需人工智能（Artificial Intelligence，AI）技术赋能 5G 网络，提高网络效能，提升网络智慧运营水平。

3GPP 在 5G 标准制定之初，就考虑将 AI 与网络大数据分析技术融合应用于 5G 网络，加速网络从自动化走向智能化。作为 3GPP 标准在 5GC 中引入的标准化网络数据分析网元，NWDAF 是 5GC 的 AI+ 大数据引擎，具备能力标准化、汇聚网络数据、实时性更高、支持闭环可控等特点；为 5G 引入基于数据分析的 AI 提供了规范化的能力依据，从根本上解决了行业发展各自为营的问题，促进 AI 融入 5G 网络的通信机制，实现 5G AI 内生。

2. 5G 网络智能架构

5G 网络设计初期就引入网络大数据的分析能力。NWDAF 作为 5GC 大数据采集和智能分析的锚点，不仅能够从 5GC NF、应用功能（Application Function，AF）以及操作维护管理模块（Operation Administration and Maintenance，OAM）收集数据，还具备智能分析的能力（包括计算、模型训练、推理判断、预测等），并将分析结果输出供决策应用，其在网络中的通用逻辑架构如图 7-10 所示。

NWDAF 和不同的实体交互以达到不同的目的：①数据收集，基于 AMF、SMF、PCF、UDM、AF（直接或通过 NEF）和 OAM 提供的事件订阅；②获取数据库信息（如通过 UDM 从 UDR 获取签约相关信息）；③按需提供分析结果给消费者。

图 7-11 为 NWDAF 在 5GC 标准定义的非漫游网络架构示意图，控制面采用服务化接口。

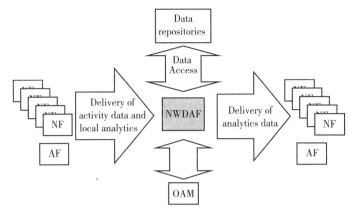

图 7-10　5G 网络智能逻辑架构

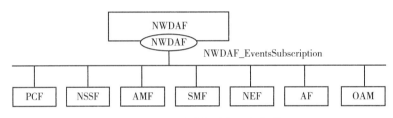

图 7-11　网络数据分析逻辑架构

NWDAF 接口为 NWDAF 向网络侧提供网络智能化功能的服务化接口。NWDAF 可通过提供数据采集功能的 Nnf SBI 服务化接口，接受从 5G 核心网任意的 NF（网络功能节点）上报的数据信息。同样，NF 可通过服务化接口 NWDAF，向 NWDAF 请求订阅特定上下文的网络分析、取消订阅网络分析以及请求特定上下文的网络分析报告等操作。

5G 网络智能化架构在允许 NWDAF 调用 NF 中 Nnf_EventsSubscription 服务、从任何 5GC NF 收集数据的同时，要求 NWDAF 与提供数据的 5GC NF 必须属于 PLMN。NWDAF 在请求获取数据时，调用的是各 NF 的 Nnf 服务化接口（如 Namf、Nsmf 等），Nnf 的各种服务化接口可用于请求订阅特定上下文的数据传递、取消订阅数据和请求特定上下文的特定数据报告等操作。

5G 网络智能化要求 NWDAF 具备数据处理及智能分析的能力（涵盖大数据计算、AI 模型训练、AI 推理判断、智能预测等操作），并能够向 NF 或 AF 或 OAM 输出反馈结果及建议响应操作等信息，供 NF、AF、OAM 执行后续操作决策使用。

7.3.2　5G 网络能力开放

1.5G 网络能力开放架构

5G 网络能力开放包含三层架构：能力网元层、能力接入层和能力开放层。能力网元层提供音视频、消息、管道、数据通信基础能力，以及事件订阅/通知、网络数据配置，计费及策略控制等其他能力；能力接入层实现各类通信网络基础能力的汇聚封装和对开放平台的统一接入；能力开放层负责标准通信能力全网集中运营，并提供面向应用开放可调用能力的应用程序编程接口（Application Programming Interface，API）。5G 网络能力开放的三层架构结合 5G 网络服务化特征，可实现5G 网络通信［管道、数据和包流描述（Packet Flow Description，PFD)]、边缘计算（RNI、位置、带宽管理和终端接口）和切片状态监控等网络能力的提供、汇聚和面向应用的统一开放。整体架构如图 7-12 所示。

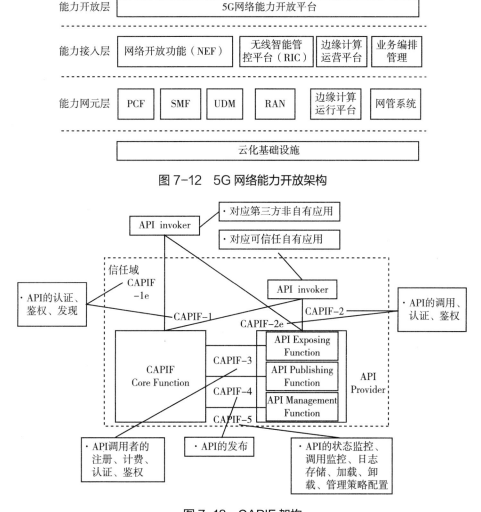

图 7-12　5G 网络能力开放架构

图 7-13　CAPIF 架构

3GPP 定义了通用 API 框架（Common API Framework，CAPIF）标准，从架构上将能力开放分成了 CAPIF 核心功能（CAPIF Core Function）、API 发现功能（API Exposing Function）、API 发布功能（API Publishing Function）和 API 管理功能（API

Management Function），这四个功能可以灵活组合。CAPIF 的引入使得能力开放架构更加灵活、兼容性更强，可以快速接入新增网络能力，整合网络现有能力网元，为构建全网统一的能力平台提供了基础。

2. 5G 网络的可开放能力

网络开放能力（Network Exposure Function，NEF）是 5G 网络能力开放的核心功能网元，3GPP 为其定义了 QoS、事件监控、PFD 管理、流量引导、背景流量以及策略计费等服务能力。这些能力在各行业有广泛的应用。比如，QoS 能力用于业务的加速、保障，在游戏、视频行业类有广泛的需求；流量引导主要应用在边缘计算、时延保障等方面；PFD 管理能力可用于定向流量业务，相比于现有的定向业务自动化，灵活性更高。

此外 5G 网络切片、边缘计算等新特性加上大数据、AI 等新兴技术，给 5G 网络提供了更多的可开放能力，如切片订购、创建、监控、调用都可以作为网络能力提供给第三方应用，边缘计算的应用编排、IaaS/PaaS 服务以及位置服务、5G 语音及消息等也都是行业客户急需的能力。

5G 网络能力开放相关标准还在不断完善和演进中，主流运营商也在不遗余力地推进能力开放现网部署。随着网络技术演进发展，更多的能力将会被引入能力开放的架构中，满足行业客户多样化、个性化的需求。

7.3.3 时间敏感网络（TSN）

1. 5G TSN 架构及关键流程

作为时间敏感网络（Time Sensitive Network，TSN）中的一个 TSN 网桥，5G 系统由一个有多个端口的 UPF、UE 和 UPF 之间的用户面隧道和终端侧翻译器（Device-side TSN translator，DS-TT）侧的端口组成。网络侧翻译器（Network-side TSN translator，NW-TT）和 DS-TT 上的端口支持 5G 系统与 TSN 网络的连接。一个 UPF 确定一个 5G 系统网桥，因此，5G 系统的网桥 ID 与 UPF ID 相互绑定。DS-TT 和 NW-TT 上的端口能力作为 5G 系统网桥的部分配置信息通知给 TSN AF，继而传递到 CNC，用于 TSN 网桥的注册和修改。

为了支持 TSN 流量在 5G 系统网桥上的正确调度，5G 系统的主要流程分为 3 个步骤，包括预配置网桥信息、向集中化网络配置（Centralized Network Configuration，CNC）上报 5G 系统网桥信息以及接收 CNC 下发的网桥配置信息，具体流程如下。

1）在 5G 系统中预配置网桥信息，需要在 UPF 上预配置 5G 系统网桥的网桥 ID 和 NW-TT 的以太网端口号。TSN AF 上需要预先配置一个映射表，映射表包含流量类别、5G 系统网桥延迟（即 UE / DS-TT 与 UPF / NW-TT 之间的延迟）和流量优先级。

2）在会话建立过程中，将5G系统网桥的网桥和端口管理信息报告给TSN网络。SMF通过PCF将时间敏感通信（Time Sensitive Communications，TSC）PDU会话相关信息提供给TSN AF。PDU会话建立后，TSN AF会更新每个端口和流量类别的网桥延迟，并将网桥延迟和其他相关的TSN信息发送给CNC。

3）CNC根据收集到的用户需求信息，导出TSN系统的QoS需求和转发规则发送给TSN AF。TSN AF结合之前5G系统上报的信息和CNC发送的配置信息，计算导出每个TSN流的TSN QoS参数和TSN QoS Container，并发送给PCF。PCF根据TSN QoS参数为每个TSN流匹配满足要求的5QI，并继而将5QI和TSN QoS Container传递给SMF。SMF触发PDU会话修改流程，将TSN流绑定到某一QoS流，并计算TSN QoS Container中的参数，得到时间敏感通信辅助信息（TSC Assistance Information，TSCAI），TSCAI包括流的周期性、流的方向和数据流到达RAN侧的时间。接着，SMF将TSCAI中的3个参数发送给基站，基站会参考这些参数，结合自己的资源情况，调度策略对TSN数据进行保障。此外，TSN AF还会订阅DS-TT和NW-TT上的端口管理信息，如果端口信息有变化，也会及时通知上报给TSN AF。

2. 5G内生确定性机制

3GPP R17工业物联网（Industrial IOT，IIOT）项目在R16的基础上继续开展对移动网络的确定性研究，主要集中在探索5G网络内生的确定性。

首先，对R16的时间同步进行增强，支持5G系统作为时钟源同步全网其他节点以支持确定性传输，以及将UE侧的TSN域作为主时钟实现多时钟域的上行同步。其次，R17希望支持更多应用类型，如同样对确定性有需求的专业视频音频领域。5G系统支持AF通过NEF向5G系统提出业务需求，如周期、数据包大小、数据包达到时间、生存时间、时间域等信息，还支持根据AF的请求激活和去激活某个特定UE的时间同步服务。最后，在R17中提出终端之间通过5GLAN的N19接口或N6接口实现TSC业务传输的优化方案，也可通过CNC收集5G系统拓扑信息和5G系统网桥能力信息，实现UE与UE之间的流量转发。

7.4 5G核心网功能与服务

7.4.1 功能与服务总述

4G核心网由EPC网元构成，每一个网元实体都由一个或多个功能模块组成。

不同于4G网络，5G网络借鉴了业界成熟的微服务架构等互联网理念，以软件服务对核心网进行了重构。5G核心网由一个个网络功能组成，网络功能又以软件化和服务化的形式实现。5G网络功能被抽象成了一个或多个服务，任一服务与5G

网络功能之间灵活解耦，具有模块化、可独立管理的特点，每一个服务可独立部署、独立对外发布。5G 网络功能以服务为粒度定制化、组合及编排，以快速、高效支持 5G 新业务。

从功能上，5GC 网络功能可分成如下几大类：①信令处理类，如 AMF、SMF、NSSF、短消息服务功能（Short Message Service Function，SMSF）、NRF、NEF 等；②媒体转发类，如 UPF；③数据管理类，如 UDR、UDM、PCF；④大数据分析类，如 NWDAF。

7.4.2 AMF

AMF 是 5G 核心网中实现用户接入和移动性管理的网元，主要负责用户接入控制、注册管理、连接管理、可达性管理、移动性管理、移动性事件订阅和通知、NAS 加密和完整性保护等。AMF 为用户 / 基站与核心网交互提供透明代理，是 N1 和 N2 接口在核心网的终结点。AMF 对 SMF 进行选择，并传输用户和 SMF 之间的会话管理消息；AMF 选择 SMSF 并传输用户与 SMSF 之间的 SMS 消息；AMF 选择 PCF 并传输 UE 与 PCF 之间的用户策略消息。AMF 提供用户位置信息，并传输用户 / 基站与 LMF 之间的位置服务消息。AMF 执行 TS 33.501[3] 中定义的安全锚点功能（Security Anchor Function，SEAF）。

表 7- 4　AMF 提供的服务

服务名称	服务描述	参考文档
Namf_Communication	为支持与 4G 演进分组系统（Evolved Packet System，EPS）的互通，核心网 NF 使用该服务与用户和 / 或基站通信。SMF 使用该服务请求 AMF 分配 EPS 承载 ID（EPS Bearer ID，EBI）	3GPP TS 23.502[4] 5.2.2.2
Namf_EventExposure	NF 使用该服务订阅与移动性相关的事件通知	3GPP TS 23.502 5.2.2.3
Namf_MT	NF 使用该服务来确保终端可达	3GPP TS 23.502 5.2.2.4
Namf_Location	NF 使用该服务请求目标用户的位置信息	3GPP TS 23.502 5.2.2.5

7.4.3 SMF

SMF 是 5G 核心网中实现会话管理的网元，负责 5G 用户 PDU 会话的生命周期管理、IP 地址分配、数据路由选择、业务连续性管理、策略规则管理以及计费信息处理等。会话的生命周期管理包括新建、修改和释放会话以及对会话中的 QoS 流的管理；IP 地址分配指为 5G 用户的每个会话分配 IP 地址，其中可供分配的 IP 地址池会配置在 SMF 上；数据路由选择指根据用户访问的业务和位置等信息选择合适的 UPF，进而选择接入的数据网；业务连续性管理指在用户移动时，SMF 会根据用户的业务连续性模式并结合本地策略决定保持或重建会话；策略规则管理主要指根据 PCF 下发的策略和本地配置策略决定如何管理和控制业务流，如插入分流 UPF、给 UPF 下发业务控制策略等；计费信息处理指接收 CHF 的计费规则并下发给 UPF，同时将 UPF 上报的计费用量信息处理后上报给 CHF。

表 7-5　SMF 提供的服务

服务名称	描述	参考文档
Nsmf_PDUSession	用于其他 NF 调用，实现 PDU 会话管理并使用从 PCF 接收的策略和计费规则	3GPP TS 23.502 5.2.8.2
Nsmf_EventExposure	用于其他 NF 订阅 PDU 会话相关的事件	3GPP TS 23.502 5.2.8.3
Nsmf_NIDD	用于其他 NF 调用，实现其和 SMF 之间通过 NEF 传输 Non-IP 数据（NIDD）	3GPP TS 23.502 5.2.8.4

7.4.4　UPF

UPF 是 5G 的用户面网元，负责用户数据报文的路由转发、业务识别与策略执行等。路由转发功能主要是将用户 PDU 会话的数据报文转发给下一跳网元（如 5G 基站、I-UPF、SMF、互联网等）；在业务识别与策略执行功能中，UPF 可基于数据流的域名、五元组等识别用户当前使用的业务，并基于策略为此业务采取相应的动作（如限速、重定向等），以为用户提供差异化服务，优化网络资源配置。UPF 支持服务注册且可被其他网元通过 NRF 发现，但没有可供外部调用的服务。

7.4.5　UDR

UDR 提供核心网统一数据存储功能，负责 5G 用户数据、策略数据以及能力开放数据的存储。在实际使用过程中，UDM 使用的用户数据 UDR、PCF 使用的策略数据 UDR 以及 NEF 使用的能力开放数据 UDR 可以合并部署或者分离部署。

表 7- 6　UDR 提供的服务

服务名称	服务描述	参考文档
Nudr_DM	允许网元获取、创建、更新、删除 UDR 中存储的数据，也支持网元订阅、更新订阅、去订阅数据的变更以及进行数据变更的通知	3GPP TS 23.502 5.2.12.2
Nudr_GroupIDmap	允许网元查询组 ID 的映射关系	3GPP TS 23.502 5.2.12.9

7.4.6　UDM

UDM 提供用户签约数据管理，负责 5G 用户的鉴权认证、移动性管理、用户 SUPI 等标识处理、UE 服务 NF 的管理、用户签约管理等功能。

表 7-7　UDM 提供的服务

服务名称	服务描述	参考文档
Nudm_UECM	①提供用户正在服务的网元，或者会话正在使用的网元； ②提供网元进行注册、去注册正在服务的 UE； ③允许网元更新用户相关的信息［如终端能力、融合 SMF 的 S5/8 接口全域名（Fully Qualified Domain Name，FQDN）等］	3GPP TS 23.502 5.2.3.2
Nudm_SDM	①用于获取用户的数据信息； ②提供用户数据信息变更的通知	3GPP TS 23.502 5.2.3.3
Nudm_UEAuthentication	①提供更新的认证信息； ②针对基于认证与密钥协商协议（Authentication and Key Agreement，AKA）的认证方法，提供从安全上下文同步失败的回复机制； ③可以用于进行用户认证结果的通知	3GPP TS 23.502 5.2.3.4
Nudm_EventExposure	订阅和通知用户数据相关的事件	3GPP TS 23.502 5.2.3.5
Nudm_ParameterProvision	创建、更新、查询、删除用户相关的信息或者 5G VN 组相关信息	3GPP TS 23.502 5.2.3.6
Nudm_NIDDAuthorisation	用于更新 NIDD 的授权，或者更新通知 NIDD 授权信息	3GPP TS 23.502 5.2.3.7

7.4.7　PCF

PCF 是策略控制网元，提供 5G 用户的接入控制、终端控制等"非会话类"策略管理功能以及会话绑定、策略控制、用量监控与控制、业务检测与控制等"会话类"策略管理功能。

5G 用户的接入控制策略主要包括对用户服务区域的限制管理以及对无线接入类型和频率选择优先级的管理。PCF 网元可以通过调整签约信息的方式，调整用户服务限制区域，包括调整允许接入的 TAI 列表、不允许接入的 TAI 列表或者调整允许接入区域的 TAI 个数。此外，UPF 还可以根据 AMF 上报的"服务区域限制改变事件"，动态地进行策略决策与下发，如更改 AMF 网元中某终端的 RFSP 索引参数，使该终端在多种无线频点或接入类型中选择合适的方式接入网络。

5G 用户的终端控制策略主要包括对终端进行接入网发现与选择的管理以及对用户路由选择的管理。PCF 网元可以通过为终端提供接入网发现与选择策略（Access Network Discovery & Selection Policy，ANDSP）来辅助 UE 进行 WLAN 与蜂窝网间的选网操作，也可以通过为终端提供用户路由选择策略（UE Route Selection Policy，URSP），指示终端为特定的数据业务选择指定的承载方式（如绑定在特定的 PDU 会话中，或通过 non-3GPP 方式进行传输，或为该业务创建新的 PDU 会话等）。

5G 用户的会话绑定策略可根据 DNN、用户 IPv6 地址、用户 IPv4 地址及用户所属 ipDomain 等信息，将用户的 N5 会话和 N7 会话关联在一起，通过 AF 侧提供的信息，映射成相关会话管理策略提供给 SMF 等网元执行相关的控制。最典型的业务场景为 VoNR 电话业务。

5G 用户的控制策略主要包括门控和 QoS 控制两大类。其中，门控策略是基于业务数据流进行的，重点控制业务流的"通过"与否；而 QoS 控制策略可针对 PDU 会话、QoS 流和业务数据流三个维度进行精准控制，重点控制业务流的带宽。PCF 网元可以基于用户签约、事件报告（位置区域变化、用户接入类型变化、用户业务使用量变化等）等信息进行门控策略或 QoS 策略的决策与控制，并实时地通知给 SMF，由 SMF 对用户或业务进行动态控制。

5G 用户的用量监控与控制策略主要包括对 PDU 会话 / 某条业务数据流 / 某一组业务数据流的流量用量或时间用量的监控与控制。PCF 可以通过预定义规则或者动态规则的方式激活与启动用量监控与控制策略，根据实时监控的结果进行动态的策略决策与控制。

5G 用户的业务检测与控制策略主要包括对用户使用业务的实时监控与针对业务状态（业务开始、业务结束）动态更新控制策略。PCF 网元可以通过业务检测与控制策略向 SMF 指示针对哪些业务进行业务检测功能，以及指示 SMF 是否需要上报该业务的开始 / 结束信息；并且在接收 SMF 上报的业务检测信息后，根据业务的开始、结束信息等通知内容触发相应的控制动作。

表 7-8　PCF 提供的服务

服务名称	服务描述	参考文档
Npcf_ AMPolicyControl	向 NF 使用者提供接入控制、网络选择和移动性管理相关策略、UE 路由选择策略	3GPP TS 23.502 5.2.5.2
Npcf_ SMPolicyControl	向 NF 使用者提供与会话相关的策略	3GPP TS 23.502 5.2.5.4
Npcf_ PolicyAuthorization	授权一个 AF 请求，并根据被授权的 AF 对该 AF 会话所绑定的 PDU 会话创建策略。此服务允许 NF 消费者订阅 / 取消订阅接入类型和 RAT 类型、PLMN 标识符、接入网信息、用量使用报告等通知	3GPP TS 23.502 5.2.5.3
Npcf_ BDTPolicyControl	提供后台背景流量传输策略协商，并可选地通知 NF 使用者进行重新协商	3GPP TS 23.502 5.2.5.5
Npcf_UEPolicyControl	向 NF 使用者提供 UE 策略关联的管理能力	3GPP TS 23.502 5.2.5.6
Npcf_EventExposure	提供对事件开放能力的支持	3GPP TS 23.502 5.2.5.7

7.4.8 NSSF

NSSF 主要提供网络切片选择功能，辅助 5G 网络进行切片实例选择。

当用户初次在网络中注册时，用户携带注册请求接入初始的 AMF。AMF 获取签约后，如果发现不能满足用户的网络切片需求，会携带用户的请求消息及用户的签约信息访问 NSSF，获取用户允许接入的 AMF 信息及切片信息，并执行相应的 AMF 重定向。同时在会话建立流程中，NSSF 支持提供用户会话对应的切片以及 NRF 信息的查询。

NSSF 主要提供网络切片选择和可用性两种服务。

表 7-9　NSSF 提供的服务

服务名称	服务描述	参考文档
Nnssf_NSSelection	向 NF 使用者提供其请求的切片信息	3GPP TS 23.502 5.2.16.2
Nnssf_NSSAIAvailability	向 NF 使用者提供基于 TA 粒度的切片信息更新 / 订阅 / 去订阅 / 通知 / 删除等服务	3GPP TS 23.502 5.2.16.3

7.4.9 SMSF

SMSF 是 5G 核心网中实现短消息的网元，负责 5G 用户短消息注册与注销，在 UE 和 SMSC/IP-SM-GW 间发送移动发起（Mobile Oriented，MO）短消息和移动结束（Mobile Terminated，MT）短消息。

表 7-10　SMSF 提供的服务

服务名称	服务描述	参考文档
Nsmsf_SMService_Activate	激活用户的短消息服务，在 SMSF 中创建 / 更新用户短消息上下文	3GPP TS 23.502 5.2.9.2.2
Nsmsf_SMService_Deactivate	去激活用户的短消息服务，在 SMSF 中删除用户短消息上下文	3GPP TS 23.502 5.2.9.2.3
Nsmsf_SMService_UplinkSMS	上行发送短消息内容给 SMSF	3GPP TS 23.502 5.2.9.2.4

7.4.10 NRF

NRF 是核心网中负责 NF/ 服务管理的网元，实现 NF/ 服务注册、去注册、更新，NF/ 服务的状态监测、状态订阅和 NF/ 服务发现等功能，满足 5G 的服务化通信网络能力开放、网络功能灵活组合等需求。

表 7- 11　NRF 提供的服务

服务名称	服务描述	参考文档
Nnrf_NFManagement	为 NF/ 服务提供注册、注销和更新服务，可向其他 NF 提供 NF/ 服务状态变更通知	3GPP TS 23.502 5.2.7.2
Nnrf_NFDiscovery	支持 NF 服务使用者发现一组支持特定服务或具有特定 NF 类型的 NF/ 服务；支持 NF 服务使用者发现满足特定参数要求的 NF/ 服务	3GPP TS 23.502 5.2.7.3
Nnrf_AccessToken	根据 TS 33.501 中的定义，为 NF 授权提供 OAuth2 2.0 访问令牌	3GPP TS 23.502 5.2.7.4

7.4.11　NEF

　　NEF 是 5G 网络能力开放的核心功能网元，负责将 5G 核心网的服务化能力及信息对外部网络进行开放。3GPP 为其定义了 QoS、事件监控、PFD 管理、流量引导、背景流量以及策略计费等服务开放能力。

表 7-12　NEF 提供的服务

服务名称	服务描述	参考文档
Nnef_EventExposure	通过 NEF 向 NF 使用者开放指定网络事件信息上报	3GPP TS 23.502 5.2.6.2
Nnef_PFDManagement	通过 NEF 的 PFDF 提供 PFD 的创建、更新和删除服务	3GPP TS 23.502 5.2.6.3
Nnef_ParameterProvision	向第三方提供终端可以使用的参数信息	3GPP TS 23.502 5.2.6.4
Nnef_Trigger	可通过网络向终端发送应用触发消息	3GPP TS 23.502 5.2.6.5
Nnef_BDTPNegotiation	用于背景流量的传输策略的协商	3GPP TS 23.502 5.2.6.6
Nnef_TrafficInfluence	用于业务流变更的参数传递和查询	3GPP TS 23.502 5.2.6.7
Nnef_ChargeableParty	提供第三方付费（流量统付）能力	3GPP TS 23.502 5.2.6.8
Nnef_AFsessionWithQoS	提供 QoS 状态查询服务	3GPP TS 23.502 5.2.6.9
Nnef_MSISDN-less_MO_SMS	提供 MSISDN-less MO 短消息服务	3GPP TS 23.502 5.2.6.10
Nnef_ServiceParameter	提供服务信息查询	3GPP TS 23.502 5.2.6.11
Nnef_APISupportCapability	提供 API 支持能力查询	3GPP TS 23.502 5.2.6.12
Nnef_NIDDConfiguration	提供 NIDD 配置服务	3GPP TS 23.502 5.2.6.13
Nnef_NIDD	提供 NIDD 服务	3GPP TS 23.502 5.2.6.14
Nnef_SMContext	提供创建、更新和释放 SMF-NEF 连接的能力	3GPP TS 23.502 5.2.6.15

服务名称	服务描述	参考文档
Nnef_AnalyticsExposure	提供指定信息的分析服务	3GPP TS 23.502 5.2.6.16
Nnef_NetworkStatus	提供网络状态信息的上报服务	3GPP TS 23.502 5.2.6.20
Nnef_ECRestriction	提供 ECR 状态查询服务	3GPP TS 23.502 5.2.6.18
Nnef_ApplyPolicy	提供协商后的背景流量策略应用的服务	3GPP TS 23.502 5.2.6.19
Nnef_Location	向第二方提供终端位置服务	3GPP TS 23.502 5.2.6.21

7.4.12 NWDAF

在 5G 网络设计过程中，3GPP 标准首次在传统电信架构中引入智能化核心网网络功能 NWDAF（Network Data Analytics Function）。作为 5G 网络大数据和人工智能的引擎，NWDAF 提供大数据分析的相关服务、接收服务消费者发起的智能化分析请求、完成数据采集和处理、执行数据模型训练和分析并输出预测 / 推理 / 决策结果，以辅助网络运营和运维、提升业务体验、促进 5G 网络资源的合理配置。

NWDAF 打通了 5G 控制面、管理面以及 AF，同时还具备获取用户面和 UE 数据的采集能力，执行基于应用场景的最小必要性的数据采集，是大数据的汇聚点；结合大数据及人工智能技术，NWDAF 对采集的数据进行智能分析，包括数据处理、模型训练、统计预测等，输出数据模型和推理结果；NWDAF 向策略控制网元提供策略建议，也可将分析结果输出给其他网络功能（含 AF）或网管 OAM，供相关网络实体进行决策应用。

表 7-13　NWDAF 提供的服务

服务名称	服务描述	参考文档
Nnwdaf_AnalyticsSubscription	允许服务使用者向 NWDAF 请求订阅 / 取消订阅不同的智能化服务类型	3GPP TS 23.288[5] 7.2
Nnwdaf_AnalyticsInfo	允许服务使用者向 NWDAF 请求获得不同的智能化服务分析信息	3GPP TS 23.288 7.3

7.5　5G 核心网接口与协议

7.5.1　5GC 接口总述

5G 核心网功能与服务之间通过 5GC 接口进行连接，在 6.3.4 已经介绍了 5GC 引入了基于 HTTP/2 的新协议，使用新协议的接口被称为服务化接口。5GC 核心网基于服务化架构（Service Based Architecture，SBA）实现，但并不意味着所有的接口均使用服务化接口。考虑服务化接口在信息交互、可读性等方面具有优势，但在信息传输上冗余内容较多，且在高性能处理和转发上使用 JSON 表述方式的字符串编码效率也较低，5GC 的部分接口仍使用非服务化接口。一般地，5GC 控制面网络功能实体之间的交互基于服务化接口的调用方式，5GC 控制面网络功能和 5GC 用户面网络功能之间（UPF）以及 5GC 用户面网元之间通过非服务化接口交互。3GPP 标准协议针对 5GC 接口有三种表述方式。

方式一：用字母 "N" 接着数字标号形成的接口标号，如 N1、N2、N7 等。这种接口表述方式描述了网元之间的连接关系，如 N7 接口表示 SMF 和 PCF 之间的接口。

方式二：用字母 "N" 接着小写网元名称形成的接口标号，如 Nudm、Nsmf、Npcf 等。这种表述方式一般只有服务化接口采用，描述了网元提供的服务化接口，如 Npcf 表示 PCF 网元提供的服务化接口。

方式三：主要描述服务化接口中的服务，用字母 "N" 接着小写网元名称形成的接口标号，再用下划线连接一个表示服务的字段，一般只有服务化接口采用，如 Npcf_SMPolicyControl。这代表了每个网元提供的具体服务名称，特别的，在详细设计协议中，部分服务化接口的服务操作（Service Operation）也会采用字母 "N" 接着小写网元名称形成的接口标号 + 下划线连接一个表示服务的字段 + 下划线连接一个表示服务操作的字段组合形成，如 Npcf_SMPolicyControl_Create、Npcf_SMPolicyControl_Update 等。

需要注意的是，方式一和方式二并不等价。例如，N7 接口除了有 PCF 提供的服务化接口 Npcf，也存在 SMF 提供的服务化接口 Nsmf 的场景（如提供 Nsmf_EventExposure 服务）。图 7-14 为使用方式 1 进行描述的 5G 核心网接口。

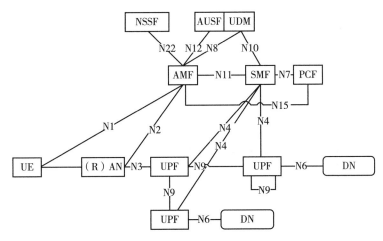

图 7-14　参考点表示的 5G 网络架构（运营商内 SMF 服务区内）

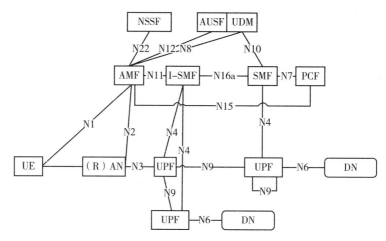

图 7-15　参考点表示的 5G 网络架构（运营商内跨 SMF 服务区）

服务化接口包括 N7、N10、N11、N15、N16 等接口，采用 IT 化的接口协议栈，如图 7-16 所示。

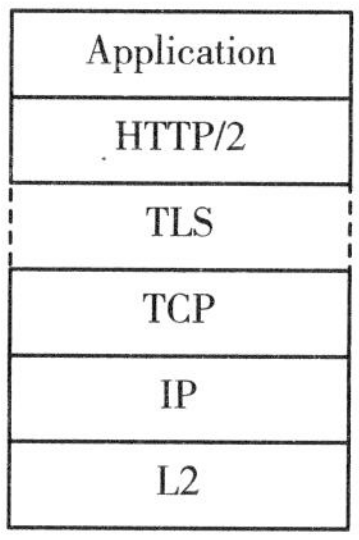

Application
HTTP/2
TLS
TCP
IP
L2

图 7-16　服务化接口协议栈[1]

5G 服务化接口的基础协议采用 HTTP/2，即 HTTP 2.0 版本，参见 RFC 7540[6]。5G 系统的服务化接口在 HTTP 2.0 上进行了增强，额外定义了 HTTP 状态码、应用层错误通用处理、连接管理等特有能力。

服务化接口可满足服务提供者和服务使用者之间的服务调用，服务提供者在 5G 服务化架构中向外暴露服务化调用接口，供其他网元访问服务；服务使用者调用服务提供者所提供的服务。特别的，在订阅 – 通知类型的服务中，发起订阅、接收通知的一方为服务使用者，接受订阅、发送通知的一方为服务提供者。

在实际部署过程中，服务化接口传输层协议可采用 TCP 协议。当需要启用传输层安全时，可以通过 TLS 进行传输层保护。此外，基于容灾、性能等因素考虑，使用服务化接口的一对网元之间可以建立多条连接，服务化接口的客户端在服务器端某条链路异常时，可灵活切换到其他连接上，切换方法包括倒换和倒回（Failover 和 Failback）等机制。

非服务化接口包括 N1、N2、N3、N4 等接口，这些接口分别采用 NAS、下一代应用协议（Next Generation Application Protocol，NGAP）、用户面的 GTP 隧道协议
（GPRS Tunnelling Protocol for User Plane，GTP-U）、报文过滤控制协议（Packet Filter
Control Protocol，PFCP）等。

7.5.2 终端与 5G 核心网间接口

如图 7-17 所示，本部分主要介绍终端和 5G 核心网间的接口——N1 接口。

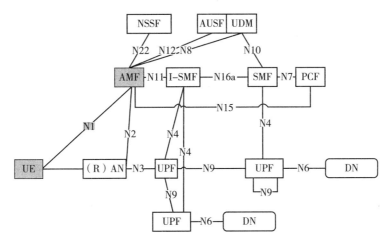

图 7-17 参考点表示的终端与 5G 核心网间接口[1]

N1 接口是用户设备（User Equipment，UE）和 AMF 之间的接口，为非服务化
接口。该接口的协议栈如图 7-18。

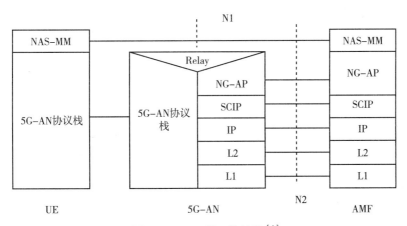

图 7-18 N1 接口协议栈[1]

N1 接口的最高层协议为 NAS 协议，主要功能包括：①支持移动性管理功能，
包括认证、识别、UE 配置更新、安全控制流程等；②支持会话管理流程，以建立
和维持 UE 与数据网络之间的数据连接；③支持 NAS 传输流程，提供 SMS、LTE 位
置协议（LTE Positioning Protocol，LPP）、UE 策略容器、SOR 透明容器和 UE 参数

更新信息的传输。

7.5.3 基站与 5G 核心网间接口

如图 7-19 所示，本部分主要介绍基站与 5G 核心网间的接口，包括 N2、N3 接口。

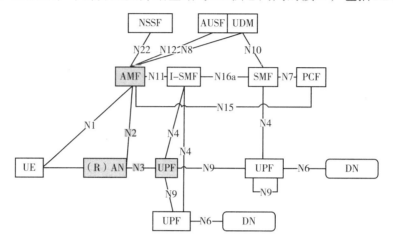

图 7-19　参考点表示的基站与 5G 核心网间接口

1. N2 接口（AN 和 AMF 之间控制面接口）

N2 是 5G AN 和 AMF 之间的接口，遵循 3GPP TS 38.413[7] 标准。该接口是非服务化接口，协议栈如图 7-20 所示。

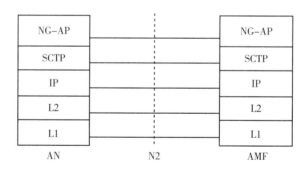

图 7-20　N2 接口协议栈

N2 接口的应用层协议为 NG-AP（下一代应用协议），主要定义了如下流程：① N2 接口的管理流程，例如配置或重置 N2 接口、配置更新、过载控制等；② NAS 传输相关的流程；③ PDU 会话资源相关的流程；④与切换管理相关的流程；⑤寻呼相关的流程等。

2. N3 接口（AN 和 UPF 之间用户面接口）

N3 是 5G AN 与 UPF 之间的接口，遵循 3GPP TS 29.281[8] 标准。该接口是非服务化接口，协议栈如图 7-21 所示。

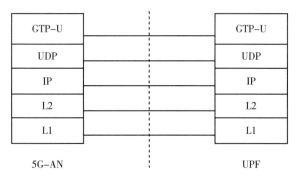

图 7-21　N3 接口协议栈

N3 接口采用 GTP-U 协议，主要定义了 5G AN 与 UPF 之间的用户数据传输，包括 GTP-U 路径管理消息及隧道管理消息等。

7.5.4　5G 核心网内部接口

5G 核心网内部接口图如图 7-22 所示，以下对其中主要的 5G 核心网内部接口进行详细介绍，包括 N4、N9、N7、N8、N10、N11、N12、N14、N15、N16、N16a 和 N22 等接口。

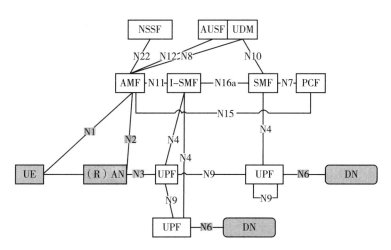

图 7-22　参考点表示的 5G 核心网内部接口

1. N4 接口（SMF 和 UPF 之间）

N4 接口为 SMF 与 UPF 之间的接口，该接口包括控制面和用户面两种接口协议，遵循 3GPP TS 29.244 标准[9]。

N4 接口的控制面采用 PFCP 协议，主要用于 SMF 和 UPF 之间传输节点管理、会话管理及 UPF 信息上报，为非服务化接口，协议栈如图 7-23 所示。节点管理信息主要为 SMF 和 UPF 的基本设备信息和能力，完成网元连接建立；会话管理信息主要包括 SMF 和 UPF 为会话分配的资源，如用户 IP 地址、数据面的隧道 ID 等，以及 SMF 向 UPF 下发的业务检测规则、转发策略、QoS 控制策略和用量上报策略等，同时 UPF 会通过该接口上报业务检测、用量统计等信息。

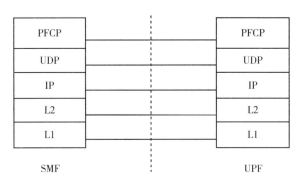

图 7-23　N4 接口控制面协议栈

N4 接口的用户面采用 GTP-U 协议，主要用于传输 SMF 需要通过 UPF 接收或发送的数据，协议结构如图 7-24 所示。N4 接口用户面传输的数据主要包括 SMF 与第三方 AF 进行交互的二次鉴权 / 授权信息、SMF 为用户分配 IPv6 地址时的 RS/RA 消息等。

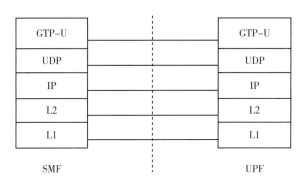

图 7-24　N4 接口用户面协议栈

2. N9 接口（UPF 和 UPF 之间）

N9 接口为 UPF 和 UPF 之间的接口，采用 GTP-U 协议，用于传输 UPF 之间的数据，N9 接口协议栈如图 7-25 所示，为非服务化接口。当用户移动出锚点 UPF 的

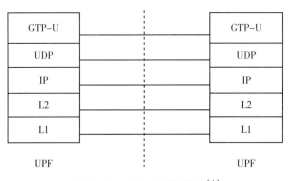

图 7-25　N9 接口协议栈[1]

覆盖范围时，可在所在地选择一个中间 UPF 经由 N9 接口连接锚点 UPF，实现连续性的业务访问；在本地业务分流场景下，分流的 UL CL/BP UPF 也是通过 N9 接口实现和锚点 UPF 之间的数据传输。

3. N7 接口（SMF 和 PCF 之间）

N7 接口为 SMF 与 PCF 之间的接口，为服务化接口，协议栈如图 7-16 所示。该接口主要用于传递会话策略（SM Policy）以及 PCF 和 SMF 之间的事件订阅（Event Exposure）。PCF 可通过该接口为 SMF 下发基于用户、业务维度或基于位置、用量、时间维度甚至多维度组合的策略，同时可通知 SMF 支持事件触发的消息上报；PCF 也可通过该接口向 SMF 订阅 PLMN 或接入类型改变、UE IP 地址改变等事件。

4. N8 接口（AMF 和 UDM 之间）

N8 接口为 AMF 与 UDM 之间的接口，符合服务化接口标准，协议栈如图 7-16 所示。该接口主要用于传递用户接入和移动性签约数据、SMF 选择签约数据、切片选择签约数据、SMS 签约数据等，将用户所在的 AMF 信息注册到 UDM 上，UDM 向 AMF 获取用户位置等。

5. N10 接口（SMF 和 UDM 之间）

N10 接口为 SMF 与 UDM 之间的接口，为服务化接口，协议栈如图 7-16 所示。该接口主要用于会话管理相关签约信息传递以及 SMF 和 UDM 之间的事件订阅。SMF 可通过该接口向 UDM 请求会话管理相关的签约信息，注册 SMF 相关信息；也可通过该接口向 UDM 订阅会话管理相关签约信息变化等事件。

6. N11 接口（AMF 和 SMF 之间）

N11 接口为 AMF 与 SMF 之间的接口，为服务化接口，协议栈如图 7-16 所示。该接口主要用于会话管理信息传递以及 AMF 和 SMF 之间的事件订阅。AMF 可通过该接口向 SMF 发起会话建立、更新或释放请求，SMF 也可以通过该接口经由 AMF 将会话信息传递给基站；AMF 可通过该接口向 SMF 订阅会话释放等事件，SMF 也可通过该接口向 AMF 订阅是否位于感兴趣区域等事件。

7. N12 接口（AMF 和 AUSF 之间）

N12 接口为 AMF 与 AUSF 之间的接口，符合服务化接口标准，协议栈如图 7-16 所示。该接口主要用于核心网对用户身份进行认证。

8. N15 接口（AMF 和 PCF 之间）

N15 接口为 AMF 与 PCF 之间的接口，符合服务化接口标准，协议栈如图 7-16 所示。该接口主要用于传递接入策略（AM Policy）与终端策略（UE Policy）。PCF 可通过该接口为 AMF 下发服务区限制、RFSP 等接入控制策略，指导终端用户接入；PCF 也可以通过该接口为终端下发用户路由选择（UE Route Selection Policy，URSP）

等终端策略，指导终端用户的路由选择。

9. N16 接口（SMF 和 SMF 之间）和 N16a（SMF 和 I-SMF 之间）接口

N16 接口为 SMF 和 SMF 之间的接口，N16a 接口为 SMF 和 I-SMF 之间的接口，为服务化接口，协议栈如图 7-16 所示。该接口主要用于漫游和 I-SMF 插入场景中会话建立、修改、删除以及切换流程中必要会话信息的传递，如上下行用户面隧道信息、用户 IP 地址等，可有效保证用户移动到 SMF 服务区之外时用户数据业务的正常进行。

10. N22 接口（AMF 和 NSSF 之间）

N22 接口为 AMF 与 NSSF 之间的接口，符合服务化接口标准，协议栈如图 7-16 所示。该接口主要用于传递切片选择消息以及切片可用性服务的更新、订阅、通知和去订阅消息。

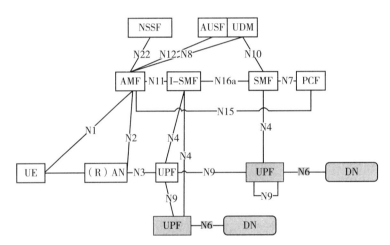

图 7-26　参考点表示的 5G 核心网与外部接口[1]

7.5.5　5G 核心网与外部接口

5G 核心网与外部的接口——N6 接口为非服务化接口。终端的数据传输至 UPF 后，经由 N6 接口即可访问外部数据网络，出 N6 接口的数据根据用户访问业务的类型可采用 IPv4/IPv6/Non-IP/Ethernet 等方式传输，协议栈也符合相关协议标准，本书不再详述。

7.6　本章小结

本章主要对 5G 核心网的组成以及主要职能进行了阐述。首先介绍了 5G 核心网的网络架构和主要组成以及与 4G 核心网的对应关系，在宏观层面上说明了 5G

核心网在移动通信网络中的位置和作用。然后介绍了 5G 核心网的核心职能以及面向演进所扩展的网络功能，系统性地说明了 5G 核心网在用户接入网络到接受服务的全生命周期中的管理和控制职能。最后从网元功能和接口协议等方面深入剖析了整个核心网的内部组成以及各网元协同工作的方式和机理。

习题：

1. 5G 核心网的主要特性主要体现为哪几个方面的职能？

2. 在 5G 网络的移动性管理体系下，用户注册管理和连接管理分别包含哪几种状态？都各代表什么含义？

3. 5G 签约信息管理主要包括哪些部分？它们的主要作用是什么？

4. 5G 策略控制架构下，核心网可进行策略管控的粒度层级有哪些？可提供策略决策的维度有哪些？

5. 简述 5G 系统间互操作的基本原则，并分类说明 4G/5G 互操作的实施方案。

6. 简述网络服务管理功能是主要通过哪几个业务流程实现的。

7. 简述 5G 网络大数据分析的架构和主要特点。

8. 5G 引入了服务化接口和非服务化接口，针对服务化接口有哪些表述形式？

参考文献：

［1］3GPP TS 23.501. System Architecture for the 5G System（Release 16）［S］. 2020.

［2］3GPP TS 23.503. Policy and charging control framework for the 5G System（Release 16）［S］. 2020.

［3］3GPP TS 33.501. Security architecture and procedures for 5G system（Release 16）［S］. 2020.

［4］3GPP TS 23.502. Procedures for the 5G System（Release 16）［S］. 2020.

［5］3GPP TS 23.288. Architecture enhancements for 5G System to support network data analytics services（Release 16）［S］. 2020.

［6］M Belshe，R Peon，M Thomson, Ed. IETF RFC 7540, Hypertext Transfer Protocol Version 2（HTTP/2）［S］.

［7］3GPP TS 38.413 NG Application Protocol（NGAP）（Release 16）［S］. 2020.

［8］3GPP TS 29.281 General Packet Radio System（GPRS）Tunnelling Protocol User Plane（GTPv1-U）（Release 16）［S］. 2020.

［9］3GPP TS 29.244,Interface between the Control Plane and the User Plane Nodes（Release 16）［S］. 2020.

第8章 网络切片及边缘计算

随着 5G 网络架构的提出与成熟,网络切片和边缘计算作为 5G 网络的两个关键特性,受到了产业界各领域的关注,并被认为是 5G 赋能垂直行业的重要利器。网络切片是提供特定网络能力的、端到端的逻辑专用网络,作为 5G 网络的必选基本能力,可为不同的用户群体提供差异化服务。边缘计算的实现能够有效解决在业务集中式部署情况下时延过长、网络汇聚流量过大等问题,为实时性和带宽密集型业务提供更好的支持。

本章面向网络切片和边缘计算两大特性,分别介绍对应的需求场景、架构体系和关键技术等相关内容。

8.1 节简单分析了网络切片的需求及场景,并介绍了网络切片功能定制、资源专属、质量保障三大特征。

8.2 节首先介绍网络切片架构设计的特点,然后重点描述了网络切片运营管理体系及运营层、管理层和网络层三大层次。

8.3 节在介绍切片标识体系的基础上,从无线网、核心网、传送网、终端、管理编排和切片运营六个领域详细介绍了切片应用的相关关键技术。

8.4 节主要从边缘计算的需求和场景出发,介绍了边缘计算技术的安全、低时延、大带宽的三大特性以及典型垂直行业的应用场景。

8.5 节主要针对边缘计算的系统架构进行了概述。从边缘计算的部署位置、网络架构、边缘计算平台以及云计算的角度分析总结了边缘计算的架构。

8.6 节主要从网络技术、数据中心、平台、服务和运营的角度对边缘计算的关键技术进行了概述,并提出了边缘计算与网络切片等运营商网络服务协同运营所面临的挑战。

8.1 网络切片需求及场景

网络切片是 5G 的核心技术，是未来运营商服务垂直行业的基本利器。区别于原有单一的组网形式，其可以为不同的网络业务场景提供个性化、敏捷化、定制化的网络服务。

5G 时代，移动网络的服务对象逐渐从以人为主扩展为面向物 – 物通信，不同的物联网通信等场景对于整体网络的需求（如带宽、时延、通信协议等）各不相同，例如视频、VR 等相关业务要求高吞吐量，自动驾驶要求网络超低的传输时延和极高的可靠性，监控、诊断等业务需要网络具备海量接入能力。

面对 5G 场景的个性化需求，继续在一张网络上叠加不同能力将会给网络运营带来巨大挑战，5G 网络亟需一种全新的组网方式，既满足来自各行各业客户不同的网络通信需求，又在兼顾网络灵活性的同时最小化网络运维成本。图 8-1 展示了 4G 网络和 5G 网络不同的组网形式。随着网络虚拟化、网络智能化技术的发展，NFV/SDN 及各类大数据处理技术逐渐从传统的 IT 行业向 CT 行业渗透，网络切片技术应运而生，其强大的灵活性和可扩展性使得移动网络可以服务各行各业，在对现有网络进行切分的基础上形成多个物理 / 逻辑网络，为差异化业务提供定制化服务，以满足垂直行业多样化的业务需求。

图 8-1 4G/5G 网络组网形式

网络切片是端到端的逻辑网络，是由一组网络功能、资源及连接关系构成的集合，包括接入网（Access Network，AN）、核心网（Core Network，CN）、传送网（Transport Network，TN）和第三方应用等多个技术领域。网络切片的部署和上线需要联动各个组成部分复杂协同才可以实现最终端到端的功能。网络切片的本质是针对业务差异化、多租户需求提供的一类端到端网络解决方案，其将网络各类资源进一步切分为多个不同类型、不同特征的"小型网络组合"，并按照业务场景需求给每个场景分配一个专属网络，使其在功能、性能、隔离、运维等多方面均可以进行灵活定制化的设计。网络在引入新用户或新业务时，不必过多考虑新业务引入对于原有业务的影响，仅需要针对新引入的业务特点定制组合不同的网络功能，同时申请新的网络资源进行部署配置后即可快速上线网络服务。

网络切片技术可以归纳为功能定制、资源隔离、质量保障三大特征，如图 8-2 所示。

功能定制：端到端网络切片可以进行网络功能定制并进行自由组合，最大限度地契合用户和场景的业务需求。

资源隔离：网络切片技术既可以基于一套共享的网络基础设施虚拟出多个网络切片来给行业租户提供服务，也可以提供独有的物理基础设施构建完全隔离的网络切片。从安全性角度，租户之间的数据/信息能有效隔离；从可靠性的角度，可有效控制网络故障影响的范围。

质量保障：端到端网络切片引入了完善的闭环管理机制，并可借助网络智能化等新技术实现实时的网络服务质量监控及动态调整能力，为用户提供网络质量可保障的服务。

图 8-2　网络切片三大特征

网络切片技术可以支撑不同行业数字化转型，当前各行各业对网络切片技术的诉求也愈加强烈。对于多种多样的电力通信业务，从传统最贴近生活的抄表业务到关系电能生产发电、配电监测控制，不同类型的业务对于通信的性能和安全要求各不相同，运营商可以通过提供多种不同类型的电力切片进行承载。其中，抄表业务面向个人用户，仅仅需要在固定时间（如每月/每周）上报表读数即可，且对于数据安全性的要求不大，可以用 mMTC 类型切片承载；配电侧控制类业务中，当配电线路发生故障时，动态的电流、电压信息需要做到秒级甚至毫秒级的监测和控制，对数据安全性的要求也极尽苛刻，可以用 uRLLC 类型切片承载；对于发电厂和输电线路节点的视频监控业务，要求高清视频的实时回传，可以用 eMBB 类型切片承载；对于游戏类业务，分散在不同位置的游戏玩家实时对战需要稳定的数据传输和实时的指令交互，网络需要在兼顾极致时延的同时保证网络传输的稳定性，可以用 uRLLC 类型的切片承载；而对于视频直播类业务，在特定时间要求大流量高清视频回传至视频制作中心，可以使用 eMBB 类型切片辅以网络专线承载。

8.2 网络切片架构

网络切片是 5G 的内生能力，也是 5G SA 用户服务的基础和端到端拉通的基础能力。在 5G 网络中，网络切片是运营商掌控端到端网络的抓手。网络切片架构的设计引入以下主要特点。

1）网络切片标识，即网络切片选择辅助信息（Network Slice Selection Assistance Information，NSSAI），是网络中跨层跨域的统一标识。一个 NSSAI 由一组单个网络切片选择辅助信息（Single Network Slice Selection Assistance Information，S-NSSAI）组成，贯穿网络切片全生命周期，在 UE 注册及会话建立等过程中均需携带。

2）网络切片实例是无线网、传送网、核心网各域的网络功能和所需的物理 / 虚拟资源的集合（如图 8-3 所示）。网络切片业务的提供需要终端、无线网、传送网和核心网等各域的协作配合。

3）网络切片业务的提供需要实现纵向的运营管理端到端拉通。

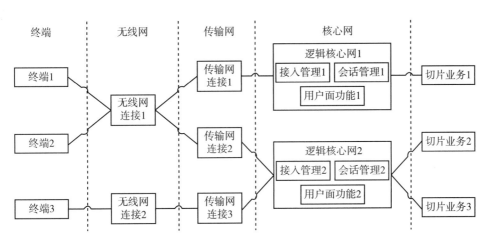

图 8-3　网络切片的端到端业务视图

5G 网络切片能够为不同垂直行业提供相互隔离、功能和容量可定制的多样化网络服务，同时实现网络切片的设计、部署和运维，并保证业务的端到端服务等级协议（Service Level Agreement，SLA）。上述特性的实现依赖于两个方面，一方面是以网络切片标识 S-NSSAI 为纽带的业务流端到端贯通（如图 8-3 所示）。通过网络切片标识，可将网络切片从终端、接入网、传送网、核心网等多域端到端关联起来，构成信令面和管理面的全流程。另一方面是为网络切片实现提供纵向拉通的运营管理体系。如图 8-4 所示，网络切片的业务提供主要包含三大层次（运营层、管理层和网络层）和六大领域（运营域、管理域、核心网、传送网、无线网和终端）。

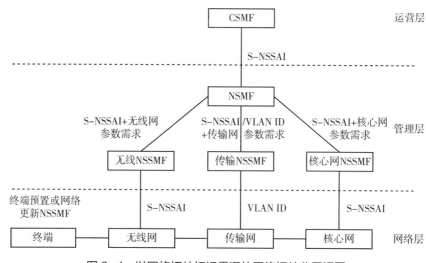

图8-4 以网络切片标识贯通的网络切片分层视图

在网络切片运营管理体系中，三大层次主要功能如下。

运营层：在网络切片业务提供中，运营层是用户需求输入的入口。在运营层中引入了5G新网元——切片运营管理平台，即通信服务管理功能（Communication Service Management Function，CSMF）。CSMF重点完成线上的业务/切片的订购、网络切片服务申请流程。当行业客户通过订购入口为网络切片提供商输入切片业务需求后，CSMF通过和BOSS的配合处理，将业务需求转换为网络需求，用于后续网络切片的创建过程。

管理层：管理层重点实现端到端切片的管理与编排。在管理层中引入了切片管理器［即网络切片管理功能（Network Slice Management Function，NSMF）］和子切片管理器［即网络切片子网管理功能（Network Slice Subnet Management Function，NSSMF）］两类网元。NSMF负责接收CSMF下发的网络需求，依据该需求进行网络切片创建的规划，并将网络需求分解到无线、传送和核心网等各子域。各子域NSSMF接收对应网络需求后，将通过编排/配置等流程完成对应子域切片的创建。其中在核心网子域，通过核心网NSSMF与网络功能虚拟化编排器（Network Functions Virtualization Orchestrator，NFVO）的交互，可实现核心网网元的自动管理编排。

网络层：网络层实现网络切片业务的端到端拉通。基于网络切片标识S-NSSAI，网络切片业务可实现终端、无线网、传送网和核心网各领域的端到端拉通，满足用户的个性化需求。无线切片技术主要包括无线切片资源分配、管理与控制和切片可用性管理等。传送切片技术主要包括传送切片硬/软隔离技术方案，以及传送切片VLAN标识与核心网、无线切片标识的映射。核心网切片技术主要包括切片签约、切片选择、切片隔离、切片漫游和4G/5G互操作等。

在网络切片管理视图中（如图 8-5 所示），除了无线网、传送网和核心网业务网元外，主要包括 CSMF、NSMF、NSSMF 等网元，按照网元功能可划分为订购开通和编排配置两类。其中订购开通类网元包括 CSMF、BOSS 等，实现用户需求的输入、网络需求的转化、用户订购信息管理、用户业务开通等功能。编排配置类网元包括 NSMF、各子域 NSSMF、NFVO、VNFM 等网元，主要实现网络需求的处理、业务网元的编排配置等功能。上述网元与业务类网元交互配合，共同实现网络切片纵向管理和横向业务流的端到端拉通。

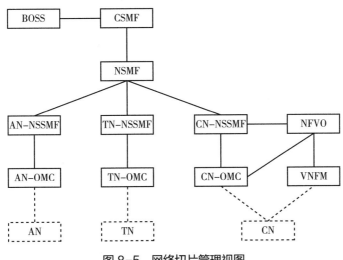

图 8-5　网络切片管理视图

8.3　网络切片关键技术

8.3.1　切片的标识体系

网络切片标识 S-NSSAI 作为纽带，贯穿整个网络切片的全生命周期。如图 8-6 所示，通过网络切片标识，可将网络切片从终端、接入网、承载传送网、核心网等领域端到端关联起来，构成信令面、管理面的端到端全流程。端到端网络切片标识体系由切片网络标识和切片业务标识组成。

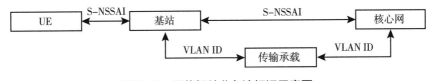

图 8-6　网络切片业务流标识示意图

1. 切片网络标识

切片网络标识主要包括以下 4 类标识：

单个网络切片选择辅助信息（S-NSSAI）。S-NSSAI 用于标识不同的网络切片，在 PLMN 内不重复，由切片 / 服务类型（Slice/Service type，SST）和切片区分符号（Slice Differentiator，SD）组成。其中 SST 表征在特征和业务方面的预期网络切片行为；SD 是切片类型的补充，用于进一步区分同一个 SST 的多个网络切片。S-NSSAI 是由 CSMF 逻辑实体分配的。

网络切片选择辅助信息（NSSAI）。NSSAI 是 S-NSSAI 的组合，可分为配置 NSSAI（Configured NSSAI）、请求 NSSAI（Requested NSSAI）、允许 NSSAI（Allowed NSSAI）和拒绝 NSSAI（Rejected NSSAI）等 4 种 NSSAI，一个 NSSAI 最多可以关联 8 个 S-NSSAI。Requested NSSAI 由终端在注册流程中携带，Configured NSSAI、Allowed NSSAI 和 Rejected NSSAI 由网络在用户注册成功后下发给终端。

网络切片实例标识（NSI ID）。以 NSI ID 为标识的网络切片实例是网络切片在资源层面的具体实现。NSI ID 是由 NSMF 逻辑实体分配的。

网络切片子网实例标识（NSSI ID）。NSSI ID 包括核心网 CN-NSSI ID、承载传送网 TN-NSSI ID、接入网 AN-NSSI ID 等 3 种 NSSI ID。CN-NSSI ID 是核心网切片子网实例的标识，由 CN-NSSMF 逻辑实体分配；TN-NSSI ID 是承载传送网切片子网实例的标识，由 TN-NSSMF 逻辑实体分配；AN-NSSI ID 是接入网切片子网实例的标识，由 AN-NSSMF 逻辑实体分配。

2. 切片业务标识

切片业务标识主要为用户终端路由选择策略（UE Route Selection Policy，URSP），包括终端预配置的 URSP 和网络指示的 URSP 两类。URSP 从切片订购开通过程中生成，在切片业务流程中作用于终端，辅助终端将正确的业务放到合适的切片上承载。URSP 是一个匹配规则，描述了业务匹配条件和执行动作；所述业务匹配条件包括 APP 描述信息（APP ID，OS ID）、IP 描述信息（IP 三元组）、域名描述信息（FQDN）、DNN 描述信息（DNN）等；所述执行动作为执行的路由策略（即根据匹配信息，将该业务承载在哪个对应切片上）；每个 URSP 规则包括规则优先级、流量描述符、路由选择描述符。终端根据业务匹配条件、规则优先级、时间窗口、区域限制等选择执行动作。

3. 切片标识之间的关系

（1）NSI ID 与 NSSI ID 的关系

网络切片实例 NSI 与网络切片子网实例 NSSI（包括接入网 AN-NSSI、传送网 TN-NSSI、核心网 CN-NSSI）之间的关系是多对多的映射和共享的关系。如图 8-7 所示，针对某个子网，NSI ID 与 NSSI ID 也是多对多映射：AN-NSSMF、TN-NSSMF、CN-NSSMF 在网络切片子网的管理中需要支持一个网络切片子网实例被多个网络切片实例共享的场景和功能。

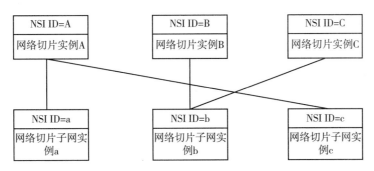

图 8-7　NSI ID 与 NSSI ID 关系图

（2）NSI ID 与 S-NSSAI 的关系

以 S-NSSAI 为标识的网络切片与以 NSI ID 为标识的网络切片实例是一对多或者多对一的关系，一个网络切片可以由多个网络切片实例来承载，多个网络切片也可以由同一个网络切片实例来承载。网络切片中实际资源的选择和查询需要通过 S-NSSAI 映射到对应的网络切片实例（例如通过 NSSF）。如图 8-8 所示，NSI ID 与 S-NSSAI 之间也是一对多或多对一的关系。

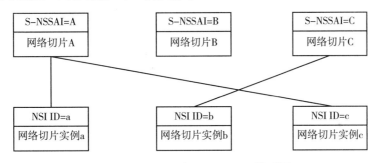

图 8-8　NSI ID 与 S-NSSAI 关系图

8.3.2　无线网切片

无线网子切片是实现空口保障与无线资源预留的关键组成部分。端到端切片编排管理系统根据不同业务特征下发不同 SLA 需求，进行灵活的子切片定制后，如图 8-9 所示，无线侧为了保障无线侧 SLA 需求，一方面可以基于原有 QoS 机制，从空口速率、时延和可靠性三个维度深度优化无线网络，实现 QoS 保障；另一方面可以为特定切片的用户预留资源，保障该切片内用户的业务体验。

无线网应支持根据切片标识感知业务切片，可结合切片中的不同的 QoS 流参数，由调度器进行 QoS 保障。针对不同的切片需求，无线网可通过帧格式、调度优先级、预调度等参数的配置保证切片空口侧的性能需求。

无线网应支持与核心网对接，根据 PLMN ID 和 S-NSSAI 实现 AMF 的选择流程。基站在 NG 口建立时获取 AMF 支持的切片信息，并动态更新切片标识与 AMF 的映射关系，用于 AMF 选择。

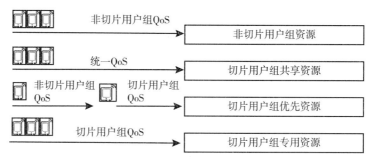

图 8-9　无线网切片保障示意图

无线网应支持基于切片的用户组调度，基站可以基于 PLMN ID 与 NSSAI 设置切片用户组并进行资源预留。基站支持将一个或多个切片配置为一个切片用户组，并为该切片用户组预留一定的无线资源，其中一部分资源为切片内用户专用，另一部分资源优先保障切片用户组内的用户体验，剩余预留资源可以被其他切片用户共享。

8.3.3　核心网切片

5G 核心网提供网络功能和资源按需部署的能力，可在统一设施基础上构建网络切片来服务于不同业务或垂直行业。在核心网切片实现中，目前除 UPF 网元外，其他网元可基于云化技术部署。云化技术的应用可以实现资源的灵活共享以及新业务的快速开发和部署，并可根据实际需求实现自动部署、弹性伸缩、故障隔离和自愈等功能，为网络切片的设计、部署和管理带来了更大的灵活性。

如图 8-10 所示，5G 网络切片核心网基于 SBA 架构实现。在切片业务提供时，控制面相关网元多为切片共享方式，可采用集中部署；而数据面网元则需满足业务数据提供的不同要求，多采用切片专属方式。5G 核心网针对网络切片引入了独立的网络切片选择功能（NSSF），当用户初次在网络中注册时，可携带相应的 NSSAI，请求 NSSF 获取相应接入的网络切片选择信息。而 NSSF 可基于 NSSAI、位置信息

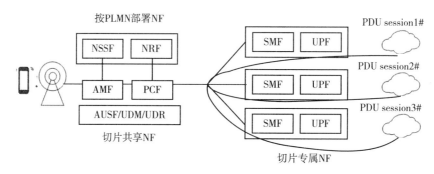

图 8-10　核心网切片逻辑架构

等各种策略实现切片的选择。

5G 网络切片签约具有独立的用户模板,模板中包含一组 5G 基本数据、一组 S–NSSAI 数据和一组 DNN 数据。其中,5G 基本数据主要包含接入和移动性管理、鉴权算法、漫游限制等用户数据。S–NSSAI 数据中定义了用户签约的所有 S–NSSAI,其中 default 属性取值为 true 的为默认 S–NSSAI,最多可以将 8 个签约的 S–NSSAI 标记为默认的 S–NSSAI。每个 S–NSSAI 的签约信息可包含多个 DNN(最大允许 50 个)和一个默认 DNN,且所有 S–NSSAI 下包含的 DNN 数据总数不超过 50 个。网络侧可为每个 UE 签约对应的切片,并且一个 UE 可以签约多个切片。

在网络切片业务中,核心网可提供切片的选择与接入能力,具体包括在注册和会话建立过程中切片内各核心网网元选择和接入、重定向以及切片的配置更新与下发。在网络切片的发现和建立过程中,基站和 AMF 都会维持一个 NSSAI 列表,每一个 NSSAI 列表中会包含多个 S–NSSAI。其中,基站所支持的网络切片列表由无线 NSSMF 下发,AMF 支持的切片列表可由核心网通过 NG 口下发,基站可据此更新 AMF 与 NSSAI 对应关系列表,用于 AMF 选择。网元注册服务中访问 NRF 应携带所属的切片服务信息(如 S–NSSAI)。UE 通过 5G 接入网可以同时连接到一个或多个网络切片。一个 UE 最多可以同时连接 8 个网络切片服务,同一 UE 连接的多个网络切片共享同一 AMF。对每个 PLMN,一个 PDU 会话属于且仅属于一个特定的网络切片。

8.3.4 传送网切片

如图 8-11 所示,传送切片分组网(Slicing Packet Network,SPN)是融合了 L0~L3 层网络技术的新型综合业务承载传送网,可提供软硬网络切片能力,具备业务灵活调度、高可靠性、低时延、高精度时钟、易运维、严格 QoS 保障等属性。

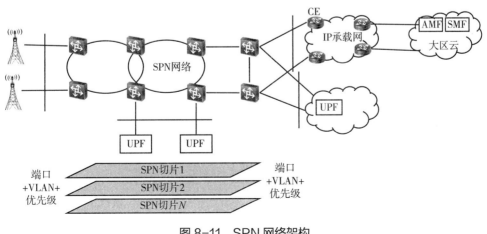

图 8-11 SPN 网络架构

如图 8-12 所示，传送网络根据对切片安全和可靠性的不同诉求，可分为切片硬隔离和软隔离。其中，切片硬隔离指基于以太网 64/66B 码块的交叉技术，在接口及设备内部实现时分复用（Time Division Multiplexing，TDM）时隙隔离，从而实现极低的转发时延和隔离效果；切片软隔离则是基于 VPN 和 QoS 实现多种业务在一个物理基础网络上相互隔离。VPN+Qos/HQos 软隔离不能实现硬件、时隙层面的隔离，无法达到物理隔离效果。

图 8-12　传送网切片通道隔离示意图

8.3.5　终端切片

5G 终端作为端到端网络切片中的一个关键组成部分，应能根据终端能力及网络切片配置策略提供相应的切片支持能力。多种形态的 5G 终端，如智能类手机终端和数据类终端（包括通用模组、CPE 等），均应支持切片相关功能。

5G 终端应支持 S-NSSAI，包括：①终端根据网络指示，支持对 NSSAIs（包括 Configured/Allowed/Rejected NSSAI）进行接收、存储和更新；②终端支持根据 NSSAI inclusion modes 指示，选择相应的 NSSAI 并携带发送给网络；③终端支持基于配置规则，为各个业务选择相应的 S-NSSAI；④终端支持在 NAS 及 RRC 消息中携带 S-NSSAI 并发送给网络。

5G 终端应支持同时并发携带多个（≥2 个且≤8 个）网络切片标识的能力。

5G 终端应支持基本的预配置 URSP 规则，包括：①终端支持由网络下发 URSP 配置规则的接收、保存和更新；②终端支持网络指示 URSP 的动态更新过程；③终端支持优先使用由网络指示的 URSP 规则；④智能类终端应支持根据 URSP 规则，提供业务应用的 Traffic Description（如 APPID、IP3 元组、FQDN、DNN、Connection Capability）等描述信息；⑤数据类终端应支持根据 URSP 规则，建立 Traffic Description 与对应的 S-NSSAI 的映射绑定；⑥终端应支持根据 URSP 的其他信息对 PDU 会话进行相应配置。

8.3.6　网络切片的管理与编排

NSMF 是切片系统的控制台，负责整个复杂网络切片的切片 / 切片子网设计、生命周期管理以及网络切片的运维保障。NFV-MANO 是 ETSI 定义的 NFV 管理系统，主要包括网络服务 NS/ 虚拟网元 VNF 的生命周期管理功能、网络服务或网元所需的加载模板和安装包的管理、网络资源的管理和分配等功能。二者融合构成了 5G 网络切片管理融合架构，如图 8-13 所示。

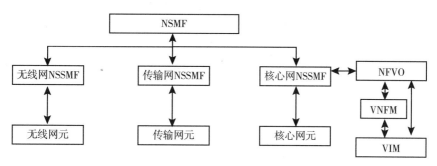

图 8-13　5G 网络切片管理编排融合架构

为了实现网络切片的管理，5G 网络中新增网络切片的管理功能，包括 CSMF、NSMF 和 NSSMF，具体功能如下。

CSMF：通信服务管理功能，完成用户业务需求的订购开通，将通信服务需求转换为对 NSMF 的网络需求。

NSMF：网络切片管理功能，接收从 CSMF 下发的切片网络需求，将切片的 SLA 需求分解为网络子切片的 SLA 需求，向各域 NSSMF 下发网络切片子网的网络需求。

NSSMF：网络切片子网管理功能，按照专业领域分为无线 NSSMF、传送 NSSMF 和核心网 NSSMF。各域 NSSMF 接收从 NSMF 下发的对应网络切片子网的网络需求，将网络切片子网的 SLA 需求转换为网元业务参数并下发给网元。对于核心网领域，将网络切片子网的网络需求转换为网络服务，向 NFV 的 NFVO 系统下发网络服务的部署请求。

网络切片实例的生命周期管理是 NSMF 最主要的功能。网络切片实例的完整生命周期管理流程包括：

1）准备：准备阶段包括网络切片的模板设计和上载、容量规划、需求评估以及对应网络环境的准备等。

2）部署：即网络切片实例的创建，包括对所有需要的资源的分配和配置。

3）运维：运维阶段的操作可以分为指配类操作和监控类操作。其中，指配类操作包括针对一个 NSI 的激活、修改以及去激活；而监控类操作包括对 NSI 的状态监控、数据报告（如 KPI 监测）和资源容量的规划。

4）退服：退服阶段中的网络切片实例处理包括根据需要退服 NSI 中的非共享部

分，以及从共享部分中删除此 NSI 的特定配置。在退服阶段之后，NSI 被终止并且不再存在。

为满足网络切片实例完整的生命周期管理，NSMF 需要与各专业领域 NSSMF 配合完成网络切片 / 子切片的管理，主要包括网络切片 / 切片子网设计；网络切片模板 NST/ 切片子网模板 NSST 的管理；网络切片 / 子切片的生命周期管理；网络切片 / 子切片的配置管理；网络切片 / 子切片的性能、告警等 FCAPS 管理；网络切片 / 子切片的 SLA 闭环保障，故障自愈；网络切片 / 子切片资源、性能和告警等数据的开放。

8.3.7 网络切片的运营

如图 8-14 所示，网络切片运营管理平台负责完成用户的订购管理。行业客户通过切片运营管理平台订购网络切片，以满足定制化网络需求；并且可以通过运营平台或应用程序接口（Application Programming Interface，API）开放至行业自己的运营平台，进行已订购切片服务的管理。运营商可以通过网络切片运营管理平台管理网络切片商品、已提供的网络切片服务和相关的运营信息的统计分析等。

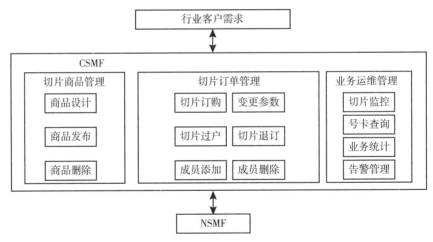

图 8-14 5G 网络切片运营管理示意图

网络切片运营管理平台功能具体包含以下方面。

1）订单 / 业务生命周期管理：面向垂直行业客户提供切片服务，包括商品订购，切片 S-NSSAI 分配，切片资源勘察，业务变更，商品退订，切片激活、去激活，号卡、用户的添加、删除。

2）业务监控：面向垂直行业运营 / 维护人员提供切片 KPI 监控、切片号卡终端监控、切片商品实例查询、切片成员查询。

3）切片商品管理：切片模板商品的管理包括商品设计、商品上线 / 下线、商品编辑。

运营商除了自身运营网络切片商品之外，还提供网络切片能力开放，将切片能力提供给第三方使用，孵化更多的创新应用。切片能力开放包括切片管理能力开放和切片网络能力开放。

8.4　边缘计算需求及场景

边缘计算是 5G 网络的核心技术之一，是满足 5G 增强移动带宽 eMBB、mMTC 和 uRLLC 三大场景关键性能指标的重要使能技术之一。早在 2014 年 9 月，欧洲电信标准化协会（European Telecommunications Standards Institute，ETSI）便成立了 MEC 行业规范组，并将 MEC 定义为 Multi-Access Edge Computing，即多接入边缘计算，支持蜂窝网、固网、WLAN 等多种接入技术。5G 标准也将边缘计算概念作为内生能力进行引入，并定义了边缘计算的网络架构。

边缘计算是在靠近数据源或用户的地方提供计算、存储等能力的基础设施，并为边缘应用提供服务环境。如图 8-15 所示，相比于集中部署的中心云计算服务，边缘计算的分布式部署模式可有效解决时延过长、汇聚流量过大等问题，为实时性和带宽密集型业务提供更好的支持。在众多垂直行业新兴业务的需求中，低时延、大带宽和安全性三类场景对边缘计算的需求尤为迫切。

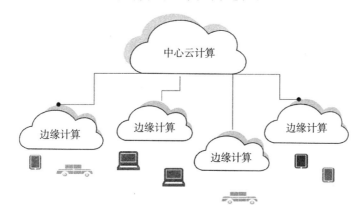

图 8-15　边缘计算概念

（1）低时延场景

用户访问时延主要由传输时延和处理时延两部分组成。在处理时延方面，如今硬件成本的下降、尺寸的缩小及性能的提升使得数据分析处理能力可以下沉到网络边缘，边缘的算力完全可以满足大部分的业务处理需求，边缘的处理效率与中心云处理不相上下。在传输时延方面，将计算能力下沉到网络边缘即更靠近用户的位置，可以缩短终端到服务器端的传输距离。

对于移动通信网络来说，5G 网络到来之前，移动终端都需通过省核心的网关后连接互联网。当业务流量全部集中到省核心的位置时，大流量、多并发的视频业务会给省核心造成沉重负担，传输时延及带宽问题也给用户体验带来不良影响。通过引入边缘计算技术，结合 5G 的本地分流能力，按需灵活部署，提供毫秒级的用户体验。

（2）大带宽场景

5G 时代，以 8K 视频、VR/AR 为代表的视频业务将对网络带宽产生数百 Gbps的超高需求，同时 5G 还需支持 100 万每平方千米的超高连接数密度。大连接和大带宽均会对回传网络造成巨大传输压力，单方面扩容汇聚与城域网络的解决方案将大幅提高单位媒体流传输成本，无法实现投资收益。通过引入边缘计算，可根据业务指标需求，将边缘计算平台灵活部署在网络各个层级，进而实现流量的本地卸载与用户的本地疏导，将云端集中处理的模式变为边缘分布处理的模式，有效减轻上层的压力。

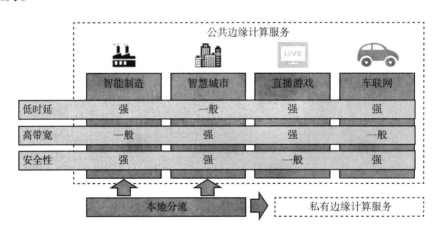

图 8-16　边缘计算场景和需求

（3）安全性场景

在 5G 的某些应用场景中，数据的安全性是首要考虑的因素。如在物联网和工业互联网场景中，终端采集的数据都具有一定的隐私性，对网络的安全性保障提出了更高要求。一方面，边缘计算为这些终端提供边缘的连接和保护；另一方面，可以直接在边缘完成数据清洗的工作，提取高危特征反馈到网络中，实现有效的安防保障。

边缘计算适用于以下需求场景：超低时延，实时计算和分析、安全与数据保护、大容量数据传输和确定性组网。随着运营商、设备商、云服务商及行业用户大量的实践探索，边缘计算的核心应用场景已经逐渐收敛到工业、交通、文娱等边缘计算需求强烈的重点行业。同时，对数据隔离和不出厂需求强烈的泛企业园区场景也成为最具商用前景的应用之一。

在工业领域，基于机器视觉和本地低时延业务处理的边缘计算应用在质量检测、智能仓储、远程监控等领域已成为行业转型的创新主流，可大幅提高生产效率；在交通领域，大量驾驶决策类业务要求毫秒级的处理时延，需要依靠边缘计算实时处理；在文娱行业，云游戏和 XRAR 等新兴业务亟需边缘计算提供稳定的带宽和时延保证，以大幅提升用户体验；此外，随着 5G 网络逐渐实现对企业园区的覆盖，基于 5G 网络接入园区本地边缘计算数据中心，实现企业园区业务数据不出厂，也已成为目前行业客户边缘计算需求最为迫切的场景之一。

8.5 边缘计算系统架构

边缘计算是一种 IT、CT、OT 融合的创新技术，不同领域对于边缘计算都有着深刻的探索与理解，通常可从边缘计算的"部署视图"、边缘计算的组网架构、边缘计算的"平台视图"和边缘计算的"计算视图"四个角度来看边缘计算的系统架构。

（1）边缘计算的"部署视图"

与传统云计算的部署位置相比，边缘计算的部署位置更靠近用户，如图 8-17 所示。结合运营商端到端基础资源建设及业务发展的特征，从物理部署位置来看，边缘计算节点可以部署在运营商的地市层级及以下，最低可到基站侧的用户现场。部署在运营商网络（包括地市、县乡、汇聚点等层级）的边缘计算节点大多以"云"的形式存在，是一个个微型的数据中心。而部署在用户现场侧的边缘计算节点形态多样，除了微型数据中心，还可能包括数控机床、网关、可编程逻辑控制器（Programmable Logic Controller，PLC）等设备。

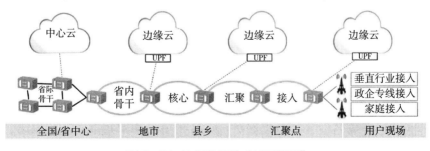

图 8-17　边缘计算的"部署视图"

（2）边缘计算的组网架构

5G 网络架构在设计之初，便从 5G 网络业务需求以及网络架构演进趋势的角度出发支持边缘计算。如图 8-18 所示，图中左侧部分是 5G 核心网主要架构，右侧为边缘计算节点，主要包括了 MEC 主机、边缘运维管理、边缘虚拟化基础设施管理和边缘计算业务运营平台模块。

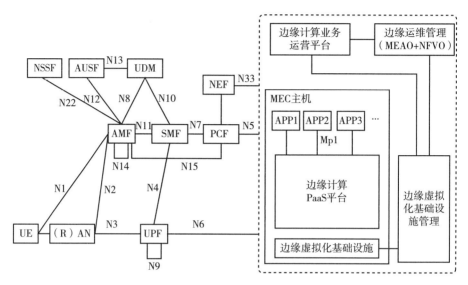

图 8-18　5G 边缘计算组网架构

边缘计算可通过 N5、N6 和 N33 接口与 5G 核心网进行交互。UPF 可通过 N6 接口为边缘计算应用提供数据分流能力，同时，边缘计算 PaaS 平台为边缘应用提供运行环境并实现对边缘应用的管理。

边缘计算节点还可作为 AF，从业务侧感知应用的状态并代表应用和 5G 核心网交互，影响业务本地流量卸载规则。边缘计算可通过 N5 接口，向 5G 核心网网元 PCF 发送相关请求；PCF 根据请求中携带的信息参数，结合自身控制策略为业务流生成相应分流规则，并选择和配置 UPF 将目标业务流传输到目标应用实例。

同时，5G 网络能力支持通过 N33 接口将能力开放给边缘计算。5G 网络能力如无线网络信息、位置服务、QoS 服务等，可通过能力封装后部署在边缘计算 PaaS 平台上，开放给第三方应用。

（3）边缘计算的"平台视图"

ETSI 定义的边缘计算系统架构主要由 MEC 主机面和 MEC 系统面组成，如图 8-19 所示。MEC 主机面包含了 MEC 平台、MEC 平台管理器、虚拟化基础设施、虚拟化基础设施管理器及边缘应用和服务。MEC 系统面主要包含了用户应用生命周期管理代理、运营支撑系统和 MEC 编排器。

MEC 平台具有服务注册与发现、DNS 和流规则控制等功能，其中的数据面主要执行来自 MEC 平台的分流规则。MEC 平台管理器主要针对应用的生命周期和平台配置等功能进行管理。虚拟化基础设施和虚拟化基础设施管理器主要提供计算、存储、网络资源，并提供相关资源管理功能。

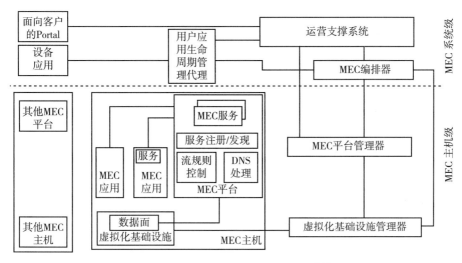

图 8-19 边缘计算的"平台视图"[3]

（4）边缘计算的"计算视图"

如图 8-20 所示，与传统云计算系统的计算架构类似，边缘计算系统架构可分为边缘 SaaS 层、边缘 PaaS 层、边缘 IaaS 层与边缘硬件层。其中 PaaS 层、IaaS 层和硬件层是运营商边缘计算技术体系中的关键赋能模块。PaaS 层方面，运营商可以通过基础 PaaS 平台为上层应用提供各类特色网络能力，支持可裁剪部署；IaaS 层方面，基于在 NFV 领域的探索，边缘计算除了支持独立部署的能力，也需要考虑边缘计算基础设施层面与 NFV 的融合；边缘硬件层方面，除通用服务器外，还需考虑到边缘机房的环境，对服务器外观和功率进行定制化，并考虑提供一体化集成

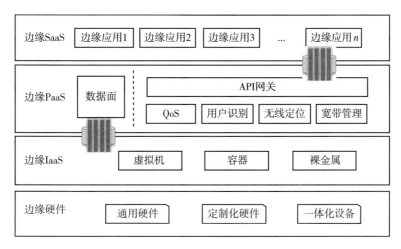

图 8-20 边缘计算的"计算视图"

的硬件交付能力。

8.6 边缘计算关键技术

8.6.1 边缘计算网络技术

1. 用户面网元下沉

用户面网元 UPF 负责 5G 核心网的用户面功能，其核心是负责用户数据报文的路由转发、业务识别与策略执行等操作。为了实现对用户数据的控制与管理功能，UPF 还支持与数据网络互连的外部 PDU 会话点、数据包检查和用户平面部分的策略规则实施、上行链路分类器、用户平面的 QoS 处理、下行链路分组缓冲和下行链路数据通知触发等功能。5G UPF 功能受 5G 核心网控制面统一管理，其路由策略由 5G 核心网统一配置。

在边缘计算中，UPF 的部署位置直接影响到用户体验。如图 8-21 所示，UPF 的灵活下沉部署使得边缘计算业务可通过 5G 网络灵活接入，实现了数据流量的本地卸载，缩短了数据的传输路径，降低了网络时延，提高了网络带宽的稳定性，为用户带来了更优的业务体验。

2. 分流技术

对特定的边缘计算流量，5G 核心网控制面支持通过流检测和流转发规则进行流量的区分和卸载。相比 4G 网络，5G 网络中引入了新的会话管理架构，可以区分单 PDU 会话内的边缘计算流量并进行分流。5G 边缘计算的分流实现方式可以分为三种：通过数据包上行标签进行分流、通过数据包 IPv6 源地址进行分流以及本地会话建立方案[2]。

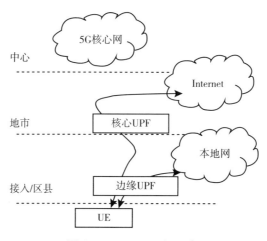

图 8-21　UPF 下沉示意

（1）通过数据包上行标签进行分流

如图 8-22 所示，针对 IPv4、IPv6 和以太网的 PDU 会话，SMF 可以决定给会话的数据路径插入上行链路分类器（Uplink Classifier，ULCL）。ULCL 是 UPF 的一种功能，用于根据 SMF 提供的流量过滤规则将某些流量分流出来。ULCL 的插入、移除由 SMF 依据终端位置决定，ULCL 根据过滤规则（如通过检查数据包的目的 IP 地址、端口号或 URL）决定对需要进行本地卸载的数据包进行本地分流。此方式主要针对上行业务流。

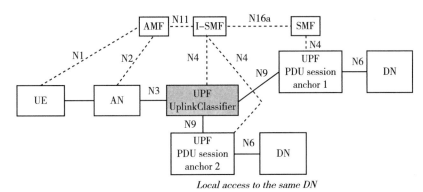

图 8-22　基于上行链路分类器（ULCL）的本地分流[2]

（2）通过数据包 IPv6 源地址进行分流

如图 8-23 所示，PDU 会话可以与多个 IPv6 前缀关联，即多归属 PDU 会话。多归属 PDU 会话将提供多个 IPv6 PDU 锚点来接入数据网络。拥有不同 PDU 锚点的各用户平面路径将从某个具备分支节点（Branching Point，BP）功能的 UPF 开始被分支。BP 提供到不同 IP 锚点的上行流量，汇聚到 UE 的下行流量。

BP 通过识别数据包的源 IP 地址、端口号，对需要进行本地卸载的数据进行本地分流。

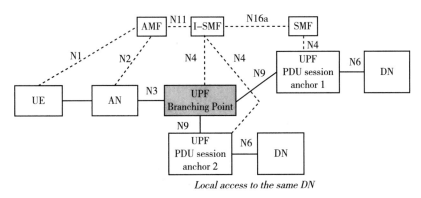

图 8-23　基于分支节点（BP）的本地分流[2]

（3）本地会话建立方案

5G 核心网支持将本地边缘计算业务的服务范围配置到终端。当终端到达本地数据网络（Local Area Data Network，LADN）的覆盖范围时，终端可选择激活本地数据网服务，进行上下行数据的传输。

3. 边缘业务连续性支持

5G 网络架构从满足边缘计算业务需求的角度出发，定义了三种会话与业务连续性模式（Session and Service Continuity，SSC）[2]，如图 8-24 所示。即针对不同的边缘计算业务保持 PDU 会话连接的 SSC 模式 1 "一直不断"、SSC 模式 2 "先拆后建"或 SSC 模式 3 "先建后拆"，从网络侧保障会话与业务连接不中断。

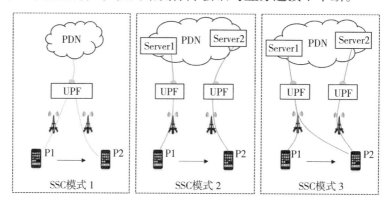

图 8-24 业务连续性三种模式

SSC 模式 1：一直不断。 对于 SSC 模式 1 的 PDU 会话，无论 UE 移动后采取什么样的接入技术，在会话建立时选择出作为 PDU 会话锚点的 UPF 是一直保持连接状态的。对于 IPv4 或者 IPv6 或者 IPv4v6 类型的 PDU 会话，无论 UE 如何移动，UE 的 IP 地址是不变的。SSC 模式 1 可以应用到任何的 PDU 会话类型和接入类型。

SSC 模式 2：先拆后建。 当终端移动出原有 UPF 覆盖范围时，原有的会话连接释放后，新的 PDU 会话才会触发建立。例如，在新 PDU 会话建立时，网络可能会选择一个新的 UPF 作为 PDU 会话锚点。如果 SSC 模式 2 的 PDU 会话有多个 PDU 会话锚点，其他的 PDU 会话锚点可能被释放或者分配。SSC 模式 2 可以应用到任何的 PDU 会话类型和接入类型。

SSC 模式 3：先建后拆。 当终端移动出原有 UPF 覆盖范围时，新的 PDU 会话会率先建立，原有的会话连接才会释放。例如车联网业务场景。SSC 模式 3 可以应用到任何的 PDU 会话类型和接入类型。

8.6.2 边缘数据中心

边缘数据中心是承载边缘计算的基础设施，如图 8-25 所示。边缘数据中心的关键技术通常包括可靠网络接入、分布式处理技术、自动化运维、绿色节能和安全技术[5]。

可靠网络接入：边缘数据中心需通过可靠的网络接口，保障稳定的网络连接能力。

分布式处理技术：不同地理位置的边缘数据中心需进行统一资源管理和动态调配，使物理分散的数据中心能够统一管理。

自动化运维：边缘数据中心可通过物联网和人工智能等技术逐步实现自动运维、故障预测和告警等。

绿色节能：边缘数据中心需采用宽温运行的网络设备、服务器设备以及高效的供电制冷设备。

安全技术：边缘数据中心的物理环境风险增大，除需防止服务器被恶意替换、攻击和控制的系统风险外，还需提供稳定可靠的物理环境，降低运行风险。

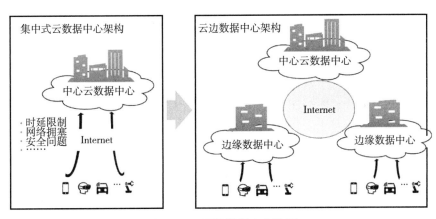

图 8-25 云边数据中心协同

同时，边缘数据中心还承载着边缘硬件。边缘硬件的部署形态和技术要求需综合考虑业务需求、边缘数据中心的部署位置和环境条件等多种因素，如图 8-26 所示。

边缘硬件通常包括边缘服务器、边缘一体机以及边缘计算芯片。

边缘服务器：边缘服务器要求在低功耗、高存储、小体积的约束条件下尽可能提供高算力。同时，边缘服务器需满足更广的温度适应性、更强的环境适应性等需求，以应对边缘数据中心复杂的机房环境。

边缘一体机：边缘一体机指将计算、存储、网络等能力有机集成在一起的设备形态。边缘一体机可包括 5G 核心网用户面网元 UPF，具备本地分流与边缘业务处理能力，并提供配套集中监控和统一运维能力。边缘一体机在交付时，客户无需深入了解内部构造原理，可实现快速部署。

边缘计算芯片：边缘计算的算力形态和芯片种类呈现多样化要求。云计算以大型数据中心为主，通过集中部署 CPU 和 GPU 资源池，更适用于通用的重型计算任务。而边缘计算需针对一些业务需求进行芯片定制化，提供高算力的支持。除传统的标量计算（CPU）外，矢量计算（GPU）、矩阵计算（FPGA）、空间计算（ASIC）等异构计算也已成趋势。

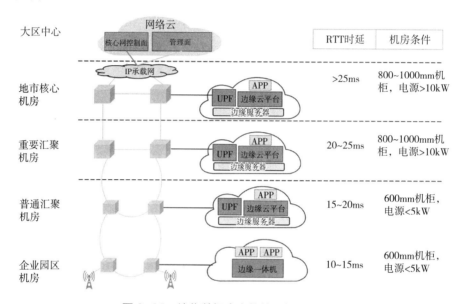

图 8-26 边缘数据中心的位置与物理条件

8.6.3 边缘计算平台

边缘计算平台是用来部署和运行边缘应用的新型基础设施。与传统云计算平台概念类似，边缘计算平台可分为边缘计算 IaaS（Infrastructure as a Server）平台和边缘计算 PaaS（Platform as a Server）平台。

边缘计算 IaaS 平台主要向边缘应用提供基础资源服务，并用于部署边缘计算 PaaS、数据面网关设备等软硬件。边缘计算 IaaS 平台功能如图 8-27 所示。

边缘计算 IaaS 平台关键技术通常包括：

- 统一运维：采用统一的管理平台对辖区内所有边缘计算 IaaS 平台资源进行运维管理，实现对无人值守边缘节点的远程运维。

- 轻量化平台：为实现边缘计算 IaaS 平台的管理开销轻量化和业务可用资源的最大化，边缘计算 IaaS 平台应支持融合节点和压缩管理组件资源占用。

- 平台管理接口：平台需提供标准北向接口供边缘计算 IaaS 管理平台对资源进行统一集中管理。

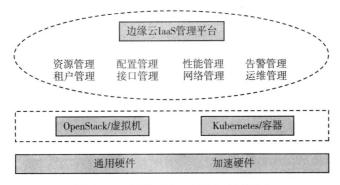

图 8-27　边缘云 IaaS 平台功能视图

- 加速支持：将加速功能卸载到硬件，可减少 5G 核心网用户面网元以及计算密度较高的边缘应用对 CPU 的压力。

边缘计算 PaaS 平台与公有云 PaaS 平台不同，公有云 PaaS 平台所部署的功能模块大而全；而边缘计算数据中心的规模不大，将全量 PaaS 能力部署在边缘 PaaS 平台是没有必要的，应支持按需部署。

边缘云 PaaS 平台主要提供以下关键能力：

- 基础能力：边缘计算 PaaS 平台支持包括 MQTT、Redis 等中间件服务和常见的数据库能力供边缘应用运行使用，还应支持 NAT、DNS 等基本功能。
- 网络能力：边缘计算 PaaS 平台支持运营商 5G 网络能力的开放，如无线定位、QoS 保障、用户 ID 识别等能力，以满足第三方边缘应用业务需求。
- 行业能力：边缘计算 PaaS 平台可基于业务场景需求，集成第三方垂直行业能力并对外提供，以满足第三方边缘应用业务需求，如人脸识别、视频编解码、视频渲染等能力。
- 应用管理：边缘计算 PaaS 平台支持向第三方提供应用生命周期管理能力、配置能力和监测能力，可以使第三方拥有灵活自主的运营权限和能力。
- API 网关：边缘计算 PaaS 平台支持将网络能力、行业能力通过开放 Restful API 的方式供平台上运行的应用调用，并对外部的访问进行统一管控。

8.6.4　边缘计算服务与运营

5G 网络原生支持网络能力的对外开放，而边缘计算平台关键赋能模块 API 网关使得边缘计算网络能力开放真正成为可能。API 网关能够将平台各系统对外暴露的服务聚合起来，为所有要调用这些服务的应用提供入口。运营商 5G 网络能力开放主要包括位置能力、无线信息能力、QoS 保障能力和用户识别能力等。

举例来看，由于边缘计算 PaaS 平台可在网络边缘侧部署，这为边缘应用获取或实时感知 5G 无线网络信息提供了便利条件。5G 无线网络信息通过边缘计算 PaaS 平台以 API 的形式提供给第三方应用，帮助其优化业务流程、提升用户体验，实现网络和业务的深度融合，如图 8-29 所示。

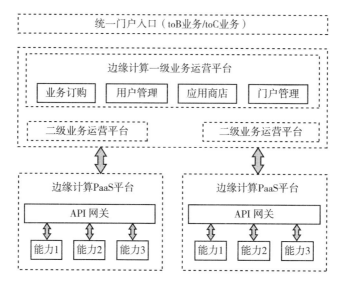

图 8-28　边缘计算业务运营平台逻辑架构

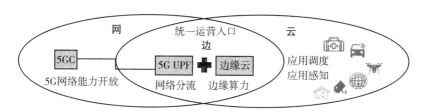

图 8-29　5G 边缘计算的云网协同

　　边缘计算业务运营方面，可通过建设边缘计算业务统一运营平台，为用户提供网、云业务开通的统一入口。边缘计算业务对 5G 网络切片、5G UPF 分流等网络服务的申请和云资源的申请均有着普遍需求，这对网和云的协同运营管理提出了更高的要求。对于一般边缘计算场景，用户需要完成业务部署所需的计算、存储、网络等资源的申请开通，还需申请运营商的网络资源服务，完成相关网元开通、5G 网络切片和本地分流等服务的申请。

　　现阶段的边缘计算业务运营仍存在短板，垂直行业对边缘计算业务的个性化需求和运营商规模化的经营模式天生存在矛盾。在边缘计算业务发展初期，面向不同行业个性化需求的局域类边缘计算业务场景将是商业部署的主流，此类项目要求对客户需求进行快速响应并提供高效的方案设计、资源规划和业务开通等运营服务能力。面向垂直行业云网融合业务的运营能力构建还处于初步阶段，需进一步明确运营体系。

8.7　本章小结

网络切片作为 5G 网络的关键特性，可以为垂直行业快速构建可隔离可定制的逻辑专网，网络切片是端到端的技术，对核心网、传输、终端、管理等都提出了功能要求。网络切片虽然是 5G 网络必不可少的关键技术之一，但由于其实现涉及纵向 / 横向端到端网络拉通，复杂度较高，商用推动仍需分阶段逐步完善。面向商用初期，网络切片的应用主要面临多组织国际标准缺乏协同、切片商业模式不清晰、运营管理流程复杂、挑战巨大和端到端质量保障待完善等关键问题。上述问题需要产业界通力合作、加速推进、共同解决，才能全面实现网络切片的端到端产业成熟。

边缘计算是 5G 网络支持大流量和低时延业务的关键特性之一，5G 网络提供的边缘计算能力包括本地业务分流、业务会话连续性、LADN 以及 AF 与网络的协同增强等。通过网络切片和边缘计算等能力，5G 网络可以为垂直行业提供更加优质的信息服务，加速垂直行业产业升级和信息化过程。

习题：

1. 网络切片是 5G 的内生能力，有助于以垂直行业需求为导向，构建灵活、动态的网络。网络切片的三大特征是什么？

2. 网络切片的网络架构涉及"三层六域"，请简述"三层六域"及其主要功能。

3. 网络切片标识 S–NSSAI 是贯穿网络切片全生命周期的纽带。S–NSSAI 全称和含义是什么？它主要由哪两个字段构成？这两个字段分别表征什么内容？

4. 网络切片的管理编排是网络切片生命周期管理的重要环节。请简述从业务需求输入到网络服务部署完成的端到端管理编排流程。

5. 随着 5G 和工业互联网的快速发展，边缘计算已成为业界最炙手可热的技术焦点。请问边缘计算的三大场景需求是什么？典型的边缘计算垂直领域有哪些？

6. 5G 网络架构在设计之初便原生支持边缘计算。请问边缘计算与 5G 核心网交互主要体现在哪些网元？涉及哪些接口？交互内容具体是什么？请简述。

7. UPF 可通过 SMF 提供的流量过滤规则将边缘计算流量分流。请问 SMF 可以通过哪些参数进行边缘分流规则的配置？

8. 5G 网络架构定义了三种 SSC 模式。请问这三种模式的相同点和不同点是什么？这三种模式能否保障边缘计算的业务迁移？请简述原因。

参考文献：

［1］李正茂，王晓云，张同须，等．5G 如何改变社会［M］．北京：中信出版社，2019：84-86.

［2］3GPP.TS 23.501，System Architecture for the 5G System［S/OL］.

［3］European Telecommunications Standards Institute．ETSI White Paper NO.28：MEC in 5G Network［R/OL］．http://www.etsi.org/images/files/ETSIWhitePaper/etsi_wp28_mec_in_5G_FINAL.pdf.

［4］中国移动边缘计算开放实验室．中国移动边缘计算技术白皮书［R/OL］．https://max.book118.com/html/2019/0605/5024113312002042.shtm.

［5］郭亮．边缘数据中心关键技术和发展趋势［J］．信息通信技术与政策，2019（12）：55-58.

第9章 5G网络安全技术

无线移动通信就像一把双刃剑，我们不仅能享受到它的丰富、便捷，同时也会受到一些信息安全的威胁。在移动通信技术发展的历程中，安全问题一直备受关注，其对于移动通信的信息传递和行业发展至关重要，也是每一项新技术在应用过程中必须正视的问题。一旦安全技术不能对网络进行有效保护，攻击者就有可能利用网络协议或者系统的漏洞中止用户服务、获取用户的敏感隐私数据、劫持用户呼叫等。另外，5G在提升移动互联网用户业务体验的基础上，也在进一步与工业、医疗、交通等行业深度融合，其安全问题可能会对企业生产、社会经济发展乃至国家整体安全产生重大影响。因此，自5G提出以来，5G网络的安全性就受到了世界各国的高度关注，如何保证其安全性以及确保安全技术的有效实施，对于保障国家安全、经济安全和其他的国家利益，以及维护全球稳定至关重要。

随着5G网络发展中新业务、新架构、新技术的出现，在提升网络能力的同时也带来了更多的安全问题，在通信安全和用户隐私保护等方面也出现了一些新的挑战。5G安全机制不仅要保证通信安全、满足隐私保护需求，还需要为实际中不同的场景提供差异化安全服务，对多种网络接入方式及新型网络架构进行适应，并支持提供开放的安全能力。

本章首先介绍了移动通信安全的发展历程和2G、3G和4G安全关键技术；随后以3GPP TS33.501[1]为基准，分别介绍了5G网络面临的安全问题及挑战、5G网络安全总体目标及架构、5G网络中的关键安全技术；最后，针对5G有可能面临的后门、木马等网络安全以及空口和数据安全等问题，介绍了业界正在广泛研究的几种5G安全潜在增量技术。

9.1节首先总体梳理了移动通信网络所面临的几类安全威胁和应满足的安全需求，随后分别介绍了2G、3G、4G安全标准中规定的移动通信系统安全技术。

9.2节从5G中引入的SDN/NFV、MEC、网络切片等新技术和eMBB、mMTC、

uRLLC 等应用场景两个方面，总结了 5G 面临的安全威胁，以及 5G 安全机制应当满足的安全需求。

9.3 节和 9.4 节对 5G 网络安全总体目标及架构进行了介绍。其中，9.3 节给出了 5G 网络安全总体目标，梳理了 5G 网络的安全设计原则；9.4 节首先介绍了 5G 网络安全总体架构，随后分别对 5G 网络安全域和网络安全功能实体进行了介绍。

9.5 节和 9.6 节分别介绍了 5G 安全标准中规定的安全关键技术，以及 5G 安全潜在增量技术。其中，9.5 节分别对 5G 的认证与密钥协商机制、密钥层级及推衍、核心加密算法、轻量级加密算法、用户隐私保护以及双连接安全等进行了详细介绍；9.6 节介绍了内生安全、无线物理层安全以及区块链等 5G 安全潜在增量技术。

9.1 移动通信安全发展历程

9.1.1 移动通信安全风险及安全需求

总体而言，移动通信系统所面临的主要安全风险可以概括为以下六类[2]。

窃听：移动通信终端采用无线网络接入方式，其数据均通过无线信道开放传送，非常容易被攻击者窃听，造成数据泄露。

篡改：指在传输移动通信业务数据、信令信息的过程中，攻击者恶意修改信息，从而破坏数据和信令的完整性。

非授权访问：指攻击者通过伪造身份和地址的方式非法接入网络，在未经网络授权的情况下，对无线网络的各种资源和服务进行访问。

重放攻击：一种攻击者通过把截取到的数据在一定时间后重新发送给接收端，对接收端实施欺骗从而破坏认证正确性的攻击方式。

拒绝服务（Denial of Service，DoS）攻击：是指攻击者通过伪造大量终端同时发送接入请求或者让设备发送大量非法（或合法）的身份认证请求，从而恶意占用基站或网络几乎所有的资源，使得合法用户无法获得这些资源的攻击方式。

服务抵赖：指发送端在通信完成后否认曾经发起通信，或接收端否认收到了通信内容。服务抵赖可能会造成通信双方互相欺骗，导致不能达成一致协议，进而影响正常的通信流程。

针对上述提到的移动通信安全风险，为保证移动通信信息的安全性，在进行移动通信系统的协议设计时应满足以下六个方面的安全需求。

机密性保护需求：机密性保护是为了防止无线或有线信道传送的信息以及终端存储的信息被窃听或窃取。为保证用户的业务数据、信令传输的安全性以及无线通信用户身份的隐匿性，需要分别对用户的业务数据、信令和身份信息进行加密。

完整性保护需求：完整性保护是为了防止信令或数据在传输过程中被篡改。为保证信令或数据的完整性，发送端需要通过完整性算法生成唯一的校验信息并发送给接收端，然后接收端通过对比发送端和本地校验信息的一致性来判断接收信令或数据的完整性。

身份认证需求：身份认证是为了保证通信双方身份的合法性，防止非授权访问等攻击。为满足身份认证需求，发送端需要通过共享密钥生成认证响应并发送给接收端，接收端通过比较发送端和本地认证响应的一致性来判断对方身份。

抗重放需求：抗重放是为了判断所接收数据是否为第一次接收，以防止攻击者截获数据并在一定时间后将其重新发送而实施的欺骗攻击。为防止重放攻击，需要将抗重放保护与完整性保护技术相结合，通过加入时间戳等方法对数据进行验证。

访问控制需求：访问控制是资源或服务提供方为了鉴别用户的身份、权限，做出是否允许相关访问请求的判断。为实现访问控制，需要通过身份认证技术来实现，并通过授权管理系统实现对用户身份和相关权限的管理。

不可抵赖性需求：不可抵赖性是为了防止事后抵赖的情况出现，即保证发送端在通信完成后不能否认曾经发起通信，以及接收端在通信完成后不能否认他已经收到了通信内容。为满足不可抵赖性需求，需要通过数字签名技术实现。

9.1.2 移动通信安全技术演进

在 1G 系统中，未考虑安全相关的问题，也未使用安全技术对通信过程进行保护。用户信息以明文传输，因此攻击者很容易窃听通信信息。随着移动通信系统的不断发展与安全需求的不断提升，后续每一代移动通信技术的安全能力也在不断增强[3-5]。

1. 2G 系统安全技术

2G 系统相较 1G 系统在安全性方面有了较大的改进。在 2G 中通过加密的方式来传递用户信息，并采用了挑战 – 响应机制对移动用户的身份进行认证。接下来，分别介绍 2G 中所采用的认证方法、信令和业务数据机密性保护等安全技术。

（1）认证

在 2G 中，采用随机数（Random Number，RAND）、符号响应（Signed Response，SRES）、密钥（Kc）三个参数组成三元组（RAND/SRES/Kc）用于认证。其中，RAND 由认证中心（Authentication Center，AUC）中的伪随机数生成器生成，作为计算三元组中其他参数的基础；SRES 是由密钥 Ki 与 RAND 通过 A3 算法计算得到的参数，其中 Ki 是存储在 AUC 内并和 USIM 共同拥有的密钥，Kc 是由 Ki 和 RAND

通过 A8 算法计算得到的参数。认证流程如图 9-1 所示，AUC 产生三元组，并将其传送给 MSC，MSC 将三元组中用于认证的 RAND 发送给 UE。

UE 利用 Ki 和接收的 RAND 计算其 SRES 值，然后把 SRES 传送给 MSC。MSC 比较 UE 发送的 SRES 值和 AUC 中的 SRES 值，如果两者相同，则表示 UE 认证完成；否则，网络将拒绝 UE 接入。

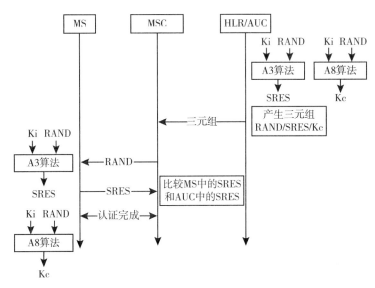

图 9-1　2G 认证流程

（2）信令和业务数据机密性保护

认证完成后，UE 和 HLR/AUC 采用密钥 Kc 进行加密通信。如图 9-2 所示，在发送端和接收端均利用 Ki 和 RAND 通过 A8 算法计算出 64 位的密钥 Kc，然后把密钥 Kc 和当前帧号 Fn（22 位）作为 A5 算法的两个输入参数计算密钥流。在发送端，信令或业务数据与密钥流进行逐位异或完成加密，生成密文；在接收端，使用相同的密钥流与密文进行逐位异或完成解密，得到信令或业务数据。

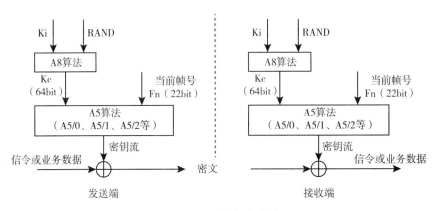

图 9-2　2G 数据加解密流程

其中，A5加密算法包括A5/0、A5/1、A5/2等，其中A5/1是强加密算法，A5/2是弱加密算法，而A5/0表示不加密。

GSM安全机制在一定程度上保护了通信的安全，但仍然还存在一些安全隐患，具体有以下三个方面：① 2G系统只提供网络对用户的单向认证，难以防止伪基站攻击；②加密只在空中接口部分进行，网络间的密钥、用户信息和信令是明文传输的，因此容易造成敏感信息泄露，同时攻击者很容易通过伪造身份和地址的方式进行非授权访问；③信令和用户业务数据缺乏完整性保护机制，存在受到篡改等主动攻击的可能性。

2. 3G系统安全技术

针对2G安全机制存在的缺陷，3G对2G的安全机制进行了改进，并根据3G的业务特点，提供了新的安全特征和安全服务。相比于2G系统，3G系统安全特征的改进主要表现在：①增加了用户对网络的认证，实现了用户和网络之间的双向认证；②增加了密钥长度，加密密钥（Cipher Key，CK）长度为128位，比GSM的64位密钥Kc长一倍；③增加了对信令的完整性保护，用128位的完整性密钥（Integrity Key，IK）保护信令的完整性。

接下来，分别介绍3GPP TS 33.102[6]中所规定的3G用户认证方法、信令和业务数据机密性保护、信令完整性保护等安全技术。

（1）认证

3G系统中沿用了GSM中的认证方法，并作了改进。例如，在WCDMA系统中，使用了五元组认证向量（Authentication Vector，AV），包括RAND、期待响应（Expected User Response，XRES）、IK、CK和认证标记（Authentication Token，AUTN）。其中，XRES为服务网络（Serving Network，SN）的响应信息；CK用于对数据进行加密；IK用于对信令进行完整性保护；AUTN由序列号（Sequence number，SQN）与匿名密钥（Anonymity Key，AK）异或后与消息认证码（Message Authentication Code，MAC）等参数组合而成，用于为UE提供认证信息以执行认证和密钥协商（Authentication and Key Agreement，AKA）协议。3G AKA协议流程如图9-3所示。

AKA协议可分为两个部分：

● 归属网络（Home Network，HN）向SN发送AV。SN向HN发送认证请求申请AV，HN生成一组AV发送给SN，并由SN存储收到的AV。

● 认证和密钥协商建立。SN从收到的一组AV中选择一个AV，将AV中的RAND和AUTN发送给UE的用户业务标识模块（User Subscriber Identity Module，USIM）进行认证。用户收到RAND和AUTN后本地计算出MAC，并与AUTN中包含的MAC相比较，如果二者不同，UE将向SN发送拒绝认证消息。如果二者相同，

UE 计算响应信息 RES，并将其发送给 SN。SN 在收到 RES 后，比较 XRES 和 RES 的值。如果相等则通过认证并建立连接，否则不建立连接。

最后在认证通过的基础上，UE 根据 RAND 和其在入网时的共享密钥 Ki 来计算 CK 和 IK。SN 根据发送的 AV 选择对应的 CK 和 IK。

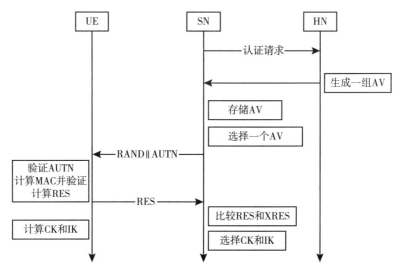

图 9-3　3G AKA 协议流程

（2）信令和业务数据机密性保护

在 3G 系统中，信令和业务数据加密主要提供四个安全特性：加密算法协商、加密密钥协商、信令和业务数据加密，其中加密密钥协商在 AKA 过程中完成，加密算法协商由 UE 与 SN 间的安全模式协商机制完成。

在无线链路上仍然通过密钥流对信令或业务数据加密，采用 f8 算法（见图 9-4）。f8 算法有五个输入：COUNT（密钥序列号）、BEARER（链路承载身份标识指示）、DIRECTION（上下行链路传输方向指示）、LENGTH（密钥流长度指示）和 CK。其中，对于上行链路 DIRECTION 设置成 0，而下行链路 DIRECTION 设置成 1。在发送端，f8 算法基于以上五个输入参数计算输出密钥流，通过密钥流与输入的信令或业务数据逐位异或进行加密，并输出密文；在接收端，以同种方法生成密钥

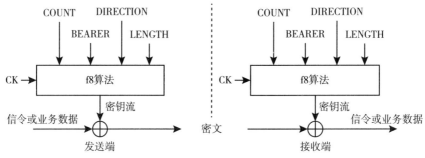

图 9-4　3G 数据加解密流程

流，对密文进行解密得到信令或业务数据。

（3）信令完整性保护

在移动通信中，UE 和 SN 间的信令较为敏感，3G 中采用了消息认证来保护 UE 和 SN 间的信令不被篡改，即 3G 对信令进行了完整性保护。3G 信令完整性保护主要提供三个安全特性：完整性算法协商、完整性密钥协商、信令的完整性保护，其中完整性密钥协商在 AKA 中完成，完整性算法协商由 UE 与 SN 间的安全模式协商机制完成。

UE 和网络中的信令完整性保护由 f9 算法实现，实现过程如图 9-5 所示。算法的输入参数包括 IK、COUNT-I（密钥序列号）、FRESH（由网络侧产生的随机值）、DIRECTION 和 MESSAGE（信令），输出是信令完整性保护的消息认证码 MAC-I。在发送端，根据以上输入参数生成 MAC-I并将其附加在发出的信令后面；在接收端，以同种方法计算得到 XMAC-I，然后把收到的 MAC-I与 XMAC-I相比较，如二者相同就说明收到的信令是完整的。

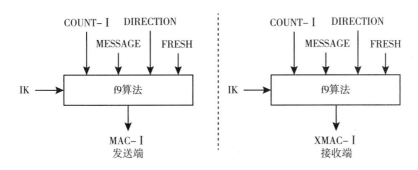

图 9-5　3G 的信令完整性保护

3G 在大幅提升通信安全性的同时，安全机制仍存在一些安全隐患，具体有以下两个方面：① UE 仍存在以明文发送国际移动用户标识（International Mobile Subscriber Identification，IMSI）的情况，因此攻击者仍然能够获取 IMSI，并将 IMSI 和用户身份关联到一起，从而实施欺骗攻击；②缺乏对用户业务数据的完整性保护，攻击者可能会对用户的业务数据进行篡改。

3. 4G 系统安全技术

相比于 3G，4G 系统安全机制的改进主要表现在：①在 4G 认证过程中发送认证数据请求时，将服务网络标识（Service Network Identification，SNID）与 IMSI 共同发送给 HN，因此 HN 可以判断 SN 身份的合法性；② 4G 对接入层和非接入层的数据均进行了加密；③ 4G 中增加了对用户业务数据的完整性保护；④ 4G 的密钥层级较 3G 来说更加复杂，密钥安全性更高。

接下来，分别介绍 3GPP TS 33.102[6] 中所规定的 4G 认证、信令和业务数据机密性保护、信令和业务数据完整性保护等安全技术。

（1）认证

4G 系统基本沿用了 3G 的认证机制，并做了一定的改进，认证过程如图 9-6 所示。AV 为四元组（RAND+XRES+K_{ASME}+AUTN），其中 RAND、AUTN、XRES 的生成与 3G 中的生成方法相同，在此不做赘述；4G AV 中加入密钥 K_{ASME} 取代了 3G AV 中的 CK、IK，密钥 K_{ASME} 是由 CK、IK 和 SNID 计算生成的密钥，是用于生成加密算法和完整性算法中的加密密钥和完整性密钥的关键参数。

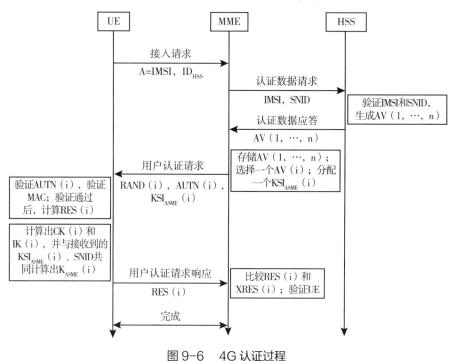

图 9-6　4G 认证过程

其具体认证过程如下。

● MME 发起认证。首先 MME 收到 UE 的接入请求后，向 UE 的 HSS 发送该 UE 的 IMSI 以及 SNID，请求对该 UE 的身份和所在网络进行认证。

● HSS 收到 MME 的认证数据请求之后，根据 SNID 对 UE 所在的 SN 进行验证，验证失败则 HSS 拒绝该消息；如验证通过，则生成 SQN 和 RAND，同时产生认证向量组 AV（i）并发送给 MME；MME 按序存储这些向量，每一个 AV 可以在 UE 和 MME 之间进行一次 AKA 过程。

● MME 收到 AV（i）之后，按照先后顺序对 AV（i）排序，然后选择一个序号最小的 AV，并为 K_{ASME}（i）分配对应的 KSI_{ASME}（i），其中 KSI_{ASME}（i）用于网络在后续进行保密通信时识别存储在 UE 的 K_{ASME}（i），而不需要再次调用认证过程。然后，MME 将选择的 AV 中的 RAND（i）和 AUTN（i）以及 KSI_{ASME}（i）一起发送给 UE，向 UE 发送用户认证请求。

● UE 收到 MME 发来的认证请求后，首先验证 AUTN（i），然后利用收到的 RAND 和 AUTN（i）中的 SQN 等参数计算 XMAC，并与 AUTN(i)中的 MAC 相比较。若验证不通过或者 XMAC 与 MAC 比较不符，则向 MME 发送拒绝认证消息，并中断该过程。上述认证通过后，UE 将计算 RES（i），并将计算出的 RES（i）值发送给 MME。与此同时，UE 根据 USIM 中的密钥 Ki 生成 CK 和 IK，然后用 CK 和 IK 与接收到的 KSI_{ASME}（i）、SNID 这两个参数共同计算出父密钥 K_{ASME}（i）。

● MME 收到 UE 发送的 RES（i）后，将 RES（i）与 AV（i）中的 XRES（i）进行比较，如果一致，则通过认证。

至此 AKA 过程结束，在后续通信过程中，根据密钥层级，通过 K_{ASME}（i）推衍出信令和用户业务数据的加密密钥和完整性密钥，用于相应的加密算法和完整性算法中。

（2）信令和业务数据机密性保护

图 9-7 说明了 4G 中对信令和业务数据的加解密流程。在进行加密时，采用 EPS 加密算法（EPS Encryption Algorithm，EEA）产生密钥流，EEA 有五个输入：COUNT、BEARER、DIRECTION、LENGTH、KEY（128 位加密密钥）。在发送端，EEA 基于以上五个输入参数计算输出密钥流，通过密钥流与信令或业务数据逐位相加来进行加密操作。在接收端，以同种方法生成密钥流，对密文进行解密得到信令或业务数据。

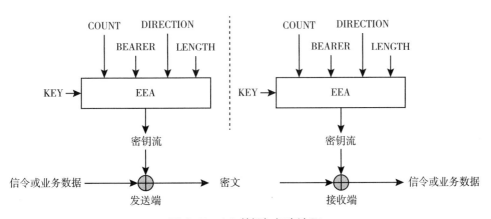

图 9-7　4G 数据加解密流程

3GPP TS 33.401[7] 中定义了两类加密算法，即 NULL 加密算法、128 位加密算法。

NULL 加密算法：NULL 加密算法 EEA0 是 EEA 加密算法中的一种算法，仅有 LENGTH 一个输入参数，即它产生一个长度为 LENGTH 的全 0 密钥流。

128 位加密算法：128 位加密密钥由父密钥 K_{ASME}（i）通过密钥层级推衍得

到。128 位 EEA 包含以下三种算法：128-EEA1、128-EEA2、128-EEA3。其中，128-EEA1 是基于 3G 网络的标准算法 SNOW 3G；128-EEA2 是 128 位的 AES 算法；128-EEA3 是 128 位的祖冲之（ZUC）算法。

（3）信令和业务数据完整性保护

对信令和业务数据完整性保护的流程如图 9-8 所示，当需要发送信令或业务数据时，采用 EPS 完整性算法（EPS Integrity Algorithm，EIA）对其进行完整性保护。EIA 有五个输入：BEARER、DIRECTION、LENGTH、KEY（128 位完整性密钥）以及 MESSAGE（信令或业务数据）。在发送端，EIA 基于以上五个输入参数计算出消息认证码 MAC-I/NAS-MAC，并将消息认证码附加到业务数据或信令中发送给接收端。在接收端，以同种方法计算相应的期望消息认证码 XMAC-I/XNAS-MAC，并通过比较 XMAC-I/XNAS-MAC 与 MAC-I/NAS-MAC 是否相同来验证信令或业务数据的完整性。如果两者相同，则验证成功，反之则验证失败。

3GPP TS 33.401[7] 定义了两类完整性算法，即 NULL 完整性算法和 128 位完整性算法。

NULL 完整性算法：NULL 完整性算法 EIA0 是 EIA 中的一种算法，EIA0 产生一个 32 位全零的 MAC-I/NAS-MAC 和 XMAC-I/XNAS-MAC，仅应用于限制服务模式中未认证 UE 的紧急呼叫，由于这种模式下未进行完整性保护，所以无法满足抗重放需求。

128 位完整性算法：128 位完整性密钥由父密钥 $K_{ASME}(i)$ 通过密钥层级推衍得到。128 位 EIA 包含以下三种算法：128-EIA1、128-EIA2、128-EIA3。其中，128-EIA1 是 SNOW 3G 算法；128-EIA2 是 128 位的 AES 算法；128-EIA3 是 128 位的 ZUC 算法。

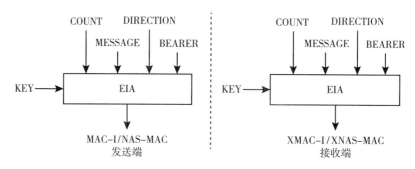

图 9-8　4G 的信令和业务数据完整性保护

然而，在 4G 网络的安全机制中仍存在一些安全缺陷，具体有以下两个方面：① UE 漫游到不同地域时，HN 会把认证向量发送到漫游网络，易被截获；② UE 开机注册或初次加入网络，或网络因特殊情况无法恢复出用户的 IMSI 时，UE 将以明文发送 IMSI，易被截获。

9.2　5G 网络面临的安全问题和挑战

5G 的 SDN、NFV 和网络切片[8]等新技术以及 eMBB、mMTC、uRLLC 三大新应用场景带来的新的安全威胁[9-10]，可能会使得网络遭受到更多的攻击。因此，在推动 5G 发展的过程中要更加重视 5G 带来的安全威胁。

9.2.1　5G 新技术安全威胁

下面分别对 5G 中引入 SDN、NFV、MEC、网络切片、网络能力开放等新技术所带来的安全威胁进行分析。

1. SDN/NFV

基于 SDN/NFV 的虚拟化技术面临的安全威胁主要有以下三方面：①SDN 中控制管理集中化带来的安全威胁。控制器是 SDN 体系的核心，攻击者一旦成功实施对控制器的攻击（如 DoS 攻击、流表篡改等），将影响整个系统的安全稳定运行；②NFV 中资源共享化带来的安全威胁。在 NFV 中，多个 VNF 共享下层基础资源，针对单个 VNF 的威胁有可能会扩散至整个平台，进而影响其他 VNF 的安全；③第三方软件和硬件带来的安全威胁。由于网络虚拟化技术大量采用第三方软件和通用硬件，系统中可能存在大量潜在漏洞和后门。

2. MEC

MEC 面临的安全威胁主要有两个方面[11-12]：①多应用部署带来的安全威胁：基础硬件资源被 MEC 平台上部署的所有应用共享，一旦某个采取较弱防护措施的应用被攻破，则 MEC 平台上其他应用的安全运行也会受到影响。②传统网络所面临的安全威胁：除了由其本身架构特点带来的安全威胁外，MEC 平台仍然需要考虑传统网络的安全威胁，如组网安全等。否则可能存在数据面上下行接口的通信内容泄露、数据面网元的配置数据被篡改、操作日志泄露、安全威胁扩散等安全隐患。

3. 网络切片

网络切片面临的安全威胁主要有两个方面：①资源共用带来的安全威胁。攻击者可能以某个防护能力较低的网络切片为突破口攻击其他切片，造成切片间信息泄露、互相干扰等威胁。②切片交互带来的安全威胁。当切片交互接口遭受安全攻击时，会对切片的正常运行以及机密性和完整性产生影响。

4. 网络能力开放

网络能力开放面临的安全威胁主要有两个方面：①数据开放带来的安全威胁。用户隐私数据等由网络运营商内部的封闭平台向开放平台扩展，数据可能会因网络运营商对其管理和控制能力的削弱造成泄露。②接口开放带来的安全威胁。网络能力开放，接口引入了互联网通用协议，导致互联网已有的安全威胁将会被引入到 5G 网络中去。

9.2.2　5G 应用场景安全威胁

5G 网络除了因技术本身带来的安全威胁外，同时也面临着不同应用场景自身特点带来的安全威胁[3]。接下来，对 5G 中 eMBB、mMTC 和 uRLLC 场景面临的威胁分别进行分析。

1. eMBB 场景下的安全威胁

eMBB 场景面临的安全威胁主要有以下两个方面：①现有网络中部署的防火墙、入侵检测系统等安全设备将难以满足移动 AR/VR 等业务带来的超大流量对安全防护的需求，同时这些业务涉及更多类型的用户数据量，加大了个人隐私泄露的风险。② 5G 中的微小站，安全防护能力较差，攻击者可能通过侧信道攻击等非法手段获取微小站的敏感数据（如空中接口加密密钥等），进而接入运营商核心网内，对核心网发起攻击（如 DoS 攻击等）。

2. mMTC 场景下的安全威胁

mMTC 场景面临的安全威胁主要有以下两个方面：①网络收到海量终端的信令请求超过了网络各项信令资源的处理能力，触发信令风暴，导致移动通信系统崩溃。②大量硬件资源有限的终端难以部署复杂的安全策略，容易被攻击，进而引发对其他用户乃至整个网络的攻击，造成系统瘫痪、网络中断等安全威胁。

3. uRLLC 场景下的安全威胁

uRLLC 场景面临的安全威胁主要有以下两个方面：① 5G 中单个接入节点覆盖范围很小，在终端快速移动时，小区切换非常频繁，给安全上下文的移动性管理带来安全威胁；②对超低时延的追求，必将带来安全性的下降，现有的安全算法无法同时满足通信的超低时延和安全性。

9.2.3　5G 安全需求

5G 安全机制除了要满足基本通信安全要求之外，还需要为不同业务场景提供差异化的安全服务，能够适应多种网络接入方式及新型网络架构，保护用户隐私，并支持提供开放的安全能力。

1. 5G 新技术安全需求

SDN、NFV、MEC、网络切片、网络能力开放等新技术的引入，对网络安全提出了新的需求。基于 SDN/NFV 的虚拟化技术打破了传统网络通过物理隔离来保证安全的限制，因此需要加强对 SDN 控制器及其南、北向接口的认证及数据保护，同时针对 NFV 带来的安全威胁，需要提供端到端、多层次资源的安全隔离措施，对关键数据进行加密和备份，最后要加强对第三方软件和硬件的安全管理；MEC 中要加强应用的安全防护，完善应用层接入到 MEC 节点的安全认证与授权机制；网络切片需根据不同业务的安全需求提供差异化的安全服务，同时需要提供不同切片之间有效的隔离机制，防止本切片的隐私数据被其他切片有意或无意访问；网络能力开放中，要加强对 5G 网络数据的保护，强化安全威胁监测与处置，同时还需加强网络开放接口的安全防护能力，防止攻击者从开放接口渗透进入运营商网络。

2. 5G 应用场景安全需求

eMBB 场景必须具有对超大流量数据的高速加解密处理能力，以及强大的用户隐私信息保护能力。通过使用加密、完整性保护、访问控制等技术，确保敏感数据（如长期密钥、关键的配置数据等）的安全传输和存储，保护网络实体之间以及网络实体与终端之间数据交互的机密性和完整性。

mMTC 场景下的物联网终端受到终端能力限制，而传统安全算法在各方面开销过大，因此在 mMTC 场景下急需采用轻量级加密算法。此外，mMTC 场景下的密钥管理机制必须能防止多种攻击方式，如重放攻击、DoS 攻击等。并且为了避免信令风暴的影响，mMTC 场景还需要考虑聚合认证信令的方式，将多条认证消息聚合为一条认证信令，从而降低服务器侧认证海量机器时的负担。

uRLLC 场景中，需要对移动性安全进行重新设计和优化，构建高效、轻量级、统一兼容的移动性安全管理机制，以满足强烈的低时延需求，主要有以下两个方面：①在高速的移动切换中，密钥的安全性和切换复杂度需要折中考虑；②uRLLC 终端需建立面向低时延需求的安全机制，统筹优化业务接入认证、数据加解密等环节带来的时延，尽力提升低时延条件下的安全防护能力。

3. 5G 生态带来的安全需求

在 5G 网络中，用户数据需要在由多种接入技术、多层网络、多种设备和多个参与方交互的复杂网络中存储、传输和处理，这可能导致用户隐私数据泄露；5G 网络中大量引入虚拟化技术，造成网络安全边界模糊，在多用户共享计算资源的情况下，用户隐私数据更容易遭受攻击和泄露；5G 网络比以往增加了个人用户在不同行业应用的隐私数据（如健康信息、服务种类、服务内容等）以及行业用户隐私数据（如机械控制、生产控制等），使得涉及的隐私内容更多，敏感度更高。因此，5G 网络需要增强用户的隐私保护机制，以解决用户敏感数据在存储、传递、交互和使用过程中存在的泄露问题。

9.3　5G 安全总体目标与设计原则

5G 网络安全总体目标：5G 网络安全应保护多种应用场景下的通信安全以及5G 网络架构的安全，建立以用户为中心、满足服务化安全需求的安全体系架构。其首要的目标是确保系统的机密性、完整性和可用性。同时需要实现系统的接入安全、网络安全以及用户安全，提供统一的认证框架、提供按需的安全保护及隐私保护，确保 5G 网络能对中间人攻击、SN 的假冒、用户身份及隐私窃取、未授权用户接入以及 DoS 网络攻击等进行防范。同时保证新技术引入时的安全。

5G 网络安全具体包括如下两个方面的设计原则：[13]

1）5G 网络仍应兼容 4G 网络所支持的安全特性，并提供安全增强的功能以应对 4G 网络中潜在的安全漏洞，包括提供 HN 对 SN 的认证机制、支持不同网络实体之间的安全交互、提供对于用户身份隐私的保护机制、保证用户面数据的完整性等。

2）5G 网络应对 5G 架构的新生业务提供安全保护，这些新生业务所需的安全特性包括：

- 5G 网络安全应提供统一的认证架构，以满足不同的认证方式；
- 5G 网络安全应提供与 4G 网络的交互安全性；
- 5G 网络应考虑安全锚点密钥设计及新的安全密钥层级设计；
- 5G 网络应考虑应用层安全的保护机制，保证用户与应用提供方之间的通信安全；
- 5G 网络应支持对外部数据网络的认证，并提供相应的密钥管理方法，确保合法的终端与外部数据网络之间的认证和授权；
- 5G 网络必须满足切片之间的密钥隔离和交互安全等安全需求；
- 5G 网络应满足 SBA 安全需求，包括网络功能之间的发现、认证与授权；
- 5G 网络应提供包括安全上下文处理机制和密钥推演等支持多注册、双连接的安全特性。

9.4　5G 网络安全架构

9.4.1　5G 网络安全总体架构

5G 新技术和新应用场景的引入给 5G 网络安全架构的设计带来了全新的挑战。5G 网络安全架构需要保证终端设备与网络功能之间的控制面信令与用户面数据的安全。

如图 9-9 所示，5G 网络安全架构可划分为 3 层和 6 个安全域。3 层分别是传输层、SN/HN 层以及应用层。6 个域分别为网络接入安全域（Ⅰ）、网络安全域（Ⅱ）、用户安全域（Ⅲ）、应用安全域（Ⅳ）、SBA 安全域（Ⅴ）以及安全的可视性与可配置性（Ⅵ）。从安全域的划分上看，5G 网络允许 3GPP 和非 3GPP 两种接入网络接入其安全域；同时 5G 网络新增了 SBA 安全域，该安全域满足了 5G 网络基于服务化架构特性的安全需求。其他安全域方面，5G 与 4G 基本相似，而在协议设计方面有所增强，具体体现在安全锚点、密钥层级、安全上下文、认证向量、HN 与 SN 的认证等方面的安全性能优化。[14]

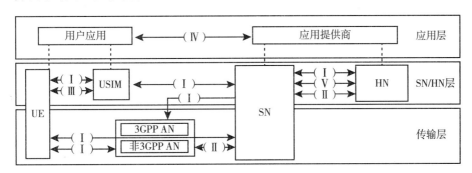

图 9-9　5G 网络安全架构[15]

9.4.2　5G 网络安全域和网络安全功能实体

1. 安全域

图 9-9 说明了 5G 网络安全架构下的不同安全域、每个域关注的安全功能和各个安全域之间的关系。6 个安全域提供的安全功能具体如下[4]。

网络接入安全域（Ⅰ）：用于确保 UE 能够安全地通过网络侧认证并接入服务，包括 3GPP 接入和非 3GPP 接入，并可防止在无线接口的攻击。它还包括从 SN 到接入网的安全上下文传输。

网络安全域（Ⅱ）：用于确保网络功能之间安全地交换信令数据和用户面数据。

用户安全域（Ⅲ）：用于确保用户安全地接入移动设备。

应用安全域（Ⅳ）：用于确保用户域和应用域中的应用能够和应用提供商安全地交互信息。

SBA 安全域（Ⅴ）：用于确保网络功能注册、发现和授权安全以及基于服务的接口安全。

安全的可视性和可配置性（Ⅵ）：用于确保用户能够获知安全功能的运行情况，以判断这些安全功能是否可以保障业务的安全和使用。图 9-9 中没有显示安全的可视性和可配置性。

2. 网络安全功能实体

5G 网络中的网络安全功能实体分为核心网边缘网络安全功能实体和核心网内网络安全功能实体两类[4]，如图 9-10 所示。

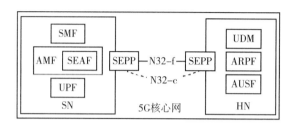

图 9-10　5G 网络中的网络安全功能实体

（1）核心网边缘网络安全功能实体——安全边界防护代理（Security Edge Protection Proxy，SEPP）

在 5G 网络架构中，SN 和 HN 通过 N32 接口互联。N32 接口包含用于接口管理的 N32-c 连接和用于发送保护消息的 N32-f 连接。为了保护通过该接口发送的消息，5G 架构引入了 SEPP 这一网络安全功能实体。SEPP 为 SN 和 HN 间不同网络功能实体交换的所有服务层消息提供应用层安全保护，其具体功能为：接收来自 SN（或 HN）内各网络功能实体的所有服务层消息，并在通过 N32 接口向 HN（或 SN）传输这些消息前对其进行保护；接收 N32 接口传来的来自 HN（或 SN）的消息，并在验证安全性后将其转发至 SN（或 HN）内相应的网络功能实体。

（2）核心网内网络安全功能实体

SN 网络安全功能实体：SN 网络安全功能实体包括 AMF、SMF 和 UPF 等。

为了支持多种网络功能部署的模式/场景，需要将认证功能部署在独立于网络部署场景的安全锚点上，从而降低不同网络功能实体之间安全配置的复杂度。在 AMF 中存在着安全锚点功能（Security Anchor Function，SEAF），SEAF 是核心网中与 AUSF 以及 UE 交互的安全功能实体，是 5G 网络的安全锚点，位于运营商网络的安全环境中，不会暴露给未授权的访问。

HN 网络安全功能实体：HN 网络安全功能实体包括 UDM、认证凭证库和处理功能（Authentication credential Repository and Processing Function，ARPF）、AUSF 等。

- AUSF：是与 ARPF 交互的安全功能实体，并处理来自 SEAF 的认证请求。AUSF 位于运营商网络的安全环境中，不会暴露给未授权的访问。
- ARPF：该安全功能实体存储 HN 和 UE 的共享根密钥，并使用共享根密钥进行密钥推衍。另外，ARPF 还存储用户配置文件（Subscriber Profile）。ARPF 位于运营商网络的安全环境中，不会暴露给未授权的访问。

- UDM：该安全功能实体提供了用户标识去隐藏功能（Subscription Identifier De-concealing Function，SIDF），用于对用户隐藏标识（Subscription Concealed Identifier，SUCI）进行解密以获得SUPI。当预存在USIM中的HN公钥用于SUPI的加密时，SIDF应使用安全存储在UDM中的HN私钥来解密SUCI。

9.5　5G网络安全关键技术

5G网络安全技术需要满足5G接入网和核心网的网络功能及终端设备的安全需求，提供对合法用户的认证授权、数据加密、隐私保护等功能，保证控制面信令与用户面数据的安全，抵御攻击者发起的篡改、窃听等典型主、被动攻击。

9.5.1　5G认证与密钥协商机制

1. 5G认证

与4G相比，5G认证做了增强，实现了UE、SN、HN三者之间的认证。在4G网络中，UE从网络获取的AV是直接从HN下发的，并经SN转发。此时，SN可以获得HN中的AV并利用此AV发起虚假认证请求。在5G AKA中，SN从HN收到的是根据归属网络认证向量HN AV生成的服务网络认证向量SN AV，因此，SN无法获知HN AV信息，从而避免了SN的虚假认证请求。另外，网络侧对UE做了两次认证，即SN对UE的认证和HN对UE的认证。

2. 5G认证与密钥协商过程

5G网络提供了统一的认证框架。在5G安全架构设计的过程中引入了可扩展的认证协议（Extensible Authentication Protocol，EAP），其中代表性的认证协议为EAP-AKA'。3GPP TS 33.501[1]中规定将5G AKA与EAP-AKA'这2种认证方式并入5G统一认证框架体系，且所有的5G终端必须同时支持这两种认证协议[1, 15]。

（1）5G AKA认证流程

5G AKA采用挑战-响应机制实现网络和用户的双向身份认证。5G AKA认证流程如图9-11所示，分别采用SQN_{HN}和SQN_{UE}表示存储在HN和UE中的SQN值，具体步骤如下。

1）UE向SN发送包含SUCI（或5G-GUTI）的注册请求消息。其中SUCI和5G-GUTI分别用于不同的注册阶段（具体见9.5.5节）。

2）SN向HN发送包含SUCI（或SUPI）和服务网络名称（Serving Network Name，SN_{name}）的认证发起消息。若认证发起消息中包含SUCI，则HN中的UDM需对SUCI解密获得SUPI，进而执行后续认证流程；若注册请求消息中包含的是

5G-GUTI，则认证发起消息中应包含 SUPI，直接用其执行后续认证流程。

3）HN 计算得到 HN AV（RAND+AUTN+HXRES*+K_{SEAF}），将 K_{SEAF} 本地保存，并向 SN 发送 SN AV（RAND+AUTN+HXRES*）。RAND 为 HN 所生成的随机数；AUTN 由 SQN_{HN} 与 AK 进行异或，并与 MAC 等参数组合而成；HXRES* 为 HN 期望收到的认证响应 XRES* 的 Hash 值；HN 利用 HN 和 UE 的共享根密钥 K 和 RAND 分别通过 f3 和 f4 算法生成 CK 和 IK，随后利用 CK、IK 推衍出 K_{AUSF} 并进一步推出 K_{SEAF}。

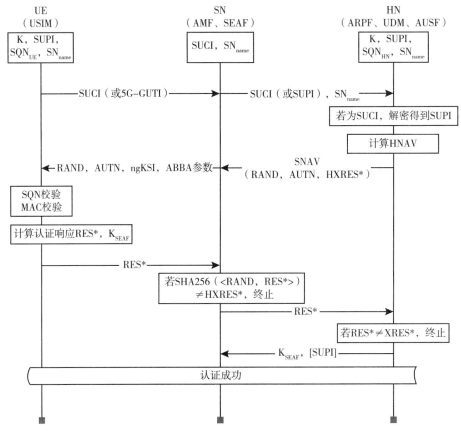

图 9-11　5G AKA 认证流程

4）SN 收到 SN AV 后，存储 HXRES*，并将 RAND、AUTN 与预存在 SEAF 中的 5G 密钥标识集（Key Set Identifier in 5G，ngKSI）和抗降级攻击（Anti-Bidding down Between Architectures，ABBA）参数组合成认证请求消息发送给 UE，其中 ngKSI 和 ABBA 是防止用户被强制回落到 2G 的保护参数。

5）UE 收到来自 SN 的认证请求消息后，本地保存 RAND 和 AUTN，并从 AUTN 中解出 SQN_{HN} 值。一方面通过检查 SQN_{HN} 是否在允许范围内（$SQN_{HN}>SQN_{UE}$）来验证认证消息的有效性；另一方面通过计算得到 XMAC，并与 AUTN 中的 MAC 作比较以验证消息的真实性。若 SQN 校验和 MAC 校验均通过，即完成了 UE 对 HN

的认证。随后，UE 计算认证响应 RES*，将其转发给 SN，同时利用与 HN 相同的方式推衍出 K_{SEAF}。

6）SN 根据 RES* 计算出 HRES*，并和本地存储的 HXRES* 值进行比较。若不相等，SN 终止认证流程；若相等，即完成了 SN 对 UE 的认证。随后，SN 向 HN 转发认证响应 RES*。

7）HN 收到 RES* 后和本地存储的 XRES* 进行比较。若不相等，HN 终止认证流程；若相等，即完成了 HN 对 UE 的认证。若步骤 2）的认证发起消息中包含 SUCI，则 HN 向 SN 发送包含 K_{SEAF} 和 SUPI 的认证成功消息；若步骤 2）的认证发起消息中包含 SUPI，则 HN 向 SN 发送仅包含 K_{SEAF} 的认证成功消息。

至此，完成了 UE、SN 和 HN 之间的相互认证与密钥协商。

在认证成功后，SN 从 HN 中接收的密钥 K_{SEAF} 将成为密钥层级意义上的锚点密钥。SEAF 将利用 K_{SEAF}、ABBA 参数和 SUPI 推衍出 K_{AMF}，并向 AMF 提供 K_{AMF} 和 ngKSI。之后，将 K_{AMF} 用于对信令或数据进行加密和完整性保护的密钥的推衍。

（2）EAP-AKA′ 认证流程

EAP-AKA′ 类似于 5G AKA，也依赖于基于共享根密钥的挑战 – 响应机制实现网络和用户的双向身份认证，SQN、MAC 校验机制也相似。二者之间的主要区别是某些信令消息和密钥计算方法不同。需要说明的是，在 EAP-AKA′ 过程中，并未直接体现 SN 对 UE 的认证，SN 将来自 UE 的认证响应透明转发，并交由 HN 做认证决策。EAP-AKA′ 认证流程如图 9-12 所示，具体步骤如下。

1）UE 向 SN 发送包含 SUCI（或 5G-GUTI）的注册请求消息。

2）SN 向 HN 发送包含 SUCI（或 SUPI）和服务网络名称（Serving Network Name，SN_{name}）的认证发起消息。若认证发起消息中包含 SUCI，则 HN 中的 UDM 需对 SUCI 解密获得 SUPI，进而执行后续认证流程；若注册请求消息中包含的是 5G-GUTI，则认证发起消息中应包含 SUPI，直接用其执行后续认证流程。

3）HN 计算转换认证向量 AV′（RAND+XRES+AUTN+CK′+IK′）。其中，CK′ 和 IK′ 分别由 CK 和 IK 推衍得到；XRES 为 HN 期望收到的认证响应。需要指出的是，RAND、CK、IK 以及 AUTN 的产生与 5G AKA 流程中相同，此处不再赘述。随后，HN 将 XRES、CK′、IK′ 保存在本地并将 RAND、SN_{name}、AUTN 发送给 SN。

4）SN 向 UE 发送包括 RAND、SN_{name}、AUTN、ngKSI 和 ABBA 参数的认证请求消息。

5）UE 收到认证请求消息后，首先计算得出 $XSQN_{HN}$ 和 XMAC。一方面通过检查 $XSQN_{HN}$ 是否在允许范围内（$XSQN_{HN} > SQN_{UE}$）来验证认证消息的有效性；另一方面将 XMAC 与 AUTN 中的 MAC 作比较以验证消息的真实性。若验证均通过，则实现了 UE 对 HN 的认证。随后，UE 计算出认证响应 RES，并将其发送给 SN。

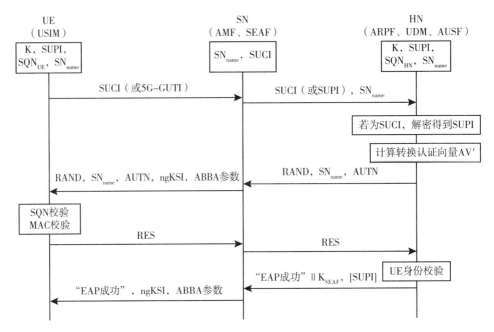

图 9-12　EAP-AKA′认证流程

6）SN 将 RES 透明转发给 HN。

7）HN 收到 RES 后，将其与本地存储的 XRES 进行比较。若二者不相等，HN 终止认证流程；若相等，则 UE 身份校验成功，完成了 HN 对 UE 的认证。随后，HN 从 CK′和 IK′推衍出 K_{AUSF} 并进一步计算得到 K_{SEAF}。至此，认证成功。若步骤 2）的认证发起消息中包含 SUCI，则 HN 将"EAP 成功"、K_{SEAF} 和 SUPI 发送给 SN；若步骤 2）的认证发起消息中包含 SUPI，则 HN 将"EAP 成功"和 K_{SEAF} 发送给 SN。

8）SN 将"EAP 成功"、ngKSI 和 ABBA 参数一起传给 UE。

至此，完成了 UE 和 HN 之间的相互认证，以及 UE、SN 和 HN 之间的密钥协商。

在认证成功后，UE 以与 HN 相同的方式推衍出 K_{SEAF}。UE 利用 ABBA 参数、K_{SEAF} 和 SUPI 推衍出 K_{AMF}。之后，将 K_{AMF} 用于对信令或数据进行加密和完整性保护的密钥的推衍。

9.5.2　5G 密钥层级与密钥推衍

在认证流程中，需要通过密钥建立通信双方的信任关系。5G 网络安全涉及许多密钥，因此密钥管理与分发的有序性十分重要。在 3GPP TS 33.501[1] 中详细规定了 5G 网络的密钥层级结构及其密钥推衍关系。

5G 网络的密钥层级如图 9-13 所示，主要包括以下密钥：K_{AUSF}、K_{SEAF}、K_{AMF}、K_{NASint}、K_{NASenc}、K_{N3IWF}、K_{gNB}、K_{RRCint}、K_{RRCenc}、K_{UPint} 和 K_{UPenc}。在 5G 网络中，UE 不论通过 3GPP 接入还是非 3GPP 接入，都可以采用 5G AKA 或者 EAP-AKA′方式进

行认证，计算得出 K_{AUSF}，并推衍出锚点密钥 K_{SEAF}，用于生成 K_{AMF} 以及 3GPP 接入和非 3GPP 接入的其他密钥。其中各密钥推衍关系如下所述。

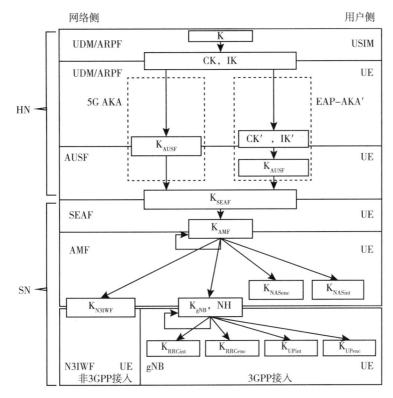

图 9-13　5G 密钥层级

ARPF 密钥：ARPF 应存储 HN 和 UE 的共享根密钥 K。

AUSF 密钥：对于 5G AKA 认证，K_{AUSF} 是 UE 和 ARPF 由 CK、IK 推衍得到；对于 EAP-AKA′ 认证，K_{AUSF} 是 UE 和 AUSF 由 CK′、IK′ 推衍得到。

SEAF 密钥：K_{SEAF} 是 UE 和 AUSF 由 K_{AUSF} 推衍出的锚点密钥，由 AUSF 提供给 SEAF。不允许 SEAF 把 K_{SEAF} 传送至其以外的实体。

AMF 密钥：K_{AMF} 是 UE 和 SEAF 由 K_{SEAF} 推衍出的密钥。一旦 K_{AMF} 被推衍出，K_{SEAF} 应被删除。当从一个 AMF 切换到另一个 AMF 时，K_{AMF} 需要进行更新。

NAS 信令密钥：K_{NASint} 是 UE 和 AMF 由 K_{AMF} 推衍出的密钥，用于对 NAS 信令进行完整性保护；K_{NASenc} 是 UE 和 AMF 由 K_{AMF} 推衍出的密钥，用于对 NAS 信令进行机密性保护。

K_{gNB} 和下一跳参数（Next Hop parameter，NH）：K_{gNB} 用于用户面数据密钥和 RRC 信令密钥的推衍，NH 用于在发生不同 gNB 间切换时对切换后的 K_{gNB} 进行推衍。当需要在 UE 和 gNB 之间建立连接时，UE 和 AMF 应根据 K_{AMF} 推衍出初始 K_{gNB}，并由 K_{AMF} 和初始 K_{gNB} 计算得出初始 NH 值。K_{gNB} 和 NH 之间的密钥推衍关系如图 9-14 所示。

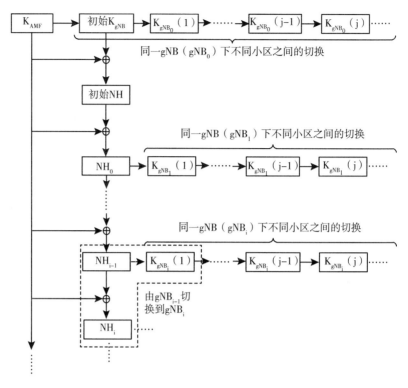

图 9-14 K_{gNB} 与 NH 推衍关系

当发生切换时，NH 和 K_{gNB} 会根据切换情况和本地配置决定更新策略。NH 和 K_{gNB} 的更新情况如下。①同一 gNB 下不同小区之间的切换（gNB_i 下不同小区之间的切换）：在此情况下，NH 不变，切换后的 K_{gNB_i}（j）由切换前的 K_{gNB_i}（j-1）推衍而来。②不同 gNB 之间的切换（由 gNB_{i-1} 切换到 gNB_i）：在此情况下，K_{gNB} 和 NH 均需要更新。切换后的 K_{gNB_i}（1）由切换前的 NH_{i-1} 推衍得到，随后小区切换时的密钥推衍则在 K_{gNB_i}（1）的基础上进行；切换后的 NH_i 由切换前的 NH_{i-1} 和 K_{AMF} 计算得到，并用于下一次切换时对 $K_{gNB_{i+1}}$（1）的推衍。

用户面数据密钥：K_{UPint} 是 UE 和 gNB 由 K_{gNB} 推衍出的密钥，用于对用户面数据进行完整性保护；K_{UPenc} 是 UE 和 gNB 由 K_{gNB} 推衍出的密钥，用于对用户面数据进行机密性保护。

RRC 信令密钥：K_{RRCint} 是 UE 和 gNB 由 K_{gNB} 推衍出的密钥，用于对 RRC 信令进行完整性保护；K_{RRCenc} 是 UE 和 gNB 由 K_{gNB} 推衍出的密钥，用于对 RRC 信令进行机密性保护。

非 3GPP 接入密钥：K_{N3IWF} 是 UE 和 AMF 由 K_{AMF} 推衍出的非 3GPP 接入密钥，并由 AMF 将其发送至非 3GPP 接入互通功能（Non-3GPP access InterWorking Function，N3IWF）。

9.5.3　5G 核心加密算法

根据 3GPP TS 33.501[1] 的规定，5G 网络所采用的数据加密算法为 NEA（NR Encryption Algorithm），数据完整性算法为 NIA（NR Integrity Algorithm）。其中，NEA 包括 NEA0、128-NEA1、128-NEA2 和 128-NEA3；NIA 包括 NIA0、128-NIA1、128-NIA2 和 128-NIA3。5G 加密算法 NEA 与 3GPP TS 33.401[7] 规定的 4G 加密算法 EEA 采用相同的算法以及相同的数据加解密流程，5G 完整性算法 NIA 与 3GPP TS 33.401[7] 规定的 4G 完整性算法 EIA 采用相同的算法以及相同的完整性保护流程，具体算法见表 9-1，具体流程见 9.1.2 节图 9-7、图 9-8 及其相关论述。

表9-1　4G、5G 中使用的加密算法

算法类型	4G 算法	5G 算法	具体算法
加密算法	EEA0	NEA0	NULL
	128-EEA1	128-NEA1	SNOW 3G
	128-EEA2	128-NEA2	128 位 AES
	128-EEA3	128-NEA3	128 位 ZUC
完整性算法	EIA0	NIA0	NULL
	128-EIA1	128-NIA1	SNOW 3G
	128-EIA2	128-NIA2	128 位 AES
	128-EIA3	128-NIA3	128 位 ZUC

除此之外，3GPP 标准化组织正在考虑将加密算法的密钥长度扩展为 256 位以提高安全级别[16-17]，候选的 256 位加密算法有 256 位 AES、256 位 SNOW 3G 和 256 位 ZUC 加密算法。本节着重对 5G 候选的三种 256 位算法进行具体介绍，表 9-2 总结比较了这三种算法的性能。

表9-2　256 位 AES、256 位 SNOW 3G 和 256 位 ZUC 算法的性能对比[18]

加密算法	软件实现吞吐量（Gbps）				硬件实现		攻击复杂度
	明文长度 4096 字节	明文长度 2048 字节	明文长度 1024 字节	明文长度 256 字节	等效门数（GEs）	吞吐量（Gbps）	
256 位 AES	34.16	32.94	30.95	22.67	17232	50.85	$2^{254.4}$
256 位 SNOW 3G	8.89	8.5	7.81	5.38	18100	52.8	2^{177}
256 位 ZUC	3.50	3.39	3.17	2.29	12500	80	2^{236}

1. 256 位 AES

256 位 AES 算法是一种块加密算法，所谓块加密，就是将明文分成多个等长的块，然后用相同的密钥对每个块加密。256 位 AES 算法的初始密钥长度为 256 位，明文分组长度为 128 位，总体结构如图 9-15 所示。

在 256 位 AES 算法中，将 128 位的明文数据放入一个 4×4 的矩阵中，矩阵中的每个元素为 8 位，这个矩阵被称为状态矩阵。同样地，将 256 位的初始密钥放入一个 4×8 的矩阵中，每个元素为 8 位。这个矩阵被称为密钥矩阵。加密时，首先将密钥矩阵通过轮密钥生成模块扩展出轮密钥，然后使用不同的轮密钥对状态矩阵进行 14 轮循环加密，最后得到密文输出。

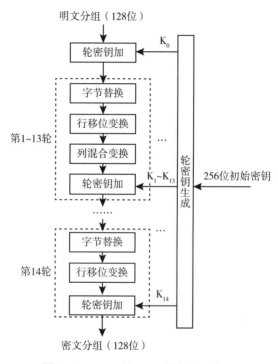

图 9-15　256 位 AES 的总体示意图

在轮密钥生成模块中，通过特定的密钥编排函数，将密钥矩阵由 8 列扩展为 60 列，每一列记为 W [0] ~W [59]，每 4 列为一组 128 位的轮密钥 K_i。其中，前 4 列 W [0]、W [1]、W [2]、W [3] 为初始密钥的前 128 位，记为 K_0，参与最初的轮密钥加操作；后 56 列 W [4] ~W [59] 分为 14 组，每组 128 位，记为 K_1~K_{14}，分别参与 14 轮加密过程中的轮密钥加操作。

在 14 轮循环加密中，每个完整的轮包括四个步骤，依次是字节替换、行移位变换、列混合变换和轮密钥加。这四个步骤的具体内容如下：

● 字节替换：又称 S 盒变换，即将每个字节通过一张特定的替换表（S 盒）映射到另一个字节；

- 行移位变换：将状态矩阵的第 i 行循环左移 i 个字节，i=1，2，3，4；
- 列混合变换：用特定的混合矩阵左乘状态矩阵，即将状态矩阵的每一列转化为新的一列；
- 轮密钥加：将轮密钥 K_i 与列混合变换后的矩阵进行逐位异或。

作为 5G 候选加密算法之一，256 位 AES 算法运行速度快、内存需求低、分组长度和密钥长度设计灵活，在 5G 网络安全中具有广阔的应用前景。

2. 256 位 SNOW 3G

256 位 SNOW 3G 算法是基于线性反馈移位寄存器（Linear Feedback Shift Register，LFSR）的流加密算法，所谓流加密，就是将明文与相同长度的密钥流进行异或生成密文。256 位 SNOW 3G 算法包含初始化和密钥流生成两个阶段，如图 9-16 所示。密钥流生成阶段由线性部分 LFSR 和非线性部分有限状态机（Finite State Machine，FSM）组成。其中，LFSR 部分由 16 个 32 位的单元组成，FSM 由 3 个 32 位寄存器 R1、R2 和 R3 组成。

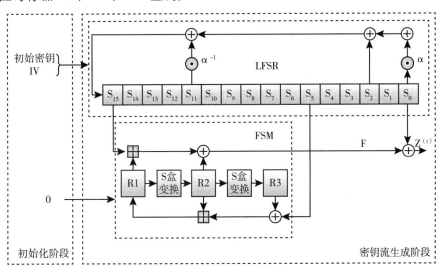

图 9-16 256 位 SNOW 3G 算法示意图

在初始化阶段中，使用 256 位的初始密钥和一组随机产生的初始化向量（Initialization Vector，IV）对 LFSR 中的 $S_0 \sim S_{15}$ 进行初始化，并将 FSM 中的 R1、R2、R3 初始化为全 0，双方进行多次循环、移位得到各自的初始化状态。

密钥流生成阶段是一个迭代的过程，每次迭代包括密钥流产生和寄存器更新两个步骤：①密钥流产生。首先，FSM 根据两个 32 位的输入 S_5 和 S_{15} 产生一个 32 位的输出 F。然后，将 F 与 S_0 进行异或，生成一个 32 位的密钥流。②寄存器更新。在 FSM 中，首先利用 S_5 更新 R1，然后通过 S 盒变换依次更新 R2 和 R3。在 LFSR 中，根据反馈多项式更新 S_{15}，并将单元中的值右移以更新所有单元中的数据。图 9-16 中的参数 α 是反馈多项式的一个根，多项式与 α 相乘相当于对多项式进行左移一位操作，多项式与 $α^{-1}$ 相乘相当于对多项式进行右移一位操作。

256 位 SNOW 3G 作为 5G 候选加密算法，其优点在于硬件中的现有组件可以重用，但是其在软件实现方面的性能略有不足，安全性仍有待进一步提高。

3. 256 位 ZUC

256 位 ZUC 算法是一种流加密算法，包含初始化阶段和密钥流生成阶段两个阶段，其结构如图 9-17 所示。密钥流生成阶段由三层组成：最上层是 LFSR，最下层是 FSM，中间层为位重组层（Bit Recombination，BR）。其中，LFSR 部分由 16 个 32 位的单元组成，FSM 由 2 个 32 位寄存器 R1 和 R2 组成，BR 由 4 个 32 位的字 X0、X1、X2、X3 组成。

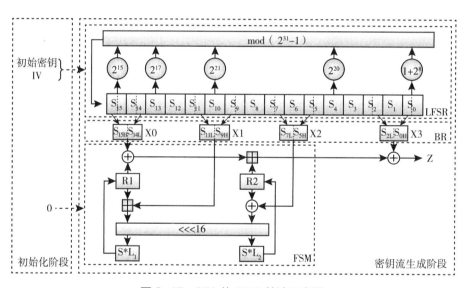

图 9-17 256 位 ZUC 算法示意图

在初始化阶段中，LFSR 使用 256 位的初始密钥和 IV 进行初始化设置，FSM 初始化为全 0，双方进行多次循环、移位（<<<16）得到各自的初始化状态。

在密钥流生成阶段，算法流程分为两个步骤：① BR 从 LFSR 的状态中提取出低 16 位和高 16 位的部分，形成 X0、X1、X2、X3。其中，前三个字输入给 FSM，最后一个字与 FSM 输出进行异或，生成密钥流 Z。② LFSR 根据反馈多项式更新，并将单元中的值右移以更新所有单元中的数据。FSM 根据反馈得到的 X0、X1 和 X2 进行更新。图 9-17 中，S 表示 S 盒变换；L_1 和 L_2 是 2 个多维标度分析（Maximum Distance Separable，MDS）矩阵，用于线性变换。

256 位 ZUC 算法的优点在于硬件中的现有组件可以重用，但是与 256 位 SNOW

3G算法相同，其在软件实现方面的性能略有不足，安全性仍有待进一步提高。

9.5.4　轻量级加密算法

根据我国IMT-2020（5G）推进组公布的5G远景与需求，5G需要提供更高和更多层次的安全机制，能够为大量低成本的物联网业务提供安全的解决方案。在5G mMTC和uRLLC两大物联网典型应用场景中，节点受到计算资源、体积、功耗的约束，使用传统加密算法会在资源受限的场景中引入大量的开销，导致算法的实用性降低。因此，轻量级加密算法（Lightweight Cryptography，LWC）为在5G场景中实现高级别和轻量级安全提供了有效的解决方案[19]。

1. LWC 简介

与传统加密算法相比，LWC侧重于为资源受限设备提供适度的安全保护，具有安全保护级别较低、实现所需资源较少的特点。针对LWC的性能评估主要从硬件和软件两个方面考虑，其中硬件性能通常用算法实现所需的等效门数（Gate Equivalent，GE）表示，软件性能通常用ROM和RAM的字节数表示。LWC按照软件或硬件实现性能可大致分为如表9-3所示的三类。

表9-3　LWC按实现性能分类表[19]

类别	硬件实现	软件实现	
	等效门数（GEs）	ROM（B）	RAM（B）
超轻量级实现	1000 以内	4096	256
低成本实现	1000~2000	4096	8192
轻量级实现	2000~3000	32768	8192

在长期的发展过程中，LWC越来越实用化和标准化，这为其在5G中的应用奠定了坚实的基础。LWC的产生最早可追溯到1994年提出的TEA（Tiny Encryption Algorithm）算法，该算法是一个描述简洁、实现简单的块加密算法，在资源受限的嵌入式系统中发挥了重要的作用。2004年，欧洲国家开展了ECRYPT/eSTREAM计划，极大地推动了轻量级流加密算法在资源受限环境中的研究与应用。2012年，美国国家标准与技术研究院（National Institute of Standards and Technology，NIST）颁布了LWC国际标准ISO/IEC 29192，选定Trivium[20]为轻量级流加密标准算法，PRESENT[21]和CLEFIA[22]为轻量级块加密标准算法。LWC在长期的发展进步中，资源开销逐步降低、安全性能日益提高，在5G物联网等资源受限场景中具有广阔的应用前景。

就目前而言，LWC的设计方法主要有以下两种：

1）在现有加密算法的基础上，对加密算法组件（如 S 盒等）的大小、结构等进行轻量化的改进。这种方法本质上是借助已有算法结构的安全性和健壮性，在尽可能不损失安全性的情况下将算法向轻量级方向改进。这种方法的优点是设计工作量小，算法安全性有保障；缺点是算法实现所需资源受到原算法结构的限制，轻量化程度有限。

2）设计一个全新的 LWC，将算法实现的轻量级作为除了安全性以外的第一准则。该方法的优点是设计灵活，不受原有算法结构的限制，可以利用可行的方式使得算法资源开销尽可能的小；缺点是新设计的加密算法需要进行大量的安全性分析，确保加密算法的安全性。

2. LWC 类型及其典型算法

近几年，随着物联网安全问题成为重要的研究课题，大量轻量级块加密算法、流加密算法和 Hash 函数等被提出。LWC 的分类及其典型算法如表 9-4 所示，本节对 LWC 的类型、实现方法及其典型算法进行简要介绍。

表 9-4　LWC 的分类及其典型算法[19]

类型	轻量级实现方法	典型算法
轻量级块加密算法	简化标准算法的硬件实现	改进的 AES
	优化典型算法组件	DESL、DESX、DESXL
	新型算法设计	HIGHT、PRESENT、KATAN、KTANTAN、MIBS、CLEFIA
轻量级流加密算法	基于 NFSR 设计	Rabbit、Trivium
	基于 LFSR 设计	WG-7、SOSEMANUK
	基于 NFSR 和 LFSR 设计	Grain、A2U2、MICKEY 2.0
轻量级 Hash 函数	基于 PRESENT 算法设计	C-PRESENT-192、H-PRESENT-128、DM-PRESENT-80
	基于海绵结构设计	GLUON、QUARK、PHOTON
	基于 PRESENT 算法和海绵结构设计	SPONGENT

（1）轻量级块加密算法

在对称密码体制中，块密码出现较早，设计技术成熟，具有典型的安全结构，这使得轻量级块加密算法的设计相对容易。目前公开的关于轻量级块加密算法的设计提案可大致归为三类：第一类是对标准块加密算法（如 AES）硬件实现的高度优化和简化，例如改进后的 AES 算法的硬件开销仅为 2400GEs；第二类是在现有典型块密码的基础上，对加密算法的组件进行轻量级的改进，例如采用更小的 S 盒或者利用相同的 S 盒进行串行实现等；第三类是全新设计的轻量级块加密算法，例如采用结构简单、可重用的代换 – 置换网络（Substitution–Permutation Network，SPN）结构或 Feistel 结构进行算法结构的轻量级设计等。

一个典型的轻量级块加密算法是 PRESENT 算法，该算法分组长度为 64 位，密钥长度为 80 位或 128 位，整体循环 31 轮。PRESENT 算法的软硬件实现效率都很高，80 位的 PRESENT 算法硬件开销仅为 1570GEs，软件开销仅为 936 字节 ROM 且不占用 RAM 空间，因此它也被称为超轻量级块加密算法，成为 ISO/IEC 29192 指定的标准轻量级块加密算法。

（2）轻量级流加密算法

与轻量级块加密算法不同，轻量级流加密算法没有典型的安全结构，其设计主要基于 LFSR 和非线性反馈移位寄存器（Nonlinear Feedback Shift Register，NFSR）两类组件，依据使用组件的情况可大致分为如表 9-1 中所示的三类算法。轻量级流加密算法的优点在于其结构简单、软硬件实现简单、加解密效率高。

一个典型的轻量级流加密算法为 Trivium 算法，该算法密钥和 IV 长度为 80 位，由三个长度分别为 93、84 和 111 位的 NFSR 构成。因为 Trivium 算法采用了三个长度较短的 NFSR，同时其运算仅有简单的逻辑与运算，所以它非常简单高效，硬件资源开销仅为 2017GEs，软件开销仅为 424 字节 ROM 和 36 字节 RAM。因其优秀的软硬件性能，Trivium 算法成为 ISO/IEC 29192 指定的标准轻量级流加密算法。

（3）轻量级 Hash 函数

Hash 函数是一种单向密码体制，能提供明文到密文的不可逆映射，可以将任意长度的输入经过变换以后得到固定长度的输出。在轻量级块加密算法 PRESENT 算法公开后，出现了大量基于 PRESENT 算法设计的轻量级 Hash 函数，这些 Hash 函数采用 PRESENT 算法及其变体作为置换函数，大大增加了自身的运算效率和灵活性。另一类常用的轻量级 Hash 函数设计方法基于海绵结构（Sponge Construction），海绵结构是一个灵活且低硬件开销的散列函数结构，可以大大减少 Hash 函数的硬件开销。

目前已知的最轻量级的 Hash 函数是 SPONGENT，它基于低成本的海绵结构，并且选用了 PRESENT 算法作为置换函数并对其进行了优化，因此 SPONGENT 能以最小的硬件开销保证其良好的散列性能。按照 SPONGENT 输出的哈希值长度，可将 SPONGENT 分为 5 种，记为 SPONGENT–88/128/160/224/256，其相应的硬件开销分别为 738、1060、1329、1728 和 1950GEs。

综上所述，LWC 作为一项较为成熟的技术，能够在保证安全性能的同时降低资源开销，可以解决传统加密算法不适用于资源受限场景中的问题。因此，将 LWC 作为 5G 物联网场景中的加密算法之一，是一个意义深远又前景广阔的考量。

9.5.5　5G 用户隐私保护

5G 增强了对用户身份标识的保护。具体而言，在用户进行初始注册时，利用非对称加密算法将 SUPI 加密成 SUCI，代替 SUPI 在空中接口传递；在后续注册时，利用由 AMF 分配的 5G-GUTI 作为临时标识代替 SUPI 在空中接口传递，并在一些情形下动态更新 5G-GUTI。基于上述方式，可避免 SUPI 在空中暴露，实现对用户隐私的保护。

下面重点介绍 SUPI、SUCI、3GPP TS 33.501[1] 规定的用于对 SUPI 进行非对称加密的椭圆集成加密方案（Elliptic Curve Integrated Encryption Scheme，ECIES）、5G-GUTI 和三种身份标识的适用情形。

1. SUPI 和 SUCI

（1）SUPI

SUPI 是 5G 网络分配给每个用户的全局唯一 5G 用户永久标识，并会被提供给 UDM 或者 UDR。有两类 SUPI 格式：一类为 IMSI，另一类为采用网络接入标识（Network Access Identifier，NAI）格式的网络特定标识（Network Specific Identifier，NSI）。

（2）SUCI

如图 9-18 所示，SUCI 主要包括 6 个部分：

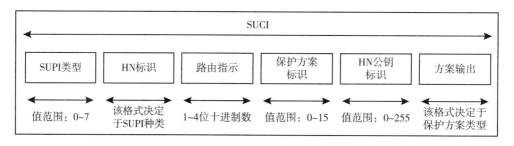

图 9-18　SUCI

1）SUPI 类型，范围 0~7。其类型值分别为：0 表示 IMSI、1 表示 NSI、2~7 作为预留值。

2）HN 标识，用于表明用户的 HN。当 SUPI 类型是 IMSI 时，HN 标识由两部分组成：移动国家代码（Mobile Country Code，MCC）和移动网络代码（Mobile Network Code，MNC）。

3）路由指示，由 HN 分配 1~4 位的十进制数字。路由指示和 HN 标识共同起到指示作用，使得网络信令可以被正确转发给 AUSF 和 UDM。

4）保护方案标识，用 0~15 分别表示不同保护方案。包括空方案（Null Scheme）、ECIES 或归属公用陆地移动网络（Home Public Land Mobile Network，HPLMN）专有的保护方案等。

5）HN 公钥标识，范围 0~255，表示保护方案中的 HN 公钥。如果使用空方案，则此字段应设置为 0。

6）方案输出，采用某一保护方案对 SUPI 进行加密时的输出。

UE 仅在以下情况中使用"空方案"生成 SUCI：① UE 正在进行未经认证的紧急会话且没有所选 PLMN 的 5G-GUTI；② HN 配置为"空方案"；③ HN 没有提供生成 SUCI 所需的公钥。

2. ECIES 流程

ECIES 是非对称加密方案，其通过公私钥对的特性来确保加密强度，并在收发双方生成一致的共享密钥：①私钥可以衍生出唯一的公钥，但是从公钥不能反推出私钥；②临时私钥·HN 公钥 =HN 私钥·临时公钥（注：密钥之间的乘法是椭圆曲线上的标量乘法，不是普通乘法）。

（1）UE 侧 ECIES 加密方法

如图 9-19 中所示，UE 侧 ECIES 加密方法具体流程[23-26] 如下：

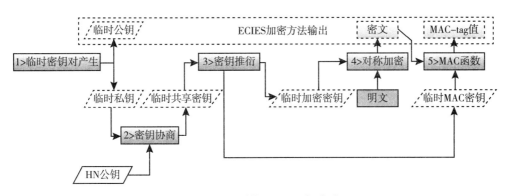

图 9-19 UE 侧的 ECIES 加密流程

1）UE 侧首先使用椭圆加密（Elliptic Curve Cryptography，ECC）算法生成一对密钥，分别为临时公钥和临时私钥；

2）临时私钥与 HN 公钥（使用 ECC 算法生成后，预先存放在 USIM 中）组合生成临时共享密钥；

3）取临时共享密钥的高位生成临时加密密钥，取临时共享密钥的低位生成临时 MAC 密钥；

4）用临时加密密钥对明文（即 SUPI 中需要加密部分）进行加密，生成密文；

5）临时 MAC 密钥和密文通过 MAC 函数生成 MAC-tag 值，作完整性保护；

6）UE 将临时公钥、密文及 MAC-tag 值作为 SUCI 的方案输出部分发往 HN。

（2）HN 侧 ECIES 解密方法

HN 侧收到 SUCI 后，将其中的 UE 临时公钥、密文及 MAC-tag 值提取出来进行解密。如图 9-20 中所示，HN 侧的 ECIES 解密具体流程[27-29] 如下：

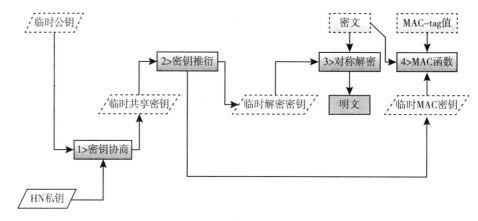

图 9-20　HN 侧的 ECIES 解密流程

1）查询 SUCI 的 HN 公钥标识，得到与 SUCI 加密时使用的 HN 公钥对应的 HN 私钥（使用 ECC 算法生成后，预先存放在 HN 中），并与 UE 临时公钥组合生成临时共享密钥；

2）取临时共享密钥的高位生成临时解密密钥，取临时共享密钥的低位生成临时 MAC 密钥；

3）收到的密文和临时 MAC 密钥通过 MAC 函数，与输入的 MAC-tag 值进行比较，做完整性验证。若消息被中间人篡改则无法通过验证，若通过验证则进行下一步；

4）通过解密算法对密文进行解密得到明文（即 SUPI 中被加密部分）。

最终，HN 侧可以得到用户标识，进而可以进行用户认证等一系列工作。

3. 5G-GUTI

如图 9-21 所示，5G-GUTI 主要由两部分组成：①全球唯一 AMF 标识（Globally Unique AMF Identifier，GUAMFI），表示给 UE 分配 5G-GUTI 的 AMF，其由 MCC、MNC 和 AMF 标识构成；② 5G-TMSI，表示 UE 在 AMF 中的唯一临时标识。

3GPP TS 33.501[1] 中明确规定了以下 3 种情况需要更新 5G-GUTI：

● 当收到来自 UE 的"初始注册"或"移动注册更新"类型的注册请求消息时，AMF 应向 UE 发送新的 5G-GUTI；

● 当收到来自 UE 的"定期注册更新"类型的注册请求消息时，AMF 应向 UE 发送新的 5G-GUTI；

● 当收到 UE 为响应寻呼消息而发送的服务请求消息时，AMF 应向 UE 发送新的 5G-GUTI。

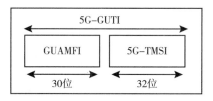

图 9-21　5G-GUTI

4. 5G 中身份标识的适用情形

经过上述介绍可知，5G 网络中用于身份注册的标识分别有 SUPI、SUCI、5G-GUTI。下面介绍 3 种身份标识的具体使用情况。

（1）初始注册

如图 9-22 所示，UE 的初始注册流程具体如下：当 UE 尝试初始注册请求时，UE 首先把 SUPI 加密成 SUCI，并给 AMF 发送 SUCI 初始注册请求，请求认证 UE 的身份；AMF 将 SUCI 身份认证请求通过 AUSF 发送给 UDM；UDM 将 SUCI 解密得到 SUPI 并进行一系列认证工作（具体参见 9.5.1 节）；当认证成功后，AMF 会获得 SUPI，并生成与 SUPI 相对应的用户临时标识 5G-GUTI；最后，AMF 将 5G-GUTI 发送给 UE。

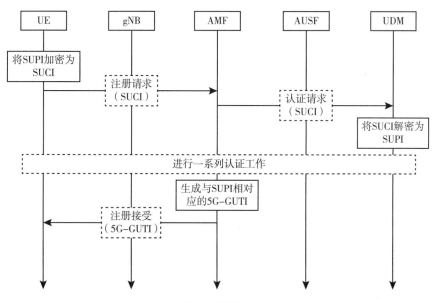

图 9-22　初始注册流程

通过上述流程 UE 完成初始注册，并得到了临时身份标识 5G-GUTI。

（2）后续注册

如图 9-23 所示，UE 的后续注册流程具体如下：在 UE 尝试后续注册请求时，UE 首先将初始注册时得到的 5G-GUTI 发给 AMF，此时将面临两种情况。情况一：

若 AMF 能找到与 5G-GUTI 相对应的 SUPI，则使用 SUPI 进行认证请求，并完成后续的认证流程。情况二：若 AMF 找不到与 5G-GUTI 相对应的 SUPI，则 AMF 向 UE 发送身份请求。接着，UE 重新生成 SUCI 并发送身份请求响应；AMF 再使用 SUCI 通过 AUSF 向 UDM 发送认证请求，之后的过程与初始注册一样。

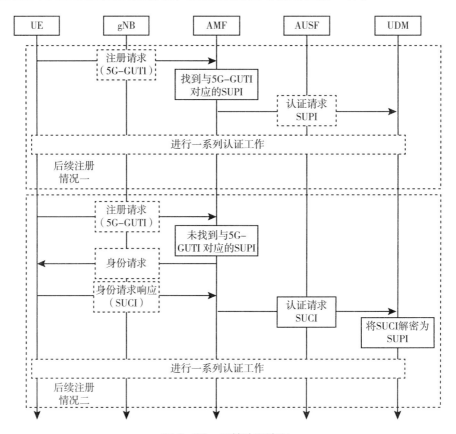

图 9-23　后续注册流程

9.5.6　双连接安全

如本书 6.4 节中所述，5G 支持 UE 同时连接到主节点（Master Node，MNode，即 6.4 节中所述的控制锚点）和副节点（Secondary Node，SNode）的双连接架构[30]。本节将重点对双连接安全进行说明，所涉及的架构主要有三种，分别与图 6-10 中的 Option3、Option4 和 Option7 对应，如图 9-24 所示。

双连接安全旨在保障双连接通信过程中的通信数据安全。具体而言，双连接安全需要解决以下三个关键问题：①如何在不同网络实体之间建立安全可靠的连接；②如何对关键的安全参数进行更新与维护；③如何根据不同架构选择具体的安全算法。

1. 在不同网络实体之间建立安全可靠的连接

双连接架构中，建立不同网络实体之间安全连接的过程，实际上就是建立不同

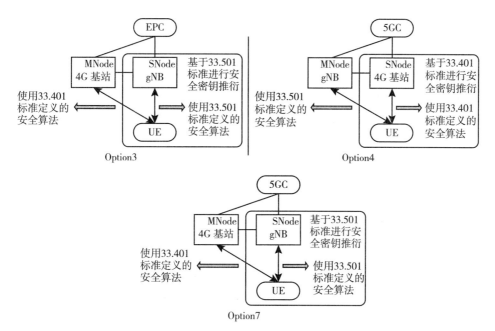

图 9-24 双连接安全涉及的三种不同组网架构

网络实体之间安全上下文的过程。在网络实体中，安全上下文表现为储存在本地的安全上下文数据。安全上下文数据包含安全根密钥、用户面机密性密钥 K_{UP-enc}、用户面完整性密钥 K_{UP-int}、RRC 机密性密钥 $K_{RRC-enc}$、RRC 完整性密钥 $K_{RRC-int}$、安全算法标识（用于在信令中指示安全算法）和保护计数器等安全参数。不同网络实体在进行通信之前，需要通过信令传递、密钥推衍等方式来对通信过程中使用的安全上下文数据进行协商，这一过程即网络实体之间的安全上下文建立过程。

双连接架构需要 UE 分别与 MNode 和 SNode 建立安全上下文。UE 首先会建立与 MNode 之间的安全上下文（过程可参见 9.5.1 节的 5G 认证与密钥协商机制），并使用该安全上下文为 UE 与 MNode 之间的通信数据提供加密和完整性保护。随后，UE 与 SNode 需要通过 MNode 生成通信过程中使用的密钥，并对安全算法进行协商。这一过程与 9.5.1 节中所述过程不同，具体体现在以下三点。

1）根密钥的生成方式不同：双连接场景下，UE 和 SNode 进行密钥推衍所使用的根密钥 K_{SNode} 是由 MNode 生成的。具体地，MNode 会在本地维护一个初值为 0 的 16 位保护计数器，并将该计数器的值和 MNode 处的安全根密钥作为密钥生成函数（Key Derivation Function，KDF）的输入，生成 K_{SNode}（生成方法参见 3GPP TS 33.220[31]）。

2）UE 与 SNode 获得根密钥的方式不同：双连接场景下，MNode 在生成 K_{SNode} 后会直接将其发送给 SNode；UE 则会从 MNode 处接收到当前保护计数器的值，并用和 MNode 相同的方法生成 K_{SNode}，而不是通过认证 - 挑战机制获得 K_{SNode}。另外，由于 UE 认为从 MNode 处接收到的这一计数器值具有时效性，而且 MNode 与 UE 之间已经建立了安全上下文，因此上述方式可以认为是安全有效的。

在 UE 和 SNode 获得了 K_{SNode} 后，两者会分别进行密钥推衍，得到安全上下文数据的其他内容。密钥推衍的具体方法与 SNode 的类型有关：在 Option4 架构下，SNode 是 4G 基站，此时应基于 3GPP TS 33.401[7] 所定义的规则进行密钥推衍；在 Option3 和 Option7 架构下，SNode 是 gNB，应使用基于 3GPP TS 33.501[1] 所定义的规则进行密钥推衍。上述过程示意图见图 9-25。

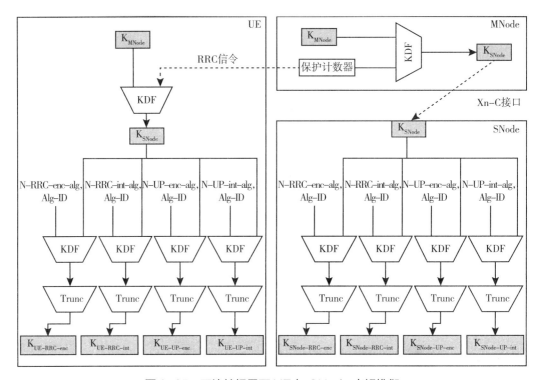

图 9-25　双连接场景下 UE 与 SNode 密钥推衍

3）安全算法协商过程不同：由于 UE 与 SNode 建立安全上下文前无法保证通信安全，因此 UE 不会直接与 SNode 进行安全算法协商。根据 3GPP TS 33.501[1]，这一过程应以 MNode 为中继进行。具体地，MNode 会将 UE 支持的安全算法信息告知 SNode，SNode 会根据这一信息，向 UE 提供可选的安全算法列表，UE 从这一列表中选定所使用的安全算法，并告知 SNode，从而完成安全算法协商。

在安全上下文内容推衍完成后，UE 与 SNode 将删除本地的 K_{SNode}，以防止根密钥泄露。至此，UE 与 SNode 之间成功建立了安全上下文，双方可以使用该安全上下文为后续通信数据提供加密和完整性保护。

2. 关键安全参数的更新与维护

在安全上下文建立过程中，SNode 处的根密钥 K_{SNode} 和保护计数器是两个关键安全参数，需要对其更新与维护进行特别说明。

1）K_{SNode} 的更新与维护：K_{SNode} 的更新可以由 MNode 或者 SNode 发起。其中，MNode 可以在任意时机对 K_{SNode} 进行更新；而 SNode 可以在接收到过多资源分配请求时，向 MNode 发起 K_{SNode} 更新请求，以重新建立安全上下文，继续进行资源分配。在上述两种情况下，MNode 均会重新生成一个 K_{SNode} 值，并分别向 UE 与 SNode 告知新的 K_{SNode}。UE 与 SNode 将基于该 K_{SNode} 重新进行密钥推衍，从而更新两者之间的安全上下文。除此之外，如果 SNode 释放了所有与当前 UE 之间的连接，那么 UE 与 SNode 应当删除本地的 K_{SNode}。

2）保护计数器的更新与维护：保护计数器在 MNode 与 UE 建立安全上下文后，由 MNode 在本地创建，其初值为 0，作用是在该 MNode 与 UE 之间安全上下文使用期间，为推衍 K_{SNode} 提供抗重放保护。MNode 每生成一个 K_{SNode}，都需要把保护计数器的值加 1 以进行更新；此外，如果保护计数器即将溢出，且与其相对应的 MNode 与 UE 间的安全上下文仍然存在，那么 MNode 应当在计数器溢出之前与 UE 建立新的安全上下文，并将保护计数器置 0。以上这些机制使得从 K_{SNode} 推衍得到的完整性保护密钥和机密性保护密钥不同，避免了密钥流重用，从而实现了抗重放保护。除上述情况之外，只要 MNode 与 UE 间的安全上下文内容没有变化，MNode 保护计数器的值就不会被置 0（不管 SNode 与 UE 之间是否有数据通信）。

3. 安全算法的选择

UE 与 MNode/SNode 之间的安全算法协商都是在安全上下文的建立过程中完成的，具体使用的安全算法类型由 MNode 与 SNode 的类型决定。具体来说，如图 9-24 所示，Option4 架构下，MNode 是 gNB，SNode 是 4G 基站。此时 UE 与 MNode 之间应采用 3GPP TS 33.501[1] 规定的安全算法，而 UE 与 SNode 之间应采用 3GPP TS 33.401[7] 规定的安全算法；Option3 和 Option7 架构下，MNode 是 4G 基站，SNode 是 gNB。此时 UE 与 MNode 之间应采用 3GPP TS 33.401[7] 规定的安全算法，而 UE 与 SNode 之间应采用 3GPP TS 33.501[1] 规定的安全算法。

一般地，如果某个会话的数据不同时使用 MNode 和 SNode 进行传输，那么 MNode 和 SNode 所使用的安全算法可以不同。但是实际通信过程中可能存在特殊情况，即某个会话的数据被分为两部分，并且这两部分分别使用 MNode 和 SNode 进行传输。此时，MNode 应该保证该会话的两个部分在传输过程中使用的安全算法是相同的。为此，MNode 需要把自己所选择的安全算法告知 SNode，并指示 SNode 将使用的安全算法更改为与自己一致。具体地，虽然在图 9-24 的三种架构中，MNode 与 SNode 的基站类型不同，它们所使用的安全算法相同，但是在名称上有所差别。因此，MNode 应根据表 9-1 中明确的安全算法之间的一一对应关系，指示 SNode 进行安全算法的更改。

需要注意，UE 和 SNode 间通信数据的完整性保护算法必须不为空。因此实际通信过程中，Option4 架构下不应使用 EIA0，而 Option3 和 Option7 架构下不应使用 NIA0。

9.6　5G 安全潜在增量技术

除前面几节所述的 3GPP TS 33.501[1] 中规定的用户身份认证、数据加密、用户隐私保护和双连接安全等安全技术之外，业界正在广泛研究的内生安全、无线物理层安全以及区块链等安全技术也有可能为 5G 网络安全性能带来提升，从而进一步满足未来 5G 网络的高等级安全需求。因此，本节结合 5G 网络云化、池化、虚拟化的特点，针对网络安全、空口安全等问题，探讨了内生安全、无线物理层安全以及区块链等潜在安全增量技术在 5G 中的应用。

9.6.1　内生安全

网络空间安全问题产生的本质原因主要是无法从根本上杜绝软硬件设计中的漏洞及后门。而传统的网络安全手段大多是基于威胁特征感知的精确防御，只有获得攻击来源、特征、途径、行为、机制等先验知识才能实施有效防御。对于"已知的未知"以及"未知的未知"安全威胁，既不能避免，也无法依靠自身来发现或抵御基于未知漏洞后门等的恶意攻击。传统网络防御中的防病毒软件、系统补丁、防火墙等手段，都是亡羊补牢式的处理方式。而在 5G 万物互联的时代，网络设备类型越来越多、系统越来越复杂，任何一个芯片、软件、接口，都有可能是威胁的来源。邬江兴院士基于拟态防御架构设想提出的内生安全理论利用"有毒带菌"、不可信、不可控的软硬构件，基于动态异构冗余（Dynamic Heterogeneous Redundancy，DHR）构造，将安全、可信的"基因"注入网络信息系统和设备，为应对基于未知漏洞、后门、病毒或木马等未知风险与威胁提供了具有创新意义的理论和方法[32]。

1. 内生安全原理

内生安全技术基于 DHR 构造，如图 9-26 所示。其中输入代理根据负反馈控制器的指令，将输入的序列分配至各个异构执行体[33]；功能等价异构执行体集合中的单元受到输入激励，可以独立地产生一致的输出矢量，若输出矢量不一致，说明系统可能正在遭受攻击或者存在运行错误的情况；多模裁决器根据裁决参数或算法生成的裁决策略，研判多模输出矢量内容的一致性形成输出响应序列，一旦发现不一致情况就激活负反馈控制器进行处理；负反馈控制器被激活后，将根据控制参数生成的控制算法决定是否要向输入代理发送替换（迁移）异常执行体的指令，或者指示异常执行体实施在线／离线清洗恢复或等价重组重构重配等操作，直至输出矢量一致或差异低于给定阈值。不难看出，基于 DHR 构造，网络或系统功能最终可收敛于一个可有效应对当前攻击或运行错误的状态。

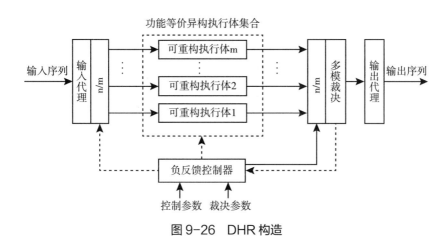

图 9-26 DHR 构造

2. 内生安全赋能 5G 安全

5G 核心网络采用基于 SDN/NFV 的开放云架构，实现了系统功能和硬件实体的解耦分离，对计算、存储、通信资源进行统一调度、管理、控制，为资源的动态异构冗余配置提供了可能，便于 DHR 构造的实现，也与内生安全的理念天然契合。因此，可以结合内生安全的思想建立 5G 网络内生安全架构，在网络中引入功能等价的异构执行体，依托低可信的基础设施构造高安全的内生安全体系，同时为网络安全与网络服务的融合与一体化设计提供便利。

图 9-27 展示了一个设想中的 5G 网络内生安全体系，系统在通用的 5G 云服务架构中的虚拟层和应用层之间增加一个拟态平台层，同时在 MANO 内增加相应的拟态调度管理功能，主要内容包括：

1）异构基础设施层及虚拟层：如本书 6.3 节中所述，基础设施层及虚拟层包含不同厂家、不同结构的通用软、硬件，可以自由组合构成不同的虚拟机，而同一类型的虚拟机可以在不同时刻自由切换使用的组件，最终形成多个异构执行体，从而赋予系统动态、异构、冗余的天然内生安全属性。

2）拟态平台层：主要由拟态虚拟机及各种功能代理组成。其中拟态虚拟机通过对异构执行体的输出进行多模态感知与裁决，及时发现输出异常信息的执行体，阻断不安全因素的产生并输出正确的结果，从而有效应对系统中已知和未知安全问题，提高系统的鲁棒性。

3）切片编排及管理：包括拟态反馈控制器和调度器，异构镜像库及镜像管理。

反馈控制器和调度器基于安全策略，对拟态虚拟机实施生成、控制、调度及清洗等操作；同时预先构建异构镜像库，从而实现运行场景的快速切换，使得系统的运行环境始终处于动态变化中，以保证系统的稳定性。

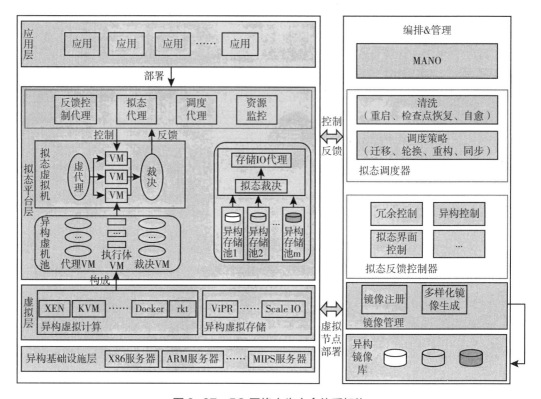

图 9-27   5G 网络内生安全体系架构

9.6.2   无线物理层安全

现有的无线通信网络沿用了计算机有线网络的安全机制，主要依靠基于对称密钥或公开密钥体制的加密算法对信息安全进行保护。但随着计算机运算能力的提升，这种建立在计算复杂度上的安全正逐渐受到挑战。同时，由于无线通信自身的开放性与广播性，使得信息更容易在空口遭到窃听，密钥的在线分发与认证管理过程本身也存在较大风险，使得无线通信中的空口安全成为信息安全的"短板"。因此，从电磁波传播本身的特点入手，才是解决无线通信安全问题的根本出路。

1. 无线物理层安全技术

电磁波的传播表现为直射、反射、衍射、散射、折射等各种效应的组合，其机理决定了无线信道具有随机性和时变性，是自然界中的一种天然随机源[34]。同时无线信道还具有唯一性，即不同位置对应的无线信道所表现出来的特征属性不同，具有第三方无法测量、无法重构、无法复制的特点，反映出无线信道具有内生安全的属性。

无线物理层安全技术结合无线信号传播的客观规律，挖掘无线信道的内生安全元素，提供了一种不依赖于计算复杂度、与通信一体化的无线内生安全机制。无线物理层安全技术基于合法信道特征构建私密信息传输的安全"专属链路"，从而实现与窃听信道"物理隔离"的效果，其模型如图 9-28 所示。

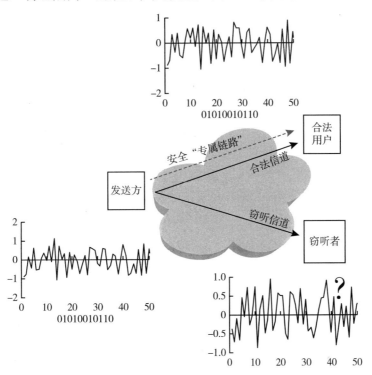

图 9-28　基于信道差异的物理层安全模型

无线物理层安全技术主要包含物理层安全传输、物理层密钥生成以及物理层认证等三类技术。物理层安全传输技术是利用无线信道的差异，设计与位置强关联的信号传输和处理机制，使得只有在期望位置上的用户才能正确解调信号，而在其他位置上的信号是置乱加扰、污损残缺、不可恢复的。物理层密钥生成技术是利用通信双方私有的信道特征，提取无线信道"指纹"特征，提供实时生成、无需分发的快速密钥更新手段，逼近"一次一密"的加密效果。物理层认证技术是利用合法用户和非法用户之间的空间不相关性与物理设备之间的差异性实现天然"内生"认证。

2. 无线物理层安全赋能 5G 安全

5G、B5G 以及未来 6G 通信，将会采用大规模天线、高频段、大带宽等空口技术，极大地提高了信道空间分辨率，而且随着频段提升、波长缩短，不同位置的信道差异更为明显。这使得信道信息的提取更为便利，无线物理层安全技术也更易于实现。

此外，物理层安全机制可以天然寄生于通信流程中，在工程实现上能够和 5G 新空口技术较好地兼容，通过叠加信号处理技术实现空口安全增强。具体而言，无线物理层安全赋能 5G 安全主要体现在高速密钥生成、快速认证以及轻量级加密等方面[35]。

物理层密钥能够解决 5G 高速率数据传输的加密难题。 在 eMBB 等高速率业务场景中，传统密码算法难以保障 Gbps 量级通信速率的安全防护。在信道快变场景中，物理层密钥生成技术可以充分利用导频信号和数据信号提取密钥，获得与数据速率相匹配的密钥流对其进行加密，实现不降低通信速率的一次一密安全。如图 9-29 所示，将整个无线通信"管道"资源，合理分配给数据通道和密钥通道，合法通信双方同时从接收的导频信号与数据信号中提取密钥，从而获得和数据信息速率相匹配的密钥速率。此外，还可以在大规模 MIMO 的基础上引入基于超材料的智能表面技术，利用其对无线环境的改造能力改变信号的传播多径，获取更加丰富的信道特征，再通过优化定制信道，实现高速密钥生成。

图 9-29　高速率数据传输时的密钥生成

物理层安全能够拓展认证维度，增强 5G 认证能力。 物理层认证采用基于射频指纹（利用设备自身内生安全元素）和信道指纹（无线信道的内生安全元素）相结合的物理层认证手段，拓展认证维度，具备复杂度低、安全性高等优势，有利于实现海量终端下的快速认证。其中射频指纹反映了设备发射机电路容差和元器件容差，具备唯一性和不可仿冒性，即使是同一厂商生产的同批次同款类型终端，其射频指纹特征仍然具有很好的区分度，不同设备会表现出明显的射频指纹差异，是其用于对通信设备鉴权的物理基础。信道指纹反映了不同时空环境的信道异构性、空时频资源的冗余性和无线传播环境变化的动态性。信道指纹认证为信令和数据加盖"位置戳"，实现随机动态的快速认证。

物理层安全能为物联网节点提供轻量级加密解决方案。 在 mMTC、uRLLC 等物联网典型场景中，物联网终端受到计算资源的约束，面临着加密算法复杂度与安全强度之间的矛盾。而物理层安全密钥生成技术直接从信道中提取密钥，对低速率的敏感信息进行模二加密，可以实现轻量级的"一次一密"加密方案。此外，为了应对物联网场景下信道变化缓慢导致密钥生成速率较低的问题，可以借助基于超材料的智能表面所具有的异构化和捷变性特点，实现对时空自由度的扩展，从而大幅提高信道环境的时变性，提升密钥容量。

综上，无线物理层安全可以成为 5G 安全中具有代差效应的关键技术，与传统安全机制相结合进一步提高安全强度。

9.6.3　区块链技术

5G 时代，终端设备将会直接接入广域网，传统基于内网边界的安全防护机制将会失效。同时，随着 MEC 技术的出现，分布式网络的安全也逐渐成为网络安全的前沿阵地。利用去信任以及去中心化的手段，区块链技术可以集体维护一个可靠的数据库，可以安全地实现网络中数据的分布式存储、认证和溯源，为数据安全带来了可能的解决方案。此外，为了使数据的可用性和完整性得到保证，更好地建立智能又协同的安全防护体系，物联网终端将关键行为信息通过去隐私化的方式上链，在区块链的各个节点中使用分布式的方式存储。

1. 区块链结构

区块链（Blockchain）起源于中本聪的比特币[36]，是一种参与方共同维护的分布式账本。区块链利用多种方法和手段来防止数据被篡改，例如在数据访问和传输安全上使用密码学的手段，在对数据进行操作和编程方面使用智能合约（由自动化脚本代码组成），在生成和更新数据上使用分布式节点共识算法来实现，在验证和存储数据方面，使用块链式的数据结构。

区块链系统以区块（block）为单位，区块之间按时间顺序，并以加密的方式链接（chain）成块链式数据结构。区块链链式结构如图 9-30 所示，每一个区块由区块头和区块体构成。区块头存储区块的头信息（包括时间戳、上一个区块的 Hash 值以及本区块的 Hash 值等）；区块体包含了一定时间内系统的全部信息交流数据。生成新的区块时，会同时生成数据指纹（区块的 Hash 值）用于验证其信息的有效性和链接下一个数据库块。数据一经确认，就难以删除和更改，只能进行授权查询操作。

区块链系统需要满足以下四个特征：去中心化、去信任、集体维护和可靠数据库。并且由这 4 个特征会引申出另外 2 个特征：开源、匿名性。如果一个系统不具备这些特征，就不能视其为基于区块链技术的应用。

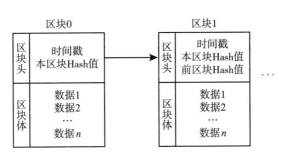

图 9-30　区块链链式结构示意图

2. 区块链赋能 5G 安全

5G 时代更多的计算和存储由 MEC 节点来承担，这就对数据保护能力提出了更高的要求。区块链解决的就是非安全环境中的可信问题、数据安全问题、身份权限问题和隐私保护问题，因此特别适合对数据保护要求严格的场景。从 MEC 的角度来说，其安全体系大概分为四类：数据安全、身份认证、隐私保护和访问权限，具体的安全体系架构如图 9-31 所示。所以区块链能够很好地解决 MEC 的安全问题。下面以 MEC 为例介绍区块链对 5G 安全的增量作用。

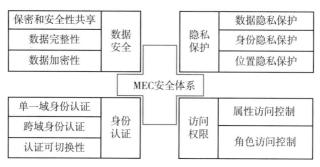

图 9-31　MEC 安全体系架构[37]

1）数据安全。区块链采用分布式加密存储技术、Hash 函数及非对称加密算法来防止数据泄露、散布和传播。MEC 节点在完成数据的初步分析和处理后会将数据加密上传至云端节点，同时在本地存储数据 Hash 值，防止数据在传输过程中出现篡改和泄露。另外，如果使用传统的方法，参与者的数据和密钥安全在移动性很高的边缘网络中难以得到保证。通过使用区块链，能更好地对密钥管理程序中成员的出入进行透明灵活统筹，使子密钥管理效率和准确性得到很大改善。

2）身份认证。区块链通过 MEC 为其下每个终端设备分发数字证书（公私钥），并记录到区块链中，从而为大量的终端设备进行认证。接收数据时，终端设备首先向 MEC 应用发送证书标识，MEC 应用向区块链身份认证系统查询证书，身份认证系统返回证书及状态，MEC 应用对终端设备进行认证，从而建立安全的数据传送通道，数据只有通过身份验证后才能进行 MEC 和数据上传。

3）隐私保护。区块链具有完善、成熟的隐私保护解决方案，如零知识证明、环签名、群签名等技术，为用户提供模糊签名和零知识证明应用，加强了物联网的个人隐私保护[38-39]。

4）访问权限。MEC 不同域之间及终端设备之间都可以通过区块链技术分发数字证书，从而控制访问的范围、操作的层级和数据的权限，提供更安全的运算与存储环境。

9.7　本章小结

5G 新业务、新架构、新技术、新应用场景的不断发展，给 5G 安全技术研究提出了不同于以往的新挑战。因此，5G 安全不仅要解决多应用场景和新技术带来的安全问题，还需要针对不同场景需求，提供差异化的安全机制。本章对 5G 安全机制中的认证与密钥协商、核心加密算法、用户隐私保护以及双连接安全等方面进行了详细介绍。此外还介绍了内生安全技术、物理层安全技术以及区块链技术等具有巨大潜力的方案与技术，从而建立针对 5G 网络全方位、多角度的立体防护机制。

习题：

1. 移动通信系统所面临的安全风险主要有哪些？

2. 请简述 2G/3G/4G/5G 所采用的安全技术及它们之间的区别。

3. 5G eMBB、mMTC 和 uRLLC 场景下的安全威胁主要有哪些？

4. 5G 的安全需求主要有哪些？

5. 5G 网络安全的总体目标是什么？网络安全功能实体主要有哪些？

6. 请简述 5G AKA 的基本流程，以及比 4G 认证做了哪些方面的增强。

7. 5G AKA 完成后，生成的锚点密钥是什么？该锚点密钥后续有何作用？

8. 请简述 5G 中 SUPI、SUCI 和 5G-GUTI 的区别及适用的情形。

9. 内生安全的基本思想是什么？

10. 请简述无线物理层安全技术的工作原理。

参考文献：

［1］3GPP. TS 33.501 version 16.2.0，Security architecture and procedure for 5G system（Release 16）［S］. 2020.

［2］祝世雄，罗长远，安红章等. 无线通信网络安全技术［M］. 北京：国防工业出版社，2014.

［3］于俊. 移动通信网络安全发展浅析［J］. 中国战略新兴产业，2017（12）：88.

［4］林东岱，田有亮，田呈亮. 移动安全技术研究综述［J］. 保密科学技术，2014（03）：4-25.

［5］高红梅，包杰，孙科学. 移动通信安全机制发展的研究［J］. 科技情报开发与经济，2007（10）：177-178.

［6］3GPP. TS 33.102 version 16.0.0，3G security：Security architecture.（Release 16）［S］. 2020.

［7］3GPP. TS 33.401 version 16.3.0，3GPP system architecture evolution（SAE）：Security architecture（Release 16）［S］. 2020.

［8］杨红梅，谢君. 5G 网络切片应用及安全研究［J］. 信息通信技术与政策，2020（2）：25-29.

［9］杨红梅，赵勇. 5G 安全风险分析及标准进展［J］. 中兴通讯技术，2019，25（4）：2-5.

［10］庄小君，杨波，王旭等. 移动边缘计算安全研究［J］. 电信工程技术与标准化，2018，31（12）：38-43.

［11］中国通信标准化协会. TC5WG5#83-007，5G 移动网安全总体框架及标准体系研究［S］.

［12］杨红梅，林美玉. 5G 网络及安全能力开放技术研究［J］. 移动通信，2020，44（4）：65-68.

［13］毕晓宇. 5G 移动通信系统的安全研究［J］. 信息安全研究，2020，6（01）：52-61.

［14］陈冬梅. 5G 安全风险及应对解析［J］. 电脑知识与技术，2020，16（16）：57-60.

［15］中华人民共和国行业标准. 2018-2367T-YD，5G 移动网安全技术要求［S］. 2018.

［16］ETSI SAGE. S3-194534：256-bit algorithm candidates（document for：information，discussion）［EB/OL］. https://www.3gpp.org/ftp/meetings_3gpp_sync/SA3/Docs，2019.

［17］季新生，黄开枝，金梁，等. 5G 安全技术研究综述［J］. 移动通信，2019，43（1）：34-45.

［18］Yang Jing and Thomas Johansson. "An overview of cryptographic primitives for possible use in 5G and beyond." Science China Information Sciences 2020，63（12）：1-22.

［19］杨威，万武南，陈运，等. 适用于受限设备的轻量级密码综述［J］. 计算机应用，2014，34（7）：1871-1877.

［20］ISO/IEC 29192，Information technology—Security techniques—Lightweight cryptography［S］.

［21］Cannière C De，Preneel B. Trivium：A Stream cipher construction inspired by block cipher design principles［A］// International Conference on Information Security［C］. Berlin，Heidelberg：Springer，2006：171-186.

［22］Bogdanov A，Knudsen L R，Leander G，et al. PRESENT：An ultra-lightweight block cipher［A］// CHES and LNCS［C］. Berlin，Heidelberg：Springer，2007：450-466.

［23］3GPP. TR 33.849 version 2.0.0. Study on subscriber privacy impact in 3GPP（Release 14）［R］. 2016.

［24］3GPP. TR 22.864 version 15.0.0. Feasibility study on new services and markets technology enablers for network operation（Release 15）［R］. 2016.

［25］3GPP. TR 22.891 version 14.2.0. Study on new services and markets technology enablers（Release 9）［R］. 2016.

［26］3GPP. TS 22.185 version 14.3.0. Service requirements for V2X services（Release 14）［S］. 2017.

［27］赵静. 5G 用户卡标准特性及兼容分析［A］// 5G 网络创新研讨会（2019）论文集，2019：82-86.

［28］李梁，张应辉，邓恺鑫，等. 5G 智能电网中具有隐私保护的电力注入系统［J］. 信息网络安全，2018（12）：87-92.

［29］冯中华，曾梦岐，陶建军. 5G 时代车联网安全和隐私问题研究［J］. 通信技术，2017，50（5）：1010-1015.

［30］3GPP. TR 38.801 version 14.0.0，Study on new radio access technology：radio access architecture and interfaces［R］. France，3GPP，2017.

［31］3GPP. TS 33.220 version 16.1.0，Generic authentication architecture（GAA）；Generic bootstrapping architecture（GBA）（Release 16）［S］. 2020.

［32］邬江兴. 网络空间拟态防御导论［M］. 北京：科学出版社，2017.

［33］王永杰，网络动态防御技术发展概况研究［J］. 保密科学技术，2020（06）：9-14.

［34］宋华伟. 移动通信物理层安全认证技术研究［D］. 战略支援部队信息工程大学，2018.

［35］黄开枝，金梁，钟州.5G物理层安全技术——以通信促安全［J］. 中兴通讯技术，2019，4：1-7.

［36］Nakamoto S. Bitcoin：A Peer-to-Peer electronic cash system［EB/OL］. https://bitcoin.org/bitcoin.pdf，2008.

［37］黄忠义. 区块链在边缘计算与物联网安全领域应用［J］. 网络空间安全，2018，9（08）：25-30.

［38］Ruubel M. Guardtime federal and galois awarded DARPA contract to formally verify blockchain-based integrity monitoring system［EB/OL］. https://guardtime.com/blog/galois-and-guardtime-federal-awarded-1-8m-darpa-contract-to-formally-verify-blockchain-based-inte，2016.

［39］Zyskind G，Nathan O. Decentralizing privacy：Using blockchain to protect personal data［A］// Proceedings of IEEE CS Security and Privacy Workshops［C］. IEEE，2015：180-184.

第 10 章　5G 网络与人工智能

当前 5G 网络已在全球范围内开始大规模的商用部署，它以高速率、大容量、低时延、高可靠等卓越性能，正在逐步渗透到工业、交通、农业、医疗等各个行业，加速助推增强现实 / 虚拟现实（AR/VR）、智能汽车、工业互联网、远程医疗等跨行业、跨领域的融合创新应用与发展，即将开启一个万物互联的新时代。5G 网络与人工智能（AI）的融合，将是未来移动通信网络发展所关注的重要问题。借助于人工智能的迅猛发展，5G 网络正在与人工智能深度融合解决其当前面临的新挑战，逐步实现其在垂直行业应用领域的跨越式发展，推动不同领域的融合创新和新技术应用孵化。

本章首先介绍当前移动通信网络在后 5G 时代面临的关键挑战，然后对人工智能技术进行了简要概述，并从移动通信的智能化需求出发，重点介绍了移动通信与人工智能融合的驱动力以及融合应用的趋势，给出了 5G 网络与人工智能融合的一些典型应用案例，最后介绍了 5G 与人工智能融合的国际标准化进展。

10.1 节主要介绍当前移动通信网络在频谱资源利用，网络部署、优化和管理，网络安全等方面存在的挑战。

10.2 节主要介绍人工智能、机器学习和深度学习的基本概念和分类，对监督学习、非监督学习、强化学习进行了简要概述，并重点介绍了多层感知器（MLP）、卷积神经网络（CNN）、生成对抗网络（GAN）和深度强化学习（DRL）等几种常见的深度学习算法。

10.3 节阐述了用户通信需求的提升带来了移动通信的智能化发展需求，重点阐述了在数据、算法、算力和终端平台四个方面移动通信与人工智能融合的驱动力，并分析了移动通信与人工智能的深度融合应用将如何解决当前网络面临的挑战。

10.4 节详细介绍了 5G 网络与人工智能融合的四个典型应用案例，包括监督学习算法——支持向量回归（SVR）在动态频谱管理中的应用、强化学习算法——演员 – 评判家（Actor–Critic）在基站节能中的应用、深度学习算法——深度 Q 学习

（DQL）在网络切片部署中的应用、深度学习算法——生成式对抗网络（GAN）在无线网络安全中的应用。

10.5 节介绍了 5G 与人工智能融合的国际标准化进展，包括 3GPP（第三代移动通信伙伴项目）、ITU（国际电信联盟）、ETSI（欧洲电信标准化协会）、IMT-2020推进组、GSMA（全球移动通信系统协会）等在内的多个国际标准化组织和行业组织的相关标准化研究。

10.1 后 5G 时代面临的挑战

后 5G 时代的移动通信网络将进一步结合社会发展的新需求和新应用，通过网络全新架构、技术和能力打造新兴的信息生态。人类社会活动正在从地面向空天地海多维立体空间扩展，驱动着许多新兴的技术领域（如卫星网络、深空通信等）飞速发展，也对移动通信基础设施的覆盖、容量、传输速率、灵活性、服务质量等提出更广、更高、更多样化的要求。但是，当前商用的 5G 网络由于受限于自身的国际标准化时间进程和技术的成熟度，在频谱资源利用、网络部署、优化和管理、网络安全等方面仍面临一系列挑战，总结如下。

10.1.1 无线频谱资源稀缺且利用率低

随着移动互联网、物联网等新技术爆发式发展，网络将面临千倍数据流量增长和千亿设备联网需求。据思科统计数据显示，2014—2019 年全球移动数据流量增长 10 倍以上；到 2023 年全球联网设备预计达到 293 亿台[1]。当前，数据流量和设备数量的激增使无线网络面临严峻的容量危机，而频谱作为移动通信的基础资源，仍是提升网络容量、确保其持续提供优质通信服务最关键的要素。然而，当前 6GHz 以下（Sub-6GHz）频谱资源较拥挤，在该区域进一步挖掘新的频谱资源十分困难；与此同时，现有的无线通信系统仍采用由授权用户独占的静态频谱管理模式，频谱资源的利用率低。

10.1.2 基站超密集化部署成本高、功耗大

为了支持全场景、大连接和立体覆盖接入需求，后 5G 时代的移动通信网络仍继续保持其开放、异构融合的特性，支持多种无线接入网络异构融合共存，如 4GLTE（长期演进）、5G 新无线接入技术（5G NR）、无线局域网络（WLAN）等。然而，5G 基站部署越来越密集化，设备功耗大，部署成本高。据中国铁塔公司的统计，5G 基站的典型功耗达 3~5kW，是同级 4G 基站的 3 倍左右，同时由于 5G 使用

的频段更高，基站覆盖范围缩小，因此要满足同样覆盖目标，5G 基站数量将是 4G 的 3~4 倍。同时，5G 网络协议结构固化，不同无线接入网络共存是松耦合方式，彼此之间的异构协议交互复杂，信令开销大，信息传输时延大。此外，由于用户行为在空间域和时间域是实时发生变化的，会出现网络负载随时间周期性动态变化，呈现潮汐流量效应，业务流量在空间上分布不均匀。但实际网络中资源仍是静态配置的，难以动态地调度网络中部分区域的资源适配短期的流量动态变化，这也导致网络负载压力大、业务阻塞高和资源利用率低。

10.1.3 网络运行维护管理成本高、效率低

5G 网络采用超密集组网方式，随着 5G 基站的大规模部署，网络运行维护管理的复杂度和难度也与日俱增。然而，当前网络运维仍大量依赖传统的人工运维方式，这种方式不仅网络操作运维成本高，还对人为工作量和经验也有门槛要求，且工作模式是被动处理问题，无法做到积极预防问题，因此难以提供快速响应报告能力、快速应急处理能力。同时，还存在系统复杂、耦合度高、数据来源多种多样、人工维护风险度高、修复间隔时间过长、性能相关告警不明确、无效告警筛查规则缺失等问题，严重影响网络运维管理的效率和成本。此外，不断涌现的新应用和新业务又对网络的带宽、时延、可靠性和安全性提出了更高的要求，传统的网络运维管理方式将难以支撑未来更加复杂多变的网络环境，亟需探索新的网络运维管理方式提升部署、运维和运营的高效性和及时性。

10.1.4 网络支持个性化、定制化的按需服务能力不足

后 5G 时代的移动通信网作为数字化社会转型的关键基础设施，不再局限于传统移动通信的业务领域，更注重满足各行各业差异巨大的数字化转型的新需求。例如，智慧工厂、智能电网、智慧农业等业务需要支撑海量的连接，并且频繁传输数据量巨大的小数据包，但对无线传输速率和时延要求不高；自动驾驶、智慧医疗和工业控制等业务要求毫秒级的低延迟和可靠性保证不低于 99.99%；VR/AR、高清视频等移动宽带业务要求百 Mbps 的高传输速率，时延在几十毫秒范围。

当前 5G 网络引入网络功能虚拟化（NFV）、软件定义网络（SDN）、网络切片（Network Slicing）及移动边缘计算网络（MEC）等新技术，提升了通信系统的开放性、灵活性、可扩展性。无线网络虚拟化与网络切片技术，支持以独立或抽象的方式为各种应用定制资源配置、管理模型和系统参数，能够让 5G 网络支持个性化需求，但是也随之带来了新的切片管理与调度问题，如在服务级别创建、激活、维护和停用网络切片；调整网络级的负载均衡、计费策略、安全性和 QoS；协调不同运

营商管理领域的无线和承载网络的资源；虚拟化网络资源的抽象和隔离，片间和片内资源的共享等。同时，5G网络在标准设计之初，切片在核心网侧和接入网侧的设计和优化是分开考虑的，二者目前还无法很好地衔接，难以提供动态的、极细粒度的服务能力供给，支撑细分业务、定制化服务等。

10.1.5　网络安全风险依然严峻

从2G到5G，网络设计主要以高效性和可靠性为准则，没有充分考虑安全问题，主要采用以网络认证、加密性与完整性保护为主的安全体系为通信提供安全保障，并经历了多次"外挂式"的修补和完善。防御系统主要是基于以边界为中心的防御架构来部署，大多数情况是建立在"已知风险"的前提下，对内采取信任态度，对外采用"打补丁"的方式抵御安全风险。此外，3GPP已完成的5G网络安全协议标准主要是面向增强移动宽带（eMBB）场景，而针对另外两个典型场景——海量机器类终端通信（mMTC）和超高可靠低时延（uRLLC）的安全协议标准化进展滞后。因此，现有相对简单的安全机制和单一的安全管理模式缺乏灵活性和多样性，难以有效适配后5G时代移动网络更加开放融合、无线接入和终端设备更异构多元、安全服务差异化定制等新特征，亟待安全防护技术的新突破。

为了应对上述挑战，5G网络与人工智能的联系将变得日益广泛和紧密。据全球权威的IT研究与咨询公司Gartner预测，2025年人工智能衍生的商业价值将会超过5万亿美元[2]。人工智能将赋予5G"自主"与"智能"，5G则将赋予人工智能广阔的应用发展空间，形成双向循环使能。两个密不可分的战略发展领域，将持续促进信息通信计算的融合创新和新技术的革新，满足人们在时空范畴、信息交互类型和跨行业融合创新应用的需求扩展。

10.2　人工智能技术概述

人工智能诞生于20世纪中叶，近年来随着计算机的计算规模逐步扩大，依托强大的计算能力（以下简称"算力"），人工智能得以复兴并取得了瞩目成果。

不同时期人们对人工智能的定义是不同的。比如，被公认为现代人工智能起源的1956年达特茅斯会议，其对于人工智能的预期目标设想为"学习的每个方面或任何其他智能特征原则上都能够被精确地描述，以便可以制造一台机器来模拟它"（Every aspect of learning or any other feature of intelligence can in principle be so precisely described that a machine be made to simulate it）。目前，最常见的人工智能定义是明斯基提出的"人工智能是一门科学，是使机器人做那些人需要通过智能来做的事情"[3]。

人工智能的核心问题是建构能够跟人类相似，甚至超卓的推理、规划、学习、交流、感知、移物、使用工具和操控机械的能力等[4]。人工智能是分等级的，分别为弱人工智能、强人工智能以及超人工智能。弱人工智能也称限制领域人工智能或应用型人工智能，主要指只能处理单个方面或特定领域问题的人工智能，比如战胜世界围棋冠军的人工智能 AlphaGo，它只会下围棋，如果你让它辨识一下猫和狗，它就不知道怎么做了。强人工智能则是指能自己去推理问题、自己独立去解决问题的人工智能，是在各方面都能和人类比肩的人工智能，人类能干的脑力活它都能干。假定计算机程序通过不断发展，能够比世界上最聪明、最有天赋的人类还聪明，那么，由此产生的人工智能系统就能够被称为超人工智能。牛津大学哲学家、未来学家尼克·波斯特洛姆（Nick Bostrom）将超人工智能定义为"在科学创造力、才智和社交才能等每一方面都比最强的人类大脑聪明很多的智能"[5]。

现阶段实现的人工智能处于弱人工智能阶段，只在一些影像识别、语言分析、棋类游戏等单方面的能力达到了超越人类的水平。人工智能的通用性代表着，无须重新开发算法就可以直接使用现有的人工智能完成任务，与人类的处理能力相同，但达到具备思考能力的统合强人工智能还需要时间研究，比较流行的方法包括统计方法、计算智能和传统意义的人工智能。当前有大量的工具应用了人工智能，其中包括搜索和数学优化、逻辑推演。而基于仿生学、认知心理学，以及基于概率论和经济学的算法等也在逐步探索当中。

人工智能、机器学习、深度学习之间的关系可以用图 10-1 来表示。

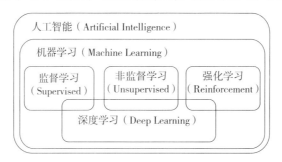

图 10-1　人工智能、机器学习、深度学习关系图

10.2.1　机器学习

机器学习是人工智能的重要分支之一，是一种实现人工智能的方法。机器学习最基本的做法，是使用算法从数据中学习，然后对真实世界中的事件做出决策和预测[6]。与传统解决特定任务的软件程序不同，机器学习是通过大量的数据来"训练"，使用各种算法学习如何完成任务，可以进行数据的分类、推断、拟合、聚类以及优化等。

机器学习算法可以根据训练标签是否已知粗略分为监督学习、非监督学习和强化学习三类。

监督学习：监督学习是从给定的数据集中学习一个函数，并可根据非数据集中的输入数据预测结果。监督学习需要已知训练标签，即训练数据集要求包含输入和输出。训练集里的目标是人为标注的，监督学习利用标注好的训练集训练得到最优模型，再利用这个模型将所有的输入映射为相应的输出。监督学习是训练神经网络最常见的技术之一，非常依赖数据集的标签。常见的监督学习算法有决策树、朴素贝叶斯分类器、逻辑回归、支持向量机（Support Vector Machine，SVM）、K 最近邻（K–Nearest Neighbor，KNN）算法、最小二乘法（Least Square，LS）、集成学习等。

非监督学习：非监督学习是指，当输入标签未知（即无法明确一个给定输入的确切输入结果）时需要从原先没有样本标签的样本集中开始学习。算法通过非监督学习试图寻找数据中的隐含结构，从而解决问题。非监督学习算法可分为两大类，一类为概率密度函数估计的直接方法，另一类为基于样本间相似性度量的简洁聚类方法。代表算法包括：K– 均值（K-means）算法、期望最大化（Expectation–Maximization，EM）算法、奇异值分解（Singular Value Decomposition，SVD）、主成分分析（Principal Component Analysis，PCA）、独立成分分析（Independent Component Analysis，ICA）等。

强化学习：强化学习用于描述和解决智能体与环境交互过程中通过学习策略制定达到最大化回报的问题。强化学习的模型为标准马尔可夫决策过程。按照给定条件，强化学习可分为基于模式的强化学习和无模式强化学习，或者分为主动强化学习和被动强化学习。代表算法有马尔可夫决策过程（Markov Decision Process，MDP）、Q学习（Q–learning）、演员 – 评判家（Actor–Critic）算法、策略梯度（Policy Gradient）算法等。

10.2.2 深度学习

深度学习（Deep Learning，DL）是一种实现机器学习的技术，它使得机器学习能够实现众多的应用，并拓展了人工智能的领域范围[7]。深度学习可以让机器自动学习特征，无需人工事先设定，因为人往往不知道什么是重要的特征。

传统机器学习和深度学习算法的主要区别就在于"特征"。在传统机器学习算法中，需手工编码特征，这个过程不仅耗时，还需要相关专业知识。相比之下，在深度学习算法中，特征由算法自动完成。深度学习必须要有海量数据才能得到表现优异的模型，所以深度学习特别适合大数据，经过深度学习训练的模型和系统，是当前我们可以找到的最接近人类大脑的人工智能系统。传统机器学习与深度学习的对比如图 10-2 所示。

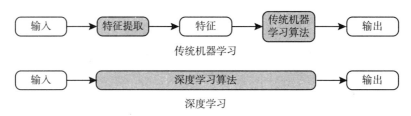

图 10-2　传统机器学习与深度学习对比图

最初的深度学习网络是利用神经网络（Neural Networks，NN）来解决特征层分布的一种学习过程，既有监督式深度学习，也有非监督式深度学习。深度神经网络（Deep Neural Networks，DNN）将原始信号（例如 RGB 像素值）直接作为输入值，而不需要创建任何特定的输入特征。通过多层神经元，DNN"自动"在每一层产生适当的特征，最后提供一个非常好的预测，极大地消除了寻找"特征工程"的麻烦。演变出的网络拓扑结构包括：卷积神经网络（Convolutional Neural Networks，CNN）、循环神经网络（Recurrent Neural Network，RNN）、长短期记忆网络（Long Short–Term Memory，LSTM）、生成对抗网络（Generative Adversarial Networks，GAN）等。

最为常见的深度学习算法有多层感知器（Multi–layer Perceptron，MLP）、CNN、GAN 和深度强化学习（Deep Reinforcement Learning，DRL）等，这些算法的典型结构和工作原理介绍如下。

多层感知器（MLP）是一种前馈人工神经网络模型，能够将输入的多个数据集映射到单一的输出的数据集上。除了输入输出层，它中间可以有多个隐藏层，图 10-3 展示的 MLP 含 2 个隐藏层，即 4 层的结构。

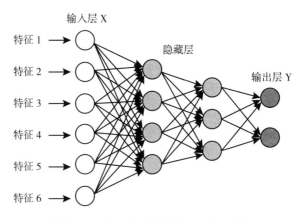

图 10-3　具有 2 个隐藏层的 MLP 结构

MLP 左边层是输入层，代表输入特征，由神经元集合组成，用向量 X 表示。隐藏层的每个神经元与前一层全连接，将前一层的值通过线性加权求和的方式表示，即 $f(WX+b)$，W 是权重（也叫连接系数），b 是偏置，函数 f 通常用 sigmoid

函数或者 tanh 函数。隐藏层到输出层可以看成是一个多类别的逻辑回归，输出层接受从最后一个隐藏层输出的值，得到输出 Y。

CNN 是一类包含卷积计算的前馈神经网络，具有深度结构，工作原理如图 10-4 所示。CNN 的输入层可以处理多维数据，卷积层的功能是对输入数据进行特征提取，其内部包含多个卷积核（Convolutional Kernel），组成卷积核的每个元素都对应一个权重系数 W 和一个偏差量 b，类似于 MLP 中的神经元。卷积层内每个神经元都与前一层中位置接近的区域的多个神经元相连，区域的大小取决于卷积核的大小，这个区域被称为感受野（Receptive Field）。卷积核在工作时，会有规律地扫过输入特征，在感受野内对输入特征和权重系数做矩阵元素乘法求和并叠加偏差量。CNN 通常使用线性整流函数（Rectified Linear Unit，ReLU）作为激励函数以协助表达复杂特征。在卷积层进行特征提取后，输出的特征图会被传递至池化层进行特征选择和信息过滤，降低维度。

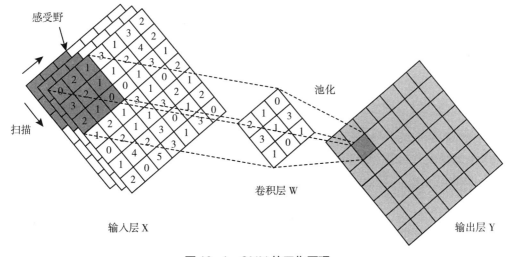

图 10-4 CNN 的工作原理

CNN 中的全连接（Fully Connected）层等价于 MLP 中的隐藏层，位于 CNN 隐藏层的最后部分。其作用是对提取的特征进行非线性组合以得到输出。输出层一般使用归一化指数函数输出分类标签或分类结果等。

GAN 主要包含两个独立的神经网络——生成器（Generator）和判别器（Discriminator）（图 10-5）。生成器的任务是学习训练数据的最佳近似值；判别器的任务则是区分样本与原始数据和生成的数据。在训练的过程中，生成器努力生成能够欺骗到判别器的样本，而判别器努力地学习如何正确区分真假样本，这样，两者就形成了对抗博弈的关系，互相博弈学习，最终产生理想的输出。

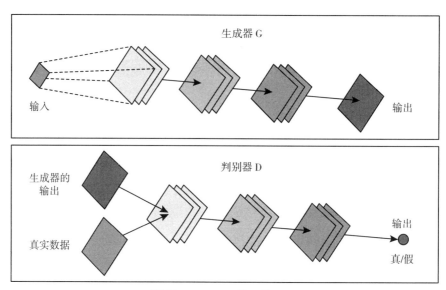

图 10-5　GAN 的工作原理

了解 DRL 之前先要了解强化学习。强化学习模型由五部分组成，分别是智能体（Agent）、动作（Action）、状态（State）、奖励（Reward）、环境（Environment）。智能体根据其输入的状态来做出相应的动作，环境接收动作并返回状态和奖励（图 10-6）。不断重复这个过程，直到智能体能在任意的状态下做出最优的动作，即完成模型学习过程。

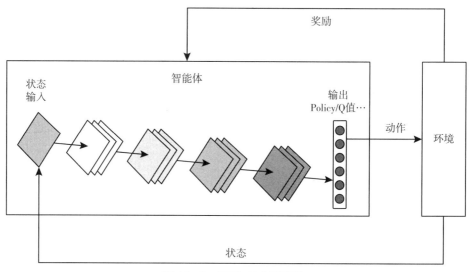

图 10-6　DRL 的典型架构

一般把每一状态下所有动作的价值回馈记录在一张表（Q 表）中，强化学习的学习过程实质就是在不断更新这张表的过程，但是当状态和动作的维度都很高时，这张表的维度也会相应非常高。DRL 算法就结合了深度学习与强化学习，基于当前已有的数据（状态/动作集合），训练神经网络从而拟合出一个函数，输入是状态和动作，输出是Q值。这样就可以获得整张表的Q值。此时的Q值是预测值，有一定的误差，不过通过不断地学习，可以无限减小这个误差。

10.3　移动通信与人工智能的融合趋势

10.3.1　移动通信的智能化需求

　　用户业务需求的提升和通信技术的革新是移动通信系统演进的原动力。为了满足"动中通"的业务需求，1G实现了移动能力与通信能力的结合，成为移动通信系统从无到有的里程碑[8]，并拉开了移动通信系统演进的序幕。伴随着数字技术的成熟，2G完成了从模拟体制向数字体制的全面过渡，并开始扩展支持的业务维度。3G采用了全新的码分多址接入方式，完善了对移动多媒体业务的支持。至此，高数据速率和大带宽支持成为移动通信系统演进的重要指标。以MIMO和OFDM为核心技术的4G不仅获取了频谱效率和支撑带宽能力的进一步提升，还成为移动互联网的基础支撑。在4G获得巨大商业成功的同时，5G把所支持的传统增强移动宽带业务（eMBB）场景延拓至海量机器类通信（mMTC）场景和超高可靠低时延通信（uRLLC）场景，并逐步与垂直行业应用深度结合。基于大规模多天线（massive MIMO）、毫米波传输、超密集组网等新技术，5G实现了峰值速率、用户体验数据速率、频谱效率、移动性管理、时延、连接密度、网络能效、流量密度的全方位提升。纵观上述的演进历程，新的通信技术是每代系统演进的驱动力，而满足用户的通信需求则是每代系统演进的首要目标。

　　亚伯拉罕·马斯洛于1943年提出"马斯洛需求层次理论"，其基本内容是将人的需求从低到高依次分成五个层次——生理需求、安全需求、社交需求、尊重需求和自我实现需求[9]。而在移动通信领域，同样也存在着层次化的通信需求——低级需求被满足后，高级需求将自然出现。4G时代是数据业务爆发性增长的时代，随着智能手机的普及和消费互联网的发展，从衣食住行到医、教、娱乐，人类的日常生活实现了极大的便利。5G将开启一个万物互联的新时代，它将实现人与人、人与物、物与物的全面互联，渗透到各行各业，让整个社会焕发前所未有的活力。未来随着5G应用的快速渗透、科学技术的新突破、新技术与通信技术的深度融合，必将衍生出更高层次的新需求。通信需求和通信系统构成了螺旋上升的循环关系——需求的出现刺激了通信技术和通信系统的发展，而通信系统的完善将通信需求推向更高的层次，最终实现人类智能化的终极追求[10]。

10.3.2 移动通信与人工智能融合的驱动力

通信的基本问题可以理解为，在某一点上精确地或近似地再现在另一点上选择的消息。换句话说，是通过使用各种技术，将消息可靠地从信号源发送器传输到目的地接收器。人工智能则是赋予机器以智能，旨在教它们如何像人类一样工作，做出反应和学习。深度学习是人工智能中一种机器学习的方法，它试图使用包含复杂结构或由多重非线性变换构成的多个神经网络对数据进行高层抽象，可以从外界环境中学习，并以与生物类似的交互方式适应环境。随着深度学习技术的成熟，人工智能正在逐步从尖端技术慢慢变得普及。深度学习使人工智能能够从数据中吸收知识并做出决策，而无需进行明确的数学建模与分析。

目前，人工智能正在经历由深度学习引发的第三次浪潮，数据、算法、算力和终端平台四个方面取得长足进展，在解决当前移动通信面临的挑战上也具有这四个方面的优势。

1. 基于大数据提供强大的学习能力

移动通信网络的飞速发展，网络中时时刻刻都在生成海量、类型丰富的移动数据，其中大部分数据具有非结构化和高实时性特征。

移动通信网络环境生成的数据通常有不同的来源、存在不同的格式。数据类型通常包括终端数据、无线空口数据、网络数据、业务数据、互联网数据、位置信息等，如表 10-1 所示。数据格式则包括所有格式的办公文档、文本、图片、XML、HTML、各类报表、图像和音频/视频信息等。这些非结构化的数据呈现复杂的相关性和非平凡的时空模式，在 IT 调研公司 IDC 的一项调研报告中，目前非结构化数据的内容占据了当前数据的 80%[11]。

表 10-1　移动通信网络数据分类

数据类型	数据名称
终端数据	用户姓名、性别、手机号码、IMEI、状态码信息等
无线空口数据	信道状态信息、多径时延、多普勒频偏、多天线波束形成向量等
网络数据	信令、告警、故障、数据流量、网络话务量、无线网络利用率、网络重传率等
业务数据	用户资费数据、消费历史、业务内容等
互联网数据	上网时的 URL、上网时长等
位置信息	用户位置、所属基站经纬度等

另外，由于手机用户具有高度的人机同步特性，移动通信大数据还具有高实时性的特点。人们在生活工作中每时每刻都在移动并产生着数据，移动通信大数据把

人们移动行为特征的变化用数据加以记录。这些数据可以反映用户位置分布、上网趋势、消费行为等，也可以反映影响用户行为的内外部因素变化情况，如社会宏观经济水平、区域中心商圈分布、区域消费特征等。与传统互联网大数据相比，移动通信大数据的受众更加全面、数据量更大、分析结果更加客观。

众所周知，大数据与人工智能存在着紧密的联系，正是基于大数据技术的发展，当前的人工智能技术才在实际应用方面获得突破[12]。移动通信网络的数据具有非结构化和高实时性的特点，导致传统数据分析和处理手段在处理大数据时效率低和灵活性差，而人工智能的手段则能够有效处理这些面向用户行为和业务特征的大数据，数据量越大，学习能力越强。

人工智能的关键优势在于，它能从具有复杂结构和内部相关性的数据中自动提取高级特征，这意味着，它可以有效地从非结构化的移动网络数据中提取信息，并获得抽象的相关性，同时减少预处理工作。人工智能中的深度学习提供了多种方法对未标记或半标记的数据进行处理，允许利用未标记/半标记的数据以非/半监督的方式进行有效的学习。同时，人工智能能够使数据处理和特征提取的过程不需要手动操作，在处理异构和复杂的移动大数据时，极大地减少了昂贵的人工成本。

人工智能的另一大优势是能够有效处理几何数据。几何数据是指由坐标、拓扑网络、顺序等表示的多元数据，诸如移动用户位置和网络连接之类的移动数据可以自然地由具有重要几何特性的点和图形表示。几何移动数据可通过专用的深度学习架构有效地建模，例如 PointNet ++ 和 Graph CNN，这些架构具有巨大的潜力，能彻底改进几何移动数据的分析。

2. 人工智能算法改进通信模型的实际效果

为了在理论与实践中获得更优的性能，通信系统设计通常采用分模块优化的方法，每个模块负责处理特定的子任务。无线通信发射机和接收机分为不同的处理模块，如编码/解码、调制/解调、信道估计等（见 1.1.3 节移动通信系统概述部分）。对于每个模块的优化，传统方法的流程是在获取知识后，使用基于物理学的数学模型进行分析和计算，输出算法结果，如图 10-7（a）所示。知识是人对自然世界、思维方式、运动规律的认识与掌握，是人通过对信息的提炼和推理而获得的信息集合，获取知识则是指从领域专家处获取专业知识的过程①。

通信中基于物理学的数学模型的传统方法，在过去的几十年发展中，已经将无线通信系统在理论上进行了充分优化，几乎逼近通信的"香农界"（见 1.1.2 节），并得到非常有效和稳定的无线通信系统。这种基于数学模型的场景建模确实可以带

---

① 关于知识、知识获取的详细介绍参见中国科协新一代信息技术系列丛书《人工智能导论》第四章知识图谱。

来最优解的求解思路，但是实际场景中，无线信道状态复杂且随机多变，存在非高斯或非线性的噪声和失真，很可能发生算法中的参数取值或者所假设的模型与真实信道环境有偏差的情况，因此无线通信系统在实际应用中，总会在理论值和真实数据之间存在误差。

针对通信中数学模型的理论值和实际场景中的真实数据之间出现误差，可以运用人工智能技术来填补。人工智能在理论上可以学习任何隐结构和隐参数，从而拟合任意复杂的函数，这为进行无线信道环境的感知以及网络状态空间的刻画提供了新的手段。如图 10-7（b）所示，在训练阶段，深度学习方法通过构造和训练神经网络黑盒，并经过对大数据的学习不断进行优化迭代，实现算法性能的提升，不断逼近最优解，在输入测试集的推理阶段，就能够填补通信数学模型存在于理论和现实之间的差距。

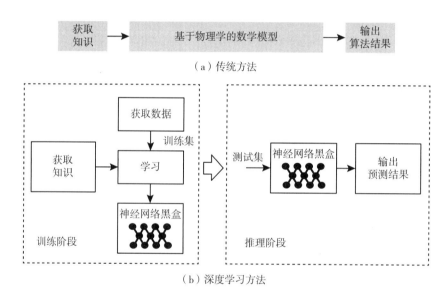

图 10-7　传统方法与深度学习方法流程图

同时，随着人工智能的不断发展，深度学习等算法能够解决更多非凸优化的数学问题，也可以解决通信系统中传统方法无法建模或无法求解的难题。利用深度学习等方法去学习无线信道上的信息和环境状态，既可以降低传统方法在数学建模和分析上的复杂度，又可以整体优化通信系统，这为未来移动通信网络设计全新的端到端架构提供了新思路。

3. 分布式并行处理技术和云计算的发展带来强大算力

自 2012 年以来，人工智能训练任务所使用的算力一直在以指数级增长，大约每三个半月翻一倍[13]。算力增长的原动力一方面来自芯片的更新换代，另一方面研究人员正在不断寻找更先进的并行计算方法。例如，基于图形处理单元（Graphics

Processing Unit，GPU）的并行计算克服了传统数学技术（如凸优化、博弈论、元启发式算法等）的运行限制，使深度学习能够在毫秒内进行海量数据的处理。

近年来云计算产业的发展十分迅猛，云计算服务正日益演变为新型的信息基础设施。云计算是一种大众借助于互联网随时随地按需获取计算资源进行计算的新模式，实现了算力的集约化与大规模应用[14]。云计算的发展使得更多的应用程序和数据可以部署在网络边缘（详情参见第8章边缘计算部分）。当人们在移动网络边缘构建计算能力时，移动终端上的边缘处理能力将与云端服务器的处理能力相结合，并可以根据业务需求与额外的处理器进行连接，为终端带来了无比强大的算力。

分布式并行处理技术和云计算的发展，算力持续提升，有助于提高移动通信网络分析和管理的准确性和及时性，能更好地支撑 VR/AR、自动驾驶、工业互联网和智慧医疗等5G垂直行业的典型业务（此类业务要求极低的交互时延、高可靠传输），为人工智能在移动通信中的应用提供了有力的软硬件支撑。

4. 边缘网络和终端智能化，云端 AI 平台和边缘 AI 平台并存

为了满足工业互联网、智慧城市、车联网等垂直行业领域对移动通信网络低时延、高带宽、安全性的三大需求，5G 网络引入了边缘计算架构（参见第8章边缘计算部分）。边缘计算是在靠近数据源或用户的地方提供计算、存储等能力的基础设施，并为边缘应用提供服务环境，它本质上是云计算向终端和用户侧的延伸。边缘计算架构下云平台和边缘平台共存，边缘计算平台是用来部署和运行边缘应用的新型基础设施，向边缘应用提供基础资源服务，边缘数据中心是承载边缘计算的基础设施，而边缘设备包括不同量级的智能设备和端侧的计算节点等，都将具备学习的能力。

当人工智能应用于移动通信网络时，物理网络采集或感知的各类数据可以按需存放在云 AI 平台或边缘 AI 平台，AI 的训练过程因需要较大的数据集和大量的计算资源进行迭代运算，需要放在云端进行，而推理过程可以在云端，也可以在终端进行。数据处理可以在最靠近数据源的边缘设备处理，对云端处理进行良好的补充，这既能降低时延，又能较好地保护用户隐私。此外，智能终端设备已不再简单指智能手机等传统意义上的终端设备，汽车、家居产品、机器人、智能体等各种产品在万物互联的时代都将成为拥有智能功能的终端设备，智能终端的应用也将具有其独特的个性化需求。移动通信和人工智能二者结合产生的网络边缘及终端智能化，将会驱动新一轮工业革命，最终彻底改变各行各业的生产方式及商业模式。

10.3.3　移动通信与人工智能的融合应用

在后 5G 或 6G 时代，用户的智能化需求将被深度挖掘和实现，它会深刻影响移动通信的发展趋势、技术革新与演进布局。云计算、大数据、移动互联网、移动边缘计算等新技术的迅速普及应用，既带动了网络计算能力的快速提升，也使终端的硬件升级和分化加速，其处理能力和存储能力得到极大增强，这些为移动通信网络和终端向智能化发展奠定了基础。基于人工智能的各类系统可以部署在云平台、边缘平台和边缘设备上，网络基于大数据、大算力和大算法三大基础能力，可从以人驱动为主的人治模式逐步转变为网络自我驱动的自治模式，实现网络规模自适应、行为自学习和功能自演进等功能，从而激发出诸多创新应用，推动社会生产力的进步。

人工智能在计算机视觉、医学诊断、搜索引擎、语音识别等领域已经得到了广泛应用，技术发展也较成熟，而其在无线通信领域中的应用还处于初期阶段。无线通信有着丰富的应用场景和业务需求，人工智能将在无线网络性能增强、网络运维效率提升、新兴业务使能、安全防护能力提升四个方面发挥重要作用。

无线网络性能增强：移动通信中的网络性能增强包括基站节能、动态频谱分配、基站间协同、多频段多制式协同、移动性管理等。利用大数据分析和人工智能技术，可以改善对无线环境的理解和认知深度，实现对复杂网络 / 系统的性能更精准的建模；还可以对网络的状态提前预测，提高网络拥塞控制能力，应对网络系统超大载荷，高效灵活地调动网络资源和信息资源，从而改进网络资源管理和优化的形式。例如，实时监测不同无线频谱的使用情况，通过大数据分析预测频谱使用的规律，以此为依据设计动态频谱管理和共享机制，可以大幅度提升频谱利用率。网络也可以根据业务流量和无线通信环境的实时变化，动态打开 / 关闭基站或自适应功率控制等，将网络资源智能地适配业务负荷或流量需求，在保障用户体验的前提下，大幅降低网络资源浪费和能量消耗。理论上和现有实验结果均表明，通过云、边、端海量分布数据和大维度空间状态的挖掘利用，能够极大地提升网络的感知和学习能力，实现接近全局最优的性能，促进网络的智能生成，从而提供未来网络高度智能化的信息服务。

网络运维效率提升：移动通信网络的运维管理包括网络覆盖优化、参数调优、故障告警分析、特性自动部署等。移动通信从 1G 发展到 5G，无线组网模式越来越复杂，网络形态愈加灵活多元化，因而网络运维管理的难度也在逐步增大。人工智能技术能够提高智能化水平与自动化操作的精准水平，运营商可获得清晰的端到端可视化、资源量化、性能建模化、系统监测远程自动化等，通过机器学习、深度学习等人工智能技术不断强化自动运维管理的功能，进行主动式的网络自我校正与自我进化。例如，在自动驾驶网络的应用中，华为公司根据运维能力和效率的高低定义了通信网络的自动驾驶分级标准，包括 L0 手工运维、L1 辅助运维、L2 部分自治网络、L3 有条件自治网络、L4 高度自治网络、L5 完全自治网络。最低的等级中，所有动态任务都依赖人执行，随着等级的提升，人工智能发挥的作用愈加重要。人工智能能够使系统在复杂的环境中，实时感知环境的变化，并基于外部环境实现预测性或主动性的闭环运维，降低对人员经验和技能的要求，最终的目标是实现运维的闭环自动化能力，实现无人驾驶。

新兴业务的使能：移动通信场景下的新型业务包括网络切片、无线定位、环境感知等。例如，针对差异化和定制化的业务需求，网络将资源弹性、细粒度切片划分，为业务提供定制化QoS（服务质量）保障。各网络设备出自不同的厂商，导致网络资源的编排、部署和互通等方面都存在着一定的难度。另外，业界在网络资源切分粒度方面存在分歧，若切分粒度大则会降低部分网络场景的服务质量，但管理效率更高；若切分粒度小会提高网络服务质量，但会给管理者带来更大的难度。网络资源管理与人工智能技术相结合，可以根据服务等级协议（Service Level Agreement，SLA）为不同业务提供定制化高确定性、无抖动的网络性能。网络的资源管理与编排可以利用深度学习、强化学习等算法，将网络资源细粒度切分后，按照业务需求进行动态配置，然后再对采用单次资源分配优化策略的网络进行多次迭代，完成闭环反馈，进而趋近最优解，实现网络资源动态、高效的最优配置。

安全防护能力的提升：后5G时代网络架构开放灵活、无线接入和终端设备异构多元等特征在满足全场景业务需求的同时，也对网络安全防护提出了更高的要求。例如，基于SDN/NFV的虚拟化技术打破了传统网络通过物理隔离来保证安全的限制，开放的网络能力使网络可能遭到更多的渗透和攻击，传统安全机制难以达到预期的防护性能。然而，引入人工智能技术可通过分析和融合多维网络信息，克服传统网络安全防护对未知场景建模不确定性的困难，实现更具可扩展性的安全机制设计，改进安全防护的效果。同时，人工智能还能通过降维的方法降低系统的复杂性，减少通信和计算开销，在资源受限的设备上实现高效的安全防护。运用人工智能技术的手段，网络能够通过对不同业务和场景大量日志和数据的分析，实现安全服务差异化需求，同时更精准地分析海量数据能够及时发现安全隐患，将危险扼杀在源头，从而建成更加完善与高效的网络安全防护体系。

10.4 5G网络与人工智能融合的典型案例

前九章已经详细介绍了5G网络的各项关键技术。现如今，借助于人工智能的迅猛发展，5G网络正在与人工智能深度融合解决其当前面临的新挑战，逐步实现在垂直行业等广泛应用领域的跨越式发展。下面介绍一些5G网络与人工智能融合应用的典型案例。

10.4.1　人工智能在动态频谱管理中的应用

1. 背景

随着海量数据和新型业务类型的持续涌现，频谱需求呈指数迅猛增长，频谱资源的供需矛盾问题日益突出，已经成为未来制约移动通信发展的瓶颈之一。从WRC-15 对 IMT 频段的协调结果来看，包括中国在内的很多国家已经将 3GHz 以下频谱已经分配殆尽，6GHz 以下可能实现全球统一频谱的只有 3.5GHz 频段 100MHz 左右的频谱，远不能满足 5G 网络应用的频谱需求[15]。

我国的频段分配属于行政划分，其分配方式是将频域上某一段特定范围内的频谱资源授权给一个运营商或一个无线通信系统独自使用，其他非授权企业或用户不能使用。例如我国 5G 网络频段的划分，按照工业和信息化部公布的信息，中国移动获分 2515~2675MHz 和 4800~4900MHz 两个 5G 频段；中国电信获分 3400~3500MHz 的频段；中国联通获分 3500~3600MHz 的频段[16]。而其他国家的频段分配主要是由市场主导，通过拍卖方式进行频谱授权。例如 3G/4G 时代，美国拍卖被称为无线通信"黄金频段"的 700MHz 频段，达到了 195.9 亿美元；全球 5G 频谱拍卖从 2019 年起迎来大爆发，韩国 5G 频谱拍卖的交易额为 3.62 万亿韩元，德国 5G 频谱拍卖更是达到 65 亿欧元。

当前此种授权用户独占的静态频谱分配机制能够有效地避免不同无线通信系统之间的相互干扰，但是由于用户的空间分布是不均匀的，业务需求在时域上动态变化，这使得频谱资源在时域和空域上使用是动态非连续的，实际应用中大部分时间频谱处于空闲状态，造成了频谱资源大量浪费。据美国联邦通信委员会（FCC）的研究表明，授权频谱的时空利用率在 15%~85%，小于 3GHz 的频谱在空间时间上的平均使用率低于 5%，频谱资源的利用呈现出高度的不均衡性[17]。由此可知，这种传统的静态频谱分配机制限制了对频谱资源的有效充分利用，亟需进行优化改进。

1999 年，Joseph Mitola 博士首次提出了认知无线电（Cognitive Radio，CR）的概念[18]。由于频谱资源利用率偏低，在空域、时域和频域都会出现对于当前通信冗余的、可被利用的频率资源，这些频率资源被称为频谱空穴（Spectrum Holes）。认知无线电的基本思想是在不影响授权用户（或主用户）正常通信的情况下，非授权用户（也称次用户或认知用户）对频谱进行检测和感知，通过频谱分析寻找当前出现的频谱空穴，然后进行频谱决策接入空闲的频谱，实现动态频谱共享，进而极大地提高频谱资源的利用率。简化地认知无线电频谱管理认知环路如图 10-8（a）所示。授权用户对其授权频谱的使用具有优先权，一旦授权用户需要使用该频段，非授权用户将迅速停止使用频谱，让给授权用户，并继续寻找和接入新的频谱空穴。这种方式有效地利用了这些"频谱空穴"，达到了充分利用频谱的目的。

以认知无线电技术为核心的动态频谱管理体制，能够有效地提升频谱资源的利用率，显著缓解频谱资源稀缺的困境。传统基于认知无线电的动态频谱接入通常使用能量检测算法进行频谱感知，具有非相干、粗感知的特点。同时由于受无线传播环境中信道衰落、阴影效应和多径效应等影响，传统的信息感知方法和数据处理能力并不能充分、及时地挖掘出频谱中的有用信息，用户频谱分析时的判决门限不容易准确确定，造成错误检测概率升高，增加虚警率，导致对授权用户的过度保护，徒然耗费空白频谱。

2. 案例分析

从认知无线电的认知环路中不难看出，认知无线电可以看作人工智能的思想应用于动态频谱管理非常早期的阶段。在认知无线电的发展过程中，频谱感知技术、频谱分析技术等都能够很好地和人工智能进行结合，改进无线频谱管理机制。例如，将基于机器学习的频谱预测技术引入认知无线电频谱管理的认知环路中，如图10-8（b）所示。频谱预测是一种利用频谱占用状态在时间维度上的相关性，实现由历史频谱数据推演未来频谱状态的技术。近年来，频谱资源的数据规模从空域、频域和时域三个不同维度在不断增长，具有大数据的特点。与此同时，频谱资源在空域、频域和时域上还存在着高度的相关性，因此基于大数据和人工智能的频谱预测技术能够从中挖掘出更多有效的频谱信息，有助于更合理的频谱分配并提高利用率。

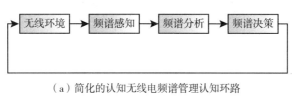

（a）简化的认知无线电频谱管理认知环路

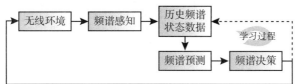

（b）引入频谱预测技术的认知环路

图10-8　两种认知环路对比图

本案例应用支持向量回归（Support Vector Regression，SVR），设计了频谱状态快速变化环境下的频谱预测技术。SVR是机器学习算法支持向量机（SVM）的主要应用之一。SVM的核心思路为：将线性不可分的输入向量通过核函数非线性变换到一个高维特征空间，在这个高维空间上寻找最优分类面。SVR可以完成数据拟合、图像重建恢复、时间序列预测等。基于SVR的频谱预测流程如图10-9所示。

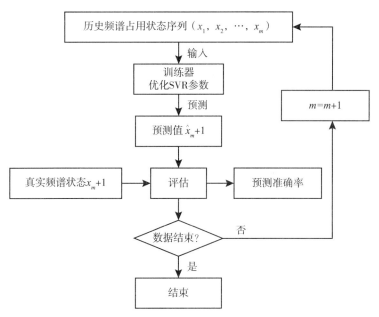

图 10-9　基于 SVR 的频谱预测流程

首先，假设每次观测的信号与前 m 次观测的频谱状态相关，即前 m 次观测的频谱占用状态为自变量，当次待预测的频谱占用状态为因变量。将历史频谱占用状态序列作为训练样本，输入训练器，利用回归预测分析进行 SVR 网络训练，得到最优 SVR 参数，再利用 SVR 对当次频谱占用状态进行预测，最后根据真实频谱状态，评估预测的准确率。本案例提出的基于 SVR 的频谱预测算法能够有效降低频谱占用状态的的错误检测概率，可取得较为满意的预测结果。

另外，如果假设频谱环境完全未知，即无法获取历史频谱状态数据，这一类动态频谱接入问题可以理解为一个需要通过不断尝试选择出最佳方案的决策问题，进一步可以抽象为智能体（Agent）、环境（Environment）、动作（Action）、状态（State）、奖励（Reward），非常适合使用人工智能中的强化学习来进行求解，近些年受到了研究者的广泛关注。

10.4.2　人工智能在基站节能中的应用

1. 背景

根据国家能源局的数据统计，电信网络运营维护成本中最大的支出是电费支出。中国移动、中国电信和中国联通三大运营商 2018 年的业绩报告显示，三家全网电费开支分别高达 245 亿元、140 亿元和 120 亿元[19-20]。而在整个移动通信网络的电力消耗中，基站的能耗占比最高，大约占 72%，因此基站设备的节能管理对降低电信运营商的运维成本至关重要[21]。

当前，移动通信网络节能主要有基站硬件节能和软件节能两大方式。基站硬件节能技术是通过改善基站设备的硬件材料，降低基站硬件的基础耗能，但受限于器件材料和工艺的发展，具有一定的局限性。基站软件节能技术是利用现实网络中网络流量的"潮汐效应"，通过调整基站参数，改变基站的休眠状态，从而实现降低基站无效功耗的目的。

由于移动通信网络和人类活动息息相关，"潮汐效应"也同样普遍存在于移动网络中。移动通信网络的固有特性就是其用户始终处于运动状态，在通信过程中经常会从一个地点移动到另一个地点，并且呈现出很强的时间规律性。比如在早上，大量用户从居住地点移动到办公地点；而在晚上下班时段，大量用户又从办公地点返回到居住地点。随着这些用户早出晚归的移动，移动网络的负载也呈现出随着时间而在网络中迁徙的现象，即所谓的"潮汐效应"。

图10-10展示的是网络流量"潮汐效应"与实际功耗对比的示意图。在传统的移动网络中，每个基站的处理能力只能被其服务的小区内的用户使用。当小区内的用户离开后，基站的处理能力无法转移，只能处于浪费状态。而由于运营商每时每刻都要保持着网络的覆盖，这些空载或极低负载的基站就只能保持运行状态，实际功耗并没有随之降低，造成了能源的极大浪费。

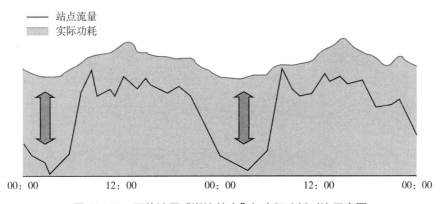

图10-10　网络流量"潮汐效应"与实际功耗对比示意图

2. 案例分析

从节能环保的角度分析，移动通信网络的理想状态应当是：网络依据用户业务流量的需求动态地分配基站的处理能力，当网络用户的流量需求减少为零时，网络关闭基站处理，基站的能耗可降低到零或极低的状态，这样能极大地降低能量消耗和成本。当前，研究者在基站软件节能的基础上引入人工智能实现网络节能，如利用人工智能方法识别小区覆盖场景，预测小区的网络流量；利用人工智能实现小区之间的动态协同覆盖和参数调优节能等。5G网络采用超密集组网方式，大量的基站设备会被部署在现网中，包含宏基站（Macro Base Station，MBS）和小蜂窝基站

（Small Base Station，SBS）等（参见绪论 1.3.3 节中的超密集组网部分），由于"潮汐效应"，高密度分布的 SBS 在非高峰时段仍会消耗大量不必要的能量造成能源浪费。基于人工智能的流量预测可以更充分地考虑多个基站之间的协同操作，基站可以利用基站历史信息，如连接用户数、资源利用率和基站所处的环境等因素，使用人工智能中聚类模型确定基站的节能场景，再根据时间、人口和环境的变化采取智能的节能策略。与传统基站软件节能方法相比，基于人工智能的流量预测节能可以逼近网络功耗最低的极限。

传统基站软件节能方法中，基站的开关策略主要分为基于基站负载的开关策略和基于用户关联的开关策略。其中基于基站负载的开关策略，关注基站的能效问题而忽略了用户的关联状态；而基于用户关联的开关策略，需要频繁地对基站开关状态进行切换，这个过程需要一定的时间并造成额外的能量消耗。

当引入人工智能技术时，可以综合考虑基站负载和用户关联状态，并结合用户主观的网络体验，形成一个联合的开关策略，既可以避免基站开关状态的频繁切换，又可以实现能耗和用户体验的均衡。本案例考虑 5G 超密集组网的场景，给出一种基于强化学习的 SBS 开关策略，首先将 SBS 的开关切换问题建模为马尔可夫决策过程，然后通过强化学习中的 Actor-Critic 算法求解问题。Actor-Critic 算法框架如图 10-11 所示。

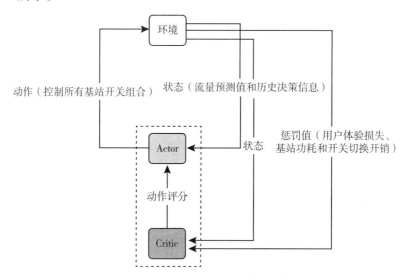

图 10-11　Actor-Critic 算法框架

Actor-Critic 算法框架中，状态（State）除了包含流量的预测值外，还包含上一时刻对于基站开关的历史决策信息。动作（Action）则是控制所有基站的开关组合。奖励（Reward）则被定义为一个惩罚函数，包含了用户体验损失、基站功耗开销以及开关切换开销。Actor 执行动作，然后 Critic 进行评价，说明这个动作的选择是好是坏。这样不断学习，最小化惩罚函数。此时就是符合当下流量需求的最佳基站开关状态，可以在保证用户体验的同时，最小化基站功耗及开关切换次数。

与传统的基站开关策略对比可知，基于强化学习 Actor-Critic 算法的解决方案，一方面在状态中引入了流量预测值和历史决策信息，这样的设置有助于加快算法的收敛速度；另一方面通过设置惩罚函数，全面考虑了基站功耗、用户动态和用户主观感受，可以显著降低能耗，而无需损害网络服务质量。

10.4.3　人工智能在网络切片部署中的应用

1. 背景

为了支持不同的网络业务场景下个性化、敏捷化、定制化的网络服务，5G 网络引入网络切片技术，即在一个物理基础设施上按需构建不同的逻辑网络（详细介绍可参见本书第 8 章网络切片部分）。端到端的网络切片可以根据不同的业务和应用场景的特征创建不同的网络切片，将所需的网络资源灵活动态地在全网中根据不同的需求进行合理分配，从而保证不同应用场景的性能要求和用户调度的公平性，提高用户体验和网络资源利用率。

网络切片本质上是移动通信的传统问题——无线资源调度问题的延伸。由于移动通信的频谱资源十分有限，但用户数量、业务量、服务质量保障等需求却一直在持续增长，因此有效的无线资源调度深刻影响无线网络的性能。无线资源调度根据系统负载、信道信息、用户设备优先级、QoS 需求等信息，在公平性原则的限制下，将时域和频域资源分配给属于该基站的用户，并进行调制编码的策略选择，最大限度地提高系统的容量和无线频谱利用率。无线资源调度原理框图如图 10-12 所示。

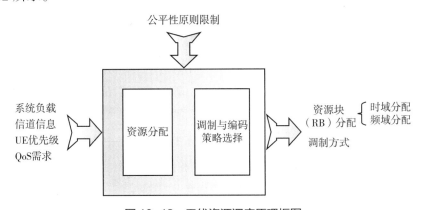

图 10-12　无线资源调度原理框图

在 5G 无线网络虚拟化环境中，引入了网络切片技术的无线资源调度仍然面临挑战。由于 5G 三大业务类型的需求各不相同，增强移动宽带业务（eMBB）需要高的数据速率，超高可靠低时延通信（uRLLC）需要极低的端到端业务时延，海量机器类通信（mMTC）需要超高的连接密度，每一类业务再细分为 VR、AR、车联网、工业物联网等具体的业务。这导致切片的种类繁多，划分多少切片以及切片的粒度是部署过程中不能回避的复杂问题。切片粒度过粗容易导致灵活性不够，不能很好地满足差异化服务的要求；切片粒度过细则会增加管理和部署复杂度，同时降低网络资源的利用率。这对在现有切片上的实时资源管理提出了更具挑战性的技术问题，如何智能地响应用户的动态服务请求至关重要。

2. 案例分析

人工智能的引入为上述问题提供了更好的解决思路，能够在无线资源切片场景中，有效管理需求感知的资源分配，实现网络切片的灵活调度。本案例使用深度 Q 学习（Deep Q-Learning，DQL）算法，解决网络切片场景下的典型无线资源调度问题[22]。

DQL 算法从强化学习发展而来，其中蕴含着通信中最为常用的最优化理论，采用了价值函数和动态规划的思想，其智能体（Agent）在与环境（Environment）的交互中［以状态（State）表示］，能够通过尝试不同的动作（Action），并强化可以产生更多奖励（Reward）的动作。

最优化理论是通信中最常用的数学模型之一，其含义是通过数学表达式描述实际优化问题的目标函数、变量关系、有关约束条件和意图，寻找约束条件下给定函数取极大值（或极小值）的方案。设优化变量向量为 X，目标函数为 $f(X)$，约束条件为 $h_k(X)=0$，则优化问题的一般数学形式可以表示为

$$求\ X=(x_1,\ x_2,\ \cdots,\ x_N),\ \begin{cases} \max & f(X)=(x_1,\ x_2,\ \cdots,\ x_n),\ X \in R^n \\ \text{s.t.} & h_k(X)=0,\ k=1,\ 2,\ \cdots,\ l \end{cases}$$

$$(10.1)$$

在本案例中，设有网络切片 $1,\ \cdots,\ N$ 个，系统总带宽为 $w_总$，则最终要求的优化变量向量是带宽分配方案 $W=(w_1,\ \cdots,\ w_N)$，约束条件为 $w_1+\cdots+w_N=w_总$，以及各个网络切片对资源的动态需求 $d=(d_1,\ \cdots,\ d_N)$。

将无线资源块（Resource Block，RB）分配给各个网络切片时，需要综合考虑频谱效率（Spectral Efficiency，SE）以及用户体验质量（Quality of Experience，QoE）。因此该无线资源调度问题的目标函数可以表述为

$$f(W)=\zeta \cdot \text{SE} + \beta \cdot \text{QoE} \rightarrow \max \qquad (10.2)$$

其中 ζ 和 β 分别表示 SE 和 QoE 的相对重要性。

即该优化问题的一般数学形式可以表示为

$$求\ W=(w_1,\ \cdots,\ w_N),\quad \begin{cases} \max\quad f(W)=\zeta\cdot SE+\beta\cdot QoE \\ \text{s.t.}\quad w_1+\cdots+w_N=w_{总} \\ d=(d_1,\ \cdots,\ d_N) \end{cases}\qquad (10.3)$$

下面使用 DQL 算法来求解这个优化问题。本案例中，状态（State）是在特定时间段内每个网络切片中到达的数据包数，用来描述各个网络切片对资源的动态需求，动作（Action）是分配给每个网络切片的带宽，奖励（Reward）则是 SE 和 QoE 的加权和。

在 10.3 节中分析可知，强化学习的学习过程实质就是在不断更新 Q 表的过程，但是当状态和动作的维度都很高时，表格的维度也会很高，这种表格型的方法就显得十分低效了。DQL 结合了神经网络和 Q-Learning 强化学习方法，把 Q 表更新转化为一个函数拟合问题，通过神经网络拟合一个函数来代替 Q 表产生 Q 值。

如图 10-13 所示，在 DQL 算法的学习过程中，首先设定一个记忆库，记录好每一次的 <状态，动作，奖励，下一状态>。当记录达到一定数量时，输出到下一步的神经网络开始学习。

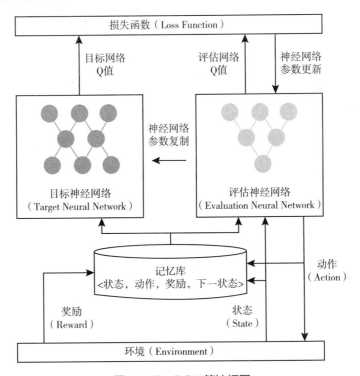

图 10-13　DQL 算法框图

DQL 中存在两个结构完全相同但是参数却不同的网络，评估神经网络使用的是最新的参数，用来计算当前 <状态，动作，奖励，下一状态> 对应的评估网络 Q 值；

目标神经网络使用的则是更新前的参数,当智能体对环境采取动作时,就可以计算出目标网络 Q 值,并根据损失函数(Loss Function)更新评估神经网络的参数,完成评估神经网络的训练。每经过一定次数的迭代,将训练好的评估神经网络的参数复制给目标神经网络,这样就完成了一次学习过程。

在网络切片场景下,基于 DQL 的无线资源调度算法相比传统无线资源调度方案,能够有效提高系统的频谱效率和用户体验质量。从本案例中可以发现,将分配的资源与用户的活动需求相匹配,是有效实现网络切片部署的关键点,而 DQL 是一个很好的解决方案。DQL 在无线资源切片场景中管理此种需求感知的资源分配具有优势,在资源受限的情况下,隐含地包含需求(即用户活动)与供应(即资源分配)之间更深层的关系,提高了网络切片部署的有效性和灵活性。

10.4.4 人工智能在无线网络安全的应用

1. 背景

由于当前 5G 网络安全机制和安全管理模式相对简单,缺乏灵活性,难以有效适配后 5G 网络更加开放融合、无线接入方式和终端设备异构多元、安全服务差异化定制等新特征。而人工智能技术可以为无线网络安全重新赋能,通过人工智能与安全防御深度结合,帮助网络系统实现对安全威胁的自学习、自预测、自诊断和自防护,从而提升网络的安全能力。人工智能利用强大的推理能力和学习能力,可以深化网络对安全信息的感知,在攻击未发生时做到防患于未然,实现网络攻击精准溯源和智慧响应,并满足网络安全按需服务的需求。人工智能技术在无线网络安全的具体应用策略主要包括智能安全态势感知、智能抗干扰、智能隐私保护等。

在无线网络中设置态势感知系统,可以结合威胁情报、用户及实体行为分析、失陷主机检测、图关联分析、大数据关联分析等技术,采用智能算法对网络安全态势信息进行威胁感知、理解和预测,帮助网络及时发现安全威胁,实现可信自验证、安全状态识别、网络攻击确认等。智能安全态势感知流程如图 10-14 所示。

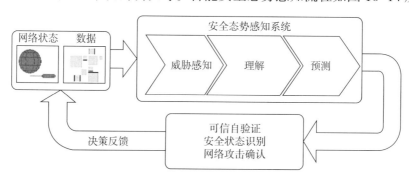

图 10-14 智能安全态势感知流程图

网络干扰通过产生恶意信号对有用信号造成损坏，从而影响网络通信质量。攻击者可以对覆盖范围内的终端设备实施干扰打击，严重时可使被攻击者的网络瘫痪。智能抗干扰系统可以提取复杂电磁环境下的干扰信息，通过训练样本对信号特征进行精确建模，认知复杂电磁干扰环境，自适应不同的通信场景，采用统计学习和智能决策方法，实现高效可靠的信息传输。

人们每天都会留下大量的数字足迹，隐私保护越来越受到关注。为保证用户数据的隐私安全，必须保护其免受未经授权的访问，但当前身份认证技术的可靠性与稳健性不高。智能隐私保护能够通过指纹、人脸、虹膜、声纹、签名、步态等生物特征来进行身份验证，通过灵活增加身份标识来提高可辨识度，增强身份认证的稳健性。同时通过深度学习算法，克服信息特征变化带来的影响，提高匹配精度、降低计算开销，实现更高保护标准的用户隐私安全。

2. 案例分析

网络异常检测是属于网络安全态势感知中的一项重要任务。网络流量的快速增长和对网络应用程序的攻击使入侵检测系统（Intrusion Detection System，IDS）成为网络安全套件的重要组成部分。在给定网络流量样本的情况下，IDS 可以准确区分正常流量和异常 / 恶意流量，而不会出现较高的误报率。

随着机器学习（ML）和深度学习（DL）技术的分类性能全面超过人类水平，IDS 可以采用 ML 和 DL 技术来执行分类任务，以确定网络流量中的异常行为。但是，近年来线性和非线性 ML / DL 分类器也同样容易受到攻击。攻击者通过使用局部搜索、组合优化或凸优化的方式，专门寻找和创建干扰 IDS 的故障分类器的对抗样本。

本案例利用生成式对抗网络（GAN）在基于 ML / DL 的 IDS 上创建对抗式 ML 攻击，而 IDS 中所使用的 ML / DL 技术的详细信息对于攻击者而言是未知的。

图 10-15 展示了本案例使用 GAN 的总体架构，主要由生成器网络 G 和判别器网络 D 组成。将合法流量发送到基于 ML/DL 的 IDS，并将 IDS 的预测用作 D 训练的标签，来实现 D 模仿 IDS 的行为。D 接收恶意流量和合法流量，负责对恶意流量

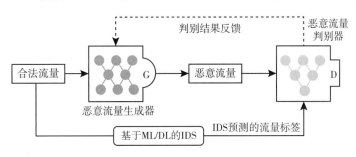

图 10-15　基于 GAN 的网络异常检测

和合法流量进行分类，得出判别结果。而 G 的目标则是根据判别结果的反馈进行学习，生成与合法流量难以区分的恶意流量伪造样本，用来迷惑 D。D 的目标是在合法流量样本和 G 输出的恶意流量伪造样本之间进行区分。这样，两者就形成了对抗博弈的关系，互相博弈学习，最终经过多轮学习的判别器 D 就能够相当准确地判别合法流量和恶意流量，相比于传统机器学习模型能够更好地抵抗对抗性扰动。

10.5　5G 与人工智能融合的标准化进展

将人工智能和 5G 通信系统相结合是业界重点关注的研究方向，目前 3GPP（第三代移动通信伙伴项目）、ITU（国际电信联盟）、ETSI（欧洲电信标准化协会）、IMT-2020 推进组、GSMA（全球移动通信系统协会）等多个国际标准化组织和行业组织均进行了相关的标准化研究[23-24]。

3GPP 在 5G 架构中定义了网络数据智能分析功能，借此将人工智能和大数据分析技术引入网络，从而保证网络服务质量、增强网络自动化运维能力、提升网络的智能化水平，相关研究涉及 SA2、RAN 两个工作组[25-27]。

2017 年 5 月，3GPP SA2 工作组成立了研究项目 "Study of Enablers for Network Automation for 5G（eNA）"，由华为公司牵头针对 3GPP R16 版本发起了 5G 网络自动化、智能化的研究，相应地在 TS 23.501（Phase 2）中定义了网络数据分析功能（NWDAF，Network Data Analytics Function），在 TR23.791 中提出了支持网络数据智能分析的 5G 自动化通用框架，如图 10-16 所示。在该框架中，NWDAF 被进一步扩展到对各类网络数据的收集和分析上，其能够从系统数据库、运营商运维管理系

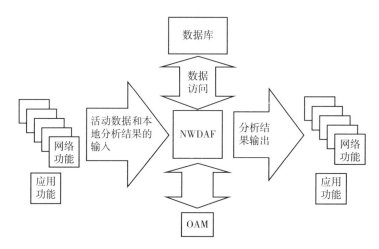

图 10-16　5G 自动化通用框架

统（Operation Administration and Maintenance，OAM）、第三方应用功能（Application Function，AF）和 5GC 网络功能（Network Function，NF）中收集相应的网络运维数据和第三方应用数据，从而进行智能分析。NWDAF 生成的数据分析结果也会输出到 5GC 网络功能、OAM 或第三方应用上。2019 年 5 月，中国移动和华为公司共同牵头发起了 eNA 二阶段增强的研究课题立项，相关标准将在 R17 版本中发布。与 R16 相比，R17 将进一步完善面向网络智能运维的数据采集和应用增强，面向垂直行业的无线网络切片增强、精准定位、工业互联网以及非地面网络通信能力拓展、覆盖增强等特性。

相应的，3GPP RAN 工作组于 2018 年 9 月成立了 RAN 侧数据收集和分析的研究项目 "Study on RAN-centric data collection and utilization for LTE and NR"，并由中国移动公司牵头发起了针对 R16 版本的无线数据采集与应用研究课题立项，该项目主要研究 RAN 侧数据的收集过程以及利用分析结果进行网络优化的信令过程，包括智能化自组网、无线资源管理增强、边缘计算增强等方面。

与 3GPP 相比，ITU 的标准化研究更侧重于机器学习方法在未来 5G 网络中的应用。2017 年 11 月，ITU 设立了未来网络及 5G 的机器学习（FG-ML5G）焦点组，该工作组主要起草用于未来网络的机器学习技术报告和规范，包括接口、网络架构、协议、算法和数据格式。其下设立三个工作组（WG），其中 WG1 主要研究机器学习在未来网络的应用场景、潜在需求，WG2 主要研究用于移动网络优化的机器学习算法、数据结构和个人信息保护等，WG3 主要研究支持机器学习的未来网络架构、接口、协议等。同时，中国移动在 FG-ML5G 牵头发起了网络架构、网络智能化分级评估体系、机器学习用例、数据处理等标准项目和研究课题。

ESTI 在 2017 年初成立了体验型网络智能（Experiential Networked Intelligence，ENI）工作组，该工作组基于"感知 - 适应 - 决策 - 执行"控制环模型定义了一种认知网络管理架构，它使用人工智能和情境感知策略，根据用户需求、环境条件和业务目标的变化调整提供的服务。该架构是经验性的，它将实现 5G 的自动化业务供应、运营和维护，并优化切片的管理和资源编排，从而减少运营支出并改善网络的使用和维护。

另外，随着人工智能在移动通信网络相关领域中的逐渐渗透，相关行业组织也就 5G 智能化展开了相关的研究。中国 IMT-2020 推进组在《基于 AI 的智能网络切片管理和协同》白皮书中提出了智能切片的概念[28]。智能切片在 5G/B5G 网络切片架构中引入了人工智能分析系统，该系统以用户需求数据、切片运行数据等作为数据源，通过智能分析算法计算得出能够匹配租户业务需求的网络能力，进而动态调整网络切片的服务能力。GSMA 于 2019 年 6 月发布 AI in Network 白皮书，其中介绍 5G 网络引入人工智能的必要性、AI in Network 的框架和自动化能力分级以及用例等内容[29]。

10.6　本章小结

本章主要对 5G 网络和人工智能的融合进行了介绍。首先，介绍了后 5G 时代移动通信网络所面临的关键挑战。其次，简要介绍了人工智能技术的定义、核心问题等基本概念，分别介绍了机器学习和深度学习的概念及其关联性。然后，从移动通信的智能化需求出发，介绍了移动通信与人工智能融合的驱动力及应用。接着详细介绍了动态频谱管理、基站节能、网络切片部署、无线网络安全四个方面的无线通信与人工智能融合的典型案例。最后介绍了 5G 与人工智能融合的国际标准化进展情况。当 5G 网络遇到人工智能，二者的融合发展体现了现代科学技术的深层次应用，彰显出全新信息时代的发展利好特征，进一步推动移动网络的技术革新，构建智能化程度更高的智慧城市、智慧产业等。

习题：

　　1. 后 5G 时代面临的挑战有哪些？

　　2. 试论述人工智能、机器学习、深度学习这三个概念之间的关系。

　　3. 人工智能应用于移动通信具有哪几方面的优势？

　　4. 试再列举三项无线通信和人工智能结合的应用实例。

参考文献：

[1] Cisco. Cisco Annual Internet Report（2018–2023）White Paper［R/OL］. https://www.cisco.com/c/en/us/solutions/collateral/executive–perspectives/annual–internet–report/white–paper–c11–741490.html，2018–05–16.

[2] Lovelock S T J D, Hare J, Woodward A, et al. Forecast: The Business Value of Artificial Intelligence, Worldwide, 2017–2025［J］. Gartner.（ID G00348137），2018.

[3] 李德毅, 于剑. 人工智能导论［M］. 北京: 中国科学技术出版社, 2018.

[4] Russell S, Norvig P. Artificial intelligence: a modern approach［J］. 2002.

[5] Bostrom N. Superintelligence［M］. Dunod, 2017.

[6] Michie D, Spiegelhalter D J, Taylor C C. Machine learning［J］. Neural and Statistical Classification, 1994, 13（1994）: 1–298.

[7] Bengio Y. Learning deep architectures for AI［M］. Now Publishers Inc, 2009.

［8］张平，牛凯，田辉，等. 6G 移动通信技术展望［J］. Journal on Communications，2019，40（1）：141-148.

［9］Maslow A H. A Dynamic Theory of Human Motivation［J］. 1958.

［10］中国移动研究院. 2030+ 愿景与需求报告［EB/OL］. http://cmri.chinamobile.com/news/5985.html，2019-11-27.

［11］Gantz J，Reinsel D. Extracting value from chaos［J］. IDC iview，2011，1142（2011）：1-12.

［12］张尧学，胡春明. 大数据导论［M］. 北京：机械工业出版社，2018.

［13］OpenAI. AI and Compute［EB/OL］. https://openai.com/blog/ai-and-compute/，2018-05-16.

［14］李伯虎，李兵. 云计算导论［M］. 北京：机械工业出版社，2018.

［15］Marcus M J. 5G and "IMT for 2020 and beyond"［Spectrum Policy and Regulatory Issues］［J］. IEEE Wireless Communications，2015，22（4）：2-3.

［16］工信部发布 5G 系统在 3000MHz ~ 5000MHz 频段内的频率使用规划［J］. 中国无线电，2017（11）：2.

［17］Federal Communications Commission. Spectrum policy task force［J］. ET Docket no. 02-135，2002.

［18］Mitola J，Maguire G Q. Cognitive radio：making software radios more personal［J］. IEEE personal communications，1999，6（4）：13-18.

［19］孟雨. 天价电费成 5G "拦路虎" 多省出台政策给运营商减负［J］. 计算机与网络，2020，v.46；No.617（01）：20-21.

［20］5G 基站耗电量惊人 昂贵的电费疯狂吞噬运营商的利润［EB/OL］. https://www.sohu.com/a/331871038_114719.html，2019-08-06.

［21］数字中国. 告诉你真正的基站能耗占比：通信运营成本的大头原来在电费［EB/OL］. https://baijiahao.baidu.com/s?id=1657025028271114522.html，2020-01-29.

［22］Li R，Zhao Z，Sun Q，et al. Deep reinforcement learning for resource management in network slicing［J］. IEEE Access，2018，6：74429-74441.

［23］冯俊兰. 5G 自身智能化及赋能智能产业之路［J］. 电信工程技术与标准化，2020，33（1）：1-8.

［24］王胡成，陈山枝，艾明. 人工智能在 5G 网络的应用和标准化进展［J］. 移动通信，2019，43（6）：76-81.

［25］3GPP TS 23.501. System Architecture for the 5G System（5GS）-Stage 2［S］. 2019.

［26］3GPP TR 23.791. Study of Enablers for Network Automation for 5G［S］. 2018.

［27］3GPP TS 28.533. Management and Orchestration；Architecture Framework［S］. 2018.

［28］IMT 2020（5G）推进组. 基于 AI 的智能网络切片管理和协同［R/OL］. http://www.caict.ac.cn/kxyj/qwfb/bps/201907/t20190717_203409.htm，2019-07-18.

［29］AI in Network Use Cases in China［EB/OL］. https://www.gsma.com/futurenetworks/digest/ai-in-network/，2019-10-23.

应用篇

第 11 章　5G 赋能行业应用综述

前面章节对 5G 系统及其关键技术进行了详细介绍，本章开始将重点介绍 5G 技术的行业应用。本章主要对 5G 赋能千行百业进行整体概述，包括面向垂直行业的 5G 能力和 5G 垂直行业应用综述两部分。首先介绍了 5G 能力体系，并从 5G 内生能力、5G 融合能力和 5G 行业应用通用能力三个方面详细展开。然后对 5G 典型行业应用进行介绍，阐述 5G 如何助力经济社会数字化转型，从基础设施、社会治理、生产方式、工作方式、生活方式五个方面展开。希望能为读者全面宏观了解面向垂直行业的 5G 能力提供帮助，为读者探索 5G 千行百业提供有益的启发。

11.1 节把 5G 能力分为三种——5G 内生能力、5G 融合能力和 5G 应用通用能力，三种能力层层递进，不断扩展，共同形成 5G+ 能力体系，主要介绍了赋能千行百业的 5G 能力图谱。

11.2 节重点介绍 5G 三大应用场景内生能力、行业组网能力和多模多频多形态终端，以及这些技术带来的强大网络能力。

11.3 节介绍 5G 与人工智能、物联网、云计算、大数据、边缘计算、区块链等技术的紧密融合能力，为社会和企业赋能，持续提供发展的强劲动力。

11.4 节介绍 5G 行业通用能力，泛指行业客户普遍存在需求的上层基础业务能力，包括 5G+XR、5G+ 无人机、5G+ 机器人、5G 消息等。

11.5 节结合当前经济社会数字化转型中线上化、智能化、云化三大共性需求，介绍了 5G 主力经济社会数字化转型的五个典型场景，包括基础设施数字化、社会治理数字化、生产方式数字化、工作方式数字化和生活方式数字化。

11.1　赋能千行百业的 5G 能力图谱

5G 作为移动通信技术的集大成者，面向垂直行业提供强大的基础和增强能力。

为了更好地帮助读者理解该部分的内容，本节把 5G 能力分为三种：5G 内生能力、5G 融合能力和 5G 应用通用能力，三种能力层层递进，不断扩展，共同形成 5G + 能力体系，更好地赋能于智慧工业、智慧交通、智慧医疗、智慧娱乐、智慧城市、智慧农业、智慧教育等千行百业，为真正实现"5G 改变社会"的美好愿景奠定坚实基础。

5G 内生能力指的是 5G 网络以连接为主的能力。5G 从设计之初就充分考虑垂直行业的需求，引入了一系列有针对性的新技术，如新型编码、调制、多址接入、大规模 MIMO、高频段 / 超高频段传输技术、灵活的网络架构等，使速率、时延、容量等关键网络性能显著提升，可以为行业客户提供 eMBB、URLLC、mMTC 等基础内生能力。除此之外，针对垂直行业的差异化需求，5G 还引入了网络切片、行业组网等灵活的定制化技术，结合多模多频多形态行业终端为行业客户提供端到端的精品通信服务能力。

5G 融合技术能力指的是 5G 与云计算、大数据、人工智能等 IT/DT 技术融合形成的综合信息化能力。5G 作为"新基建"之首，融合人工智能等前沿技术，构筑泛智能基础设施，为垂直行业提供强大的外延能力。5G 与人工智能、物联网、云计算、大数据、边缘计算和区块链等新型信息技术深度融合、相互促进，实现网络定制化、能力开放化、数据价值化和服务智能化。

5G 应用通用能力指 5G 与应用层技术结合，形成共性的、可以应用于各种具体场景的通用业务能力，如 5G + 无人机、5G + 机器人、5G +XR、5G + 消息、5G + 高清视频等，这些能力将可以满足更加丰富多样场景的行业应用需求。

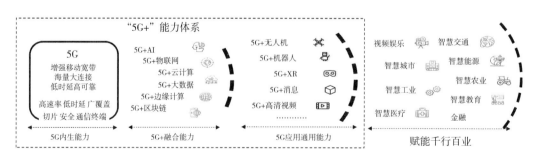

图 11-1　赋能千行百业的 5G 能力图谱

11.2　5G 内生能力

11.2.1　基础能力

3GPP 定义了 eMBB、URLLC、mMTC 三大 5G 场景，相关关键架构和技术已在前面章节展开介绍，本章重点介绍引入这些先进技术带来的强大网络能力。

1. eMBB 基础能力

eMBB 场景主要是以人为核心，如 XR、超高清视频等，要求超高速率、超高容量和广覆盖。根据 ITU 定义的指标，在人口密集区域为用户提供 1Gbps 用户体验速率和 20Gbps 峰值速率，在流量热点区域实现每平方公里 10Mbps 的流量密度。

现阶段 sub 6GHz 现网单用户下行峰值速率最高可达到 1.7Gbps，上行峰值速率最高可达到 747Mbps，是 4G 的数十倍，单小区下行峰值容量可达到 5.4Gbps。典型配置下的网络能力见表 11-1。引入载波聚合等技术，用户峰值速率将根据聚合的频段情况而叠加提升。用户体验速率会低于峰值速率，将根据用户所处位置信号条件以及同时在线的用户数不同而不同。

表 11-1　不同配置下的单载波用户峰值速率

时隙配比	低频 30MHz	sub 6GHz 100MHz			毫米波 400MHz
	FDD	8D2U	7D3U	1D3U	3D1U
下行峰值速率（Mbps）	350	1700	1450	770	2560
上行峰值速率（Mbps）	175	250	375	747	729

2. URLLC 基础能力

URLLC 主要用于人和物以及物和物的交互场景，如工业互联网、车联网、远程手术、远程操控等，要求 99.999% 量级的可靠性，控制面时延降至 10ms，用户面单向空口时延降至 0.5ms。

在超高可靠性方面，5G NR R15 版本引入了冗余传输、低码率传输、多点协作等一系列增强技术，可达到 5 个 9（99.999%）的可靠性，R16 版本进一步在业务抢占（URLLC 业务可强制普通业务资源）等方面进行增强，预计可达到 6 个 9（99.9999%）的可靠性。

在超低时延方面，5G NR 从空口调度时延、空口传输时延和回传时延等方面进行了全流程的系统优化。现阶段，在网络的典型配置下，终端到服务器的双向用户面通信时延可降低至 8ms，约为 4G 的 40%，控制面时延降低至 70ms。未来随着功能的演进和产品的完善，时延还将进一步降低。

3. mMTC 基础能力

mMTC 主要以物与物之间的交互为主，如智能穿戴等个人物联网场景、产线数据采集等工业物联网场景和路灯互联等智慧城市场景，要求每平方公里支持的连接数达到 100 万，同时还具有低速率、超低成本、终端低功耗、广覆盖和深度覆盖等需求。

R15 和 R16 阶段，5G 的 mMTC 场景主要基于蜂窝系统的窄带物联网（Narrow Band Internet of Things，NB-IoT）技术和增强型机器类型通信（enhanced Machine-Type Communication，eMTC）技术升级演进。NB-IoT 目前已在全国商用部署，覆盖能力可达 164dB，相比 4G 提升 20dB 左右，相当于可多穿透一到两堵墙，在某些业务模型下可延长终端寿命至 10 年，截至 2019 年年底终端成本已降低至 20 元以内。eMTC 技术与 NB-IoT 相比，可支持较高的传输速率，单用户峰值速率可达上行 375kbps/ 下行 300kbps（半双工）和上行 1000kbps/ 下行 800kbps（全双工）。目前我国未部署 eMTC，中高速率的物联网连接主要由基于 4G 的 LTE Cat1/1bis 提供。

面向 mMTC 场景，5G 在 3GPP Release 17 版本也正在设计更为轻量级、低成本的 NR 系统，来更好地满足未来工业无线传感网络、智慧城市和可穿戴设备等业务需求。

11.2.2　行业组网能力

垂直行业业务场景和业务需求差异较大，5G 行业网支持覆盖、性能、安全隔离和服务等的定制，实现"网随业动、按需建网"。

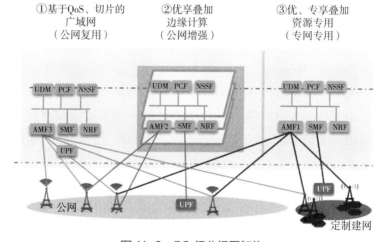

图 11-2　5G 行业组网架构

根据与公网无线网的复用程度不同，行业网可分为完全复用公网、公网增强和专网专用三种。完全复用公网模式指在公网基础上通过 QoS、网络切片等技术，实现业务逻辑隔离，满足行业客户对特定网络速率、时延及可靠性的优先保障需求，综合成本较低。公网增强模式指根据行业业务需求，通过增补站址等方式对公网进行覆盖和性能增强，并结合边缘计算等技术，满足客户高性能、超低时延、数据不出场等业务需求。专网专用模式是运营商为行业客户深度定制规划和建设网络，基站、频率等按需专建专享，满足客户极高性能、极高安全隔离等需求，成本较高。三种模式层层递进，定制化程度逐步提升，网络能力逐步增强。

安全隔离方面，5G通过无线网、传输网、核心网等全领域的按需资源专用，满足行业不同等级的安全隔离需求。无线网方面，根据无线基站和频谱的专用程度，可分为虚拟专网、混合专网和物理专网三个等级。虚拟专网指频率和基站均复用，隔离性和可靠性一般，但部署快、成本低，主要用于广域场景；混合专网指行业网与公网共用基站设备，但占用单独频率资源，隔离性和可靠性高，成本适中，主要用于局域场景；物理专网指采用专用基站和专用频率，与公网数据完全隔离，成本较高，主要用于煤矿、高等级工厂等局域场景。

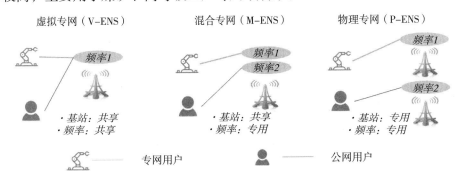

图11-3 混合专网、虚拟专网与物理专网

传输网和核心网可基于切片机制，为不同行业提供不同等级的安全隔离服务。传输网方面，可分为硬切片和软切片两种模式；硬切片指为行业客户配置刚性传输管道，管道内资源完全独占，隔离性高但成本较高；软切片指行业间共享传输带宽，但基于优先级等机制进行逻辑隔离。核心网方面，通过端到端的网络协作，不同切片的行业客户可接入到不同的AMF等核心网控制面网元，并选择相应的UPF等业务面网元，实现核心网的逻辑隔离或物理隔离。

服务定制方面，行业网可提供不同等级的网络优化服务，分权分域的网络运维服务，实现设备可管、业务可控、性能可视、故障可愈，满足行业客户对网络的管控需求。此外结合网络能力开放，还可进一步定制位置能力等增值服务。

11.2.3 5G多模多频多形态终端

终端是5G端到端系统的重要组成部分，千行百业差异化的业务场景和应用需求，需要多模多频多形态的行业终端。

1. 5G通用模组

5G模组是一个独立的无线通信模块，将5G基带芯片、射频、存储、电源管理等硬件进行了封装，对外提供特定数据接口和封装方式，具有独立的 5G 无线通信功能，与笔记本电脑的无线网卡功能类似，被嵌入行业终端中，使行业终端能够进行 5G 的通信。5G 通用模组是标准化了的 5G 模组，通过将模组封装尺寸、管脚接口标准化，使 5G 模组可以规模化发展适用于多种行业终端，降低了模组成本，行业终端也可以自由更换不同厂家的模组，方便了选择。

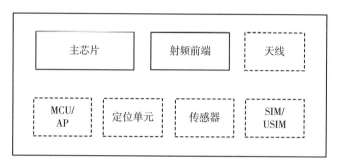

图 11-4　5G 通用模组逻辑结构图

5G 通用模组的核心是主芯片和射频前端部分，根据用途和功能的不同，还可进一步集成微控制单元（Microcontroller Unit，MCU）、定位单元、传感器单元用户识别卡（Subscriber Identity Module，SIM）、全球用户识别卡（Universal Subscriber Identity Module，USIM）单元以及天线部分等。

5G 通用模组按照功能模式可划分为基础型、智能型和全能型三大类，以满足不同的行业需求。基础型模组主要具备基础通信功能，包括主芯片和射频前端，封装形式主要有栅格阵列封装、Land Grid Array、LGA 和 M.2，可以应用于包括高清实时视频监控、车联网、网联笔记本电脑、工业路由器等垂直行业终端形态。智能型模组在主芯片和射频前端的基础上，融合 MCU 和 AP，加强了处理能力，可处理一些垂直行业的重要应用，适用于人工智能终端和虚拟现实、增强现实类终端。全能型模组在主芯片以及射频前端的基础上，增加天线接口，比较适用于笔记本电脑、无人机等，能够有效降低应用模组的终端产品开发工作量。

2. 5G 行业终端

5G 行业终端除数据处理能力需求存在较大差异外，关注的通信性能需求也不尽相同，速率、时延、可靠性和安全性等要求各不相同，有些终端则对授时、定位、切片等能力有特殊需求。此外，行业终端还必须满足行业特有的要求，如防水、防爆、抗震动、低功耗等，以适用于不同工况条件。根据不同的行业终端的形态和承载业务等特点，行业终端可分为接入类、手持类、视频类。

5G 数据接入类终端的主要形态为客户前置设备（Customer Premise Equipment，CPE）、数据传输单元（Data Transfer unit，DTU）、路由器以及网关，主要用来为若干设备提供局域互联和广域互联功能。其中网关又称网间连接器或协议转换器，具有将两个高层协议不同的网络实现互联的作用，在垂直行业应用也最广。新技术的引入需要终端接入能力的提升，但行业一般对成本比较敏感，行业终端的替换面临着旧投资的浪费和新投资的增加，数据接入类终端为行业终端的利旧提供了技术手段。存量终端可通过WiFi或RJ-45、USB、HDMI等有线接口与5G接入类终端连接，进而接入5G网络。

行业手持终端是指应用在垂直行业中，具有操作系统、内存、CPU、显卡、电池、屏幕等，可以移动使用的便于携带的数据处理终端。常见行业手持终端包括手持扫描仪、支付掌上电脑（Personal Digital Assistant，PDA）、集群对讲终端、执法仪、巡检仪等，因其便携性和实用性等特点，能够提供即时通信数据实时采集、自动存储、即时显示/反馈、自动传输等功能，不断改变着人们的工作形式和工作流程，常用于政府、公共事业、金融管理、票务/票证、溯源、物流快递、商超零售、电商支付等多个行业。如5G执法仪，基于大带宽、低时延能力，不但可以提供更好的音视频采集、GPS定位、证件识别、信息查询等功能，还能结合VR/AR、人脸识别等技术，进一步提升警察执行警务的效率。

视频类终端主要的业务特点是需将视频或视觉信息无线传输到服务器或云端，或者将视频下载到端侧。从视频源和视频处理者的维度，5G视频类业务可分为三种：一是视频由计算机渲染生成发送给人，如在线游戏、在线视频、虚拟/增强现实等；二是视频由实景拍摄发送给人处理，有操控类业务如远程医疗B超、工程车辆远程操控、园区巴士远程操控，以及直播类业务如专业媒体制作、直播等；三是视频由实景拍摄产生发送给AI处理，有监控类业务如安防监控、机器人无人机巡逻巡检，以及工业机器视觉如工业相机检测识别、服务机器人云化智能、工业AR远程辅助等。无线技术将大幅使能相机与摄像机的灵活部署及云端AI处理，高效地传输上行视频是5G应用于垂直行业的重要机遇和挑战。

11.3　5G融合能力

5G与人工智能、物联网、云计算、大数据、边缘计算、区块链等新技术紧密融合，相互促进，形成组合拳，让5G带来的不仅是连接，更是强大的DICT综合能力。运营商可以基于5G网络以及"业务中台＋数据中台＋技术中台"构成智慧中台体系，从而提供泛在的智能云服务能力，为社会和企业赋能，持续提供发展的强劲动力。

11.3.1　5G +AI 能力

第 10 章已对机器学习技术和深度学习等人工智能技术原理做了详细介绍，并重点介绍了人工智能在 5G 网络中的四大类典型应用，通过 5G +AI 带来全方位的网络智能化，构建包含终端智能、网元智能、运营智能和服务智能的原生 AI 网络生态，为垂直行业提供更优质的 5G 网络服务。

5G 与 AI 的融合也为 AI 行业应用带来了强大的驱动力。5G 强大的内生能力补齐制约人工智能发展的短板，为 AI 应用提供更快的响应速度、更丰富的内容，助力拓展更智能的应用模式以及更直观的用户体验，成为驱动人工智能发展的新动力。

以基于图像 / 视频识别的智能安防为例，5G +AI 不仅提升了智能安防应用的性能，还拓展了智能安防的应用场景，更促进了整个产业的发展：5G 具有大带宽和大连接能力，更多的摄像头可以接入网络，监控视频画质也由普清提升到高清，甚至向超高清和全景发展；5G 具有广覆盖和良好的移动性，除可以更加灵活快速部署固定点位监控外，还可进一步拓展车载 / 船载监控、单兵监控，甚至是无人机监控，应用场景进一步丰富，实现海陆空立体监控。5G +AI 将改变过去视频监控只是把数据记录下来，待有问题后再去查找相应视频记录的工作模式，可以实时准确地进行人脸识别、行为识别，及时发现问题、及时告警并采取措施，大大提升了安防能力。

5G 与 AI 融合，相互促进，将催生更多的智能应用，不仅进一步便利我们的日常生活，还将加速传统行业数字化转型进程，带来社会生产效率的提升和生产力的变革。

11.3.2　5G +IoT 能力

IoT 是通过传感设备，按照约定的协议，把各类物品与互联网连接起来，进行信息交换和通信，以实现智能化识别、跟踪、定位、监控和管理的一种网络，在智慧城市、智能家居、智慧交通、工业互联网等领域前景广阔。

物联网具有强大的信息感知能力和信息处理能力，而 5G 具有强大的传送能力，与现有信息传输技术相比，在空口连接能力、网络质量保障能力和网络架构方面进行了大幅增强，5G 与 IoT 融合将极大地促进物联网业务的拓展和深化，更好地促进万物互联。

5G + IoT 将助力传感器能力提升，实现更广泛的数据采集。通过集成 5G 模组，各种物联网传感器的信息采集和传输能力大幅提升，朝着宽带化和移动化方向发展，应用场景将极大扩展。个人物联网场景下，智能手表、智能眼镜等穿戴设备除采集传统的人体健康数据外，还将采集更多的声音、视频等环境信息，具备更强的交互能力。工业物联网场景下，传统的压力、温湿度、震动等各种传感器将摆脱有线的束缚，更容易部署，数据传输也更实时，同时还将引入安防视频、机器视觉等大颗粒的数据采集，实现更精确的控制和更高效的生产。智慧城市场景下，包含道路、桥梁、楼宇、车辆等更广泛的主体，拥堵情况、污染物浓度、应力变化、视频等更多维度的数据将被更实时地采集，加速智慧城市等的进一步纵深发展，实现更科学更精细的社会治理。

5G + IoT 促进物联网平台演进升级，提供更优服务。数据采集的泛在化和宽带化带来物联网数据量的爆炸式增长，对传统的集中式物联网平台带来巨大挑战，依托 5G 灵活的网络架构，物联网平台可实现集中式处理和分布式处理的协同，更加高效、更加实时。结合 5G 网络切片、QoS 等业务保障能力和数据灵活路由能力，物联网平台能力进一步增强，可以为行业客户提供"端边网云"一体化解决方案。

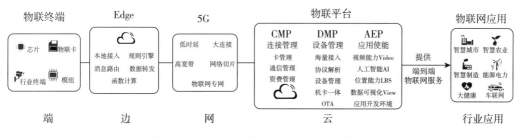

图 11-5　5G +IoT "端边网云" 一体化解决方案

5G +IoT 的融合，构建泛在的实时数据采集能力、安全可靠大带宽低时延的数据传输能力、集中和分布有机结合的数据处理能力，加速万物互联，构筑强大的新型信息化社会基础。

11.3.3　5G +Cloud 能力

云计算历经十几年的飞跃发展，已成为当前信息时代的核心技术，极大地推动了社会经济的发展。云计算提供 IaaS、PaaS、SaaS 三种类型的服务。网络是云计算的基础，5G 的到来将带来云网融合的化学反应，为推动数字经济发展带来更加强大的动能。

云网融合一方面是"化网入云"，5G 网络的构建将逐步走向云化。另一方面是"网随云动"，5G 不仅使网络通信带宽产生了数量级的跃升，还带来了低时延、本地分流、网络切片、能力开放等新的特性，使得云服务更加实时、更加有保障、能力更强大，催生出更为丰富多彩的应用场景。具体而言，5G 的大带宽、低时延，可以让云服务实时快速传递给终端用户；5G 的本地分流能力可以实现数据的灵活本地卸载，将使中心云向网络边缘延伸，提升混合云的公私协同能力。5G 的切片能力，将带来云服务性能定制化保障；5G 的开放能力，如定位能力和业务优化能力，将进一步丰富云计算的 PaaS 和 SaaS 服务能力。

5G 将促使更多应用、更多企业上云。企业上云，有利于推动企业加快数字化、网络化、智能化转型，对于数字化经济发展具有重要意义。5G 随时随地的高速接入能力，结合端到端的安全认证体系，以及精细化 QoS 和端到端切片服务质量保障能力，将极大地加速云办公、云生产的普及。基于 5G 实现企业上云，一方面可以使终端仅承担显示和数据传输作用，大幅降低存储和计算需求，可进一步降低笔记本等办公设备的成本；另一方面可以使数据集中在云端处理，不仅节省了本地服务器的建设和运维成本，实现统一认证、统一监管，还提升了企业数据的安全性。2020 年抗击新冠肺炎疫情期间，5G 云办公充分展示了 5G 灵活、便捷、经济、高效的优势，预计将进一步拉动企业上云的速度和规模，加速数字化经济发展。

5G +Cloud 能力的结合，将实现云服务能力和 5G 网络能力的无缝衔接和深度融合，构建一张资源可全局调度、业务可快速部署、能力可全面开放、容量可弹性伸缩、架构可灵活调整的云网一体化网络，向千行百业提供优质的云网融合服务，加速数字经济发展。

11.3.4　5G +Data 能力

麦肯锡全球研究机构认为大数据是指大小超过经典数据库软件工具收集、存储、管理和分析能力的数据库。业界普遍认为大数据是继人力、资本之后一种新的非物质生产要素。

2015 年 9 月，国务院印发《促进大数据发展行动纲要》，明确推动大数据发展和应用，在未来 5~10 年打造精准治理、多方协作的社会治理新模式，建立运行平稳、安全高效的经济运行新机制，构建以人为本、惠及全民的民生服务新体系，开启大众创业、万众创新的创新驱动新格局，培育高端智能、新兴繁荣的产业发展新生态。大数据已经成为推动社会治理现代化、社会经济发展、提高民生服务的重要技术和产业。

首先，5G 向 eMBB、uRLLC、mMTC 三大场景带来的万物互联网能力，将大幅提升大数据的采集能力，带来更加多维度的数据来源；其次，5G 促进了云计算、AI 能力的发展，将大幅提升大数据的存储、分析、形成价值的能力；最后，5G 与千行百业的融合，为大数据的价值化应用提供了新的出口，为包括金融、通信、电力、交通、医疗、政府、农业等在内的各个垂直行业拓展了大数据的应用场景。

图 11-6 行业领域数据

以金融大数据为例：5G 时代的网络延迟将缩小至毫秒级，加之边缘计算的应用，现有金融服务流程间的网络卡顿将不会再被用户感知，移动端的金融服务，速度和质量都将超乎用户想象。因此可以采集的金融大数据将更为全面，金融大数据强调运用大数据资产和大数据思维经营金融业务，基于数据进行投资决策。针对海量金融交易数据做深度的分析挖掘，打造自己的量化交易系统，以期望能在变幻莫测的市场风云中更早一步识别潜在的风险和机会。

综上，5G 可以支撑大数据在多个行业实现数据融智和数据治理，对基于 5G 网络产生的多维数据进行全生命周期管理，打通"数据孤岛"，建设统一标准的数据采集、关联、共享、应用、治理体系，更好支撑各种大数据应用及 AI 应用。

11.3.5 5G +Edge 能力

如第 8 章介绍的，5G 网络原生支持边缘计算，灵活的架构支持数据面网元 UPF 下沉部署，同时支持多种分流方案和业务连续性方案，可以实现灵活的本地分流。

车联网

| 低时延：V2X，自动驾驶 |
| 大宽带：全景影像多路高清摄像头采集，辅助驾驶 |

生活娱乐

| 低时延：AR/VR极致的用户体验 |
| 大宽带（内容下沉）：赛事直播、vCDN、视频业务 |

智慧城市

| 大带宽：智慧楼宇等高清摄像头数据采集 |
| 安全：冷链运输易燃易爆危险品监测 |

工业互联网

| 低时延：工业协同控制以及运动控制业务 |
| 安全：数据采集及过滤清洗 |

图 11-7 5G + 边缘计算业务应用

5G＋边缘计算实现网络能力与计算能力的有机融合，打造"连接＋计算"新型基础设施，可就近提供边缘智能服务，满足行业数字化在敏捷连接、实时业务、数据优化、应用智能、安全与隐私保护等方面的关键需求。在提供强大的边缘网络连接能力和边缘云平台计算能力的基础上，还可进一步提供位置信息、无线信道信息、业务质量保障等增强网络能力，以 API 形式供边缘应用调用，更好地支撑各类创新应用的孵化和发展。

以智慧工厂为例，柔性制造的发展要求数据上云，但安全性、实时性面临巨大挑战，5G＋边缘计算提供专网专云服务，完美匹配客户需求：一方面定制建网保障工厂的良好网络覆盖，结合本地分流，提供大带宽、低时延、高可靠、高安全的连接能力，确保生产数据不出园区；另一方面基于边缘云平台提供机器视觉、高精度室内定位等丰富能力，加速生产流程的智能化。5G＋边缘计算将充分发挥5G 网络的巨大潜力，促进 8k/AR/VR 视频、车联网、智慧工厂、智慧城市等各类新型业务应用由"不可能"变为"可能"，由"满足基本需求"升级为"提供极致体验"。

11.3.6 5G ＋Blockchain 能力

区块链（Blockchain）提供了一种分布式信任建立和传递机制，具备去中心化组网、数据分布存储不可篡改、基于共识构建信任、自动中立地执行合约等特点，解决了合作方之间信任不足、协作沟通不畅、信息不透明等问题。

区块链的应用领域正在不断拓展。目前，已经延伸到包括数字金融、物联网、智能制造、供应链管理、数字资产交易、社会公益、政务管理等多个领域。区块链应用创新活动非常活跃，涌现出一批示范应用，如招商银行将区块链用于跨境清结算，广东省税务局在广州、深圳等地开通了"税链"区块链电子发票系统。

在 5G＋区块链结合方面，5G 通信网络提供并不断改善信息的表示、传递和处理手段；区块链提供了价值的表示和传递、信任的建立与协作机制；5G＋区块链的互补性和结合性，将促进社会生产、生活、管理能力的全面提升。

首先，以区块链作为社会协作互信平台，拓广 5G 的业务协作范围，创建新的生产协作模式。5G 的一个重要领域是拓展行业应用市场，基于区块链构建中立的信任和价值平台，在发展行业客户的同时，帮助客户进行区块链改造，以极低的技术门槛和资金投入将企业需要与其他企业合作的业务（如供应链、金融、物流、税务、客户服务）等上链，促进行业客户之间、行业客户与主管单位之间、行业客户与用户之间、行业客户与运营商之间的立体化协作。如图 11-8 所示，借助区块链构建的协作和撮合平台，可改变目前行业应用领域"点状"拓展的现状，形成面向全社会、多个行业的"面状"协作结构，形成包括物流、信息、资金的智慧协同体系，深化物联网、工业互联网、智慧城市等项目，加速经济社会数字化转型，促进生产力发展。

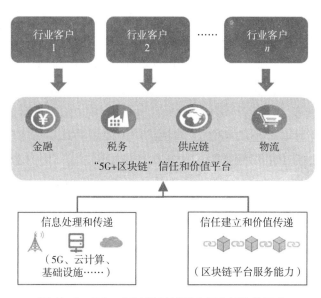

图11-8　5G + 区块链赋能垂直行业新协作示意

其次，借助区块链强化运营商之间的合作，包括基础资源的共建和共享、5G网络与业务的互联互通。在区块链上登记和管理运营商共建、共享的局房、站址等设备的归属权、使用和运行情况，作为投资、结算、维护的依据。此外，通过区块链技术在运营商间提供更高效、便捷、可信的信息交互渠道，实现业务质量可保障的跨运营商5G切片漫游，简化SLA（Service Level Agreement）管理、漫游与互通计费结算等流程和成本。

此外，区块链可直接赋能5G网络。比如，使用区块链的分布式账本存储背书信息和配置信息，可为基础设施、虚拟机和网元提供安全可信验证、配置管理和分发等功能；区块链可为边缘计算平台中的资源（如AR/VR渲染、机器学习及人工智能使用的GPU，内容加解密、视频转码所需的FPGA等）提供灵活、高效共享能力，借助分布式账本实现公平记账，使用智能合约进行实时公正的结算。

11.4　5G 行业应用通用能力

5G行业通用能力指行业客户普遍存在需求的上层基础业务能力，包括5G + XR、5G + 无人机、5G + 机器人、5G+ 消息等。

11.4.1　5G +XR 能力

1. 现有 XR 存在局限，难以规模发展

虚拟现实（Virtual Reality，VR）/增强现实（Augmented Reality，AR）作为新一代显示技术，业务需求尤其符合 5G 大带宽低时延的特性，因此被产业界广泛关注。目前市场上主要有两种 VR 头显设备，一种是以 HTC VIVE 和 Oculus Rift 为代表的 PC XR 产品，这种产品具有优秀的画面质量，但是价格昂贵，用户除了要购买一部几千块钱的 XR 头显外，还需要购置一台近万元的电脑，安装部署起来也比较烦琐。另外，PC XR 产品因为要连接电脑，因此也丧失了便携性与移动性，使用场景比较局限。另一种是以大朋、PICO 等国产品牌为代表的 VR 一体机设备，它具有便携性和适中的价格，但是因为所有计算和处理均需要在头显内部完成，受限于移动设备的体积、功耗和散热等方面的限制，移动端芯片的处理能力和桌面级显卡的性能差距有几十倍，这直接导致了 XR 一体机设备画面质量不佳，用户体验也比较差。

以上两种设备的不足，使得用户降低了在 VR 硬件设备上的购买意愿，进而导致了行业硬件端和内容端的互相掣肘，使得行业整体增速放缓。现有 XR 存在局限，难以规模发展。经过分析，只有同时满足 VR 设备低成本、高画面质量和便携性才能打破目前 VR 产业的僵局：低成本将有助于提高 VR 设备渗透率和用户数；高画面质量会增加用户体验，提升用户的设备购买意愿；而便携性更符合用户碎片化的使用习惯。

2. 5G 带来云 XR，降低 XR 使用门槛

5G 网络带来的超大带宽和低时延特性，以及 MEC 边缘网络架构的引入，为 AI、Cloud 和 Edge 等能力提供了优质承载，从而使 XR 云端处理成为可能。在 5G 云 XR 架构下，计算复杂度高的渲染、感知、转码等处理从终端侧转移到边缘网络侧（如图 11-9）。在此架构下，XR 头显的功能得到简化，因此可以大幅降低 VR 头显的价格，提高舒适度。XR 业务对时延非常敏感，为了节省时延，在网络边缘建立多种计算资源池，并为用户提供图形处理与流化能力。为了支持多用户 XR 业务并发，会采用 GPU 虚拟化技术，运用商业级显卡的高性能处理能力，提升了画面效果，并有效降低计算处理时延。只有在满足了用户体验要求并降低采购花销后，XR 设备和用户数才可能真正放量普及。对于开发者来说，市场化的运作模式将有助于激发开发者的积极性，XR 内容才可能形成良性循环。另外，5G 云 XR 架构下，所有的内容都运行在云端的虚拟机里，这不仅有助于保护版权，也可以解决 XR 终端碎片化问题，减少开发者的终端适配工作量。

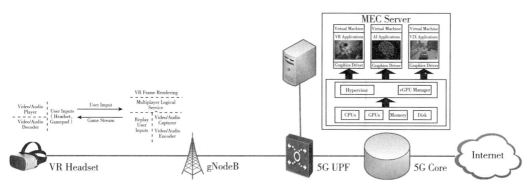

图 11-9 云 VR 强交互业务架构图

5G XR 能力需要大量技术的辅助,将计算机图形学、计算机视觉技术、云计算技术和通信技术相融合,牵扯到端、管、云等各方面。

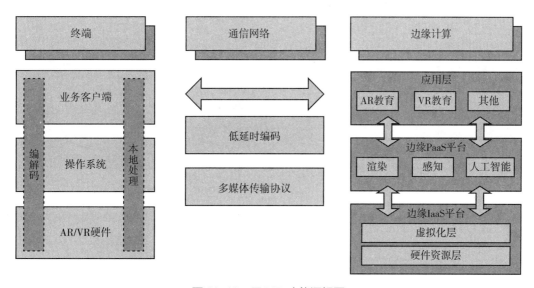

图 11-10 云 XR 功能逻辑图

3. 5G 云 XR 带来的沉浸式体验将为生活带来新体验

5G XR 能力在生活的各个场景应用十分广泛。这种高实时性带来的沉浸式体验模式可以很好地应用于旅游、游戏、社交等各个方面,实现足不出户就可以踏遍河山、社会交友、互动游戏,同时在景点中应用 5G +AR 实现展品及路线的实时介绍也有很广阔的应用空间。5G +XR 在科普教育行业也有很大的发展空间,如远程操作的实时观看、沉浸式的历史地理讲解、完善的红色政治宣传等。除此之外,更好的 5G +XR 开发环境也为此场景提供了更多的可能。

11.4.2 5G + 无人机能力

无人机应用市场自 2016 年起进入快速发展阶段，涌现了大疆、海康威视等一批优秀的无人机厂商，行业应用逐渐丰富。随着动力、飞控、导航等关键技术的成熟，其成本低、机动性好、用途广泛等特点将极大地满足安防、物流、植保、测绘等垂直行业的需求，市场潜力巨大。与此同时，近年密集出台的多项无人机相关政策，鼓励无人机的产业化发展和行业创新应用，强调加强无人机飞行全过程监管，为无人机发展提供了良好的产业环境。

目前无人机的通信绝大多数情况下都是点对点的直接联系，普通无人机大多采用定制视距数据链，飞行高度和范围受限。随着无人机终端化的趋势，移动运营商们纷纷推出了面向无人机应用的移动通信解决方案。这类方案目前采用成熟商用 2G、3G、4G 网络，通过定义套餐、开发贴片 SIM 卡组件、天线定制等方式，使无人机作为终端接入商用网络。随着 5G 的到来以及无人机管控压力的增大，在不久的将来无人机网联化的趋势不可阻挡。

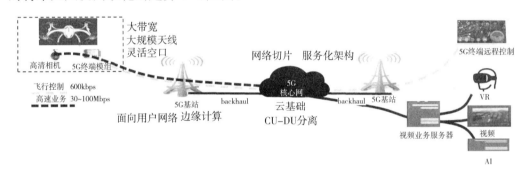

图 11-11 5G 网联无人机整体解决方案

无人机在不同的应用场景下，对上下行速率、传输时延、覆盖能力、网络定位等通信服务能力有不同的业务需求。5G 网络提供增强移动宽带（eMBB）、高可靠低时延（URLLC）等基础能力，结合边缘计算、定制组网、差异化服务、多样化能力等行业组网能力有效支持高清传输的同时将时延控制在毫秒级，并为无人机的覆盖和移动性增强、端到端业务质量保障、高效识别和管控等需求提供技术保障，全面赋能智能化的网联无人机应用[3]。不仅如此，5G 具备的超高带宽、低时延高可靠、广覆盖大连接特性有效实现对无人机可监视、可控制、航线规范化，促进空域的合理利用，助力形成民用无人机可识别、可监控、可追溯、可控制的技术管控体系，在政府层面解决了当前民用无人机发展面临的关键性难题。以无人机物流配送为例，无人机物流配送当前对通信的需求包括航空路线申请与规划、飞行状态上报以及高精度定位信息收集，出于飞行紧急安全情况的处理，物流无人机也需要具备高清视频回传和可实时操控等能力。如使用 5G 网络，定位的准确性、视频的清晰度、数据的回传速率、操控的实时性都会得到显著的提升。

当前，在中国乃至世界各地，诸多领域已显现出"5G + 无人机 + 行业应用"的蓬勃发展势头。我国无人机在安防巡检、物流、植保、测绘等重点领域已经开展初步试点应用，其中安防 / 巡检、农业飞防等部分场景已经实现了规模商用。5G专网的部署有助于解决无人机发展面临的监管、安全、数据传输等关键性难题，解决社会生产生活的诸多问题，无人机也将革新5G的覆盖能力。5G技术与无人机的融合将加快这两种技术的成熟，推动无人机产业迎来更广阔的市场空间[4]。

11.4.3 5G + 机器人

1. 机器人的本体智能有限，更强大更智能需要云化

机器人技术在现阶段应用中有着广阔的市场发展前景，但由于在机器人上引入计算单元成本高，既不经济也会让机器人外界模块增多而很难简化，因此机器人的本体智能有限，需要通过云化提高机器人的智能性，让云端智能随时随地传递给机器人本体。

2. 5G让能力无限的云端机器人成为可能

欧美日等发达国家的机器人企业都开始发展云端智能机器人技术。云端智能机器人发挥其优势的前提条件是机器人本体与云端大脑之间有一个"高速、可靠、泛在的、有足够带宽的网络连接"。如表11-2，这个网络连接承载的数据可以分为四类[5]。

表 11-2 云端智能机器人与云端大脑间的数据分类

	数据类型	特点
上行	监控管理、状态报告	带宽要求小、时延要求不高，数据采集点很多
	语音和视觉感知数据	视觉感知带宽要求很高，很多情况下时延越短越好
下行	实时控制数据	带宽要求低，时延要求低
	软件（包括AI模型）和业务数据（如音乐娱乐信息等）下载	带宽要求可变，时延要求低

5G强大的内生能力很好地解决上述四类数据的传输，为机器人网联化发展提供支撑。云端机器人将集成5G网络模块，利用5G网络大带宽、低时延、高可靠的网络特性，通过面向特定应用场景的机器人进行定制化行业组网，实现机器人本体与云端大脑之间实时互连。5G结合大数据、人工智能、边缘计算、高精定位等能力，使机器人具备智能识别和诊断、语音互动、自主导航、远程控制等更多复杂的能力，同时，通过5G与AI、云计算和边缘计算的融合，实现端、边、网、云高效协同，数据处理在机器人、边缘云、中心云间合理分配，达到性能最优。除此之外，云端计算

能力的提升减少机器人本体计算单元数量，从而使机器人成本进一步降低和实用化。

3. 5G 云端机器人可以服务大量应用

5G + 机器人包括工业机器人、服务机器人、特种机器人等多种类型，对于促进千行百业发展具有重要意义。工业机器人目前广泛应用于工业领域，5G 极大地提高了企业的生产效率，推动了相关产业的发展。服务机器人指能为人类或设备提供服务的机器人，5G 支持的实时高清视频、大数据高清传输使机器人可以提供医疗、教育、陪护、康复等服务。特种机器人面向特殊场景、面向国家、特种任务的服务机器人，能够替代人在恶劣环境下作业，辅助完成普通人无法完成的操作。另外，机器人技术的发展也可以很好地应用在 5G 网络建设等方面，为设施巡检和灾后修复等助力。

11.4.4　5G 消息

5G 消息是短信业务的升级，是基于 GSMA RCS UP 标准构建的增强消息服务，它实现了消息的多媒体化、轻量化，并通过引入 MaaP（Message as a Platform）技术实现了行业消息的交互化。

传统的基于短信的消息模式传播形式单一，对于长短存在限制。同时消息的交互基本是人与人一对一的沟通或者 B2C 的消息广播，缺少了用户与服务提供商的交流。另外，现在通过聊天 App 实现的交流模式存在账号杂乱复杂、个人信息认证烦琐、私密性尚有欠缺等问题。

而 5G 消息可以很好地解决上述传统消息的问题。首先，通过终端原生入口即可实用免去安装 App 的流量消耗及内存占用。其次，手机号即用户 ID，一方面减少了需要记忆的 ID 与密码，另一方面 5G 消息业务可借助网络原生支撑的优势，实现消息的加密传输、图形密码交互，提供信息安全保障，充分保护用户隐私。另外，使用 5G 消息，政府和企业可以将公共服务和商业服务直接送达最终用户，用户也可以通过 5G 消息的目录服务功能，以类似应用商店的方式对服务进行搜索和选择。借助 5G 消息，用户可以在消息窗口内方便地与各行各业的服务商对话，获得高效的个性化服务；行业客户与他们的用户也可以建立起便捷的智能服务通道，获得更多的用户反馈，从而与用户建立起更紧密的联系。除此之外，5G 消息作为一站式的信息和生活服务入口，将成为连接 C2C、B2C、C2M（人与机器）、M2M 的服务平台，同时利用人工智能、云计算和大数据等能力，为用户提供高效的智能服务，满足用户丰富的信息沟通需求和多样化的服务需求。

5G 消息打破了传统短信对每条信息的长度限制，可支持文本、图片、音频、视频、表情、位置和联系人等多种媒体格式。对个人用户而言，5G 消息可提供点对点消息、群发消息和群聊消息服务。对行业客户而言，5G消息扩展了消息的媒体类型，行业客户可通过文字、语音、富媒体卡片等方式为用户提供个性化服务。另外，5G消息实现了"消息即服务"，用户可在与 Chatbot 的消息窗口内完成搜索、发现、交互、支付等一站式的业务体验。

图 11-12　信息沟通场景

5G消息是运营商与终端厂商、第三方服务提供商共同构建的开放共赢生态系统，各行各业均可基于5G消息提供创新服务。5G消息未来将对全社会产生深远影响。

11.5　5G助力经济社会数字化转型

当前经济社会的数字化转型进程正在加速，并呈现出"五纵三横"的新特征。"五纵"是当前信息技术向经济社会加速渗透的五个典型场景，包括基础设施数字化、社会治理数字化、生产方式数字化、工作方式数字化和生活方式数字化。"三横"是当前经济社会数字化转型的三大共性需求，包括线上化、智能化、云化。5G作为新基建之首，具备强大的内生、融合和行业应用通用能力，将融合其他信息技术构建全面支撑经济社会发展的产业级、社会级平台，充分满足"三横"需求，赋能千行百业，加速"五纵"数字化。

11.5.1　5G助力基础设施数字化

基础设施数字化指信息技术向基础设施建设运营全生命周期渗透赋能，使基础设施更加智能、高效。一方面以5G +IoT 等能力为核心，5G赋能交通、邮电、供水供电等传统基础设施，实现基于全量大数据的精确规划、高效施工，实现基于全方位实时状态监测的智能维护。另一方面以 5G 网络为首，5G 融合融通融智，加速构建大数据中心、人工智能、工业互联网等新型基础设施，为社会创新水平的整体跃升和生产力的跨越式发展奠定坚实基础。

以雄安智慧地下管廊为例，5G + 大数据和 5G + 云计算能力助力跨行业融合，电力、通信、燃气、给排水等地下管道基础设施统一规划统一施工，布局更为合理，避免重复挖沟等造成资源浪费。同时 5G 网络实现地下管廊的全面覆盖，实时采集各项物联网传感数据，精准掌控基础设施健康状态，结合人工智能技术实现预测性维护，结合 XR、机器人等能力实现远程维护、自动巡检和维护，大幅提升基础设施运维效率，提高基础设置可用性，降低运维成本。

11.5.2　5G 助力社会治理数字化

社会治理数字化指基于社会化大数据的应用创新和精细化管理决策贯穿于社会治理全环节，加速治理模式由人治向数治、智治转变。5G 将深刻改变现有城市安防、环保监测、社区治理、政务处理流程，大幅提升治理的科学性和精细性。

从 2020 年抗击新冠疫情中的实际运用成效来看，5G 在助力经济社会转型升级中的关键作用已日益凸显。中国移动等运营商基于 5G 网络提供广泛覆盖的用户无感知的定位服务，结合 5G + 红外测温、5G + 人脸识别、5G + 佩戴口罩检测等，极大地提升防疫工作的及时性和精确性。针对重点人员，基于精细化的电子围栏，及时发现未按规定居家隔离的人员，实现更加自动化、智能化的开展流行病学调查；针对重点场所，实时监测人员密度，避免聚集；推出健康码，实现风险的等级化精细管控，助力复工复产。

11.5.3　5G 助力生产方式数字化

生产方式数字化指通过优化重组生产和运营全流程数据，推动产业由局部、刚性的自动化生产运营向全局、柔性的智能化生产运营转型升级。相当程度上，5G 是面向 toB 市场而生的，智慧工厂、智慧农业、智慧电网、智慧矿山、智慧港口、智慧交通、智慧钢铁等创新应用百花齐放。

以智慧农业为例，5G 将深刻改变传统农业生产流程，加速农业的科技化、产业化、规模化发展。5G +IoT 实现酸碱度、温湿度等农田环境数据和影像数据的实时采集，融合人工智能和大数据技术，实现作物生长和病虫害等的精准预测防控。5G eMBB+ URLLC 实现远程操控，基于大数据中心提供的建议，农户在家即可遥控农田内的水肥灌溉、农药喷洒等各类农业设备，专业人员可一人操控多台收割机等大型农业机械，改善农业工作者的工作环境，提升植保效率。5G＋无人机可实现精细化高效率的农药喷洒，减少农药污染，降本增效。5G＋区块链，可实现农产品的精确溯源，尤其适用于茶叶等高价值作物。

11.5.4 5G助力工作方式数字化

工作方式数字化指远程办公应用加速普及，线下集中的传统办公模式将向远程协同常态化的新办公模式不断演进。5G泛在的大带宽、低时延连接能力，打破物理空间限制，加速云办公、远程教育等应用发展，深刻改变人们的工作方式。

2020年新冠疫情防控期间，居家办公成为新常态，5G云办公得到了跨越式发展，有效地降低了通勤成本和差旅成本。云视讯等视频会议取代了传统的线下会议，随时随地组织讨论时效性更强，无空间限制、更低成本、更易于广泛参与；OA、文档上云，可满足多人同时在线编辑，高效协同；云上展会打破空间限制，展示内容和形式更丰富，参与成本低、推广效果更理想；5G办公手机、5G笔记本等新型终端生态加速成熟。

11.5.5 5G助力生活方式数字化

生活方式数字化指数字生活应用沿生活链条不断延展，从满足规模化、基础性的生活需求向满足个性化、高品质的生活体验升级，智慧医疗、智慧娱乐、智慧教育、智慧出行、智慧文旅等创新应用将给人们带来更美好的生活。

以智慧娱乐为例，5G将开启一个全新的影像时代，5G视频娱乐内容会更清晰、更互动、更沉浸。5G与AR/VR技术的结合通过虚拟物品、虚拟人物、虚拟情境给人们带来与世界全新的连接方式和革命性的沉浸式体验；5G将实现大小屏幕、VR/AR的多屏随时随地互动切换；5G边缘云能够让游戏摆脱终端的束缚，精准流畅，随点随玩。

11.6 本章小结

行业应用是5G的重要发展方向，但垂直行业需求呈现碎片化、个性化、高端化特征，不同行业对网络覆盖、时延、可靠性、带宽、安全、运维等的需求差异极大，对网络能力提出了较高要求。

5G作为移动通信技术的集大成者，为赋能千行百业提供强大的能力，包括5G内生能力、融合能力以及行业应用通用能力。5G网络天然具备增强移动带宽、海量大连接和低时延高可靠三大基础能力，结合行业组网能力和多模多频多形态终端能力，形成强大的端到端内生能力，可为行业提供高速率、低时延、广覆盖、安全可靠的网络连接。在此基础上，5G 与人工智能、物联网、云计算、大数据、边缘计算、区块链等新技术紧密融合，相互促进，形成组合拳，带来强大的 DICT 综合能力。更进一步，5G 结合无人机、机器人、AR/VR、5G 消息等，形成 5G 行业应用通用能力，更好地赋能千行百业。

5G 内生能力、融合能力和行业应用通用能力层层递进，不断扩展，共同形成面向行业的 5G + 能力体系，助力基础设施、社会治理、生产方式、工作方式和生活方式的数字化。未来，在政策引导和支持下，在产学研用各界的通力合作下，5G 能力将进一步增强和丰富，与各行各业相互促进协同发展，为经济社会数字化转型奠定坚实基础。

5G + 车联网涉及经济社会数字化转型的方方面面，5G + 工业互联网对于我国从制造大国向制造强国转型升级具有重要意义，5G + 智慧医疗事关国计民生，在2020 年全球抗击新冠肺炎疫情的背景下重要性更加凸显，后续将分章节详细展开介绍。

习题：

1. 5G + 能力体系包括哪几部分？

2. 5G 基础能力中包括哪几种应用场景？

3. 5G 融合能力包括 5G 与哪些新一代信息技术的融合？

4. 5G 行业应用的通用能力有哪些？

5. 5G 助力经济社会数字化转型呈现什么特点？

参考文献：

[1] 中国移动 5G 行业专网技术白皮书 [R]. 北京：中国移动研究院，2020.

[2] 5G 无人机应用白皮书 [R]. IMT–2020 5G 应用组，2018.

[3] 李正茂，王晓云，张同须等. 5G 如何改变社会 [M]. 北京：中信出版社. 2019.

第12章 5G＋车联网

车联网是 5G 的重要行业应用之一。基于 5G 网络低时延、大带宽、高可靠性的能力，实现人 – 车 – 路 – 云之间信息交换，5G+ 车联网加速辅助驾驶与自动驾驶落地，同时实现智能交通应用，提升了交通效率与出行安全，并且提高了交通智能化管理水平。本章主要阐述了车联网发展历程与当前发展现状与痛点、5G+ 车联网系统架构与关键技术、5G+ 车联网的典型应用。

12.1 节介绍了车联网从传统车载信息服务到基于 5G 的车联网的发展历程，同时阐述了国外及国内车联网发展现状，重点分析了当前阶段车联网发展面临的技术、法规、产业等方面的痛点问题。

12.2 节对 5G+ 车联网系统架构进行了介绍，叙述了车联网的 V2N、V2I、V2V、V2P 四类场景，尤其是 5G 赋能车联网的业务场景。基于业务实现需求，详细介绍了 5G+ 车联网的通信、信息交互、融合感知、高精度定位、平台、安全、自动驾驶、交通大脑等关键技术。

12.3 节通过实际的典型案例来展示 5G+ 车联网的创新应用，加深对本章节概念及技术的理解。

12.1 5G＋车联网概述

12.1.1 车联网发展历程

1910 年，瑞典喧闹的大街上，一辆车挨着电线杆停下，车内人拿出两个长杆，分别将它们钩在了路边的电话线上，随后在车内拿起电话开始聊个不停。这一场景见证着最初车载电话的诞生，之后人们开始不断研究如何让车辆可以拥有更多互联属性。随着时间的推移，车载信息服务开始不断地演进，从下车拉线打电话到坐在车内接听电话，从车载唱片机到车载卡带收音机，再到车载 CD 机，从纸质卷轴车载导航到以卡带为载体的车载语音导航，再到 CD 语音导航。总体可以看出，基于汽车的信息交互开始变得越来越丰富且成为人们生活不可或缺的需求。

20 世纪 90 年代，移动通信的发展促进了车联网发展，传统的车载信息服务开始融合，以安吉星（OnStar）为代表的全新车载信息服务（Telematics）风靡全球，工程师利用 2G 网络将数据从汽车传送到电脑和呼叫中心。此后经过十几年的发展，Telematics 的功能不断升级，诞生了车载拨打 / 接听电话、紧急道路救援、车况检测、远程叫车、视频娱乐等一系列应用。这个阶段的车联网主要以车辆与外部交互为主，汽车对外部的信息需求从传统的广播转向蜂窝网络，通过网络连接实现打电话、听收音机、看地图等功能，给人们的生活提供了便利以及更多的娱乐享受。

21 世纪进入移动互联网时代后，车联网的应用开始变得丰富，人们对车辆及交通提出了提升效率和保障安全等新需求，衍生出了交通信息采集、弱势交通参与者保护、车辆编队等一系列车联网新应用。在这个阶段，车辆注重于各类高级传感器和智能化技术的应用，车辆的通信需求不再局限于车载信息服务中车与云（Vehicle to Network，V2N）之间的通信，而是进一步扩展到车与车（Vehicle to Vehicle，V2V）、车与交通路侧基础设施（Vehicle to Infrastructure，V2I）、车与人（Vehicle to Pedestrian，V2P）等的信息交互，辅助提升车辆的安全行驶能力，车与万物相连（Vehicle to Everything，V2X）的通信也就应运而生。

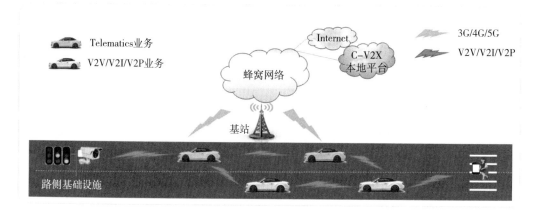

图 12-1　V2X 示意图

随着通信技术的迭代演进、车辆自动驾驶技术的成熟以及产业的完善与开放，车内网、车际网和车云网之间的融合催生着车联网快速发展，车联网正向以智能化和网联化为基础的智能辅助驾驶、自动驾驶及智能交通的车路协同发展。

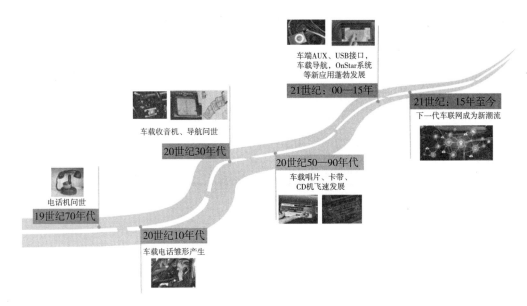

车端AUX、USB接口，
车载导航，OnStar系统
等新应用蓬勃发展

21世纪：00—15年

21世纪：15年至今
下一代车联网成为新潮流

车载收音机、导航问世

20世纪30年代

20世纪50—90年代
车载唱片、卡带、
CD机飞速发展

电话机问世
19世纪70年代

20世纪10年代
车载电话雏形产生

图12-2　车联网发展历程

12.1.2　车联网发展现状

1. 各国及地区积极推动车联网发展

车联网是信息通信行业与汽车、道路运输等传统行业融通发展的典范，是当前全球创新热点和未来发展制高点之一。美国、日本、欧洲等国家和地区普遍非常重视车联网发展，均在大力推进车联网技术及产业的发展。我国以建设"制造强国、网络强国、交通强国"为发展目标，各部委牵头共同推动车联网技术及产业持续发展。整体来看，各国推进策略如下：一是将V2X及相关产业视为战略性新兴产业，在国家层面开展顶层设计；二是强调V2X等新一代信息技术与传统汽车、交通等的融合创新发展；三是强制立法对部分重点领域大力推动。

美国的车联网研发依托于智能交通系统（Intelligent Traffic System，ITS）的整体发展，由政府主导，起步较早。美国政府早在2015年推出了ITS的五年（2015—2019）规划，主题为"改变社会前进方式"，技术目标是"实现网联汽车应用"和"加快自动驾驶"。五年规划定义了六个项目大类，包括加速部署、网联汽车、自动驾驶、新兴能力、互操作和企业数据。

日本政府也非常重视自动驾驶以及车联网的发展，无论在标准、政策等方面都提供了良好的发展平台。日本工业界对车联网的发展积极进行产业推进，在技术评估、测试等方面已经形成跨行业合作的态势。政策法规方面，日本内阁于2019年通过《道路运输车辆法》修正案，该法为实现自动驾驶实用化规定了安全标准，并于2020年5月起实施。

欧洲于 2014 年正式启动了《地平线 2020 计划》，加强在智慧交通、汽车自动化和网联化及产业应用方面的投入和合作。2015 年发布了 "GEAR 2030" 战略，重点关注高度自动化和网联自动驾驶等领域。此外，为加快推进协同式智慧交通系统的部署，欧盟委员于 2019 年 3 月宣布通过 "在欧洲道路上实施清洁的、连接和自动驾驶的法案"，车辆、交通标识牌和高速公路将在 2019 年安装网联设备，向周围所有交通参与者发送标准化的信息。

中国政府高度重视车联网相关技术和产业发展，将加快车联网构建纳入国家 "十三五" 规划以来，国家层面出台一系列规划，从政策、法规、技术、标准、测试示范等多个维度支持我国车联网产业发展。2017 年，工业和信息化部、交通运输部等 20 个部委成立了 "国家制造强国建设领导小组车联网产业发展专项委员会"；2018 年，工业和信息化部批准 5.905 ~ 5.925GHz 频段用于车联网直连通信；2019 年 9 月，中共中央、国务院印发了《交通强国建设纲要》，明确提出要 "加强智能网联汽车（智能汽车、自动驾驶、车路协同）研发，形成自主可控的完整产业链"；2020 年 2 月，国家 11 个部委联合印发《智能汽车创新发展战略》，对智能汽车进行了定义，指出智能汽车又可称为智能网联汽车、自动驾驶汽车等。同时对智能汽车的发展方向及战略目标予以明确。

2. 高科技创新企业积极推动车联网技术成熟

除各地政府大力推进车联网的发展外，各公司也纷纷加速车联网技术与产品的布局与发展。车企方面，积极推进自动驾驶汽车量产进程，其中戴姆勒、沃尔沃、特斯拉、大众等传统车企均已开展 L3/L4 级自动驾驶测试工作，并表示将于 2021—2022 年量产 L3 级自动驾驶车型，同时大部分车企均认同基于网联化的自动驾驶解决方案，并一致看好 5G 技术在自动驾驶领域的应用。与传统车企相比，互联网公司的规划更为快速，且注重单车智能技术的发展，美国谷歌 Waymo 早在 2018 年年底就开启了自动驾驶出租车服务，并于 2019 年年初宣布建设全球首个 L4 自动驾驶汽车生产工厂。中国百度 Apollo 在商业化进程上紧随其后，2018 年开始投放使用的 L4 无人驾驶小巴现已覆盖中国 30 多个城市，2020 年 4 月与红旗合作量产的 L4 级自动驾驶出租车已在长沙投放使用。与此同时，滴滴于 2020 年 6 月在上海开放了自动驾驶服务。高德、Momenta 等公司也表示将在今年启动自动驾驶出租车的运行服务。在芯片制造方面，NVIDIA、Intel、Qualcomm、华为等全球知名制造商都积极推进车联网相关芯片及算法的协同设计，发布相关解决方案，并积极在各地开展试验验证。

3. 我国车联网应用正在快速发展

我国车联网应用在政策及产业推动下发展迅速，近年搭载丰富多样的车联网应用已经成为汽车新的发展趋势。到 2020 年，中国车联网用户数超过 4000 万，搭载车联网应用的新车占比将达到50%，车联网用户的总渗透率正在逐步提升。但目前阶段，总体上商业化的车联网应用还是以车载信息服务为主，辅助驾驶与自动驾驶的应用处在试点试验阶段。随着5G在全球逐步开始正式商用，基于5G的自动驾驶车联网应用也成了产业研究的重点，目前自动驾驶主要应用在港口、矿山、封闭园区、停车场等特定区域，规模化开放道路自动驾驶还有待技术与产业进一步成熟。

在车联网新技术示范区方面，国家发改委、工信部、公安部、交通部等陆续发布相关政策，推进车联网示范区道路测试工作，目前全国已在北京、上海、江苏（无锡）、重庆等多地设立超过30个测试示范区，遍布我国华东、华中、华北、东北、华南、西南、西北地区，初步形成封闭测试区、半开放道路和开放道路组成的智能网联汽车外场测试验证体系。除此之外，交通运输部推动在10多个智慧高速公路开展智能网联试点工作。初步统计，全国高速公路车路协同创新示范预期长度超过4000km。

12.1.3 车联网发展的痛点分析

当前，在政策支持下，车联网技术与产业已经进入了快速发展期，虽然取得了一定的发展成果，但是仍存在一些痛点问题有待解决。

1. 部分技术还存在短板，未形成完整的技术体系

车联网技术发展不均衡，其中通信技术目前迅速发展，5G已开始规模商用，但是车端、路侧的融合感知、自动控制等技术还存在短板：一方面体现在技术本身不成熟，不能实现全天候、全场景地感知与自动控制，无法支撑商用；另一方面现有技术方案所需的关键零件成本高，无法实现规模化应用。

车联网的信息交互关乎人、车、路的安全，需要更高的信息安全等级，用于保障车联网信息的安全、隐私、可靠，但目前尚未建立完整车联网认证平台与安全保障体系，无法保障车联网的安全。

2. 车联网基础设施不完善，规模建设需发展周期

车联网基础设施的建设是实现车联网应用实现的前提，包括通信基础设施、智能交通基础设施等。目前5G虽然已开展了商用，但仍未实现全域覆盖。车联网所使用的路侧单元由于前期投入大、当前用户规模小的原因，也未开展规模部署。此外，现有红绿灯信号机、交通标志牌、流量检测仪等交通基础设施信息水平较低，不支持智慧交通及车联网应用的实现，需要进行大规模的改造升级，使其具备联网能力，开放交通信息。总体上来看，由于目前车联网投资回报模式不清晰、用户规模小，而基础设施改造投入大、资金回收慢，车联网基础设施规模化还需要一定的发展周期。

3. 车联网用户渗透率低，难以支撑应用商用落地

通过产业伙伴的协同合作，车联网应用已经完成了关键技术的规模验证并具备了商用条件，但是应用的商用落地依赖用户渗透率，现阶段应用与终端推广规模较小，导致用户体验不突出，进一步影响应用推广。同时，用户渗透率的提高又有赖于基础设施的建设，而基础设施建设的高投入又需要用户的支持。一方面是对基础设施部署的需求，一方面是用户推广的需求，造成了双方需求状态的不匹配，而相互观望不敢、不愿过多投入的局面。

4. 行业间存在一定壁垒，未实现完全融通发展

车联网横跨信息通信、汽车、电子、道路交通运输等多个行业，若要实现技术应用落地，构建人、车、路数据共享、开放的新生态，就要求产业各方融化壁垒，协同推动技术、业务、商业模式的创新。目前产业各方在各地积极开展车联网应用示范，但并未实现数据的开放与共享，存在一定的行业壁垒。

此外，目前国内信息通信、交通、汽车等领域的行业及标准化组织均在积极开展基于 LTE 的车联网无线通信（LTE-V2X）的技术标准制定，但较为分散，并存在国标、行标、团标多个等级，尚未形成统一、完整的车联网标准体系，未实现全面的数据互联互通。

5. 自动驾驶相关法律法规不完善，责任认定不清晰

国家层面及地方政府纷纷出台了自动驾驶相关管理办法，但都是针对自动驾驶测试的相关法律法规，目前还没有出台自动驾驶与车联网商业应用管理相关的法律法规，对于交通事故责任的认定没有明确的规定，车联网运营企业风险较高，使产业在推动车联网商业应用时有所顾虑。

6. 车联网商业模式不清晰，影响产业投入积极性

车联网产业链长，商业模式涉及的环节多，目前商业模式仍处于设计阶段，尚待进行有效性验证，运营企业存在投资大、回报不确定、需承担法律安全责任风险等问题，在路侧单元部署、数据平台建设方面需要投入大量资源，存在难以收回投资资本的风险。在缺乏爆点应用的前提下，涉及的多个参与主体的主导能力和盈利方式各不相同，车联网商用落地投入大、见效慢的问题严重影响了产业链各方的投入力度和积极性。

12.2　5G + 车联网系统架构与关键技术

12.2.1　车联网系统架构

随着车联网业务的发展，产业上逐渐发展出一套基于"云 – 管 – 端"的车联网

系统架构以支持车联网应用的实现，如图 12-3 所示。

"云"是指 V2X 基础平台、高精度定位平台等基础能力平台，以及公安交管平台、高速服务平台、港口应用平台、矿区应用平台等行业应用平台。其中，V2X 基础能力平台与数据交换网关、边缘计算云上的 V2X 边缘计算节点共同构成了多级的 V2X 平台，是"云"平台层的核心，它汇聚来自车辆、路侧设备、公安交管系统以及各类应用平台的 V2X 相关信息，并实现各类信息数据的高速计算与实时分发、数据的存储与分析功能。高精度定位平台与高精度定位基准站共同为车联网应用提供高精度定位服务。V2X 平台对接高精度定位平台、其他行业平台以及上层应用平台，协同实现智慧出行、地图导航等多种应用。

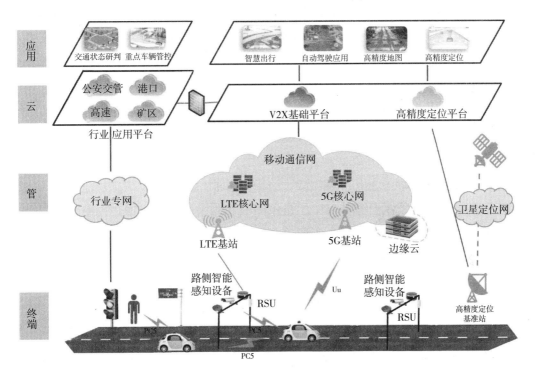

图 12-3 车联网体系架构

"管"指为车联网业务数据提供传输的通信网络，包括 4G 网络、5G 网络及行业专网等。相较于普通的蜂窝网络，为满足车联网业务对时延、可靠性等严格的通信指标要求，4G、5G 网络都做了相应的技术增强。例如，4G 网络为支持车联网业务的低时延要求，增强了直连通信、基站资源调度等特性；5G 网络支持直连通信的单播、组播等特性以保证车联网业务的高可靠性。行业专网可为行业应用平台提供专门的数据管道，如公安交管平台可通过专网连接至路侧设备获取交通信息数据，专网可保障行业应用数据传输的 QoS 以及安全性等要求。

"端"在广义上包括路侧单元（Road Side Unit，RSU）、车载终端、便携式终端等多形态的设备。路侧单元是路侧信息的汇集点，一方面可将收集到的道路交通信息，发送给云平台或用户终端，另一方面可将云平台下发的业务数据广播给附近的用户终端。车载终端、便携式终端是用户获取车联网业务的入口，车联网交通参与者通过终端经通信网络，最终接入至云平台层，可获取"云"上各方提供的多种多样的车联网应用服务。

12.2.2　车联网的业务场景

随着 5G 通信技术支持下的人、车、路、云平台之间全方位连接和高效信息交互，车联网目前正从车载信息服务为主的传统车联网，向以智能化和网联化为基础的智能辅助驾驶、自动驾驶及智能交通的车路协同发展，不同阶段的车联网对通信技术、计算能力、定位技术等提出不同的需求，而 5G 的高速率、低时延、大连接特性以及强大的外延能力则能够满足这些需求，更加丰富了车联网的业务场景。根据车与外界连接方式的不同，我们从 V2N、V2I、V2V、V2P 四个方面对车联网的业务场景进行介绍。

1. V2N 业务场景

传统的车载信息服务就是典型的 V2N 业务场景，大致可以分为四类：一是为车上司机和乘客提供信息，如通过网络实现在线导航、在线听音乐、获得天气信息、互联网出行、汽车后服务等；二是汽车与车企平台交互，通过网络下载最新的控制软件、汽车远程诊断、车队监控等；三是紧急呼叫（E-CALL），在汽车发生碰撞等紧急状况时，可以自动拨打救援中心电话，缩短救援时间，保障司机和乘客的安全；四是司机通过手机应用对汽车进行远程操控，如远程打开汽车空调，或远程监控车辆状态等。这些传统的车联网业务对网络要求不高，时延 ≤ 1000ms，依赖 4G 网络基本可以满足传输需求。

随着 5G 通信技术以及 AI 等智能技术的发展，目前 V2N 业务也发展了新的方向，实时软件升级、高清视频、车内娱乐等业务实现成为可能。依托于 5G 网络的大带宽以及对车辆高速移动性的支持，车辆连接网络后可以实时对车载系统软件进行升级，使汽车系统保持最新状态；同时在自动驾驶阶段，驾驶员可以解放双手，因此车载高清视频、车内 AR/VR 等业务也可以得到发展，丰富用户的车内活动。此外，远程驾驶是 5G 阶段典型的 V2N 业务场景，车载摄像头将现场的视频传给远程驾驶人员，远程驾驶员可以通过 5G 网络远程操控汽车，适用于矿山或灾区等特殊场景，或为故障自动驾驶汽车提供远程支撑。这些业务对网络的需求大大增加，速率需求从每秒几十兆到几百兆，还需要满足车辆的高速移动性，最高支持速度达到 120km/h。

2. V2I 业务场景

V2I 业务场景是基于车辆与路侧基础设施进行信息交互实现的场景，路侧基础设施包括交通信号灯、交通标志牌、路侧摄像头、传感器等。从发展阶段上看，V2I 业务场景可以分为辅助驾驶与自动驾驶两个阶段。

V2I 业务场景在辅助驾驶阶段主要是给驾驶员提供交通相关信息，提高交通参与者的出行效率，降低事故发生率，可分为安全和效率两类场景。其中，安全类场景包括道路危险状况提醒、限速预警、闯红灯预警等场景，其原理是车辆通过网络实时获得道路交通事故、异常事件、限速、红绿灯配时等信息，提醒驾驶员进行避让，调整驾驶策略，避免碰撞等危险状况发生。效率类场景包括前方拥堵提醒、汽车近场支付等，可以为驾驶员提供前方道路准确的拥堵状态甚至车道级的排队长度，供驾驶员选择合适道路，或在进出加油站、停车证、高速收费站实现不停车便捷支付，提供交通出行的便捷服务。在辅助驾驶阶段，V2I 类业务场景普遍需求时延小于 100ms，消息发送频率小于 10Hz，支持车辆绝对速度达到 120km/h，周期性广播数据包大小一般为 50~300bytes，事件触发数据包最大 1200bytes。

在自动驾驶阶段，由于 5G 网络能力大大提升，低时延、大带宽、高可靠性的特点，可以支持扩展传感器、局部动态地图等 V2I 业务场景，为自动驾驶汽车提供全面动态的交通数据。其中，扩展传感器场景是车辆直接或经过 V2X 应用服务器中转获得路侧传感器（摄像头、激光雷达、毫米波雷达等）的原始或处理后的数据。在自车传感器之外，车辆可以增强自身对环境的感知能力，并且可以更全面地获取周边交通环境情况。局部动态地图业务场景是路侧设备根据传感器探测到的周边车辆、行人、自行车灯交通参与者信息之后，在已有的高精度地图基础上生成局部实时动态交通高精度地图，自动驾驶车辆获得信息后可实现精细化的路径规划与车辆、行人避让。此类场景对网络及共性能力需求较高，每个终端最大速率 25Mbps，系统时延小于 10ms，可靠度大于 90%，并且支持在拥堵情况下高密度车辆连接，因此 5G 网络的部署是实现自动驾驶 V2I 业务场景的必要前提条件。

3. V2V 业务场景

V2V 业务场景是基于车辆与其他车辆信息交互实现的场景，通过获得其他车辆发出的当前状态、行驶意图、协作信息等，结合自身状态进行分析，对驾驶员提醒危险状况或实现自动协作式通行。发展阶段上看，V2V 业务场景可以分为辅助驾驶与自动驾驶两个阶段。

辅助驾驶阶段的 V2V 业务场景以车辆对驾驶员的提醒为主，从功能上可以分为碰撞预警、异常车辆提醒、特种车辆避让三类。其中，碰撞预警是车辆在直行、通过交叉路口、左转、变道等时刻，获得其他车辆的状态后，分析存在发生碰撞的可能，对驾驶员发出预警。异常车辆提醒是车辆通过车联网通信，发现前方或周边车辆发出故障信息或采取了紧急制动等特殊操作时，对驾驶员进行提醒，使其及时发现异常状况，从而避免或减轻碰撞，提高通行安全。特种车辆避让是在执行任务的救护车、警车等特殊车辆实时发出自身的位置以及预计行驶路线，通知其他社会车辆进行避让，以节约通行时间。这几类 V2V 业务场景一般要求时延小于 100ms（特殊场景要求小于 20ms），消息发送频率 10Hz，车辆间最大的相对速度可以达到 250km/h，同时要求周期性广播数据包大小为 50~300bytes，事件触发数据包大小小于 1200bytes。

在自动驾驶阶段，由于车辆自动驾驶能力以及 5G 网络能力的提升，可以支持大数据量、低时延、高可靠的信息传输，能够实现高级别的 V2V 业务场景。车辆编队是自动驾驶阶段典型的 V2V 业务场景之一，车辆能够动态地组成一个一起行驶的编队，队伍中的所有车辆都从领队车辆接收周期性数据，以便进行编队操作，该信息使车辆之间的距离可以变得非常小，降低风阻节约油耗，同时提高了通行效率，节省人工成本。此外，自动驾驶协作式通行场景也成为可能，车辆通过低时延地交互行驶意图、详细的驾驶规划路径等信息，能够自动实现协作式变道、协作式通过交叉路口等复杂交互自动驾驶功能。在此阶段，车辆间最大通信速率可达 65Mbps，通信时延需小于 20ms，可靠度大于 99.99%，并且支持高密度车辆连接，因此需要 5G 的能力进行支持业务实现。

4. V2P 业务场景

V2P 业务场景是指车辆通过与行人之间进行信息交互，获取行人的位置、速度等信息，当存在碰撞危险时，可提前对车辆进行预警避免碰撞，也可对行人进行预警。V2P 业务可提高安全性、降低安全事故发生率，典型的场景有弱势交通参与者碰撞预警等。目前 V2P 应用有两种实现方式，一种是车辆车载终端（On Board Unit，OBU）和行人终端在直连链路上直接通信以获取行人的位置等信息，但受限于终端电池的容量，若行人终端通过直连方式向车辆广播信息，电量会很快耗竭；另外还因为行人终端的定位能力尚不能完全满足应用的定位需求，故 V2P 应用的实现通常采用第二种方式，即路侧传感器如摄像头、雷达获取行人信息后，通过路侧单元转发，将行人信息广播给车辆以实现碰撞预警。这种 V2P 业务的实现方式实际上是利用了 V2I 业务的交互流程，V2P 业务的场景指标与前述 V2I 业务的场景指标要求保持一致。

12.2.3 车联网关键技术

车联网业务场景从最初的车载信息服务，逐步扩展到以 V2N、V2I、V2V、V2P

为基础的辅助驾驶与自动驾驶业务场景，是连接对象不断丰富、传输内容不断扩展的过程，总体上对车联网技术提出了几方面需求：一是需要新的网络技术，满足低时延、大带宽、高可靠的通信要求；二是需要统一的交互技术，支持数据的互联互通；三是需要融合感知技术，实现全视角、全天候的感知；四是需要新的平台技术，支持海量、低时延信息交互；五是需要高精度定位、安全等共性技术，满足业务发展需求。在这些共性技术基础上，通过自动驾驶技术与智能交通控制技术的综合运用，实现安全、便捷、高效、智能的出行以及基于交通大脑的交通管控。

1. 无线通信关键技术

车联网业务对时延、可靠性等指标提出了严格的要求，自动驾驶阶段车联网时延要求低至几毫秒，可靠性要求高达99.999%。传统的通信技术难以保障业务要求，因此产业为推动技术发展，制定了车联网技术的相关标准。早在2003年IEEE组织以802.11a为基础制定802.11p协议，并于2010年完成标准化工作，该技术称为专用短程通信技术（Dedicated Short Range Communication，DSRC）。在初期，美日韩政府较倾向DSRC技术，但由于近年来产业发展不佳以及DSRC技术自身的局限性，除美国外的其他国家如欧洲等地区，政府态度逐渐转为中立。

从2015年开始，以华为、大唐、中国移动为代表的多家公司在3GPP组织中开始制定以蜂窝移动通信技术为基础的C-V2X（Cellular-V2X）技术。其主要思想是在蜂窝网络的基础之上，引入直连通信技术，以实现优化时延、在无覆盖的区域增强网络覆盖的目的，以支持车联网业务实现的C-V2X技术。

C-V2X技术演进目前包括LTE-V2X和5G-V2X两个阶段。LTE-V2X在2017年6月完成基础版本（R14）的国际标准制定，作为第一版C-V2X技术标准，R14版本主要解决了基础的连接问题，适用于车联网辅助驾驶类业务。此后在2018年6月完成增强版LTE-eV2X（R15）的制定，该版本可支持增强的车联网应用及部分自动驾驶应用。随着蜂窝网5G版本的研究与应用，C-V2X技术发展至第二阶段，5G-V2X（R16）的通信标准在2020年6月完成制定，该版本可基本满足自动驾驶的业务需求。基于3GPP的标准，国内以CCSA、IMT-2020 C-V2X工作组、C-ITS、CSAE等组织为主的一批产业及行业组织也在积极推进完成国内C-V2X标准体系的建立。

LTE-V2X版本中引入直连通信（PC5），直连通信可支持终端之间直接通信，大大降低业务时延，同时也可以增强终端在无蜂窝网络覆盖时的通信能力。LTE-V2X的直连通信包含基站调度和终端自主两种模式，如图12-4所示。在网络覆盖内，基站调度模式可利用基站掌握的资源使用信息，对用户进行更准确有效的资源分配，在网络覆盖外仍保持车辆终端的自主通信模式。到了 5G-V2X 阶段，车联网频谱有了扩展，可使用运营商频段来实现车联网业务。5G-V2X 在调制方式和物理信道上都做了一定的增强。在直连通信技术部分，NR PC5 可支持单播、组播的方式，同时在直连链路上引入反馈机制，保证传输的高可靠性。5G-V2X 直连通信同样支持两种通信模式，即基站调度模式和终端自主模式（类比于 LTE-V2X 中的两种模式）。在通信网技术升级下，5G-V2X PC5 网络从支持辅助驾驶逐步向支持高阶自动驾驶演进。

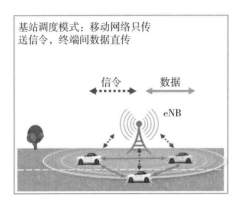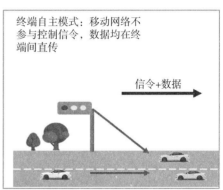

图 12-4　基站调度及终端自主模式示意图

C-V2X 在经基站中转的大网通信方式上，对 Uu 空口也进行了技术增强。首先在 LTE-V2X 版本中无线部分引入半持续调度，可缩短调度周期，降低应用时延。针对 V2X 业务提供特定的承载可保证服务质量（Quality of Service，QoS）。在 5G-V2X 版本中，针对新空口（New Radio，NR）的物理层信号、信道结构进行了增强，并引入了部分带宽概念以实现灵活的资源配置，在空口的性能优化对车联网应用场景提供了支持，以满足车联网应用超低时延、超高可靠性等通信要求。

C-V2X 网络引入端到端切片和边缘计算（Multi-access Edge Computing，MEC）技术为车联网应用场景实现提供保障。车联网业务丰富，其需求呈现出多样性的特征，既有大带宽、数据传输速率高的需求，又有对可靠性、时延等要求高的需求，因此为车联网定制了支持车载娱乐切片、V2X 通信切片、汽车厂商定制化的切片。边缘计算技术，可将计算、存储、业务服务能力向靠近终端或数据源头的网络边缘迁移，减少数据传输路由长度，以降低 C-V2X 网络的端到端通信时延，充分支持自动驾驶业务的实现。

QoS 预测对提前部署调整相关业务具有极大的参考意义。5G 网络引入了智能网元，通过采集分析数据，预测某车辆未来的网络覆盖情况是否能够满足 5G-V2X

业务的 QoS 需求,车辆利用预测信息可调整驾驶策略,保障车辆安全行驶。

业务连续性是指在终端移动状态下,通过不同网络侧会话管理机制来保障车辆快速移动状态下不同用户端口功能(User Port Function,UPF)切换时的业务体验。目前 3GPP 标准定义了多种保障业务连续性的模式,使得车辆在移动过程中会话不中断。

2. 车路协同信息交互协议技术

为了支持车联网各子系统之间的信息交互,实现道路安全、通行效率、信息服务等各类应用,因此不同厂商车辆之间,以及这些车辆与其所能到达的区域范围内的道路基础设施之间,必须实现互联互通。经过国内汽车、交通、通信、高效、科研机构、互联网等多行业的共同研究与验证,完成了《合作式智能运输系统 车用通信系统应用层及应用数据交互标准》与《基于 LTE 的车联网无线通信技术 消息层技术要求》两本应用层交互数据标准,通过定义信息交互的消息集、数据帧与数据元素,来实现车用通信系统在应用层的互联互通。

目前已完成的应用层数据交互协议属于第一阶段,可以支持前向碰撞预警、盲区预警、闯红灯预警、道路危险状况提醒、前方拥堵提醒等基础的辅助驾驶应用。共包含 5 个消息,分别是:

车辆基本安全消息(Basic Safety Message,BSM):使用最广泛的一个应用层消息,用来在车辆之间交换安全状态数据。包括车辆行驶速度、航向角、位置、制动及专项状态等车辆自身的信息。车辆通过该消息的广播,将自身的实时状态告知周围车辆,以此支持一系列协同安全等应用。

地图消息(MAP):由路侧单元广播,向车辆传递局部区域的地图信息,包括局部区域的路口信息、路段信息、车道信息,道路之间的连接关系等。单个地图消息可以包含多个路口或区域的地图数据。

信号灯消息(Signal Phase Timing Message,SPAT):信号灯消息包含了一个或多个路口信号灯的相位、配时等状态信息,可以为车辆提供实时的前方及周边信号灯信息。

路侧消息(Road Side Information,RSI):该消息适用于由路侧单元向周围车载单元发布的交通事件信息以及交通标志信息。该消息帧能够打包一个或多个交通事件信息或者交通标志信息,同时包含发送该消息的路侧单元编号以及参考位置坐标。

路侧安全消息(Roadside Safety Message,RSM):路侧单元通过路侧本身拥有的相应检测手段,得到其周边交通参与者的实时状态信息(这里交通参与者包括路侧单元本身、周围车辆、非机动车、行人等),并将这些信息整理成本消息体所定义的格式，广播给周边车辆，支持这些车辆的相关应用。

消息层数据集用抽象语法标记（Abstract Syntax Notation One，ASN.1）进行定义，遵循"消息帧 – 消息体 – 数据帧 – 数据元素"层层嵌套的逻辑进行制定。数据集交互的编解码方式遵循非对齐压缩编码规则（Unaligned Packet Edcoding Rules，UPER）。目前标准定义的消息层数据集，主要由 1 个消息帧格式、5 个最基本的消息体以及相应的数据帧和数据元素组成，如图 12-5 所示。

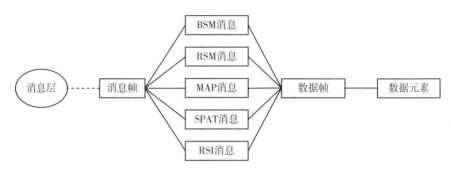

图 12-5　消息层数据集构成

3. 融合感知技术

车路协同融合感知技术主要涉及感知设备和数据融合算法两方面，其感知原理如图 12-6 所示。部署在路侧和搭载在车侧的感知设备获取周围环境信息，通过 5G 网络上传至边缘计算平台，数据融合算法对信息进行处理，并将处理结果下发至车辆，支撑车辆进行路径规划、驾驶决策和运动控制。

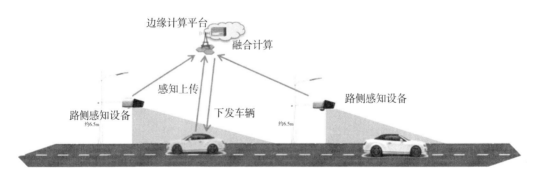

图 12-6　车路协同融合感知技术原理

感知设备包括摄像头、激光雷达、毫米波雷达、超声波雷达等基本传感器，可根据具体性能部署在车端或路侧，具体如表 12-1 所示。

表 12-1 主要传感器

名称	相机	激光雷达	毫米波雷达	超声波雷达
典型产品				
主要类型	单目相机 双目相机 深度相机	机械激光雷达 固态激光雷达	短距毫米波雷达 中距毫米波雷达 远距毫米波雷达	—
优势	感知细节丰富,成本低,技术实现简单,结合算法可实现多种应用	测距准确,可用于三维成像,密集激光点云可用于目标识别	对雾、烟、灰尘的穿透能力强,可提供准确的速度信息	对恶劣天气不敏感,穿透能力强,对光照和色彩不敏感,可探测透明和漫反射性差的物体
劣势	无法直接测距,受光照环境影响较大	成本高,雨、雪、雾等恶劣环境中衰减严重	无法用于目标识别	探测距离小,无法测量方位

数据融合算法可分为数据级、特征级和决策级三类,又称为前融合、中融合和后融合。其中,数据级融合直接在采集到的原始数据上做融合,现阶段传感器原始数据的精度暂无法支持该类融合算法。因此,目前业界主要采用"中后融合"算法进行目标检测,并通过机器学习方法实现。

机器学习目标检测算法分为基于传统机器学习和基于深度学习的目标检测算法。其中,基于传统机器学习的目标检测算法由人工设计特征,可用于行人检测,但人工设计特征存在表达能力不足、泛化能力弱等缺点,对多样性目标的鲁棒性较差。基于深度学习的目标检测算法从大量数据中学习特征,学习到的特征具有较强的鲁棒性,更能刻画数据内在的丰富信息,适用于多类目标共存的复杂交通环境,是当前的研究热点,如基于卷积神经网络(Convolutional Neural Networks,CNN)的区域卷积神经网络(Region CNN,R-CNN)、快速区域卷积神经网络(Fast R-CNN)、单步多框检测器(Single Shot MultiBox Detector,SSD)等。此外,深度学习模型的性能很大程度上依赖于高质量数据集,自动驾驶感知领域常见的开源数据集有 Cityscapes 数据集、卡尔斯鲁厄理工学院 – 丰田工业大学芝加哥分校项目(KITTI)数据集、Waymo 开源数据集、ApolloScape 数据集等,为深度学习提供了丰富的数据资源。业界也出现了各种开源深度学习框架,如快速特征嵌入的卷积框架(Convolutional Architecture for Fast Feature Embedding,CAFFE)、TensorFlow 等,为目标检测设计更加合理的网络结构,实现多尺度、多类别的目标检测提供了高效的学习工具,进一步加速了深度学习的发展。

4. 高精度定位技术

车联网主要涉及三大业务应用，包括交通安全、交通效率和信息服务等，对于不同的业务应用，有不同的定位性能指标需求。同时，车辆作为移动的实体会经历不同的应用场景，包括高速公路、城市道路、封闭园区以及地下车库等。不同的应用场景，对定位的技术要求也各不相同。典型的交通安全类业务包括交叉口碰撞预警、紧急制定预警等；典型的交通效率业务包括车速引导、紧急车辆避让等；典型的信息服务业务包括近场支付、地图下载等。典型的车联网业务对定位的业务需求见表 12-2。

表 12-2　典型的车联网业务对定位的业务需求

应用场景	典型场景	通信方式	定位精度（m）
交通安全	紧急制定预警	V2V	≤ 1.5
	交叉口碰撞预警	V2V	≤ 5
	路面异常预警	V2I	≤ 5
交通效率	车速引导	V2I	≤ 5
	前方拥堵预警	V2V，V2I	≤ 5
	紧急车辆让行	V2V	≤ 5
信息服务	汽车近场需求	V2I，V2V	≤ 3
	动态地图下载	V2N	≤ 10
	泊车引导	V2V，V2P，V2I	≤ 2

同时，自动驾驶作为车联网的典型应用已经逐步渗透人们的生活中，封闭或半封闭园区的无人摆渡、无人清扫、无人派送以及矿区的无人采矿、无人运输等，已经成为无人驾驶的典型应用。高精度定位是实现无人驾驶或者远程驾驶的基本前提，因此对定位性能的要求也非常苛刻，其中 L4/L5 级自动驾驶对于定位的需求见表 12-3。

表 12-3　L4/L5 级自动驾驶对于定位的需求

项目	指标	理想值
位置精度	误差均值	< 10cm
位置鲁棒性	最大误差	< 30cm
姿态精度	误差均值	< 0.5°
姿态鲁棒性	最大误差	< 2.0°
场景	覆盖场景	全天候

根据场景以及定位性能的需求不同，车辆定位方案是多种多样的。目前主要的高精度定位技术有以下几种。

（1）地基增强卫星定位技术

地基增强卫星定位技术是卫星定位技术、计算机网络技术、数字通讯技术等高科技多方位、深度结合的产物。通过提供差分修正信号，实现高精度定位的需求。地基增强卫星定位技术包括 RTK 和 RTD 两种方式——实时动态载波相位差分技术（Real－time kinematic，RTK），是实时处理两个测量站载波相位观测量的差分方法，将基准站采集的载波相位发给用户接收机，进行求差解算坐标，RTK 采用双频可以达到厘米级定位精度；实时动态码相位差分技术（Real Time Differential，RTD），实时动态测量中，把实时动态码相位差分测量称作常规差分测量，RTD 的精度在 1~5 内是比较稳定的。

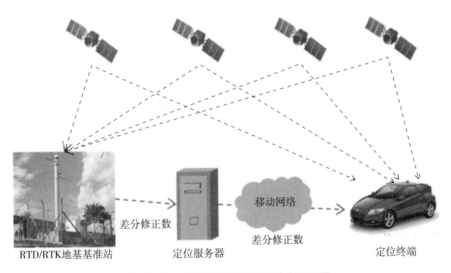

图 12-7　地基增强卫星定位技术原理图

（2）基于 5G 的无线定位技术

相比于 4G 基站定位，3GPP Rel–16 标准中所支持的 5G 基站定位充分利用了 5G 网络大带宽、配置灵活以及多波束等特点，从定位技术和参考信号配置等多个方面对 5G 基站定位进行了增强，其所提供的定位能力也相比于 4G 基站定位能力大幅提高。4G 基站定位支持的定位技术主要包括 E-CID、OTDOA 和 UTDOA 等，在此基础上，5G 基站结合 5G 网络大带宽和多波束的特性，进一步支持了 multi-RTT、UL-AoA 和 DL-AoD 等多种定位技术。5G Enhanced-CID 定位，在传统 Cell-ID 定位的基础上，获取角度（AoA）与距离（RTT）信息，更加精确地计算终端位置。距离也可以通过信号强度（RSRP）计算；5G OTDOA 定位技术，通过 UE 测量多个基站定位专用参考信号接收时间差，从而得到与多个基站的距离差，通过解双曲线方程实现定位；5G UTDOA 定位技术与 OTDOA 原理类似，但使用的是上行信号。针对 5G 商用定位需求，3GPP 分别为室内和室外场景定义了其所需满足的定位精度和端到端定位时延需求。

针对上述需求，3GPP 定义了三种典型的定位场景，分别是室内办公室（Indoor Office）、室外密集城区（UMi）和室外宏站（UMa），并评估了上述场景下所能达到的水平维定位精度。3GPP 主要评估的定位技术为 DL-TDOA、UL-TDOA、UL-AoA 和 multi-RTT，其所能达到的定位精度及条件如下。

表12-4　不同场景定位精度

性能指标		场景	
		室内	室外
定位精度	水平维	＜3m（区域内 80% 用户）	＜10m（区域内 80% 用户）
	垂直维	＜[3]m（区域内 80% 用户）	＜[3]m（区域内 80% 用户）
端到端时延		＜[1]s	

表12-5　不同技术的定位精度

定位技术	水平维定位精度（区域内 80% 用户）			条件
DL-TDOA	Indoor Office	FR1: ＜3m	FR2: ＜1m	DL/UL-TDOA 假设基站间严格同步发送带宽：FR1 50/100MHz；FR2 400MHz
	UMi	FR1: ＜3m	FR2: ＜5m	
	UMa	FR1: ＜8m	—	
UL-TDOA	Indoor Office	FR1: ＜3m	FR2: ＜2m	
	UMi	FR1: ＜3m	FR2: ＜5m	
	UMa	FR1: ＜8m	—	
UL-AoA	Indoor Office	FR1: ＜2m	—	
Multi-RTT	Indoor Office	FR1: ＜2m	FR2: ＜1m	
	UMi	FR1: ＜4m	FR2: ＜5m	

（3）惯导定位技术

在树木或建筑物遮挡严重的道路、隧道、地下停车场等区域时，GPS 无法接收到满足解算要求的卫星数量，这种情况下将没有定位输出，此时可以借助惯导设备进行推算定位。惯导定位技术以牛顿力学定律为基础，通过测量载体在惯性参考系的加速度和角速度，并将这些数据对时间进行积分运算，从而得到速度、位置和姿态，再根据加速度计的输出解算出运动载体的速度和位置。

惯导属于推算导航方式，即在已知基准点位置的前提下根据连续观测推算出下一点的位置，因而可连续测出运动载体的当前位置。目前，仅依赖惯导定位的精度可达到 0.3%，但是由于惯导固有的漂移率，在大场景长距离情况下仍然会有较大的累计误差，需要外部信息进行校准。

（4）即时定位与地图构建（Simultaneous Localization And Mapping，SLAM）

SLAM 也称为并发建图与定位（Concurrent Mapping and Localization，CML），是指在未知环境中从一个未知位置开始移动，通过观测自身位置、姿态、运动轨迹，与地图进行对比实现自身定位，同时在自身定位的基础上更新地图，实现自主定位的技术。

SLAM 系统一般包括传感器数据、视觉里程计、后端系统、建图模块及回环检测系统五个部分。传感器数据用于采集激光扫描数据、视频图像数据、点云数据等各类实际环境中的原始数据；视觉里程计主要用于不同时刻间移动目标相对位置的估算，包括特征匹配、直接配准等算法的应用；后端系统主要用于优化视觉里程计带来的累计误差，包括滤波器、图优化等算法应用；建图模块用于三维地图构建；回环检测系统主要用于空间累积误差消除。

SLAM 所使用的传感器主要分为激光雷达和视觉两大类。第一类是基于激光雷达作为主传感器，其优点是精度高，解决方案相对成熟，但是缺点也非常明显，比如价格贵、体积大、信息少不够直观等；第二类是摄像头作为主传感器的 SLAM，用拍摄的视频流作为输入来实现同时定位与建图，视觉 SLAM 广泛应用于 AR、自动驾驶、智能机器人、无人机等前沿领域。

5. 平台的关键技术

车联网平台是实现以智慧交通为代表的车联网业务的核心，通过对各类交通元素的互联互通与信息融合，实现交通元素的智能协同调度，提升交通效率及驾驶安全。高效的车联网平台需要具备海量异构终端快速接入、海量数据实时存储与查询、业务实时计算、数据融合分析等功能，且支持多级分布式部署。

（1）海量异构终端快速接入

车联网终端包括车载终端、路侧终端以及便携式终端等。在当前车路协同阶段，随着终端渗透率的不断提升，大量终端设备接入车联网应用场景中，每种类型终端形式多样，协议各异。首先，为满足车联网业务的低时延特性，车联网平台应实现对海量异构终端的快速接入，例如通过负载均衡等技术实现海量终端的高并发接入、通过高效传输协议实现终端与平台之间数据的高效传输等。其次，为保证车联网终端的接入安全，提升车联网业务的安全性，车联网平台应采用终端鉴权等技术实现对车联网终端的接入安全验证，防止非法终端入侵。

（2）海量数据实时存储与查询

为满足自动驾驶等车联网业务场景，车联网终端通常具有数据采集频次高、实时数据量大的特点。以一个中等城市汽车保有量 200 万辆左右为例，每秒将产生千万级的位置及轨迹数据。车联网平台需要对这些数据经过预处理（如数据脱敏、数据冗余处理等）后进行实时的数据存储与查询。由于车联网终端的位置及轨迹数据具有时空连续性的特点，车联网平台可采用特定的时空数据存储技术实现位置及轨迹数据类时空数据的快速存储与查询。时空数据存储技术针对高维度的时空数据，建立时空数据存储系统，采用全新的时空数据模型、时空索引以及时空算子，对时序数据、空间数据进行统一管理，支持时空数据的查询、检索，满足多维度处理分析时空数据的要求。

时空数据存储系统存储的数据包括车辆轨迹数据、路侧感知设备时序数据（红绿灯信息、交通事件信息、视频数据、激光雷达数据等）以及地理空间数据（矢量数据、栅格数据）等。时空数据存储系统包括数据存储层、数据存储引擎层。数据存储层主要是对数据进行高效、安全的存储，包括数据预处理、数据压缩、数据模型以及数据安全保护等。数据存储引擎主要基于时空索引、时空算子、时空 SQL 优化等功能，实现对数据的查询、检索等处理。

（3）业务实时计算

车联网的业务场景中（以自动驾驶为例），车联网数据往往具备很强的时效性，传统的基于离线批量计算的数据处理技术已经无法满足海量数据的实时处理要求，因此，车联网平台应提供面向业务的实时计算能力，以满足车联网业务的实时处理需求。例如，通过引入流计算引擎实现对数据的实时处理，并通过采用高吞吐、可扩展的接入集群以及弹性分布式实时计算框架，实现支撑百万级的数据处理，完成数据的实时入库、实时响应。同时，基于高性能负载均衡策略，实现低时延的业务要求。

（4）数据融合分析

车联网业务场景中会产生海量实时数据，这些数据通常反映了整个路网当中的道路交通情况，包括车辆实时位置、突发事件预警、多源融合感知信息、红绿灯实时信息等数据，其蕴含了巨大的研究价值。基于上述不同类型的数据，车联网平台利用机器学习、深度学习等人工智能技术，集成多类智能学习算法，可实现诸如多源异构数据融合分析、道路交通拥堵情况预测等方面的基础研究工作。同时，借助数字孪生技术，车联网平台可以构建动态实时分析模型，将道路交通的真实物理场景全面数字化，实现城市交通路网数字化模型，一定程度上为打造数字孪生城市奠定了基础，进一步提升车联网平台的基础能力及扩展性。

（5）分布式多级部署

为满足海量数据的接入需求，尤其对于诸如自动驾驶等对时效性要求较高的业务场景，车联网平台需要具备高效数据处理的能力，例如对数据进行实时计算、实时转发等处理。同时，为保证数据传输的低时延、高可靠，平台需要更贴近用户，更加灵活地部署方案。因此，车联网平台引入了"边缘＋云"的多级系统架构，通过将部分计算能力下沉到边缘节点，构建分层、多级架构，平台各级计算能力可根据车联网不同业务场景对时延、数据计算量、部署等方面的需求，实现动态分配计算资源、节点间共享数据同步等功能，保证车联网业务处理的时效性。

在车联网平台分布式多级架构中，边缘节点利用高可靠的负载均衡技术，可提供海量终端实时并发接入、路侧传感数据融合分析计算以及边缘侧的应用托管等功能。同时，边缘节点利用数据迁移技术、数据容灾技术，实现节点间的数据同步、感知计算及业务连续性保持等能力，以满足V2X边缘侧的业务需求。云端平台提供全局管理、全局数据分析、协同计算以及跨区域业务和数据资源调度功能等，也可以为第三方厂商提供应用托管、交通信息开放能力，支撑V2X区域级业务需要。

6. 安全关键技术

车联网的可靠性要求极高，是车联网全面发展和部署的重要因素。随着车联网的不断完善与逐步应用，产业界越来越意识到车联网安全问题的重要性。根据车联网的特点，其主要存在的安全风险可总结为三方面：一是车联网的终端层，由于车内越来越多的无线技术及接口的部署，使得黑客可以通过互联网等技术攻击车内系统，进而实现车辆的控制；另外，汽车智能化的发展带来大量传感器的部署，通过传感器的干扰反向控制汽车也将会是车辆终端安全需要重点解决的问题。二是车联网的网络层，用户接入认证、通信协议等的漏洞以及通信密钥的泄露都会造成信息安全及隐私泄露的威胁。三是车联网的应用层，黑客通过DOS攻击等破坏车联网平台安全，甚至实现后台的控制，进而威胁到整个网络的信息安全和隐私泄露。基于以上风险分析，车联网的安全关键技术可总结如下。

（1）终端安全

智能网联汽车终端内部包含了大量的电子控制单元（Electronic Control Unit，ECU）、智能传感器、执行器等电子系统，同时还包含各类移动终端。因此终端安全涉及硬件安全、嵌入式系统、接口安全等多方面。具体涉及汽车总线、ECU、操作系统及移动终端。汽车总线安全方面可通过安全加密、异常探测、安全域划分等提升安全性能；ECU安全方面分为硬件及软件两种方式，硬件方面增加安全模块，将加密算法、访问控制、完整性检查等功能嵌入ECU控制系统，软件方面主要是保证ECU软件的完整性；操作系统方面需建立可信车载操作系统，实现操作系统对系统资源调用的监控、保护、提醒，确保系统行为的受控性；移动终端方面，应通过应用软件安全防护，操作系统安全防护及硬件芯片安全防护来实现内部加固和外部防御相结合，确保车联网移动终端的安全。

（2）通信网络安全

车联网的基础网络涉及传统互联网、移动互联网及无线网络。互联网的安全沿用原有技术策略。无线传输网络方面，涉及加密认证、异常流量控制、网络隔离与交换、信令和协议过滤等关键技术。其中网络加密技术方面，进行网络协议加密、网络接口层加密。身份认证方面，通信过程中，能够对参与通信的所有角色（车辆、行人、路侧设备、业务平台等）实体进行身份识别，确保信息来源的真实性及合法性。网络隔离方面，可采用控制隔离、系统隔离、网络隔离、数据隔离等确保车联网终端及系统不受非可信应用软件的破坏，尽可能保证原有系统的完整性。

（3）应用服务平台安全

车联网应用场景及服务种类众多，需要基于大数据处理、机器智能、人工智能等技术实现数据的处理及分发，因此涉及信息的存储、计算、隐私及业务控制安全。因此可通过设立云端安全检测服务，加强更新校验和签名认证，建立车联网证书管理机制等方式确保应用服务平台安全。

（4）数据安全

车联网各个层面都涉及数据安全保护，可根据数据的属性或特征，建立数据分类分级保护体系，从而形成车联网数据保护安全规范。并对数据重要性进行划分，对应不同的数据安全等级，采取相应的安全防护措施。

7. 自动驾驶关键技术

自动驾驶与车联网密切相关，车联网有效提升了自动驾驶的可靠性与安全性，推动自动驾驶尽快实现落地应用，随着 5G 的商用以及逐步扩大覆盖规模，自动驾驶的商用路线将更加清晰。

国际汽车工程师学会（SAE）将自动驾驶分 L0~L5 六个等级，具体见表 12-6。

表 12-6　SAE 自动驾驶分级

自动化等级	称呼（SAE）	SAE 定义	主体			
			驾驶操作	周边监控	支援	系统作用域
L0	无自动化	由驾驶员全时操作汽车。在行驶过程中可以得到警告和保护系统的辅助	驾驶员	驾驶员	驾驶员	无
L1	驾驶支援	通过驾驶环境信息对方向盘和加减速中的一项操作提供驾驶支援。其他的驾驶动作都由驾驶员操作	驾驶员			
L2	部分自动化	通过驾驶环境信息对方向盘和加减速中的多项操作提供驾驶支援。其他的驾驶动作都由驾驶员操作				部分
L3	有条件自动化	由无人驾驶系统可以完成所有的驾驶操作。根据系统请求，驾驶员应提供适当的应答和操作	系统			
L4	高度自动化	由无人驾驶系统可以完成所有的驾驶操作。根据系统请求，驾驶员不一定需要对所有请求做出应答。在限定的道路和环境条件下驾驶		系统	系统	
L5	完全自动化	由无人驾驶系统完成全时驾驶操作。在所有的道路、环境条件下驾驶				全域

目前全球范围自动驾驶技术流派主要分为两类：一是基于单车智能的自动驾驶，二是基于车路协同的自动驾驶。

基于单车智能的自动驾驶：汽车依赖于自身装备的传感器进行环境感知，通过车载计算单元进行决策信息计算，最终操控汽车实现自动驾驶。

基于车路协同的自动驾驶：汽车除自身装备的传感器外，还可以通过车联网与路侧设备进行交互，获得周边实时高精度感知信息，并使用边缘计算能力，从而高效和协同执行感知、预测、决策。

基于单车智能的自动驾驶车感知能力容易受到遮挡或环境干扰，无法实现百分之百安全，而且车载设备成本高，难以实现规模推广。而基于车路协同的自动驾驶是车辆在自身感知决策能力的基础上，融合路侧信息、协同应用信息和车车协同信息，从而使其智能性得以增强，可有效解决感知盲区的问题，同时降低单车设备部署成本。目前产业普遍认为基于车路协同的自动驾驶将是未来的发展方向。

自动驾驶的关键技术包括感知技术、决策与规划技术、控制技术，其中，基于车路协同的自动驾驶还需要在单车感知技术基础上，进行单车与路侧感知信息融合。

（1）感知技术

感知技术需要用到多种传感器，其关键在于信息融合，即将多个传感器的信息进行多合一处理，包括两方面的融合，一方面是车载激光雷达、毫米波雷达、摄像头等传感器的融合，另一方面是车载传感器的信息与通过车联网获取的路侧感知信息的融合。具体来说感知技术包括对单个目标进行跟踪，重叠区域的目标进行合并和跟踪，时间、空间上的数据融合等。

（2）决策与规划技术

根据传感器、通信等输入数据，决策单元计算后主动发出控制指令，保障自动驾驶行车安全并且遵守交规、为路径和速度平滑优化并提供限制信息。包括全局路径规划、局部路径规划等。

（3）控制技术

准确、快速、可靠地执行决策单元的指令，控制车身状态，包括纵向控制与横向控制，最终达到车辆根据决策指令准确自动控制。

8. 交通大脑关键技术

交通拥挤、交通事故、交通管理、环境污染、能源短缺等问题已成为当前城市发展亟待解决的难题。通过"5G+交通"的思维可以实现交通数据的汇集，运用大数据及互联网技术，解决城市交通的难题。5G作为最新一代的无线通信技术，其低时延、高可靠、大连接特性对城市智慧交通建设产生巨大的影响，以5G为基础的泛在传感网络实现智慧交通领域的万物互联和人、车、路、云等交通元素深度融合，借助"5G + 交通"充分优化人、车、路之间的网络，实现更加精细化和精准化的城市交通管理，同时大幅提升城市交管实时响应能力。"城市交通大脑"是提升未来城市交通的有效手段，通过人工智能管理城市交通——将所有人、车、路的信息收集到交通平台，通过交通大脑完成采集、调度、管理等工作，实现交通管理自动化运行，甚至支持城市内车辆实现自动驾驶，大大提升城市的出行效率和道路安全。

交通大脑是在车联网基础上对交通基础设施、交通管理平台进行升级，从而实现智能化的城市交通管理和控制，一方面是交管信息开放，为车联网系统中的车辆、行人提供更加准确、实时、全面的交管信息，另一方面是交通管控，根据车联网系统收集的交通信息进行中心及路口级的交通管理控制，使城市交通更加通畅、民众出行更加安全、能源消耗更加节约。

交管信息开放主要是将来自公安交管各系统的道路交通信息、车辆信息、驾驶人员信息、交管信息等各类信息进行汇聚、清洗、整合、去隐私等安全处理之后，以一个统一的平台向外部系统提供不同层次、不同类型、不同形式的交通信息服务，以满足交通信息的一致性、完整性、动态性的要求。

交通管控系统除已有交通系统信息外，也通过车联网从 V2X 平台等获取实时的汽车、行人、道路相关的数据和视频信息，扩大交管部门的信息来源，用于优化交通管理和控制，分为中心控制级和路口控制级。一方面，通过中心控制级，实现对整体信号控制系统的硬件和软件运行状况与故障的监测与管理，交通控制信息分析与处理，交通流数据数据库管理及与其他系统互联的接口管理等功能，可兼作显控台实时显示被控区域的交通状态和信息，进行系统干预及系统配置。包括多时段固定控制方案、线协调信号优化控制、中心特勤车辆优先控制、交通流量统计分析等。另一方面，通过路口控制级，实现车流量、速度、占有率等交通参数的采集，并通过通信接口将数据传输至区域控制机，实现交叉口的各种交通信号控制功能。

12.3 5G + 车联网典型应用

随着车联网的发展和 5G 技术的逐步应用，5G 与车联网的深度融合将会为各行业带来出行方式的提升、生产方式的变革和工作效率的提高。行业应用的自动驾驶是逐步发展的，一般认为发展路径是"由封闭到开放，由无人到有人，由低速到高速"。在自动驾驶与车联网发展初期，受到技术、产业、市场等多方面因素影响，主要是面向园区、港口、矿山等特定场景的自动驾驶，后期会逐步发展到完全的自动驾驶与自动化作业。

12.3.1 有限区域自动驾驶

港口、矿山、园区等有限区域特定场景存在较大物流运输、游客接驳等需求，而自动驾驶应用能很好满足需求，并且降低运营成本。相比于其他场景受人等各种因素干扰较多，技术实现难度大，港口、矿山、园区等有限区域具有干扰因素小、环境简单等特点，非常适宜车联网发展初期自动驾驶的试点应用。

1. 智慧港口自动驾驶

港口是水路交通的集结点和枢纽处，商贸和物流的重点节点与支撑，商贸流通、工农业产品、外贸进出口物资的集散地，船舶停泊、装卸货物、上下旅客、补充给养的场所。港口也是工业活动的基地，城市经济发展的增长点。截至2019年年底，全国港口拥有生产用码头泊位22893个，货物吞吐量位居全国前列的港口有宁波舟山港、上海港、唐山港、广州港等。

目前国内港口业普遍面临迫切的智能转型升级需求，亟待解决运营效率低、运营成本高等问题，港口智慧化发展是决定港口未来竞争力和经济效益的重要因素。运用5G+自动驾驶技术的智慧化港口将极大幅降低运营成本，提升运营效率。国内已有的智慧化港口包括洋山港、青岛港、厦门港、广州港等，综合来看，国内智慧港口的建设正处在前期探索阶段。

港口的作业关键环节包括安防监控、集卡运输、港口装卸、船舶进出港，其中与5G车联网、自动驾驶密切相关的主要是集卡运输和港口装卸两个环节。

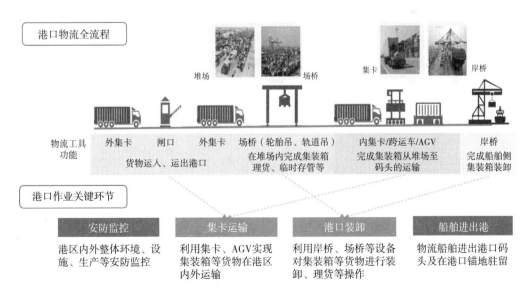

图 12-8　港口作业关键环节

集卡运输：利用集卡、AGV实现集装箱等货物在港区内外运输，可应用的5G自动驾驶场景包括远程遥控驾驶、交叉口协作通行、路侧辅助环境感知、人车避

撞、视野阻碍协助、车辆编队等。

港口装卸： 利用岸桥、场桥等设备对集装箱等货物进行装卸、理货等操作，可应用的 5G 自动驾驶场景包括集装箱运输车与吊机协同作业、停车位路径引导、自动泊车等。

2. 智慧矿山自动驾驶

中国是一个矿产资源大国，多种矿产的探明储量位居世界前列。采矿业在中国国民经济中占有重要地位，2018 年采矿业产值超过 6 万亿，占全国 GDP 的比重约 7%。矿山按照矿石类型可分为煤矿、金属矿、非金属矿等。根据开采环境的不同，矿山可大致分为露天采矿和井下开采两种方式。露天采矿由于在开采效率和安全性上的优势明显，是矿山资源开发的首选方式。传统露天采矿作业具有环境恶劣、作业风险高等、生产效率低、人力成本高等问题，为满足露天采矿对安全、高效、清洁和经济的需求，以数字化和信息化为基础的智慧矿山无人驾驶势在必行。矿山无人驾驶不仅可以提高作业安全性，还能大幅地提升开采运输效率，降低矿山运营成本。从 20 世纪 90 年代开始，部分国外企业已经开始无人驾驶矿用卡车的研发，美国卡特、日本小松等工程机械企业已经在澳大利亚、智利、巴西等多地的露天矿实现了无人驾驶矿卡商业化应用。目前国内从事矿山无人驾驶系统研发的主要有踏歌智行、青岛慧拓、易驾智控、中车株洲、徐工集团五家单位，主要采取和矿用卡车主机厂商合作的模式，提供矿区自动驾驶运输解决方案和产品。在技术路线选择上，主要采用"云端智能调度 +V2X+ 单车智能"模式，矿车采用线控驱动技术，借助激光雷达、毫米波雷达、视觉分析以及 V2X 车联网等技术提升单车主动安全能力，基本实现高安全性的自动驾驶。

典型的智慧矿山总体结构架构如图 12-9 所示，可划分为平台侧、网络与路侧

图 12-9　智慧矿山系统总体架构图

和车辆侧三大部分，平台和路侧包含智能运输安全生产管控系统、生产执行系统、调度集控中心等，网络侧包含4/5G网络、GNSS、差分定位系统、路侧感知系统等，车辆侧包含自动驾驶系统涉及车辆和有人驾驶车辆。

根据露天矿山开采作业流程，矿山无人驾驶生产作业场景可以基本分为装载作业、卸载作业、运输作业、保障作业。

图 12-10　自动驾驶矿山实际生产作业场景示例

装载作业/卸载作业：基于通信系统的协作流程交互和故障报警可以有效地保证在安全作业前提下的高效、有序装载作业。避免无人矿卡与有人挖机发生事故，降低安全风险，并同时保证挖掘作业的连续稳定进行，可应用的5G自动驾驶场景包括场站路径引导、车车协同、远程遥控驾驶等。

运输作业：基于通信的车端-路侧-云端进行快速的信息交互和故障报警可以有效地保障无人矿卡的编队行驶，增强系统安全。在实际矿区作业场景中，无人矿卡编队除需保证编队正常行驶外，还需与各种有人车辆（工程辅助车、指挥车）进行信息交互。在控制中心的统一协调下保证有人车辆的安全，避免发生事故，降低作业风险，可应用的5G自动驾驶场景包括车车协同、交叉口协作通行、人车避撞、远程遥控驾驶、视野阻碍协助、车辆编队等。

保障作业：在检测到油量和水量不足的情况下，需与路侧及云控制中心协调，规划加油补水任务。根据机型及矿区实际情况，可安排无人矿卡行驶至加油区或安排加油车给设备补油两种操作方式。此外，无人矿卡需定期进行保养或者安排故障检修。此时需与路侧及云控制中心协调，规划维修保养任务。根据矿区实际情况，安排无人矿卡行驶至对应的维修保养工作区域，可应用的 5G 自动驾驶场景包括场站路径规划、车车协同等。

3. 智慧园区自动驾驶

园区是城市的基本单元，是重要的产业和人口聚集区。园区数量大、形态多，可包括产业园区、制造业园区、教育园区、科研园区等。在 5G、AI、大数据、云计算等技术的推动下，传统园区也在向智慧园区不断演进。园区由于具备交通环境相对简单、行驶速度要求低、路况较好等因素，可提前试点和部署部分自动驾驶场景。园区自动驾驶可以很好地满足园区内物流运输、人员接驳等需求，降低园区的人工成本。目前全国各地已建立多个自动驾驶示范区 / 智慧园区供测试和体验使用，包括京冀智能汽车与智慧交通产业创新示范区、上海国家智能网联汽车示范区、重庆智能汽车与智慧交通应用示范区、北京首钢园等。拿北京首钢园区来说，现园区内已配齐无人接驳、编队行驶、分时租赁、无人快递、无人清扫、无人配送、无人售卖、无人巡检 8 个方面的自动驾驶示范场景，2020 年内即可面向公众提供短途接驳服务。

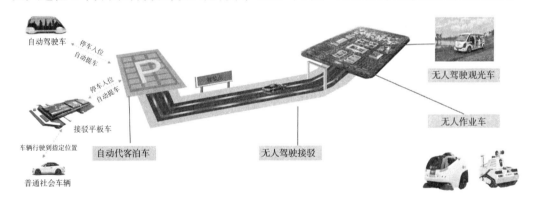

图 12-11　园区自动驾驶场景示例

总体来看，智慧园区内现阶段一般可以提供自动代客泊车、无人驾驶接驳、无人驾驶观光车、无人作业车等自动驾驶服务，随着 5G 商用时代的来临，智慧园区的自动驾驶场景将进一步丰富。

12.3.2　开放区域智能驾驶

随着 5G 技术、自动驾驶技术、产业成熟度、基础设施信息化水平等因素逐步提升，开放区域自动驾驶将会逐步实现落地应用，其中两类自动驾驶应用的主要区域是高速和城市道路。我国高速和城市道路建设发展迅速，截至 2019 年年末，我国公路总里程已达 484.65 万公里，高速公路总里程达到 14.96 万公里。目前全国有超过 4000 公里高速公路已经和即将开展车路协同自动驾驶创新示范工作，包括北京、河北、江苏、浙江、福建等地的多段高速,典型的示范案例有延崇高速、杭绍甬高速等。另外,全国已有多地示范区可以提供开放城市道路自动驾驶测试,包括国家智能交通综合测试基地(无锡)、国家智能网联汽车(上海)试点示范区、国家智能汽车与智慧交通(京冀)示范区等。由于高速和城市道路交通环境有较大的差异,导致自动驾驶典型应用也有一定差异。

1. 高速公路

高速公路特点是高速连续行驶,环境相对简单,无交叉路口且出入口固定,道路标志完善;交通参与者相对单一,以车辆为主,极少出现行人穿行等情况。高速公路涉及较多的物流运输和高速行驶,对提升物流运输效率、车辆安全性有较高需求,而自动驾驶则可以很好满足这些需求。例如,运输车队采用编队行驶可以降低油耗,提升运输效率。

总体而言,在高速公路,可应用的 5G 自动驾驶场景主要包括车辆编队、车车协作、远程遥控驾驶、道路危险状况提醒与避让等。

2. 城市道路

城市道路相比高速公路,交通环境复杂程度大大提升,交通参与者众多,包括汽车、行人、自行车、摩托等多种类型,混合出现,导致路况复杂,对自动驾驶要求较高。可应用的 5G 自动驾驶场景主要包括车车协作、交叉口协作通行、人车避撞、路侧辅助环境感知、交通参与者感知数据共享、远程遥控驾驶、红绿灯路口编组启动、自动泊车、停车场路径引导等。

图 12-12 高速公路场景示意图

图 12-13 城市道路场景示意图

12.4 本章小结

我国政府高度重视 5G + 车联网的发展,尤其 2020 年以来,在新型基础设施建设的大背景下,发改委明确将智能交通基础设施列入新型基础设施的融合基础设施，工信部明确提出促进 5G + 车联网协同发展。与此同时，国家从顶层设计层面加快推进车联网发展，明确了对 LTE-V2X 和 5G-V2X 的覆盖规划，以及自动驾驶智能汽车的规模生产和市场化应用的规划。随着车联网业务的快速发展，传统的网络通信技术无法满足新应用新业务的需求，而基于 5G 的车联网通信技术以及车联网感知、定位、平台等关键技术的发展将推动车联网进入新的发展阶段，带来新一轮产业发展热点。

车联网的发展还需要产业协同推进，除了提高在核心技术及产品研发、验证上的能力外，还需推动 5G-V2X 行标及跨行业标准制定，加速国内 5G 车联网标准体系完善，指导产品研发及应用落地。同时，还需要协同加快车联网基础设施建设、发展车联网用户，进一步探索与验证车联网的商业模式，以推动产业良性快速发展。相信在通信、汽车、交通、公安等多行业的共同协同努力下，基于 5G 车联网的自动驾驶与智慧交通将会早日实现规模落地应用。

习题：

1. 车联网发展分为哪几个阶段？分别有什么特点？
2. 5G 通信技术是如何在车联网中应用的？
3. 试以一个车联网应用为例，概述所需的车联网系统架构、关键技术、业务流程。

参考文献：

[1] 中国移动通信有限公司. 中国移动 5G 联合创新中心创新研究报告：下一代车联网创新研究报告 [R]. 北京：中国移动通信有限公司，2019.

[2] 中国汽车工程学会. T/CSAE 53-2017 合作式智能运输系统 车用通信系统应用层及应用数据交互标准 [S]. 2017.

[3] 中国智能网联汽车产业创新联盟. C-V2X 产业化路径和时间表研究白皮书 [R]. 北京：中国智能网联汽车产业创新联盟，2019.

[4] IMT-2020（5G）推进组. C-V2X 业务演进白皮书 [R]. 北京：IMT-2020（5G）推进组，2019.

[5] 中国移动通信有限公司. 中国移动车联网 V2X 平台白皮书 [R]. 北京：中国移动通信有限公司，2019.

[6] Wai CHEN，李源，刘玮. 车联网产业进展及关键技术介绍 [J]. 中兴通讯技术，2020，26（1）：05-11.

[7] 刘玮，张翼鹏，关旭迎，等. C-V2X 车联网城市级规模示范应用 [J]. 电信科学，2020，36（4）：27-35.

［8］IMT-2020（5G）推进组. C-V2X 白皮书［R］. 北京：IMT-2020（5G）推进组，2018.

［9］刘宴兵，王宇航，常光辉. 车联网安全模型及关键技术［J］. 西华师范大学学报（自然科学版），2016，37（01）：44-50.

［10］严炎，占锦文. MEC 在自动驾驶领域的应用探讨［J］. 广东通信技术，2020，40（04）：29-33+71.

［11］张力平. "互联网＋交通"解决交通"痛点"［J］. 电信快报，2018（03）：47.

第13章　5G＋工业互联网

本章主要阐述了工业互联网的基本概念、5G 与工业互联网融合所应用的关键技术以及典型应用场景。从工业互联网的发展历程出发，介绍了国内、国外工业互联网的发展情况及工业互联网同消费互联网存在的需求及应用场景差异。重点介绍了当前国内外工业互联网发展存在的痛点，以及应用 5G 与工业互联网的融合解决这些问题的 5G 内生能力、融合能力及各关键应用场景能力，共同探索 5G 同工业互联网深度融合，助力工业制造的提质、降本、增效的有效途径。此外，本章在阐述过程中，结合当前时间点业内在 5G＋工业互联网建设领域有先进经验的海尔、南方电网等企业项目，展开介绍了 5G＋工业互联网的几个实际应用案例，希望读者能通过真实案例进一步了解工业互联网的实际应用方式，为读者探索 5G＋工业互联网的新场景、新应用、新方案、新技术提供有益的启发。

13.1 节主要针对工业互联网的发展历程、工业互联网在国内的产业发展现状、工业互联网当前发展的主要痛点以及工业互联网当前业内的一般架构进行了介绍。

13.2 节主要从工业互联网结合 5G 内生能力（URLLC、mMTC、切片等）、工业互联网结合 5G 融合能力（AICDE）两个方向介绍了工业互联网与 5G 的融合方式，并介绍了 5G+ 机器视觉、5G+ 远程操控、5G+ 自主移动、5G+ 远程维护等 5G+ 工业互联网典型场景。

13.3 节主要介绍了 5G+ 工业互联网在智慧港口、智慧工厂、智慧电网、智慧矿山领域的实际应用方案，以多个实际案例为基础，从生产流程、结合方式、应用效果等方面综合介绍了 5G+ 工业互联网深度融合方案，力争为读者在更多领域拓展5G+ 工业互联网应用提供启发。

13.1 工业互联网简述

13.1.1 工业互联网发展历程

进入21世纪，全球经济社会发展正面临全新机遇与挑战，一方面，上一轮科技革命的驱动力减弱趋势明显，导致经济增长的内生动力不足。另一方面，以工业互联网、大数据、人工智能为代表的新一代信息技术发展日新月异，加速向实体经济渗透融合，深刻改变生产方式，影响发展路径，必将带来生产力的又一次飞跃。值此产业升级的关键节点，以制造业最核心的三大诉求"提质、降本、增效"为出发点，在新一代信息技术与制造产业深度融合的背景下，在工业数字化、网络化、智能化转型需求的带动下，以泛在互联、全面感知、智能优化、安全稳固为特征的工业互联网应运而生。

中国信息通信研究院发布的《工业互联网产业经济发展报告（2020年）》指出，工业互联网是新一代信息通信技术与工业经济深度融合的全新生态、关键基础设施和新型应用模式，通过物理空间和数字空间的紧密结合，实现全要素、全产业链、全价值链的连接，重构产业价值链和竞争新优势，推动形成全新的工业生产制造和服务体系，各国相继推出发展本国工业的战略计划。

工业互联网最早在2012年由美国的通用电气（GE）公司提出，随后美国五家行业龙头企业（GE、思科、英特尔、AT&T、IBM）联手组建了工业互联网联盟（IIC），负责推动美国工业互联网的发展，以期重振美国制造业；后来IIC逐步演变为一个国际化的产业联盟，欧洲、日本、韩国以及印度、巴西等国的企业和机构都参加了此联盟，中国部分科研、学术及企业也加入了该联盟，总成员数超过150家。除了GE，同一时期美国国家技术与标准局（NIST）也对工业互联网做了定义，把全球工业系统和先进计算、分析、传感和互联网能力融合在一起形成的新体系称为工业互联网。

德国政府在2013年的汉诺威工业博览会上正式推出"工业4.0"战略，利用信息物理系统（CPS）将生产中的供应、制造、销售等信息数据化，达到快速、高效、个性化的产品供应。德国的"工业4.0"理念和工业互联网比较接近，相比工业互联网以数据为中心的智能化、信息化发展思路，"工业4.0"聚焦到制造效率的提升。2018年，为了更好地促进5G在工业领域的标准化和规范制定，德国制造业企业联合国际产业发起成立5G-ACIA组织（5G工业自动化联盟），成为推进通信网络满足制造业升级发展的重要国际组织。

2015年，紧跟德国"工业4.0"计划，日本三菱电机等约30家日企发起产业价值链倡议（Industrial Value Chain Initiative，IVI）联盟，主要讨论工厂与工厂、设备与设备互联的通信技术和安全技术的标准化。日本首相于 2017 年提出了"互联工业"战略和"社会 5.0"愿景，希望通过企业、人、数据、机械相互连接，产生出新的价值，同时创造出新的产品和服务，提高生产力，以解决老龄化、劳动力不足、社会环境能源制约等迫切问题。

与消费互联网不同，工业互联网通过先进的信息技术和高质量网络平台，将设备、生产线、员工、工厂、仓库、供应商、产品和客户紧密地连接起来，共享工业生产全流程的各种要素资源，从而实现工厂的数字化、网络化、自动化和智能化，达到提质、降本、增效的目的。

工业互联网与消费互联网相比有五个明显区别。

面向对象不同：消费互联网面向人，服务消费者。工业互联网面向物，服务企业。消费互联网的商业模式无法复制到工业互联网。

通用性和个性化问题：消费互联网是全球联网，工业互联网中有一些应用需要和国外联网，但更多的还是在企业内部联网。消费互联网的终端主要是电脑和手机，工业互联网的终端多样化、碎片化，整个网络流程复杂，需要和生产的过程紧密关联。消费互联网以运营商作为主体建网，互联网企业开发应用；工业互联网需要信息技术企业与垂直行业企业紧密合作。

网络性能要求不同：工业互联网对网络性能要求特别高，对低时延、安全性、可靠性等方面的要求，都远远高于消费互联网。

投资主体不同：消费互联网网络是运营商投资，终端是消费者投资。工业互联网模式多样且复杂度高，建设难度比消费互联网高很多。

数据应用不同：工业互联网比消费互联网更加关注数据，只有把企业从底层到上层的数据全部打通和盘活，才能真正发挥数据作为生产要素的作用。

13.1.2　工业互联网国内产业现状

我国工业互联网产业的优劣势都很突出：中国历经几代人的奋斗，已成为世界最大的制造业大国，但是与美、日、德等发达工业国相比，中国制造业仍然"大而不强"，长期处于全球价值链中低端，工业领域和信息领域核心技术受制于人（尤其高端制造设备依赖进口），数字化改造严重依赖国外设备制造商。优势则是得益于我国举国体制，从"互联网 +"和"新基建"的国家战略出发，有机会形成信息产业全面反哺制造业的良好局面，全面加快信息网络基础设施建设节奏，加速制造行业的信息化、数字化、网络化和智能化改造步伐。

面对第四次工业革命的大潮，我国政府积极探索，为推动智能制造、工业互联网发展出台了一系列的政策、标准和试点示范。2015 年 5 月，国务院发布《中国制造 2025》，提出建设制造强国的"三步走"计划，指明了整个制造业的发展战略。2016 年 5 月出台的《关于深化制造业与互联网融合发展的指导意见》，是"互联网 +"行动在制造业的具体指导，加快推动"中国制造"提质增效升级。2017 年 10 月，国务院发布《关于深化"互联网 + 先进制造业"发展工业互联网的指导意见》，是规范和指导我国工业互联网发展的纲领性文件。2018 年 2 月，在国家制造强国建设领导小组下设立工业互联网专项工作组，加强对工业互联网工作的统筹规划和政策协调。试点示范方面，政府积极探索和推广工业互联网先进经验，对企业起到了激励和引导作用，先后开展了"智能制造试点示范""中国制造 2025 城市（城市群）试点示范""中德智能制造合作试点示范""制造业与互联网融合发展试点示范""服务型制造示范"等项目，实施百万企业上云工程、百万工业 App 培育工程，推动工业互联网的发展。

同时，为了深入推进工业互联网的发展，2016 年 2 月，在工业和信息化部的指导下，由中国信息通信研究院、中国移动通信集团有限公司、华为技术有限公司等 40 多家单位联合发起成立了工业互联网产业联盟（AII）。

2020 年 6 月 30 日，中央全面深化改革委员会第十四次会议审议通过了《关于深化新一代信息技术与制造业融合发展的指导意见》等文件，要求以智能制造为主攻方向，加快工业互联网创新发展，加快制造业生产方式和企业形态根本性变革，夯实融合发展的基础支撑，健全法律法规，提升制造业数字化、网络化、智能化发展水平。中国工业互联网建设与发展将进一步提速。

随着我国工业互联网创新发展战略深入推进，从中央到地方持续掀起工业互联网建设及推广热潮，工业互联网三大体系（网络、平台、安全）正在加速建成，新兴产业正持续壮大，行业应用水平也不断提升，具体体现在四个方面。

网络基础设施建设初见成效，互联互通水平持续提升。 5G 和大带宽企业专线的快速发展，半数以上大型工业企业内的生产系统（OT）网络覆盖率达到 80% 以上，90% 以上的工业企业经营管理系统（IT）网络覆盖率在 80% 以上。标识解析五大国家顶级节点功能不断完善，55 个二级节点上线运营，标识注册量突破 37 亿。同时，我国率先开展了 5G 与工业互联网融合应用研究，并结合人工智能、边缘计算 / 云计算等技术，形成了国际上最多的先导应用案例，在国际电信联盟（ITU）完成了全球第一个工业互联网网络标准的立项。

各类主体积极开展平台建设，典型平台实力逐步提升。 ICT 企业、制造企业、工业技术解决方案商、专业服务企业等多类主体纷纷入局平台，涌现出海尔、阿里、航天云网、华为、树根、徐工、用友等跨行业跨领域的工业互联网平台，设备连接数量达到 80 万台、工业 App 数量达到 3500 个、服务工业企业超过 10 万家。

　　安全实践不断深入，安全产业蓬勃发展。国家、省、企业三级联动的工业互联网安全监测与态势感知平台正加快构建，国家平台已与 21 个省市完成对接，对上百个重点平台、800 余万在线设备进行实时监测。

　　融合应用体系初步建成，行业赋能作用逐步显现。一方面，一批大型制造企业将大数据与人工智能技术应用于产品研发、质量检测、设备管控、能耗管理、企业经营等各业务领域，带来了效率的大幅提升与成本的显著下降。另一方面，基于工业互联网提供的低成本信息化模式帮助中小企业快速实现信息化普及，企业管理水平和竞争力明显提升。通过使用工业互联网，中小企业将自身的生产能力融入社会化生产体系，实现了更强的订单和贷款获取能力，企业生存能力得到提升。

13.1.3　工业互联网发展的痛点分析

　　当前，信息通信技术正与社会经济深度融合，一方面催生出新应用、新服务、新业态，正在改变人们的生产方式和生活方式，另一方面推动了经济的转型升级和高质量发展。在这种趋势下，传统工业互联网的发展方向、发展模式、建设方式等均面临着新挑战和新需求。工业互联网应紧密围绕企业快速发展的需求，利用新一代信息通信技术、人工智能技术，快速提升自身服务水平和质量，实现转型发展，获取信息化环境下的核心竞争能力。其中，网络作为工业互联网最重要的基础设施之一，具备迅捷信息采集、高速信息传输、高度集中计算、智能业务处理和无所不在的服务提供能力，可以实现及时、互动、整合的信息感知、传递和处理，可以显著提高产业集聚能力、企业经济竞争力、可持续发展能力。

　　但目前工业互联网仍存在痛点问题有待解决，具体可以归纳为以下几点。

1. 传统网络架构无法满足工业互联网新业务需求

　　传统工厂内网络在接入方式上主要以有线网络接入为主，只有少量的无线技术被用于仪表数据的采集；在数据转发方面，主要采用带宽较小的总线或以太网，通过单独布线或专用信道来保障高可靠控制数据转发，大量的网络配置、管理、控制都靠人工完成，网络一旦建成，调整、重组、改造的难度和成本都较高。

　　工业控制网络主要使用各种工业总线、工业以太网进行连接，涉及的技术标准众多，彼此互联性和兼容性差，限制大规模网络互联。连接办公、管理、运营和应用系统的企业网主要采用高速以太网和 TCP/IP 进行网络互联，但目前还难以满足一些应用系统对现场级数据的高实时、高可靠的直接采集。

　　工厂外网络目前仍基于互联网建设为主，有着多种接入方式，但网络转发仍以"尽力而为"的方式为主，无法向大量客户提供低时延、高可靠、高灵活的转发服务。

2. 工业互联网标准不统一，对制造设备依赖大，数据互通难

目前现场总线通信协议数量高达40余种，还存在一些自动化控制企业直接采用私有协议实现全系列工业设备的信息交互。在这样的产业生态下，不同厂商、不同系统、不同设备的数据接口、互操作规程等各不相同，形成了烟囱型的数据体系，有着独立的应用层通信协议、数据模型和语义互操作规范，导致应用系统需要投入非常大的人力、物力来实现生产数据的采集；从不同设备和系统采集到的数据无法兼容，难以实现数据的统一处理和分析；跨厂商、跨系统的互操作仅能实现简单功能，无法实现高效、实时、全面的数据互通和互操作。

3. 数据挖掘分析应用能力不足，无法开展灵活的应用创新

传统 ERP、MES、CRM 等业务系统有各自的数据管理体系。随着业务流程的日趋复杂，各类业务系统间的数据集成难度不断加大。同时，面向当前海量多源异构的工业数据缺乏必要的管理与处理能力。

传统信息化系统通常只具备简单的统计分析能力，无法满足越来越高的数据处理分析要求，需要运用大数据、人工智能等新兴技术开展数据价值深度挖掘，进而驱动信息系统服务能力显著提升。但是，大数据、人工智能技术与现有信息系统的集成应用面临着较高技术门槛和投入成本，客观上制约了现有信息系统数据分析应用能力的提升。

进而，传统信息系统一般是与后台服务紧密耦合的重量级应用，当企业业务模式发生变化或者不同业务之间开展协同时，往往需要以项目制形式对现有信息系统进行定制化的二次开发或打通集成，实施周期动辄以月计算，无法快速响应业务调整需求。而且，由于不同信息系统之间的共性模块难以实现共享复用，有可能导致应用创新过程中存在"重复造轮子"的现象，也会进一步降低应用创新效率，增加创新成本。

4. 现有的工业互联网安全保障体系还不够完善

工业互联网平台采集、存储和利用的数据资源存在数据体量大、种类多、关联性强、价值分布不均等特点，因此平台数据安全存在责任主体边界模糊、分级分类保护难度较大、事件追踪溯源困难等问题。而且，大部分工业互联网相关企业重发展轻安全，对网络安全风险认识不足。同时，缺少专业机构、网络安全企业、网络安全产品服务的信息渠道和有效支持，工业企业风险发现、应急处置等网络安全防护能力普遍较弱。最后，工控系统和设备在设计之初缺乏安全考虑，自身计算资源和存储空间有限，大部分不能支持复杂的安全防护策略，很难确保系统和设备的安全可靠。

13.1.4 工业互联网系统组成及基础架构

工业互联网的核心功能原理是基于数据驱动的物理系统与数字空间全面互联与深度协同，实现智能分析与决策优化。工业互联网包括网络、平台、安全三大功能体系，通过三大体系的构建，工业互联网全面打通设备资产、生产系统、管理系统和供应链条，基于数据分析与整合实现三大体系的贯通，并最终实现 OT 与 DCIT 的深度融合的良好生态。

网络是生态基础。 网络包括企业内网、外网和标识解析体系，构成了工业数字化和智能化的基础，其整体构架如图 13-1。外网更多的是指运营商建设的公共网络；内网指企业自身的内部网络，运营商可以把公网延伸到企业内来发挥作用。标识解析是整个国家的基础设施。

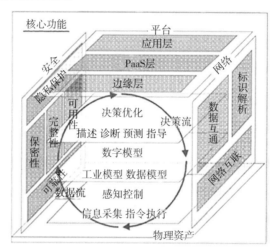

图 13-1　工业互联网系统组成及基础架构图

平台是生态关键。 消费互联网的 App 应用是在平台生态的构建之上发展起来的。工业互联网生态存在同样的发展路径，需要依托工业互联网平台，通过建模，依托不同的机理、不同的模型、不同的应用场景，开发出不同的工业 App。

安全是生态保障。 在消费互联网时代，运营商、互联网企业组建庞大安全队伍，保障用户的数据安全，应对安全挑战。但工业企业因为原来的设备、数据没有联网，安全意识不强。在工业互联网数据需要联网时，增强企业安全意识、提供安全保障解决方案迫在眉睫。

13.2　基于 5G 的工业解决方案与关键技术

以 5G 内生能力叠加赋能的人工智能、物联网、大数据、云计算、边缘计算等新技术，将与传统制造业逐渐融合，驱动传统制造业不断向数字化、智能化、网络化转型升级。加速信息技术向工业生产的融合渗透，实现智能制造过程中的基础设施数字化、管理方式数字化、生产方式数字化、工作方式数字化和办公方式数字化，满足随着工业互联网不断发展涌现的生产流程线上化、智能化、云化需求。借力"五纵三横"的体系大发展趋势，驱动工业互联网的发展升级。同时工业互联网也将是5G最具代表性的需求，工业互联网要求将连接对象延伸到整个工业系统，从而实现工业制造的智能化生产、网络化协同、个性化定制、服务化延伸。而加大制造业技术改造和设备升级需要加快5G网络的部署以及人工智能、工业互联网、物联网等新型基础设施建设。

13.2.1　5G助力工业互联网的关键技术

　　5G具备强大的内生能力、融合能力和行业应用通用能力，将与传统制造业逐渐融合，驱动传统制造业不断向数字化、智能化、网络化转型升级。工业互联网将是最具代表性的5G行业应用，5G＋工业互联网将连接对象延伸到整个工业系统。其中5G超大带宽、超低时延、海量物联的三大应用场景和能力，能极大地满足工业互联网的业务需求，而时间敏感网络、精准定位、上行大带宽传输等一系列关键新技术，也将作为基础能力推动工业互联网业务的快速发展。

1. 工业互联网结合5G内生能力

　　eMBB：制造业中有较多的智能化生产车间，存在视觉质量等检测工序。在以往的生产流程中，产品的质量检测依赖人工，存在标准化程度低、易受主观因素影响、整体效率低、准确度不高、缺陷难回溯等问题。例如，手机屏幕坏点检测需要达到10亿像素级别的清晰度，肉眼很难检测出来，如果要压缩图片大小，则会导致信息失真。为此，通过部署内置5G通信模组的工业相机和边缘计算网关，利用5G网络技术的超大带宽，将高清工业摄像头拍摄的待检测物品图片或视频信息实时上传至云端，进行跨地域、跨网络的大数据聚集及横向对比分析，可以实现高精度质量检测、缺陷实时识别与自动分拣，同时可有效记录检测物品数据，为追溯缺陷原因提供数据分析依据，支持生产效率和产品质量的持续改进。

　　uRLLC：5G超高可靠超低时延通信（uRLLC）被业界广泛认为可以应用于工业制造、电网控制、多机协同等工业互联网场景。与4G相比，5G uRLLC最重要的特性是提供了更低的时延和更高的可靠性，此类性能提升将极大拓展5G在工业互联网领域的应用范围。

　　mMTC：5G海量机器类通信（mMTC）主要面向海量设备的网络接入场景，其主要特点是连接设备的数量巨大，但每个设备所需要传输的数据量相对较少，对时延性的要求较低。其典型应用与工厂、矿区、新能源发电等工业互联网场景高度一致，同时呈现行业多样性和差异化。例如，在工厂和园区场景，在各个设备中通过传感器采集数据，并通过网络传输到云平台。这些数据对传输时延和传输速率一般不敏感，但传感器部署密度的要求决定其需要网络能够提供超高的连接密度。mMTC 代表性技术 NB-IoT 网络已在全球实现了规模部署。

专网/切片：5G 行业组网能力将保障工业网络的高性能、高可靠、高安全。通过云化、虚拟化方式重构网络资源，采用贯穿终端、接入网、传输网和核心网的端到端切片技术，将网络切分成多个具备差异化性能特征（如网络带宽、时延、可靠性等）的逻辑专网。每个逻辑专网可以满足网络优先级、延迟、数据速率、服务质量（QoS）及其他关键性能指标的特定服务要求。工业场景，特别是企业与企业之间需要采用可靠性更高的传输，使用 5G 切片能力可以满足该需求，有效促进原本粗放型的制造业转型为数字化企业。

2. 工业互联网结合 5G 融合能力（AICDE）

人工智能：一方面，工业互联网网络服务灵活丰富、业务配置要求高，场景组网多样、运维复杂难度大，亟待 AI 使能。因 AI 适用于解决不确定性、复杂性问题，故在该场景下将使网络业务服务更灵活，网络运营更高效。另一方面，AI 领域存在端侧 AI 成本高制约产业发展，云边端结合的 AI 需要低时延、高可靠连接，云端 AI 能力依托高质量、低时延数据采集等需求。工业互联网可依靠 5G 提供高可靠、低时延、大带宽的泛在连接，助力 AI 产业问题解决，催生更多 AI 应用。

物联网：5G 将助力工业互联网 IoT 业务拓展融合形成多种能力，例如大带宽满足 IoT 视频类应用需求（如安防监控）、大连接满足 IoT 传感监测类应用需求（如智慧城市）、低时延满足 IoT 时延敏感类应用需求（如车联网）等，在 5G IoT 接入能力、IoT 边缘计算能力的综合助力下，实现对智能制造的赋能。

云能力：工业互联网以云化的网络架构为基础，通过核心和边缘的两层数据中心组成新型的网络，其中控制功能部署在集中核心云，大流量的媒体面功能分散部署在边缘云，实现快速卸载和提升用户体验。一张资源可全局调度、业务可快速部署、能力可全面开放、容量可弹性伸缩、架构可灵活调整的新一代网络，有助于提升工业企业的云化能力。

大数据：同 AI 一样，一方面数据之于工业互联网，将会促进工业制造全产业链数据融汇，通过工业应用流程分析及设计、生产流程端到端跟踪、合作伙伴生态分析、物料来源收集选择等方式实现智化制造。另一方面大数据将助力产品在市场营销、行业分析、物流链、消费分析、库存管理、培训管理、园区物流等领域实现智化销售。

边缘计算：边缘计算是云计算在网络支持下向边缘侧分布式延伸的新触角，5G

网络提供了云下沉到工业互联网边缘所需的网络连接能力，支持就近接入和本地分流，可满足工厂数据不出场的行业诉求，在保障系统时延的同时，大幅提升生产数据的安全性。

3. 室内定位

室内定位是工业领域的普遍需求，如室内大面积立体仓库，需要根据订单及产品规格信息，精准定位存放货物，并使用基于室内定位的 AGV 小车进物料搬运，高效完成产品的及时收发货等。而室内环境也普遍存在设备密集度高、设备间距离短、信号受阻不稳定等问题，为室内定位带来了很大的困难，对设备定位精度和信号稳定度都有较高要求。

目前室内定位的实现可以分为基于 5G 通信技术、蓝牙、UWB 等非通信技术以及基于 SLAM 技术等。而 5G 使用新型编码调制、大规模天线阵列等带来的大带宽特性以及引入的低时延、高精度同步等技术优势，有利于参数估计，为高精度距离测量提供支持，使得 5G 在室内精准定位方面比蓝牙、UWB 等定位技术具有更好的适应性。

4. 时间敏感网络（TSN）

TSN 并不是一项全新的技术，它最初来源于音视频领域的应用需求，针对音视频需要较高的网络带宽和最低限度的时延时，能够较好地传输高质量音视频，后来这项技术从视频音频数据领域延伸至工业和汽车控制领域。早在 2006 年，IEEE 802.1 工作组成立了音频视频桥接任务组，负责该领域 TSN 的标准制定，近年来，随着时间敏感网络技术受到更为广泛的关注，IEEE 802.1 工作组也针对该项技术在垂直行业的应用开展了技术研究和标准制定的工作。

TSN 低抖动、低延时、确定性传输的特点，可以很好满足对传输可靠性和时延有较高要求的应用场景，具备为新一代工业互联网提供有力支持的巨大潜力，是面向未来工业互联网、车辆内通信、智能电网等高可靠确定低时延应用的核心网络技术之一。随着 IEEE 802.1 工作组关于 TSN 相关标准工作的推进，TSN 功能不断增强并逐渐得到工业界的广泛支持，具备在工业互联网中实际部署应用的基础和前景。

时间敏感网络研究的关键技术主要包括优先级时间感知调度、保护带与帧抢占、同步传输周期与时间同步、流量整形、冗余路径机制等。与 4G 相比，5G 提供了更高的可靠性和更低传输延迟。而且，新的 5G 系统架构允许灵活部署，可以实现基于无线的 TSN 网络，不再受电缆安装的限制。在 OT 和 CT 领域，一些企业正在尝试将 5G 与 TSN 相结合，将传感器、执行器等工业设备以无线方式连接到 TSN 网络。在进行 5G 与 IEEE TSN 融合时，需要通过增加 5G-TSN 适配功能模块使得 5G 系统作为 IEEE TSN 网络的一个 TSN 桥透明的融入 IEEE TSN 网络中，进一步拓展 TSN 网络应用边界，实现 TSN 网络由传统有线模式向无线模式的转变。

5G 与 TSN 更好地融合还需要多方持续的努力，在 3GPP Rel. 16 的规划中，3GPP 已经开始对 5G NR 支持工业互联网进行新的研究规划。根据需求规范，对于时间敏感的工业应用场景，致力于达到 0.5ms 的延迟和 99.9999% 的可靠性。基于 5G 的时间敏感网络将在分组分发、自动寻址和服务质量等方面更好地满足工业需求。5G 与 TSN 的有机融合，有助于将 5G 的潜力扩展到更广阔的领域，比如运动控制、移动机器人、远程控制、自动导引车（AGV）、工业过程自动化等。

13.2.2 5G 赋能工业典型场景

5G 工业互联网包含一系列典型场景的原子能力，如机器视觉、自主移动、远程操控等，是构建典型业务流程的基础能力。其中 5G 的低时延、高可靠、大带宽、切片、边缘计算等网络能力，将进一步满足应用中的各类痛点，实现闭环管理、降本增效、决策执行优化等一系列用户诉求。

1. 5G + 机器视觉

机器视觉是采用机器代替人眼来做测量与判断，通过计算机摄取图像来模拟人的视觉功能，实现人眼视觉的延伸。机器视觉技术是计算机科学的一个重要分支，它涉及计算机、图像处理、模式识别、人工智能、信号处理、光学、机械等多个领域，其目的是给机器或者自动生产线添加一套视觉系统。

一个完整的工业机器视觉系统是由众多功能模块共同组成，一般由光学系统（光源、镜头、工业相机）、图像采集单元、图像处理单元、执行机构及人机界面等模块组成，所有功能模块相辅相成，缺一不可。好的机器视觉系统能够为制造业提供更多有利于提高产品质量和生产效率的硬件支持。

通过机器视觉产品（即工业相机）将待检测目标转换成图像信号，传送给图像处理分析系统，得到被摄目标的形态信息，根据像素分布和亮度、颜色等信息，转变成数字化信号；图像系统对这些信号进行各种运算来抽取目标的特征，进而根据判别的结果来控制现场设备的动作。

5G 之于机器视觉可以从量变和质变两个角度来分析。控制速度更快是"量变"：机器视觉对网络时延和网络带宽有明确要求，需要在工厂就地部署 5G 基础网络和 MEC 平台，高清工业相机和图像处理器可通过高速 5G 通道实现稳定传输，并将视觉处理后的数据结果通过 5G 网络传输至自动化控制设备。设备终端轻量化为"质变"：传统机器视觉场景下都是单机视觉监测，主要围绕"看"和"想"，即图像采集前端（摄像头）配合处理单元（工控机），而通过 5G 可以将算法处理分布到边缘侧，产线上保留工业相机，可以通过园区统一部署边缘计算硬件及能力，实现低时延、高可靠、高安全的视觉处理能力。

2. 5G＋远程操控

在抗震救灾、有毒环境、危险隧道、灭火救援、悬崖开路、爆炸现场清理等各种特殊工况作业施工中，工程机械设备的驾驶人员面临着巨大危险。所谓"设备有价、生命无价"，为了在驾驶人员能完成施工救援作业的前提下，最大程度消除他们人身受到的威胁，远程遥控与工程机械的技术融合需求旺盛。同时现阶段我国仍处在高级技术人员严重不足的阶段，高级技术人员的分时复用将解决人力资源不足的问题，而工程机械操作手在选择服务企业时也会对企业所在工作环境进行双向选择。

当前无线通信时延偏高、上行带宽不足，远程操控仍多以有线通信的方式来进行，控制指令和视讯信息的传输，不仅延长了工程机械远程操控的部署时间，也阻碍了远程操控技术本身灵活多变的特点和处理能力，需要以 5G 网络进行赋能，主要是以下几个方面。

增强现场感： 在工程机械远程操控过程中，需要借助视讯能力为远端的操作手安上"千里眼"。根据现有的传输能力需求，如果用有线的方式进行数据传输，标准的建设周期需要在半个月到一个月左右，不仅耽误工期还存在很多不确定性。同时，5G 通信时延在 20ms 以下，远程操控画面延迟较低，操作手远程操作时动作与呈现的实际画面可较为连贯的呈现，对操作手的手眼配合要求降低，可完成实际意义的工程机械操控动作。

增强视界清晰度： 对于行业而言，上行带宽将直接影响行业的支撑效率，在工程机械远程操控技术中，现阶段需要前 1、前 2、左、右共 4 路 1080P 视频信号的传输，只有 5G 的上行带宽能力才能支撑该类上行大带宽视频数据传输需求，并满足相应的灵活部署需求。

3. 5G＋自主移动

针对工业物联网场景中的各种自主移动设备，如 AGV、集卡、矿卡，目前正不断从设备载信息服务向自主移动发展，而 5G 的能力让网联自主移动成为可能。自主移动的实现需要由设备车辆对复杂环境的实时感知以及实时计算决策来保障。这对当前的无线技术提出了以下需求。

更完善的环境感知能力： 目前基于单设备智能的自主移动设备传感器的感知范围有限。在高速场景、复杂场景（街角、路口等）存在感知盲区，在特殊环境下（雾、雨、雪天等）易受干扰，因而需要进一步提升自主移动设备的环境感知能力，从而保障复杂环境下自主移动的安全性。

更高性能的计算能力： 复杂道路环境与行驶状况的感知，对自主移动计算能力、环境感知和建模以及驾驶决策等任务提出了更高要求。而自主移动设备由于设备体空间、能耗、散热等问题存在计算能力局限，如何提升计算能力，保证自主移动设备计算、决策结果准确可靠，是自主移动进一步发展的诉求。

多设备信息交互、协作能力：随着自主移动设备的智能化发展，设备协作也愈加重要，实现自主移动设备之间的协同运行依赖于设备 – 设备间的大量信息交互，目前已有的通信手段难以解决自主移动设备间通信、协作的问题，在自主移动设备编队行驶等复杂场景下无法满足多设备信息交互、协作的需求。

更低成本、快速普及能力：仅基于自主移动设备自身智能的自主移动系统，对设备载传感和计算单元的性能要求较高，而高性能传感器以及计算单元价格偏高导致自主移动设备成本居高不下，阻碍了自主移动设备的大规模商用和普及。自主移动需要让系统来代替驾驶员的眼睛感知路面环境，让系统来代替驾驶员的大脑做出分析判断发送决策指令，如果我们将眼睛（传感器）和大脑（计算单元）全部放置在设备上，一方面会把设备改造成搭载硬件的庞然大物，改变了设备基本形态，另一方面将极大增加单个设备成本。

5G 的大带宽特性可以使更多传感器设备接入网络，设备的协同度更高、5G 的低时延特性，可以让云化的自主移动系统成为可能——实时数据通过 5G 网络上传至云端并进行计算，再通过 5G 网络将指令下发给自主移动设备，将系统"反应"速度控制在安全范围之内。

4. 5G + 远程维护

在 4G 时代，移动互联网拉近了线上、线下的距离，实现"永远在线"。5G 时代，万物互联将让我们同步感知虚拟世界和现实世界，虚拟和现实将被充分融合体验，不再受时间和空间的限制，实现"永远在场"。通过 AR 远程运维指导，实现机器设备故障的远程诊断、远程排障、远程代码修改、远程维修指导等操作，当机械设备遇到故障点且较难解决时，现场操作人员可佩戴 AR 眼镜通过 5G 网络将现场操作情况实时传输给异地专家，用直播视频给出语音指导操作人员，通过语音指导进行操作，也可通过语音与专家进行交流技术，专家犹如身临现场，掌握每一个细节并可以通过实时的语音或文字消息指导现场拍摄者进行故障排除。这既节省了维护成本，也实现了专家的技能复制，解决了技术专家紧缺的难题。

13.3 5G 行业应用

13.3.1 智慧港口

港口是连接海路运输和内陆运输的关键枢纽，依托港口运转的全球海运贸易约占全球贸易运输总量的 80%，其中中国港口占据显著优势，2020 年 6 月的报告显示，在全球货物吞吐量排名前十大港口中，中国稳占八席。

船舶在进港之后，典型卸货作业流程包括如下环节。

岸桥垂直运输： 岸桥将货物从船舶搬运到港口。常规岸桥为人工现场高空作业，工作环境恶劣、易患职业病、熟练司机短缺，有远程控制需求。部分新建港口支持光纤通信远程操控，但卷盘电缆内光纤易损坏，老旧码头改造升级成本高难度大。

集装箱理货： 集装箱理货需理货人员在船侧根据装卸船作业工况频繁上下船舶，采集装卸作业位置、集卡车号和集装箱箱号、尺码类型、箱门朝向等信息，录入手持终端，监控装卸箱全过程，检查集装箱外观情况。传统理货的信息录入时间长，劳动强度大，容易产生人为差错。原有理货系统服务器安装在岸桥机房，在带宽受限时只能传输缩略图，不能及时传输高清原图和实时视频，校核信息时，后台人员需要点击缩略图再传输原图，异常情况回溯需登机到岸桥机房查看视频，识别实时性低。

场内水平运输： 场内水平运输需要将传统集装箱从岸边码头运输到堆场。传统运输依赖人工驾驶集卡，用工成本高。国内外一些港口已采用 AGV 实现自动化，但地磁成本高、线路固定、灵活性差、维护量大，传统码头改造需停产，影响生产作业。

轮胎吊垂直运输： 司机需长时间高空低头作业，工作环境恶劣，易患职业病，需配备熟练司机 1 对 1 操作。原有波导管通信方式需进行基建施工，轮胎吊换场转场时会中断通信。

无线对讲： 目前通信技术已发展到音、视、讯一体化时代，现有无线对讲安全性差、有时延，且暂不支持图片视频传输，港口生产管理迫切需要能够替代现有无线对讲的新技术和新系统。

港口特殊的生产作业环境使其在时延、稳定性、安全性等方面，对网络通信有着苛刻的要求。随着 5G 商用时代的来临，5G 网络能够弥补光纤、WiFi 和 4G 通信存在的不足，推动港机远程控制、自主移动、智能理货等智慧化应用落地，解决港口生产和运营过程中存在的诸多问题。

1.5G 港机远控

轮胎吊工作区域灵活，需要频繁"过街"和"转场"，自身卷盘电缆无光纤，所以轮胎吊远控改造优先选用无线连接方案。港机远程控制需要将多路视频高速回传，并实现低时延控制，因此 5G 网络是最佳选择。

通过在轮胎吊上安装多路高清摄像机，同时采集轮胎吊主要运行结构、吊具等关键设备的运行状态数据，部署大车纠偏系统和吊具防摇系统，由远程人员在控制台实时观测设备运行情况，判定操作并下发控制命令，实现在控制台工位 1 对 N 灵活控制轮胎吊。

岸桥是港口集装箱作业的主要起重设备，岸桥作业频繁，设备体型巨大，设备部署密集，因此岸桥远控改造对并发数和上行速率等网络性能指标要求非常苛刻。通过将 5G 工业级设备布置在岸桥顶部，提升信号质量，岸桥向远控台回传多路高清视频，远控台 PLC 向岸桥 PLC 下发指令控制其动作，实测整体网络侧平均时延在 10ms 以内，平均上行速率在 100Mbps 以上。利用 5G 网络可降低土建设施和电缆更换等成本投入，减少远控改造对码头生产的影响，流程如图 13-2。

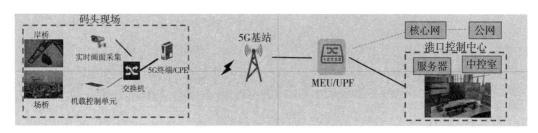

图 13-2　港口网络及业务

2. 5G 自动导引车 AGV

AGV 自动导引车是现阶段自动化码头水平运输的主要设备，AGV 自动导引车依据地下磁钉定位，根据 AGV 调度系统指令完成编队自主移动。原有 AGV 使用 WiFi 完成车辆通信，存在时延过长、易遭受无线干扰和覆盖能力不足等问题。通过将 AGV 通信链路改造为 5G 通信，下发 AGV 调度控制指令和状态上传，指令能快速下发和响应，网络更加稳定，车辆更高效完成作业任务。

无人集卡是未来港口水平运输设备的发展方向，无线通信技术在其中发挥重要作用。无人集卡对通信时延要求高，远程接管时视频回传要求上行速率高，传统无线网络的实时性和速率均不能达到自主移动要求。5G 切片或专网能为无人集卡提供高等级 QoS 保障，实现高速率和低时延性能要求。

无人集卡应用支持车管平台调度和异常工况远程接管，单车多路高清视频回传对 5G 上行速率需求大于 20Mbps，上行视频时延小于 100ms，下行控制命令时延小于 10ms。同时通过部署 RTK 基准站和高精度地图，结合激光雷达等融合定位算法，实现无人集卡港区整体厘米级定位精度，无人集卡单车能在岸桥、轮胎吊下精准定点停车、装箱和卸箱，自动识别避障和远程控制等功能。

5G 智能理货方面，智慧港口需要通过摄像机回传现场视频或图片完成远程理货业务，识别现场的异常情况，对网络上行速率和传输时延要求较高。将理货系统通信链路改造成 5G 后，满足高清视频的大带宽和速率回传要求，省去与控制系统对接触发的流程，更快完成理货流程与数据保存。同时，利用 AI 视觉识别技术自动识别箱号、箱损、拖车号等信息，快速高效实现理货业务，现场如图 13-3。

图 13-3 港口现场

3. 5G 港口人员通信

传统码头对讲业务通过专网、专用终端完成，存在价格偏高、业务单一、系统兼容性差等问题。利用 5G 通信的港口专网数据对讲业务，可兼容各类 IP 数字化终端，同时满足语音、数据、视频等不同业务需求。

在码头机房部署实时调度集群通信业务系统，通过 5G 双卡智能手机可以实现一机"公网、逻辑专网"双连接。通过 5G 虚拟专网实现园区内用户即时融合通信、视频会议、移动办公，能够提升沟通效率，保证数据可靠。终端对讲业务经过码头基站、MEC 节点直接转发至码头机房服务器，实现了低时延和高可靠性。同时，5G 消息可以为用户带来更多功能和应用体验。

13.3.2 智慧工厂

2018 年中国制造业在全球产业链中的占比已经达到 30%，然而，从利润率来看，中国的占比却仅有 2.59%，不到增加值的十分之一。制造企业迫切需要转型升级，普遍存在"以移代固""机电分离""机器换人"的应用场景需求。

以移代固：工厂内各生产工序的产能不完全匹配，随着消费者对高质量、定制化产品需求不断增长，生产管理的复杂度和规模性也发生了较大变化。为迅速响应市场多样化和不确定需求，产线必须具备可随时调整的"多品种、小批量"定制化生产能力，用"无线"代替"有线"的通信方式可更灵活地部署产线上的设备单元，实现柔性生产，提高定制效率。

机电分离：设备的机器控制单元与固化了指令、算法的电子单元在匹配升级时需消耗大量时间与人力。如工厂设备与算法分离，算法放置于云端，将大幅降低定制化设备的成本；同时，在云端提升原本电子单元的算力，将促进产线设备向标准化接口单元的迭代升级，扩充设备的定制化生产类别，提升设备本身的生产能效。

机器换人：在标准化产线中，往往存在作业环境恶劣，人较于机器的生产效率低、成本高且出错率高等一系列问题，通过机器换人的方式，可以大大改善工人工作环境、提升产线生产效率。人工环节如通过自动化"装备+系统"进行替代，可实现自动命令控制、远程人工操作、机器人巡检等相关应用，同时，强化了生产输出的标准，避免了人力执行时的不确定性，最终实现生产流程的高效化、低成本化。

5G具备更低的时延、更高的速率、更好的业务体验，能够更好地支持感知泛在、连接泛在和智能泛在，能作为智能制造的重要支撑载体，打通各生产要素，结合智能化技术，实现不同生产要素间的高效协同，实现制造环节中的操作空间集中化、操作岗位机器化、运维辅助远程化、服务环节线上化，把员工从现场解放出来，实现少人、无人作业，彻底解决工业制造领域的现阶段痛点。

5G结合AI、图形图像分析、自动控制、AR/VR等应用技术，在智能制造领域典型的应用场景主要包括机器视觉、远程现场、远程控制。在工厂制造零件的过程当中，通过AI针对零件瑕疵、生产工序、人员工位，进行智能识别，并进一步使用5G网络将AI的算力云化，可以大幅节约成本，提高效率。

以海尔新建的5G智慧工厂为例，工厂目前有以下几大应用。

自动质检：5G以其大带宽、低时延特性将工业相机获取的高清图像、点状云图等现场数据信息，快速精准地送至云端。经过深度学习、图形图像处理等技术，实现质量缺陷检测、精准空间引导、光学字符识别（OCR）等功能，最终将计算结果重新通过5G反馈给前端执行。实际的应用场景有：在电路板自动化产线中，替换人工，通过图像比对检测电路板焊接质量；在产品包装环节，使用双目视觉对机械臂进行空间引导，自动通过字符识别对铭牌核对分拣等应用。

海尔公司在图像采集端使用公共5G网络管道，省去布线停产损失和线材维护成本；MEC统一部署视觉应用，省去独立工位多个视觉控制器；工位改造升级、生产线调整等情况下，视觉检测工程通过离线模拟器完成搭建，然后挂载到MEC端正式运行，省去下车间逐个手动升级的过程。如在海尔特冰工厂，设备对冰箱门体间隙、OCR识别、破损检测在3个不同的工位完成，形成基于5G的高效生产流程（主要单元如图13-4）。

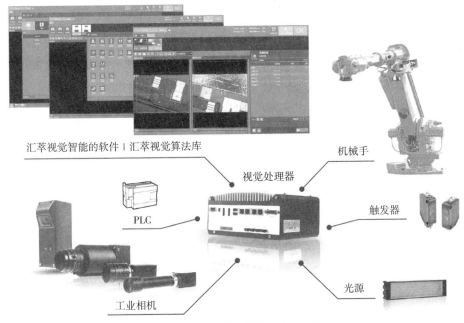

图13-4　工业机器视觉主要单元

远程控制：利用5G低时延高可靠性的特性，无线代替有线，增强场内控制部署的灵活性和厂外操控的移动性，解决人员安全，提升生产效能，实现多生产单元协作。实际的应用场景有：生产线云化控制，利用5G网络特性，使弹簧机、黏胶机等新旧设备与SCADA数据采集及监控系统互联互通，实现厂内设备生产控制，还有矿区无人操控等应用（流程如图13-5）。

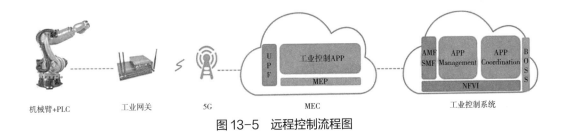

图13-5　远程控制流程图

海尔通过在商用空调工厂部署5G覆盖，目前大幅降低了工厂内有线布放难度，解决了工业WiFi因干扰造成的掉线、时延偏大等痛点，同时通过增加工业网关，降低了5G与PLC之间对接的难度，而部署MEC，可使其满足数据不出园区、业务处理时延两个关键生产安全诉求。目前商用空调工厂胀管工段已经实现了5G远程机器控制与全流程自动化。

远程现场：5G+XR等技术，可以应用在AR运维辅助，AR/VR复杂装配培训等应用场景中。在生产车间设备点检应用场景中，点检人员通过佩戴AR眼镜，可以将 AR 终端所见的实时视频回传至平台，平台通过对画面进行智能分析，将点检人员需要了解的关键信息（如厂区环境参数、设备运行状况、耗损情况等）发回至 AR 眼镜终端，叠加在现实画面上，实现对精密仪器状态确认和影响数据采集记录，以帮助点检人员准确判断点检设备是否出现异常。在人员培训中，利用 VR 设备，给学员提供机械设备等 3D 可视化模型，并展示功能模块，完成沉浸式培训，并且还可以在 AR 设备帮助下完成机械的拆装演练，解决了培训教具难找、培训场地过大等问题，流程如图 13-6。

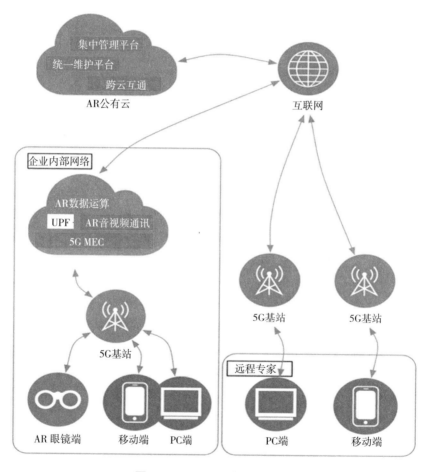

图 13-6　AR 远程协作流程图

海尔将 AR 设备信息处理功能上移到 MEC 端，AR 设备仅仅起到连接和显示的功能，而 AR 设备和 MEC 通过 5G 网络连接。AR 设备将通过网络实时获取必要的信息（如生产环境数据、生产设备数据，以及故障处理指导信息），同时支持与远端人员的视频沟通能力。

13.3.3　智慧矿山

为了实现安全、高效、少人这三大目标，采矿行业正在历经数字化矿山、智慧矿山、无人矿山的变迁。数字化矿山将采矿生产进行数字化连接，智慧矿山对矿区的人、物、环境进行主动感知、自动分析、在线处理，无人矿山实现稳定、精准的无人采矿作业。利用移动5G网络，可实现井上、井下自动化和信息化系统的接入和融合，实现综合机械化采煤（综采）工作面高清视频监控无线回传，配合融合通信调度系统实现自动化和信息化系统的融合调度，通过对矿井现有资源的整合优化，提高矿井安全生产率和生产水平。

矿山的工作场景分为非露天场景和露天场景。

1. 非露天场景

井下通信场景： 井下无线通信系统的应用主要有小灵通、WiFi、3G/4G三种无线通信技术。其中小灵通只有语音通话功能，已经淘汰。WiFi具有无线传输和通信功能，但在应用中存在着数据丢包、基站传输距离短、无线穿透性差、抗电磁干扰性弱、网络不稳定等问题。3G无线通信系统传输距离长，通话效果好，但应用中存在着带宽过窄，不适合作为移动设备互联的组网方式。4G技术在人、机、物互联上有一定进展，极大促进井上井下的信息化和自动化水平，但针对高清视频监控、远程操控等业务需求仍无法满足。5G技术切合了传统企业智能化转型对无线网络的应用需求，有效改善了传输、基站断线丢包、无线接入、控制系统延时等问题，能满足工业环境下设备互联和远程交互的应用需求。5G网络结合边缘计算能力，通过在矿区范围内部署本地5G边缘计算网关，对煤矿本地数据进行分流，确保现场产生的数据在本地处理，不出矿区。网关配套提供5G边缘计算平台，可按需加载边缘应用，例如视频处理应用、办公应用等，并提供5G网络能力开放接口，允许煤矿本地应用通过边缘计算平台调用5G网络能力。

远程监控及控制场景： 井下高清视频回传。5G基站实现综采工作面的5G无线覆盖，一方面保障矿车和打孔作业区的视频监控数据传输，另一方面利用高清视频画面以及AI技术进行工业视觉识别，如在割煤机作业过程中，对岩石等障碍物进行识别，对传动带运输、瓦斯抽采作业画面进行视觉识别等，实现监控及告警。

为促使智慧矿山向无人矿山发展，大量煤矿工业机器人被投入使用，以代替传统人员作业。井下采掘作业借助5G网络高可靠、低时延特点，可实现井下无人车传动带集控、智能巡检采煤机记忆割煤、液压支架自动跟机、可视化远程监控等业务的应用。将机器人协作调度软件部署在云端，实现生产线控制部件灵活部署的目标；通过在自动化机械设备部件上加装5G通信模块，实现无线接入，助力无人矿山的实现。

2.露天场景

矿车管理：矿车是露天开采过程中最重要的开采及运输工具，为了监督、规范矿车司机的驾驶操作，矿车上均会安装高清监控摄像头；同时还需要配合防疲劳驾驶系统、防碰撞预警系统、车辆工作状态管理系统等多个监测管理系统。

但是在露天开采过程中，作业区的广度和深度都在不断变化，而且爆破区无法部署线缆，需要无线通信实现作业区的语音和视频传输、数据集群调度、业务系统承载接入、交通管理系统无线接入。行业可以通过 5G 实现覆盖广、信号稳定、带宽足、安全性高的网络环境。

自主移动场景：露天矿区是自主移动技术落地最理想的场景之一，一方面采矿企业对无人矿山有安全方面的内在驱动力，另一方面矿区相对封闭路线、相对固定速度较低，适合无人驾驶技术初期的发展。

在矿区驾驶路线范围内安装智能信号灯、摄像头、雷达等多种信号和感知设备，自主移动矿车拥有激光雷达、毫米波雷达、差分 GPS 定位、5G 无线通信等多项先进技术，同时在 5G 的边缘计算终端上，部署车路协同应用，在边缘侧进行感知设备分析和计算，不断强化 5G 边缘计算能力与核心云计算能力，打造自主移动分级决策"大脑"，满足自主移动对高性能计算的需求，实现车辆远程操控、车路融合定位、精准停靠、自主避障等功能。

13.3.4 智能电网

电力通信网络是支撑智能电网发展的基础平台，既是电网安全稳定运行的重要保障，更是建设智能电网的信息技术支撑。智能电网覆盖发电、输电、变电、配电、用电 5 大环节，电网业务丰富，各个环节对时延、带宽、连接均有较高要求，流程如图 13-7。

图 13-7 电网输电流程

5G 网络可使电网实现高安全低成本的电力生产、传输网高效监控、多元化能源的优化配置、协同供给和智慧调度。近年来，中国移动与南方电网深度合作，积极探索 5G 在智能电网领域的应用创新，已经在部分区域展开了试点工作。整体规划如图 13-8。

图 13-8　中国移动－南方电网 5G 智慧电网规划

发电：现阶段发电厂主要通过自建光纤环网、无线专网或 WiFi 网络的方式实现厂站通信，施工维护成本高、难度大，数据接入不灵活，自建无线专网运维及终端成本高，无线频段申请门槛高且带宽受限，自建 WiFi 网络安全性差、性能不稳定、服务无保障、容易受到干扰。南方电网在广州南沙电厂区域实现 5G 覆盖（构架如图 13-9），可以部署 5G 巡检机器人、AR 远程维护系统，5G 覆盖的连续性满足了广阔生产区域的无线网络需求，大幅降低了网络部署成本。

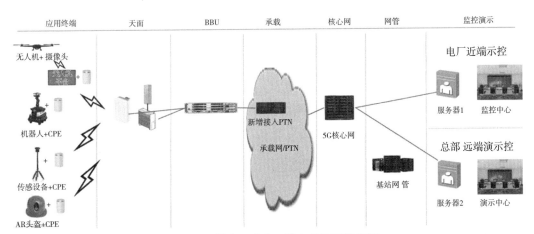

图 13-9　发电、变电、输电 5G 网络构架

输电：在输电线路无人机巡检领域，控制台与无人机之间目前主要使用 WiFi 或厂商私有通信方式进行联络，有效控制半径一般小于 2km，无法满足巡检范围绵延数公里的业务需求。同时由于带宽的限制，巡检视频无法实时回传或回传视频质量低，不满足远程故障实时诊断需求，需要依靠 5G 网络与网联无人机、机器人、自主移动 AGV 等技术和产品进行融合创新，解决痛点问题。目前南方电网在广州、深圳等地的试验区域完成了 5G 覆盖，实地部署了 5G 无人机巡检、高清 5G 视频监控等业务。

变电：变电站目前主要通过 WiFi 进行全站覆盖，WiFi 网络使用公用频段，无法完全满足电力业务对于安全性的要求，同时 WiFi 网络信道少、资源有限、性能不稳定，难以满足变电站多样化的业务需求。变电站实现 5G 覆盖后，在解决传统 WiFi 方案可靠性差、安全性低等缺点的同时，可以将各变电站子系统纳入到同一张无线网络中进行管理和运维。目前南方电网已在广州南沙区域 103 平方公里的区域内实现了 5G 覆盖，同步部署了各类 5G 传感、监控类业务。

配电：配电环节包括智能分布式配电差动保护、用电负荷需求侧响应、配电自动化三遥、配电房视频综合监控等应用场景。由于配电网点多、覆盖面广，海量设备需要实时监测，远程控制信息双向交互频繁，且光纤网络建设成本高、运维难度大，难以满足配电网各类终端通信全接入的需求，同时配电网控制类业务对于通信安全、时延及网络授时精度有很高要求，现有的无线网络无法有效支撑配电通信网可观、可测和可控的需求。未来将使用 5G 网络进行各配电设备的无线连接，以 5G 网络的低时延、高可靠特性解决配电设备涉及生产安全、可靠性要求高的需求，同时与光纤网络相比，5G 无线网络将极大提升设备的接入灵活度，降低部署成本。

目前南方电网已在广州和深圳进行了外场测试，外场测试验证了 5G 网络切片隔离性，保障了电力业与公网业务、电力内部不同业务之间的切片之间不受影响。测试使用三个硬切片分别承载电力差动三遥业务，视频智能巡检业务与公网业务、切片间业务做到了互不影响，各业务 QoS 均得到了保障。根据测试结果，在跨基站情况下，两个点各自对比 GPS，授时精度 <300ns，在 1 万包传输测试过程中，最低时延 7ms，平均时延 8.75ms，超过 15ms 有 1 包，满足率 99.99%，很好地证明了 5G 网络对电网高精度、低时延需求的满足能力，构架如图 13-10。

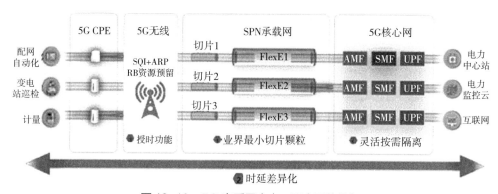

图 13-10　5G 高质量变电、配电网络构架

用电：现阶段电网计量采用集中抄表方式，集中器下挂几十至上百个智能电表，由集中器采集电表数据后统一回传至计量主站。未来需要依靠 5G 网络实现双

向实时互动，满足智能用电和客户个性化服务需求，提升电网用电负荷精细化监控水平，实现电表与主站间直连通信，并将采集频次提升至秒级。目前南方电网正规划各类5G电网计量设备，待相关产品和设备进一步成熟后，将逐步开始部署和升级。

13.4　本章小结

我国高度重视5G与工业互联网的融合发展，截至2020年年初各省市地区均发布了5G产业规划，电信运营商也纷纷制定计划，推进5G与工业互联网应用的落地和发展。传统工业网络连接技术在数据互操作和无缝集成方面难以满足工业互联网日益发展的需求，5G与工业生产中既有研发设计系统、生产控制系统及服务管理系统等相结合后，可全面推动5G垂直行业的研发设计、生产制造、管理服务等生产流程的深刻变革，实现制造业数字化、网络化、智能化转型。

综上，随着中国互联网用户数增速下降，移动用户普及率接近天花板，互联网的主战场也正从消费互联网向产业互联网转移。作为实现智能制造的关键基础设施，在5G产业互联网体系中，5G网络内生能力是基础，5G赋能的各类平台是核心，5G带来的高安全是保障。在当下中国传统制造业产能过剩、企业生产成本不断上升（人力、环境、土地和融资等）、企业研发投入不足、技术和产品急需升级的背景下，借鉴美国、德国工业发展经验，制造业发展后期必将与5G和工业互联网深度融合，真正实现由"中国制造"向"中国智造"的转变。

习题：

1. 工业互联网与消费互联网相比，明显区别有哪些？
2. 当前我国工业互联网发展主要存在哪些问题？
3. 5G与工业互联网结合的关键技术有哪些，哪些是5G的内生能力，哪些是5G的融合能力？
4. 除了文中介绍的矿山、港口、电力、工厂等，5G加工业互联网还能应用在哪些场景？

参考文献：

[1] 余晓晖. 工业互联网展现了巨大的应用前景和赋能潜力 [J]. 中国经济周刊，2020（09）：19-20.

[2] 消费互联网与工业互联网差别在哪儿 [N]. 中国信息化周报，2020-06-22（021）.

[3] 王娟娟. 工业互联网大潮下，如何变革行业管理？[J]. 中国电信业，2020（08）：13-17.

［4］后疫情时代，工业互联网发展动力十足［N］. 人民邮电，2020-06-04（003）.

［5］朱铎先. 以国产工业软件为抓手　促进工业互联网健康发展［J］. 中国经贸导刊，2020（15）：36-38.

［6］张启亮. 从"铁公基"到"新基建"工业互联网助推经济高质量发展［J］. 互联网经济，2020（07）：50-53.

［7］杨鹏. "云管端"同时发力 中国移动5G智能电网将"三步走"［J］. 通信世界，2020（23）：18-19.

第 14 章　5G + 智慧医疗

本章希望通过 5G + 智慧医疗应用场景介绍，帮助读者更好地理解 5G 的能力及其对社会经济数字化转型的促进作用。14.1 节介绍了 5G + 智慧医疗总体进展。14.2 节展开介绍了 5G + 智慧医疗解决方案，包括整体架构和关键技术两部分。14.3 节重点介绍了 5G + 智慧医疗应用，包括院内应用、院间应用和院外应用三大场景；然后对 5G + 智慧医疗面临的挑战和发展方向进行了阐述。

14.1　5G + 智慧医疗概述

人民健康是民族昌盛和国家富强的重要标志，近年来，我国先后发布了《"健康中国 2030"规划纲要》《关于促进"互联网 + 医疗健康"发展的意见》等政策文件，推动智慧医疗发展，加速医院的信息化、互联网化和智能化。信息化是指医院建立医院信息系统（Hospital Information System，HIS）、电子病历（Electronic Medical Record，EMR）等信息系统，实现患者、医护人员、医疗设备和医疗机构信息的数字化和网联化；互联网化是指医院推出移动应用，为医务人员及患者提供诊前、诊中、诊后各环节数据的高效查询，提升就医的便利程度；智能化是指医院运用人工智能、大数据、云计算等技术，提高医疗诊断和运营管理的效率和准确性。

智慧医疗是医疗行业发展的长期趋势，随着智能化程度越来越高，5G 与医疗的融合将极大地加速这一过程。通过丰富的智能医疗应用、智能医疗器械、智能医疗平台等，医疗行业不断拓展医疗服务空间和内容，构建空间上覆盖院内、院间、院外，流程上诊前、诊中、诊后的线上线下一体化医疗服务模式。对于医疗患者而言，5G 技术能给患者带来更佳的个人健康管理、更好的就医环境以及更好的健康数据存储。5G 可大幅提高医护人员的工作效率，给医院提供更精细化的管理；对于管理者而言，5G 场景下开展远程医疗就诊，可大大改善现有国内医疗资源分布不均的现状，更好地满足人民需求。

14.2 5G + 智慧医疗解决方案

14.2.1 5G + 智慧医疗整体架构

5G 智慧医疗整体解决方案包括 5G 医疗设备、5G 网络、云平台、上层应用四部分，依托 5G 强大的内生能力、融合能力和行业应用通用能力，全面加速医院的信息化、互联网化和智能化。

5G 医疗设备方面，基于多模多频多形态行业终端能力，加速实现传统医疗终端的网联化、移动化、智能化。对于存量医疗设备，如存量 CT 机、X 光机等，可先将数据通过网线等传输至 DTU 或 CPE，再通过 5G 网络接入医疗云，充分利旧，保护投资。对于新医疗设备，如手机、平板电脑、IoT 手环等，可通过集成 5G 通用模组内生支持 5G，直接接入 5G 网络。

5G 网络方面，5G 具备高速率、低时延、大连接三大特性，覆盖智慧医疗的全业务场景，结合专线等有线传输方式，实现医生、病患、管理部门、医疗设备、公共平台等的有效连接，充分满足院内、院间和院外的设备互联互通需求。

云平台方面，包括院内的私有云和省 / 国家级医疗云，5G 与云计算和边缘计算等的融合，不仅提供优质安全的连接，更提供功能强大的本地边缘云，依托省级医疗云平台或者国家级医疗云系统，可实现全国医疗网数据汇聚存储，实现急救、医疗等全业务数据的互联互通。

上层应用方面，5G 与人工智能、物联网、大数据、区块链等新兴技术有机融合，为智慧医疗应用发展提供有力支撑，进一步做大做强原有的 HIS、实验室信息管理系统（Laboratory Information System，LIS）、医学影像存档与通信系统（Picture archiving and Communication systems，PACS）和医生工作站系统，结合 5G +XR、5G + 机器人等行业通用能力，促进医疗大数据、AI 影像、智能安防、机器人配送、远程示教、智慧资产管理等创新应用的发展，提升诊疗水平和医疗效率。

1. 院内互联网络

院内互联通过"室内小站 + 边缘计算"为医院定制优质的 5G 网络。室内小站指室内建设 5G 数字化分布式微功率基站，可根据医院需求进行定制建网，与公网复用或部分资源专用，实现医院病房、门诊、住院部等的优质 5G 网络覆盖；边缘计算包含智能路由、能力开放及 IoT 互联等功能，将本地的数据业务直接分流到包括边缘云在内的医院私有云，满足了医疗业务数据不出医院的诉求，同时保证了医疗设备数据通信的低时延要求。现有医疗机构对于医疗设备资产管理有较强需求，未来均可通过加入 5G 模组，通过 5G 接入网络，在云端实现对所有联网医疗设备的管理，同时也可在远端获取所有的医疗数据。

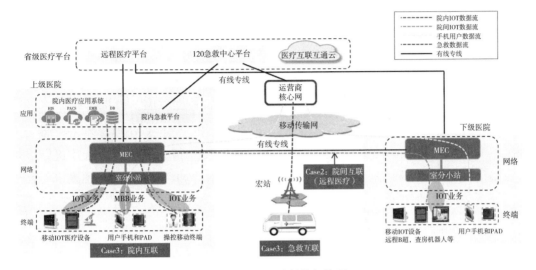

图 14-1　5G 医疗整体架构图

2. 院间互联网络

通过院间有线 VPN 专线、院间 5G 网络和院内医联网组成院间医联网。有线 VPN 专线是指在公用有线网络上采用隧道、加密等技术实现远程互通的虚拟有线专网；院间 5G 网络通常复用公网，并为医院提供专有网络切片，主要适用于医疗下乡、临时医院等场景，也可作为有线 VPN 专线的备份链路从而提高可靠性。基于院间医联网，大型医院多院区可共用一套基础设施，医疗数据集中维护和管理，降低整体运维成本，同时基于院间 5G 网络的 URLLC 特性及高 QoS 保障能力，可实现远程会诊、远程 B 超、远程手术、远程示教等院间协同应用，提升整体医疗效率。

3. 院外互联网络

院外互联主要指急救车、培训人员和医院 / 医疗云平台的互联互通，终端通常具有较强的移动性，高度依赖 5G 的大带宽和广覆盖特性。基于运营商优质的室外广域连续覆盖网络，结合 QoS、切片等技术构建广域医疗虚拟专网，为 5G 急救车提供随时随地的优质覆盖，保障高清视频和病患体征、病情等大量生命信息实时回传到后台指挥中心，支撑医院提前做好收治准备并按需开展远程会诊 / 检测，实现患者"上车即入院"的愿景。医疗救护车等通过 5G 医疗专网接入到院内医联网或者医疗应用平台，组成应急救援医联网。

4. 医疗云平台

医疗云平台目前是由省级医疗平台和医院内私有边缘云平台构成的多级云平台

架构。其中 5G 边缘计算技术的引入,可以将基于 5G 网络接入的终端数据直接分流至边缘云上,实现了医疗业务低时延和数据不出场的安全需求。同时将院内私有云和省级平台的医疗云实现数据互通,可以将各级医院的院内医疗数据统一上报,省级医疗云平台可以实现居民健康医疗信息大数据服务,也可实现远程会诊、120急救平台、医保等相关业务的全流程、业务打通,大大提升运营效率。

以云超声人工智能影像大数据云平台为例,搭建云平台,对接医学数字成像和通信(Digital Imaging and Communications in Medicine,DICOM)数据传输,一方面制定规范化的超声数据标准和采图方案,提高数据的质量与 AI 训练效果;另一方面在中心云完成 AI 的数据模型推理,将算法推动到边缘云,在边缘云上进行本地处理影响原始数据,快速分析结果,辅助医生诊断,提高整体诊断准确率,有效降低了医生的工作强度。

14.2.2 5G + 智慧医疗关键技术

医院场景人流量大,病患、家属等普通公网用户众多,而智慧医疗对网络连接的带宽、可靠性、安全性有较高要求,如何增强网络能力并同时满足公网用户和医疗行业用户的差异化需求需重点关注。此外,智慧医疗对室内定位、人工智能等增值服务能力有较强诉求,也需结合医疗行业特点进行增强。

5G 接入控制方案确保重点医疗终端和医护人员优先接入。医院属于典型的大容量场景,存在较多的病患及家属等公众用户和医护人员、医疗终端设备等医疗行业用户,通常而言,网络连接对于医疗设备及医护人员的重要性更高,需要引入等级化的接入控制能力,确保网络拥塞等特殊情况下重点设备和人员能够有线接入网络。对于可靠性安全性要求极高的场景,可以通过频率专用进行保障,通过接入控制手段禁止公网用户接入高等级医疗专网。对于一般的场景,公网用户和行业用户共享资源,5G 网络基于用户签约等信息识别行业用户,通过静态配置或能力开放等形式,优化接入控制、负载均衡等相关网络参数,保障医疗终端等开机后较普通用户优先接入网络,且无线侧空口数据调度优先级更高,确保重点设备和人员的连接可用。

5G 上行增强方案满足医疗应用大上行需求。医院大容量场景下,院内存在多种上行大带宽应用,如远程高清 B 超、远程查房、远程会诊等,对网络的上行容量提出了较高要求,需引入系列上行增强方案。一是统筹考虑公网和行业网需求,特定频段可结合医院场景业务特点,调整上下行资源配比,通过配置专属帧结构,大幅增加网络上行资源。二是可引入载波聚合技术,把相同频段或者不同频段的频谱资源聚合起来给 UE 使用,提高医疗行业客户的上行速率。三是可引入补充上行链路

（supplementary uplink，SUL）技术，通过提供一个补充的上行链路（一般处于低频段）来保证 UE 的上行覆盖，提升速率。四是可考虑引入毫米波等更多的频谱资源，如 26GHz 频段有 800MHz 带宽频谱，典型配置下上行速率可达 1Gbps。多种上行增强方案分场景按需组合使用，大幅提升网络能力，满足智慧医疗大上行需求。

5G 业务保障能力满足医疗行业差异化业务质量需求。 医疗关乎人民生命健康，网络质量不稳定可能导致重要医疗数据传输延迟甚至丢包，可能导致医生的误诊或误操作，尤其是远程手术等场景，可能导致重大医疗事故。同时医院也存在办公、娱乐等大量普通可靠性和时延需求的业务，全部按照极高要求进行保障将导致网络效率大幅降低，甚至难以满足全部业务需求。因此智慧医疗场景 5G 网络需要提供差异化的业务保障能力，一方面需要按需定制建网，结合业务需求精心设计和建设医院 5G 网络，确保网络覆盖良好；另一方面需要通过签约、能力开放等方式识别不同需求的业务，并基于 QoS、切片等技术实现分级分档的速率、时延、可靠性保障，对于重点保障场景甚至采用专用频率专用设备等来确保可靠性。

5G 本地分流满足医疗数据安全隔离需求。 通过用户面网关 UPF 下沉，或 UPF 裁剪后与基站合设，可实现用户面数据的智能分流，公网用户数据不分流，经集中部署的公网 UPF 访问互联网，本地医疗数据就近卸载，连接至本地的边缘云，保障了医疗数据不出场的安全需求，同时边缘云可实现医疗数据本地处理本地存储，确保病患隐私等关键数据的安全隔离。对于三甲大型医院还可以进一步通过频率专用或者基站专用，实现空口传输的安全隔离，提供极致的安全隔离保障。

5G 网络天然支持定位服务。 在基础通信功能基础上进一步提供数字定位增值服务，满足医院对于病患者以及医疗设备定位追踪需求，对有传染病患者进行实时定位，对于医疗设备资产追踪进行查询，同时可支持医院院内导医导诊等应用服务。室内主要部署 5G 分布式皮基站设备，当用户开机之后，离用户最近的若干皮基站设备解析用户上行探测参考信号，基于信号强度和到达时间差等确定用户位置。同时还可以通过在 5G 分布式皮基站扩展集成蓝牙、UWB 等设备，支持蓝牙、UWB 终端定位，满足用户院内导医导诊、医疗设备的定位以及资产追踪等需求。

5G 与 XR、AI 等深度融合，助力医疗智能化。 5G 与 XR 融合，通过 VR 实现人体器官等的立体建模，使医疗教学更生动更直观，甚至可以进行模拟尸体解剖；通过 AR 结合人工智能技术，可以实现辅助手术，降低操作风险。基于语音识别、语义识别等技术，医疗问诊机器人对病人进行初步分类，基于有关症状表现引导患者就诊并帮忙预约科室，甚至对于常规疾病直接给出处理建议。基于 AI 影像诊断，通过国内大量的现有病患影像资料进行学习，对于后期类似的影像数据进行初步筛查，给出初步诊断的预期结果，供医生参考，这种 AI 应用未来可大大提升医生的诊断效率。

14.3　5G + 智慧医疗应用

根据医疗业务发生位置的不同，5G + 智慧医疗可分为医院内医疗设备互联互通、医院间远程会诊信息互通和医院外部的应急救援等三大场景。

14.3.1　5G + 智慧医疗院内应用场景

1. 移动查房

移动查房是指医生在查房护理过程中使用手持移动终端通过无线网络连接医疗信息系统，实现电子病历的实时输入、查询或修改，以及医疗检查报告快速调阅的一种查房形式。

医疗检查报告文件大小不一，CT 影像约 0.5MB、超声影像约 2MB、X 光影像约 10MB，计算机 X 线摄影（Computed Radiography）和数字 X 线摄影（Digital Radiography，DR）影像文件更大。移动查房设备商一般按照 5MB 医疗影像的下载时间作为产品性能指标，典型下载时间为 3 秒，平均通信速率约为 13Mbps。

图 14-2　传统查房和移动查房

考虑到医疗信息安全和隐私保护，查房终端应用软件多采用密码登录和严格的网络掉线退出机制。因此在多个病房间穿梭查房过程中，无线网络需要无死角覆盖整个病区，避免网络掉线重登录影响工作效率[1]。

表 14-1　移动查房场景对网络的需求

典型应用	通信速率	通信时延	下载 / 上传时长	覆盖范围
影像报告下载	下行 13Mbps	≤ 100ms	≤ 3s	医院住院楼全覆盖
电子病历查看	下行 200Kbps			
医嘱单上传	上行 200Kbps			

5G eMBB 基础能力可很好地满足数据传输需求,通过引入集成 5G 模组的手持医疗终端,并部署边缘计算,可以便捷、高效地开展移动查房业务。

2. AI 诊断

现阶段医学影像领域存在较多痛点问题,如影像科医护人员短缺,最终诊断结果由医生目测及诊断经验决定,会存在一定概率的误诊和漏诊,且诊断速度还受限于医生的阅读影像片子速度。因此引入 AI 技术辅助医生的诊断显得尤为重要。

5G+AI 诊断方案以 PACS 影像数据为依托,通过发挥 5G 与大数据、人工智能、边缘计算的融合能力,构建 AI 辅助诊疗应用,医学影像数据实时上传边缘医疗云 / 中心医疗云,实时进行 AI 建模,智能判决病情、病灶,实时查询检测结果,为医生提供决策支撑,提升医疗效率和质量,尤其适用床边 X 光机、临时医院等场景。

3. 远程监护

远程医疗监护主要是利用现代通信技术,构建以患者为中心,基于危急重病患的远程会诊和持续监护服务体系。通过远程监护实现对院内患者的统一管理和 7×24 小时实时监护,提升医务人员工作效率,同时对患者身体情况掌握更充分、危情处理更及时。可实现院间协同,上级医院值班医生、护士可实时监测远端患者的病情,让基层医院共享上级医院的医护资源。

随着医疗水平日益提升,监护室内患者床旁各类医疗监护设备数量也大幅增加,产生数据量呈指数型增长,对网络性能提出了更高的要求。5G mMTC 基础内生能力可充分满足业务需求,支持大量医疗监测设备的并发接入,通过心电仪、呼吸机、智能手环、血压计等监护设备采集患者心率、呼吸等体征数据,并依托 5G 与边缘计算、人工智能等融合能力实时回传监控中心,实时处理数据,智能识别异常并及时告警;医生可依托 5G eMBB 能力,按需与患者高清视频通话,有效进行干预和指导。

远程监护适用于医院慢性病、传染疾病和 ICU 等科室和急诊、手术室等场景,也可用于对监护专业人员不足的基层医院或社区医院进行远程支持。后续还可进一步推广至养老机构,针对患有不同疾病的老人提供定制化的监护和异常报警服务,提升养老机构的工作效率和监护效果。

4. 导诊及药物配送机器人

基于 5G 行业通用应用能力,通过将 5G + 机器人应用于医疗行业场景,大大拓展了 5G 在医疗行业的应用范畴。医院通过部署采用云 – 网 – 端 – 机结合的 5G 智慧导诊机器人可以提高医院的服务效率,改善服务环境,减轻大厅导诊台护士的工作量,减少医患矛盾纠纷,提高导诊效率。同时导诊机器人基于用户的需求,提前给出挂号科室建议以及就诊的路线图规划等,为患者就医提供了更多便利。

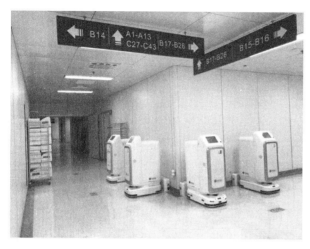

图 14-3 药物配送机器人

5G + 医疗机器人可结合 5G 网络定位和 SLAM 视觉定位等实现自动定位，通过传感器准确探测障碍物的距离，并估算其深度，遇到障碍后自动停止前进，在手术室等局域场景已经有规模应用落地，主要是替代人工配送，同时对耗材进行精准管理，无需库房人员耗费大量时间清点货物架的耗材数量。2020 年抗击新冠肺炎疫情期间，武汉火神山医院启用了机器人院内药品配送和外卖配送，有效避免了医护人员与患者接触，大大降低了感染风险。

14.3.2 5G + 智慧医疗院间应用场景

1. 远程会诊

我国地域辽阔，医疗资源分布不均，农村或偏远地区的居民难以获得及时、高质量的医疗服务。传统的远程会诊采用专线方式，建设和维护成本高、移动性差。5G eMBB 能力可实现全国广域连续覆盖，支持 4K/8K 的远程高清会诊和医学影像数据的高速传输与共享，让专家能随时随地开展会诊，提升诊断准确率和指导效率，促进优质医疗资源下沉。

远程会诊平台
· 会诊申请 · 审核分诊
· 实时视频 · 会诊报告

音视频交互式会诊　离线式会诊　移动式会诊　远程病例讨论　远程视频查房

图 14-4 远程会诊应用场景

2020 年火神山医院就规模部署了 5G 远程会诊系统，通过远程对接解放军 301 总医院等的优质后台资源，极大地提升了一线救治效率。

表14-2　5G 网络性能需求

业务名称	通信需求	
	带宽	覆盖范围
远程会诊	≥ 40Mbps	院内全覆盖

2. 远程超声

远程超声产品主要由医生端、病人端、5G 远程数据传输模块三部分组成。其中病人端位于偏远乡镇医院内，病人端装有超声探头，对患者进行特定部位的扫描；医生端位于专家医生处，由专家医生控制机器人对患者进行扫描操作，同时在控制台上使用一个灰阶、色温、分辨率等性能均能符合临床诊断要求的医用显示器或 VR 头盔来进行超声图像的显示，进行诊断；5G 远程数据传输模块负责将双路视频（超声图像、医生与患者实时音视频沟通数据）、机器人控制指令以及传输过程中的数据加密安全保护，在医生端和病人端之间进行传输。远程超声操控要求实现患者音视频（8K）、B 超探头影像（8K）、力反馈触觉信号三路数据上行传输至医生端，对无线网络提出上行 120Mbps 的高速率需求。远程超声环回时延要求 ≤ 200ms,包括远程控制信令传输时延，网络传输时延，图像、音视频、力反馈传输时延；除去编解码时延、外网传输时延和服务器处理时延后，对无线网络提出 20ms 低时延需求，将能够支持上级医生操控机械臂实时开展远程超声检查。相较于传统的专线和 WiFi，5G 网络能够解决基层医院和海岛等偏远地区专线建设难度大、成本高及院内 WiFi 数据传输不安全、远程操控时延高的问题。

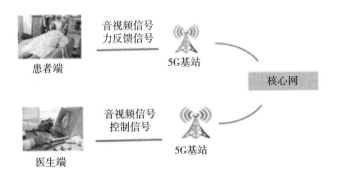

图 14-5　远程超声方案架构

表14-3　5G 网络性能需求

业务名称	通信需求	
	时延	覆盖范围
远程超声	≤ 100ms	院内全覆盖

图 14-6　远程手术案例图

3. 远程手术

5G 将医疗机器人和高清视频系统通过 5G 进行结合，医疗专家可以对基层医疗机构患者进行远程手术治疗。5G 无线网络有效解决了 WiFi 网络信号不稳定和弱覆盖等问题，院内覆盖 5G 行业专网，在上下级医联体之间通过专线连接，可以建立医联体亿元之间专属通信通道，有效保障远程手术的顺利进行，实现了跨地域远程精准手术的实施和指导。大城市医生无需长途跋涉赴乡镇医疗机构开展手术，偏远乡村的患者无需赶赴中心城市就医，远程手术可以有效缓解我国医疗资源不均衡现状。

光纤等有线回传资源受限，5G 的移动性优势更加明显，基于 5G 的 uRLLC 低时延基础能力，利用 5G 网络能够快速搭建远程手术所需的通信环境，提升医护人员的应急服务能力。

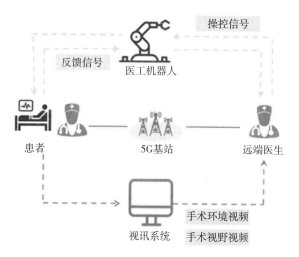

图 14-7　远程手术方案架构

表 14-4　5G 网络性能需求

业务名称	通信需求	
	时延	覆盖范围
远程手术	≤ 10ms	手术现场

远程手术对网络的时延、可靠性、安全性等要求极高，现阶段受技术能力、政

策法规等的限制，远程手术主要还是以指导和简单操作为主。后续随着网络能力的进一步增强以及配套制度的完善，高难度的复杂手术也有望远程开展。

14.3.3　5G+智慧医疗院外应用场景

1. 应急救援

5G应急救援是指急救医护人员、5G救护车、远端应急指挥中心和医院通过实时沟通和协作开展的医疗急救服务。在急救或自然灾害救援现场，医护人员需要及时对患者伤情做检查，同时将相应的检查结果实时传输到远端应急指挥中心和医院。针对现场急救医护人员无法处理的患者，通过5G移动终端由医院里的急救医生进行远程救治指导。病患在5G急救车转运的途中，医生可通过移动终端调阅患者电子病历信息，同步在院内完成挂号等准备工作，通过车载移动医疗设备监护患者生命体征信息，满足患者入院即开始治疗。

通过5G网络实时传输医疗设备监测信息、车辆实时定位信息、车内外视频画面，便于实施远程会诊和远程指导，对院前急救信息进行采集、处理、存储、传输、共享，可充分提升管理救治效率，提高服务质量，优化服务流程和服务模式。基于大数据技术可充分挖掘和利用医疗信息数据的价值，并进行应用、评价、辅助决策，服务于急救管理与决策。5G边缘医疗云可提供安全可靠的医疗数据传输，实现信息资源共享、系统互联互通，为院前急救、智慧医疗提供强大技术支撑。

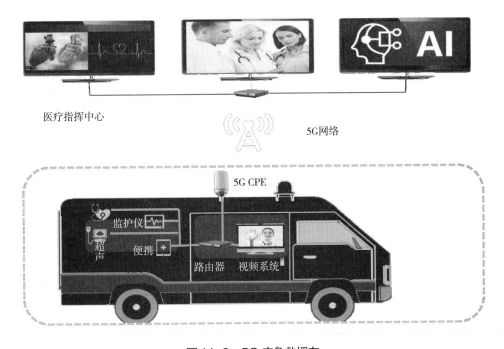

图14-8　5G应急救援车

5G智能急救信息系统包括智慧急救云平台、车载急救管理系统、远程急救会诊指导系统、急救辅助系统等几个部分。智慧急救云平台主要包括急救智能指挥调度系统、一体化急救平台系统、结构化院前急救电子病历系统。主要实现的功能有急救调度、后台运维管理、急救质控管理等。车载急救管理系统包括车辆管理系统、医疗设备信息采集传输系统、AI智能影像决策系统、结构化院前急救电子病历系统等。远程急救会诊指导系统包括基于高清视频和AR/MR的指导系统，实现实时传输高清音视频、超媒体病历、急救地图和大屏公告等功能。急救辅助系统包括智慧医疗背包、急救记录仪、车内移动工作站、医院移动工作站等。

2. 远程示教

医疗教育指面向医疗卫生技术人员进行的教育培训，用户包括医疗、护理、医技人员。医学继续教育主要分为会议讲座、病例讨论、技术操作示教、培训研讨、论文与成果发表等形式，可线下组织也可线上远程进行。同时，会议讲座、病例讨论、技术操作示教、培训讨论等形式均可通过结合互联网技术手段实现远程教育。积极开展远程继续医学教育，充分利用现代化手段，可有效丰富继续教育资源，提高继续教育的可及性，扩大覆盖面。

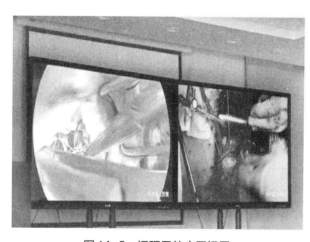

图14-9　远程示教应用场景

远程示教是5G综合能力的体现，使用了5G eMBB内生能力、"AI+边缘计算+云计算"融合能力、XR通用应用能力。5G远程医学示教内容主要有基于5G开发的音视频会议系统教学平台和基于5G的VR/AR设备教学平台。其中5G音视频会议系统教学平台主要用来供不同医院的医生进行病例研究以及典型案例分享，其基本功能位音视频会议系统和PPT分享；基于5G的VR/AR虚拟教学平台，通过提供可穿戴设备，学习者通过AR/VR进行培训学习，会产生身临其境的感觉。

基于使用场景的远程示教培训，可以有效解决传统线下示教培训中存在的问题：①使用模拟人体进行示教，与真实人体存在较大的差别；②在真实患者示教时，患者的隐私保护与感受较差，配合度较低；③现场示教受到环境限制，单次培训受教人群数量少、距离远、效果差。

手术示教指通过对于医院手术相关病例进行直播、录播等形式进行教学培训，主要面向医院普外科、麻醉科、心外科、神外科等外科相关科室医疗技术人员，旨在提高外科相关科室医护人员案例经验及实操水平。5G医学示教系统适用于手术室内的多个业务场景，如示教室实时观摩手术、主任办公室观看指导手术、院外医联体医院观看手术、学术会议转播手术、移动端远程指导手术等。

5G手术示教系统核心功能包括手术图像采集、手术转播、手术指导、手机等移动端应用等[2]。

表 14-5　5G 网络性能需求

业务名称	通信需求	
	带宽	覆盖范围
远程示教	≥ 100Mbps	院内会诊室

14.4　本章小结

在国家政策引导下，医疗机构、通信运营商、通信设备商、医疗服务商紧密合作，在5G医疗健康领域进行了非常有益的探索，取得了良好的应用示范作用，实现了包括远程手术、应急救援、医用机器人操控、移动查房、远程监护、远程培训、手术示教、医院导诊等众多场景的试点应用。在2020年全国人民奋力抗击疫情的战役中，5G智慧医疗更是大展身手，5G+机器人药品配送、5G远程测温、5G远程会诊、5G远程监护等广泛应用，加速了5G智慧医疗的发展。

但5G智慧医疗发展不可能一蹴而就，面向医疗行业的5G技术体系、商业模式、产业生态仍在不断探索和发展，5G智慧医疗在顶层架构、系统设计和落地模式上还需要不断完善，仍需汇聚各方优质资源，形成良好的合作机制，加快构建政产学研用结合的创新体系，构建标准体系。5G产业和医疗产业需加强携手，推动5G和医疗行业的深入融合，促进5G智慧健康医疗的快速发展。

习题：

1. 目前5G智慧医疗的主要应用场景有哪些？

2. 现阶段5G智慧医疗面临的问题有哪些？

3. 除了上述5G智慧医疗应用，5G还可以结合哪些医疗应用来解决医疗中存在的痛点问题？

参考文献：

［1］无线医疗白皮书（2018）［R］. 北京：互联网医疗健康产业联盟，2018.

［2］5G 医疗健康技术与应用白皮书［R］. 北京：中国信息通信研究院，2019.

［3］李正茂，王晓云，张同须等. 5G 如何改变社会［M］. 北京：中信出版社，2019.